# 高职高专材料工程技术专业教材编写委员会

名誉主任：周功亚

主任委员：单金辉　冯正良

副主任委员：金　怡　李坚利

委　　员（按姓名汉语拼音排序）：

毕　强　曹湘林　冯正良　葛新亚　韩彩霞　纪明香
金　怡　李坚利　刘继文　刘良富　卢润合　马庆余
孟庆红　农　荣　彭宝利　单金辉　粟良雨　孙素贞
唐　越　万　力　王　超　徐海军　徐永红　许　琳
杨永利　章晓兰　郑双七　周功亚　周惠群　周剑平
周　来　周美茹

高职高专规划教材

# 水泥生料制备与水泥制成

彭宝利　孙素贞　主编

化学工业出版社

·北京·

本书从水泥制造工艺角度系统介绍了物料破碎与预均化工艺及设备、生料粉磨工艺与分级及设备、生料预均化工艺及均化库、水泥制成工艺及设备和与之相配套的喂料计量设备、水泥包装与散装设备、收尘与输送设备,本书还以适量的篇幅介绍了生料制备及水泥制成工艺的操作控制与维护、维修典型案例,理论联系生产实际,实用性强。

本书可作为高职高专材料工程技术等专业教学用书,也可作为相关专业技能鉴定培训指导用书和从事水泥生产的工程技术人员和技术工人学习用书,还可作为高等学校材料科学与工程、机械工程及自动化专业的学生下厂实习及毕业设计的参考用书。

### 图书在版编目(CIP)数据

水泥生料制备与水泥制成/彭宝利,孙素贞主编. —北京:化学工业出版社,2012.7(2020.10重印)
高职高专规划教材
ISBN 978-7-122-14554-3

Ⅰ.水… Ⅱ.①彭…②孙… Ⅲ.水泥-生产工艺
Ⅳ.TQ172.6

中国版本图书馆 CIP 数据核字(2012)第 126500 号

---

责任编辑:李仙华 王文峡　　　　　　　　文字编辑:糜家铃
责任校对:吴　静　　　　　　　　　　　　装帧设计:张　辉

---

出版发行:化学工业出版社(北京市东城区青年湖南街13号　邮政编码100011)
印　　装:北京盛通商印快线网络科技有限公司
787mm×1092mm　1/16　印张 21¼　字数 549 千字　2020年10月北京第1版第2次印刷

---

购书咨询:010-64518888　　　　　　　　售后服务:010-64518899
网　　址:http://www.cip.com.cn
凡购买本书,如有缺损质量问题,本社销售中心负责调换。

---

定　价:52.00元　　　　　　　　　　　　　　　　　　　　版权所有　违者必究

# 《水泥生料制备与水泥制成》编写人员

顾　　　　问　周功亚
主　　　　编　彭宝利　孙素贞
副　主　　编　徐永红　徐海军　刘良富
参　　　编　农　荣　曹世晖　纪明香
审　　　稿　昝和平　张学旭
文字编辑加工处理　韩国彩

# 前　言

水泥工业作为我国经济发展的支柱产业、基本建设中最重要的建筑材料，近二十年来得到长足的发展。据 2011 年统计，我国水泥产量达 20.85 亿吨，居世界第一，而且产能结构进一步得到优化，节能减排稳步推进。随着我国水泥工业化的进程及生产设备、工艺技术的不断升级，对所需人才的素质也提出了越来越高的要求，"水泥生料制备与水泥制成"一书是按照教育部对职业技术教育教材"要逐步建立以能力培养为基础的、特色鲜明的专业课教材和实训指导教材"的教材建设思想，以职业技术教育能力本位教育理念为立足点，围绕高等职业教育特点、培养方向及目标定位而编写的。全书从水泥制造工艺的角度系统介绍了生料制备与水泥制成工艺过程及所应用到的生产设备的构造、原理，运行操作、维护检修、故障诊断排除方面的理论与技能知识，在每一章节中还插入了大量翔实的立体图和局部剖视图，直观展现了水泥生料制备与水泥制成的工艺过程及设备构造，给读者以耳目一新的感觉，也将给教师讲课带来很大方便，指导学生实习实践收到事半功倍的效果。

本书由彭宝利、孙素贞主编，徐永红、徐海军、刘良富担任副主编，农荣、曹世晖、纪明香参编。编写分工是：唐山学院彭宝利编写 1 原料破碎和 4 生料粉磨中的 4.1～4.9 球磨机部分；山西职业技术学院孙素贞编写 2 原料预均化、4 生料粉磨中的 4.10～4.13 立磨部分、5 生料均化和 9 水泥储存与装运；常州工程职业技术学院徐永红编写 10 机械输送设备；内蒙古化工职业学院徐海军编写 6 水泥材料组成及要求和 8 水泥粉磨；安徽职业技术学院刘良富编写 12 除尘与通风设备；广西理工职业技术学校农荣编写 11 气力输送设备；湖南城建职业技术学院曹世晖编写 3 原料配料站；黑龙江建筑职业技术学院纪明香编写 7 矿渣烘干和 13 空气压缩机。最后由徐永红、徐海军、彭宝利统稿，唐山学院韩国彩负责全书的文字处理和编辑加工。山西职业技术学院昝和平、济南大学张学旭同志为本书审稿，在编写出版过程中得到了建材职业教育教学指导委员会主任周功亚同志的指导和帮助，在此表示衷心感谢。

本书提供有 PPT 电子教案，可发信到 cipedu@163.com 邮箱免费获取。

编者<br>2012 年 3 月

# 目 录

## 第一篇　水泥生料制备

1 原料破碎 ……………………………… 3
　1.1 概述 …………………………………… 3
　　1.1.1 破碎过程及方法 ………………… 3
　　1.1.2 破碎比 …………………………… 3
　　1.1.3 破碎系统与级数 ………………… 4
　　1.1.4 物料粒径的表示方法 …………… 4
　　1.1.5 粉碎产品的粒度特性 …………… 5
　1.2 颚式破碎机 …………………………… 5
　　1.2.1 构造及主要部件 ………………… 5
　　1.2.2 主要类型 ………………………… 7
　　1.2.3 工作参数 ………………………… 7
　　1.2.4 操作与维护要点 ………………… 9
　　1.2.5 常见故障分析及处理方法 ……… 9
　　复习思考题 ………………………………10
　1.3 锤式破碎机 ……………………………10
　　1.3.1 构造及主要部件 …………………10
　　1.3.2 主要类型 …………………………13
　　1.3.3 工作参数 …………………………13
　　1.3.4 操作与维护要点 …………………14
　　1.3.5 常见故障分析及处理方法 ………14
　　复习思考题 ………………………………15
　1.4 反击式破碎机 …………………………15
　　1.4.1 构造及主要部件 …………………15
　　1.4.2 主要类型 …………………………16
　　1.4.3 工作参数 …………………………17
　　1.4.4 操作与维护要点 …………………19
　　1.4.5 常见故障分析及处理方法 ………19
　　复习思考题 ………………………………19
　1.5 破碎工艺流程 …………………………19
　　复习思考题 ………………………………20
2 原料预均化 ……………………………21
　2.1 概述 ……………………………………21
　　2.1.1 预均化的意义 ……………………21
　　2.1.2 预均化的过程 ……………………22
　2.2 预均化库 ………………………………22
　　2.2.1 矩形预均化库 ……………………22
　　2.2.2 圆形预均化库 ……………………22
　　复习思考题 ………………………………23

　2.3 悬臂式堆料机 …………………………24
　　2.3.1 构造 ………………………………24
　　2.3.2 主要部件 …………………………24
　　2.3.3 操作与控制 ………………………25
　　2.3.4 运行中的检查维护 ………………26
　　2.3.5 常见故障分析及处理方法 ………26
　　复习思考题 ………………………………27
　2.4 卸料车式堆料机 ………………………27
　　复习思考题 ………………………………27
　2.5 桥式刮板取料机 ………………………27
　　2.5.1 构造 ………………………………27
　　2.5.2 主要部件 …………………………27
　　2.5.3 操作与控制 ………………………28
　　2.5.4 运行中的检查维护 ………………28
　　2.5.5 常见故障分析及处理方法 ………29
　　复习思考题 ………………………………29
3 原料配料站 ……………………………30
　3.1 概述 ……………………………………30
　3.2 配料站微机控制电子皮带秤系统 ……31
　　复习思考题 ………………………………31
　3.3 恒速定量电子皮带秤 …………………32
　　3.3.1 结构和工作原理 …………………32
　　3.3.2 操作要点 …………………………32
　　3.3.3 维护要点 …………………………33
　　复习思考题 ………………………………33
　3.4 调速定量电子皮带秤 …………………33
　　3.4.1 结构和工作原理 …………………33
　　3.4.2 操作要点 …………………………34
　　3.4.3 维护要点 …………………………35
　　3.4.4 恒速定量电子皮带秤与调速定量
　　　　　电子皮带秤主要性能比较 ………35
　　复习思考题 ………………………………35
　3.5 失重秤 …………………………………36
　　3.5.1 结构和工作原理 …………………36
　　3.5.2 操作与控制 ………………………37
　　3.5.3 维护要点 …………………………37
　　复习思考题 ………………………………37
　3.6 电磁振动喂料机 ………………………37
　　3.6.1 结构和工作原理 …………………37

3.6.2 喂料量的调节方法 … 38
3.6.3 维护要点 … 38
3.6.4 常见故障分析及处理方法 … 38
复习思考题 … 39
3.7 除铁器 … 39
3.7.1 结构和工作原理 … 39
3.7.2 操作与维护要点 … 40
复习思考题 … 40
3.8 冲板式流量计 … 40
3.8.1 结构和工作原理 … 40
3.8.2 冲板式流量计的使用 … 41
3.8.3 维护和检修 … 41
复习思考题 … 41
3.9 溜槽式流量计 … 41
3.9.1 结构和工作原理 … 41
3.9.2 溜槽式流量计的使用 … 42
复习思考题 … 42

4 生料粉磨 … 43
4.1 概述 … 43
4.2 生料粉磨工艺流程 … 43
4.2.1 开路（开流）粉磨 … 43
4.2.2 闭路（圈流）粉磨 … 44
复习思考题 … 46
4.3 球磨机 … 46
4.3.1 构造及分类 … 46
4.3.2 主要部件 … 51
4.3.3 工作原理及主要参数 … 59
复习思考题 … 66
4.4 研磨体 … 66
4.4.1 种类与材质 … 66
4.4.2 研磨体填充率与填充高度的关系 … 67
4.4.3 各种尺寸研磨体的堆积密度 … 68
4.4.4 研磨体的级配 … 69
复习思考题 … 73
4.5 分级与分级设备 … 73
4.5.1 离心式选粉机 … 74
4.5.2 旋风式选粉机 … 79
4.5.3 粗粉分离器 … 80
4.5.4 组合式选粉机 … 81
复习思考题 … 82
4.6 球磨机系统 … 82
4.6.1 烘干兼粉磨工艺系统 … 82
4.6.2 球磨机工艺系统配置 … 83
复习思考题 … 84
4.7 球磨机系统操作 … 85
4.7.1 磨机系统岗位责任制 … 85

4.7.2 交接班制度 … 85
4.7.3 操作记录填写要求 … 85
4.7.4 对照交接班记录分析上一班设备的运行情况 … 86
4.7.5 磨机开车前的准备工作 … 86
4.7.6 选粉机开机前的准备工作 … 87
4.7.7 粉磨操作控制的依据 … 87
4.7.8 磨机运转与不能继续运转的条件 … 87
4.7.9 烘干磨"暖机"的操作程序 … 88
4.7.10 入磨原料配料的自动调节控制 … 88
4.7.11 烘干磨喂料量的调节控制原则 … 89
4.7.12 烘干磨热风的调整与控制 … 89
4.7.13 磨机负荷控制 … 90
4.7.14 系统压力控制 … 91
4.7.15 烘干磨两仓负荷的均衡 … 91
4.7.16 生料质量控制 … 91
4.7.17 选粉效率、循环负荷率的正常控制范围 … 92
4.7.18 离心式选粉机的细度调整方法 … 92
4.7.19 旋风式选粉机调节细度的方法 … 93
4.7.20 中卸提升循环磨操作控制调节实例 … 93
4.7.21 湿法磨机的操作 … 96
4.7.22 粉磨过程中不正常情况的分析及处理 … 97
复习思考题 … 98
4.8 球磨机及选粉机的故障诊断及处理 … 99
4.8.1 设备运行状态的诊断与监测 … 99
4.8.2 磨机无法启动的原因及处理方法 … 100
4.8.3 主电机电流明显增大的原因及处理方法 … 100
4.8.4 主轴承温度突然升高的原因及处理方法 … 100
4.8.5 传动部分常见故障及处理方法 … 101
4.8.6 磨机筒体部分常见故障及处理方法 … 102
4.8.7 离心式选粉机的故障处理 … 102
4.8.8 离心、旋风选粉机齿轮啮合间隙的调整 … 103
4.8.9 离心、旋风选粉机传动轴晃动的原因及处理 … 103
4.8.10 旋风式选粉机常见故障及排除方法 … 103

  4.8.11 组合式选粉机的轴承发热、响声异常的处理 ……………………… 105
  4.8.12 组合式选粉机叶片被打坏或掉落致使机体摆动的处理 …………… 105
 复习思考题 ………………………………… 105
4.9 球磨机系统设备的维护和检修 ……… 105
  4.9.1 设备维护的主要内容 …………… 105
  4.9.2 设备的润滑 ……………………… 105
  4.9.3 润滑的作用 ……………………… 106
  4.9.4 对润滑及润滑材料的要求 ……… 106
  4.9.5 润滑油的主要质量指标 ………… 107
  4.9.6 常用的润滑油及其用途 ………… 108
  4.9.7 润滑脂的主要质量指标 ………… 108
  4.9.8 常用润滑脂及其用途 …………… 109
  4.9.9 固体润滑剂 ……………………… 109
  4.9.10 稀油润滑 ……………………… 109
  4.9.11 干油站润滑 …………………… 111
  4.9.12 油雾润滑 ……………………… 112
  4.9.13 磨机润滑系统的维护 ………… 112
  4.9.14 磨机主轴承的维护 …………… 114
  4.9.15 磨机正常运行时的维护保养 ………………………………… 115
  4.9.16 减速机运转中的维护保养 …… 115
  4.9.17 磨机电动机的维护保养 ……… 116
  4.9.18 稀油站齿轮泵的使用与维护 …… 116
  4.9.19 稀油站冷却器的使用与维护 …… 116
  4.9.20 选粉机的锁风问题 …………… 117
  4.9.21 磨机系统小修内容 …………… 117
  4.9.22 磨机系统中修内容 …………… 118
  4.9.23 磨机系统大修内容 …………… 119
  4.9.24 磨机修理应达到的质量要求 …… 119
  4.9.25 润滑泵的检修 ………………… 120
 复习思考题 ………………………………… 121
4.10 立式磨 ……………………………… 121
  4.10.1 构造和工作原理 ……………… 121
  4.10.2 主要部件 ……………………… 123
  4.10.3 主要类型 ……………………… 124
  4.10.4 立式磨的粉磨特性 …………… 125
  4.10.5 立式磨的主要工艺参数 ……… 126
 复习思考题 ………………………………… 127
4.11 立式磨系统 …………………………… 127
  4.11.1 立式磨工艺系统 ……………… 127
  4.11.2 立式磨工艺系统配置 ………… 129
 复习思考题 ………………………………… 129
4.12 立式磨的操作 ………………………… 129
  4.12.1 启动前的准备 ………………… 129
  4.12.2 开停车操作 …………………… 130
  4.12.3 运行中的检查和调整 ………… 131
  4.12.4 运行中的操作控制要点 ……… 131
  4.12.5 粉磨过程中不正常情况的分析及处理 ……………………………… 132
 复习思考题 ………………………………… 133
4.13 立式磨系统设备的维护和检修 ……… 133
  4.13.1 保持立式磨的液压系统和减速机泵站正常工作 …………………… 133
  4.13.2 ATOX立式磨磨辊漏油的修理实例 ………………………………… 133
  4.13.3 ATOX磨磨辊拉力杆断裂的处理实例 ……………………………… 134
  4.13.4 莱歇磨磨辊液压缸活塞杆与连杆螺纹处断裂的分析与修复实例 …… 135
 复习思考题 ………………………………… 135

# 5 生料均化 …………………………………… 136
5.1 概述 …………………………………… 136
  5.1.1 生料均化的意义 ………………… 136
  5.1.2 均化过程的基本参数 …………… 136
5.2 生料均化库 …………………………… 137
  5.2.1 混合室 …………………………… 137
  5.2.2 充气箱 …………………………… 137
  5.2.3 充气装置 ………………………… 138
  5.2.4 罗茨风机 ………………………… 138
  5.2.5 卸料装置 ………………………… 140
  5.2.6 库顶加料与除尘装置 …………… 141
 复习思考题 ………………………………… 141
5.3 生料均化工艺 ………………………… 141
  5.3.1 均化过程 ………………………… 141
  5.3.2 均化系统配置 …………………… 141
  5.3.3 生料均化库应用实例 …………… 144
 复习思考题 ………………………………… 145
5.4 生料均化库的操作 …………………… 145
  5.4.1 均化库的充气制度 ……………… 145
  5.4.2 开机前的准备 …………………… 146
  5.4.3 开停车操作 ……………………… 146
  5.4.4 库底充气操作 …………………… 146
  5.4.5 均化库的操作控制 ……………… 146
  5.4.6 均化过程中不正常情况的分析及处理 ………………………………… 147
  5.4.7 罗茨风机转子出现的问题及解决办法 ………………………………… 149
 复习思考题 ………………………………… 149
5.5 均化系统设备的维护和检修 ………… 149
  5.5.1 运行中的维护和保养 …………… 149

5.5.2 回转式空气分配阀的使用和维护 … 149
    5.5.3 均化库底叶轮下料器的保养 …… 150
    5.5.4 罗茨风机的维护 …………… 150
    复习思考题 ……………………… 150

# 第二篇 水 泥 制 成

## 6 水泥材料组成及要求 …………… 153
  6.1 概述 ……………………………… 153
  6.2 水泥主要组分及配比 …………… 153
    6.2.1 水泥熟料 ……………………… 153
    6.2.2 石膏 …………………………… 154
    6.2.3 混合材 ………………………… 154
    6.2.4 水泥组成材料的配比 ………… 155
    复习思考题 ………………………… 155
  6.3 水泥粉磨细度 …………………… 155
    复习思考题 ………………………… 156
  6.4 水泥助磨剂 ……………………… 156
    6.4.1 水泥助磨剂的组成及原理 …… 156
    6.4.2 水泥助磨剂的作用及掺加量的
         要求 …………………………… 157
    复习思考题 ………………………… 157

## 7 矿渣烘干 ………………………… 158
  7.1 概述 ……………………………… 158
  7.2 回转烘干机 ……………………… 158
    7.2.1 构造及烘干原理 ……………… 158
    7.2.2 主要部件 ……………………… 159
    复习思考题 ………………………… 161
  7.3 沸腾燃烧室 ……………………… 161
    复习思考题 ………………………… 162
  7.4 烘干机的操作控制 ……………… 162
    7.4.1 安全操作规程 ………………… 162
    7.4.2 开停车操作 …………………… 162
    7.4.3 烘干机运行操作 ……………… 163
    7.4.4 烘干机运行中不正常情况的
         处理 …………………………… 164
    7.4.5 烘干机的维护 ………………… 164
    复习思考题 ………………………… 166

## 8 水泥粉磨 ………………………… 167
  8.1 概述 ……………………………… 167
  8.2 水泥粉磨工艺流程 ……………… 168
    复习思考题 ………………………… 171
  8.3 辊压机 …………………………… 171
    8.3.1 结构和工作原理 ……………… 171
    8.3.2 主要部件 ……………………… 171
    8.3.3 主要参数 ……………………… 173
    复习思考题 ………………………… 175
  8.4 打散机 …………………………… 175
    8.4.1 结构和工作原理 ……………… 175
    8.4.2 主要部件 ……………………… 176
    复习思考题 ………………………… 176
  8.5 辊压机系统的操作 ……………… 176
    8.5.1 辊压机的开停机操作 ………… 177
    8.5.2 辊压机的操作控制 …………… 178
    8.5.3 辊压机运行中的调整 ………… 179
    复习思考题 ………………………… 180
  8.6 辊压机故障处理及维护 ………… 180
    8.6.1 常见故障分析及处理方法 …… 180
    8.6.2 辊压机的维护 ………………… 181
    复习思考题 ………………………… 181
  8.7 打散分级机故障处理及维护 …… 182
    复习思考题 ………………………… 183
  8.8 球磨机 …………………………… 183
    8.8.1 球磨机的类型 ………………… 183
    8.8.2 磨内喷水系统 ………………… 185
    8.8.3 磨内喷水的作用 ……………… 186
    复习思考题 ………………………… 186
  8.9 水泥粉磨工艺操作 ……………… 187
    8.9.1 操作要求 ……………………… 187
    8.9.2 磨机喂料量的控制依据 ……… 187
    8.9.3 磨机喂料情况的判断 ………… 189
    8.9.4 磨机喂料操作应注意的问题 … 189
    8.9.5 水泥粉磨细度控制 …………… 189
    8.9.6 以出磨水泥安定性为目标的磨机
         控制 …………………………… 190
    8.9.7 磨机运转情况的判断 ………… 191
    8.9.8 降低磨内温度的操作 ………… 191
    8.9.9 采用磨内喷水应注意的几个
         问题 …………………………… 192
    8.9.10 磨内球料比和物料流速的
          控制 ………………………… 192
    复习思考题 ………………………… 192
  8.10 O-Sepa 选粉机 ………………… 192
    8.10.1 结构和主要部件 …………… 193
    8.10.2 工作原理及选粉过程 ……… 193
    8.10.3 O-Sepa 选粉机的性能优点 … 194
    8.10.4 O-Sepa 选粉机的操作控制 … 194
    8.10.5 O-Sepa 选粉机的维护维修 … 197
    复习思考题 ………………………… 197
  8.11 球磨机系统 …………………… 197
    8.11.1 水泥闭路粉磨系统 ………… 197

8.11.2 辊压机与球磨机匹配的水泥粉磨
　　　 系统 ················ 198
8.11.3 球磨机工艺系统配置 ········ 198
复习思考题 ····················· 200
8.12 立磨系统 ························· 200
8.12.1 立磨预粉磨系统 ············ 200
8.12.2 立磨终粉磨系统 ············ 201
复习思考题 ····················· 202

# 9 水泥储存与装运 ····················· 203
9.1 概述 ································ 203
9.2 储存及均化 ························· 204
9.2.1 水泥储存的目的 ············· 204
9.2.2 袋装水泥的发运 ············· 204
9.2.3 散装水泥的发运 ············· 205
复习思考题 ····················· 206

9.3 回转式水泥包装机 ················ 206
9.3.1 类型 ························· 206
9.3.2 结构和工作原理 ············· 208
9.3.3 操作与维护 ·················· 211
9.3.4 常见故障分析及处理方法 ···· 212
9.3.5 包装机系统配置 ············· 213
复习思考题 ····················· 214
9.4 水泥散装系统主要设备 ··········· 214
9.4.1 库侧卸料器 ·················· 214
9.4.2 库底卸料器 ·················· 214
9.4.3 运行与操作 ·················· 216
9.4.4 调试与维护 ·················· 217
9.4.5 常见故障分析及处理方法 ···· 217
复习思考题 ····················· 218

# 第三篇 辅 助 设 备

## 10 机械输送设备 ····················· 220
10.1 概述 ······························· 220
10.2 带式输送机 ······················· 220
10.2.1 结构和工作原理 ············ 220
10.2.2 主要部件 ··················· 220
10.2.3 工艺布置及要求 ············ 228
10.2.4 操作与维护 ················· 229
10.2.5 检修与调试 ················· 232
10.2.6 常见故障分析及处理方法 ··· 233
复习思考题 ····················· 234
10.3 螺旋输送机 ······················· 234
10.3.1 结构和工作原理 ············ 234
10.3.2 主要部件 ··················· 234
10.3.3 工艺布置及要求 ············ 236
10.3.4 操作与维护 ················· 236
10.3.5 水平线和中心线的校正 ····· 238
10.3.6 常见故障分析及处理方法 ··· 238
复习思考题 ····················· 239
10.4 斗式提升机 ······················· 239
10.4.1 结构和工作原理 ············ 239
10.4.2 主要部件 ··················· 240
10.4.3 操作与维护 ················· 244
10.4.4 常见故障分析及处理方法 ··· 244
复习思考题 ····················· 245
10.5 链式输送机 ······················· 245
10.5.1 埋刮板输送机 ··············· 245
10.5.2 FU链式输送机 ············· 250
10.5.3 板式输送机 ················· 250
10.5.4 链斗式输送机 ··············· 253

复习思考题 ····················· 256
## 11 气力输送设备 ····················· 257
11.1 概述 ······························· 257
11.1.1 流态化技术与气力输送系统 ··· 257
11.1.2 气力输送物料的方式 ······· 258
11.2 空气输送斜槽 ····················· 259
11.2.1 结构和工作原理 ············ 259
11.2.2 主要部件 ··················· 259
11.2.3 操作与维护 ················· 260
11.2.4 常见故障分析及处理方法 ··· 261
复习思考题 ····················· 261
11.3 气力提升泵 ······················· 261
11.3.1 结构和工作原理 ············ 261
11.3.2 主要部件 ··················· 261
11.3.3 操作与维护 ················· 262
11.3.4 故障诊断及排除 ············ 263
复习思考题 ····················· 263
11.4 螺旋气力输送泵 ·················· 263
11.4.1 结构和工作原理 ············ 264
11.4.2 主要部件 ··················· 264
11.4.3 操作与维护 ················· 265
11.4.4 常见故障分析及处理方法 ··· 265
复习思考题 ····················· 266
11.5 仓式气力输送泵 ·················· 266
11.5.1 结构和工作原理 ············ 266
11.5.2 主要部件 ··················· 267
11.5.3 操作与维护 ················· 268
11.5.4 常见故障分析及处理方法 ··· 268
复习思考题 ····················· 269

11.6 管道及阀门 ………………………… 269
  11.6.1 直管 ………………………………… 269
  11.6.2 弯管 ………………………………… 269
  11.6.3 换向阀门 …………………………… 270
  11.6.4 伸缩接头 …………………………… 270
  11.6.5 卸料弯头 …………………………… 270
  复习思考题 …………………………………… 271
11.7 气力输送工艺系统 ………………… 271
  11.7.1 仓式气力输送泵 …………………… 271
  11.7.2 螺旋气力输送泵 …………………… 271

# 12 除尘与通风设备 …………………………… 273
12.1 概述 …………………………………… 273
  12.1.1 粉尘的危害 ………………………… 273
  12.1.2 国家环保部门对水泥工业粉尘排放的要求 …………………………… 273
  12.1.3 除尘效率 …………………………… 274
12.2 旋风除尘器 …………………………… 275
  12.2.1 结构和工作原理 …………………… 276
  12.2.2 规格及类型 ………………………… 276
  12.2.3 密封排灰装置 ……………………… 278
  12.2.4 旋风筒的串、并联使用 …………… 278
  12.2.5 操作与维护 ………………………… 279
  12.2.6 影响除尘效率的因素 ……………… 279
  12.2.7 常见故障分析及处理方法 ………… 280
  复习思考题 …………………………………… 281
12.3 袋式除尘器 …………………………… 281
  12.3.1 结构和工作原理 …………………… 281
  12.3.2 规格及类型 ………………………… 282
  12.3.3 常用的袋式除尘器 ………………… 284
  12.3.4 操作与维护 ………………………… 287
  12.3.5 常见故障分析及处理方法 ………… 287
  12.3.6 影响除尘效率的因素 ……………… 288
  复习思考题 …………………………………… 289
12.4 电除尘器 ……………………………… 289
  12.4.1 结构和工作原理 …………………… 289
  12.4.2 类型及产品代号 …………………… 290
  12.4.3 主要部件 …………………………… 292
  12.4.4 操作与维护 ………………………… 292
  12.4.5 常见故障分析及处理方法 ………… 295
  12.4.6 影响电除尘器除尘效率的主要因素 ……………………………………… 297
  复习思考题 …………………………………… 299
12.5 离心通风机 …………………………… 299
  12.5.1 结构和工作原理 …………………… 299
  12.5.2 规格型号 …………………………… 300
  12.5.3 机座及传动方式 …………………… 300
  12.5.4 密封和润滑装置 …………………… 300
  12.5.5 操作与维护 ………………………… 301
  复习思考题 …………………………………… 303
12.6 除尘系统的选择 ……………………… 303
  12.6.1 选择除尘系统的原则 ……………… 303
  12.6.2 主要尘源点的除尘系统的确定 …………………………………… 303
  12.6.3 破碎机的除尘 ……………………… 303
  12.6.4 粉磨设备的除尘 …………………… 304
  12.6.5 烘干机废气的除尘 ………………… 304
  12.6.6 回转窑废气的除尘 ………………… 305
  12.6.7 熟料冷却机废气的除尘 …………… 305
  12.6.8 包装机的除尘 ……………………… 305
  12.6.9 附属设备的除尘 …………………… 305
  复习思考题 …………………………………… 306
12.7 磨机通风与收尘的测定 ……………… 306
  12.7.1 理论要求通风量的计算 …………… 306
  12.7.2 风压、风量的测定方法 …………… 306
  12.7.3 磨机内通风量的测量计算 ………… 309
  12.7.4 气体含尘浓度与收尘效率的测定计算 ……………………………………… 311
  复习思考题 …………………………………… 314

# 13 空气压缩机 ………………………………… 315
13.1 概述 …………………………………… 315
  13.1.1 空气压缩机在水泥生产过程中的作用 …………………………………… 315
  13.1.2 空压机站的组成 …………………… 315
  13.1.3 空气压缩机 ………………………… 315
13.2 活塞式空压机 ………………………… 316
  13.2.1 结构和工作原理 …………………… 316
  13.2.2 主要部件 …………………………… 317
  13.2.3 操作与维护 ………………………… 318
  13.2.4 常见故障分析及处理方法 ………… 320
  复习思考题 …………………………………… 321
13.3 螺杆式空压机 ………………………… 321
  13.3.1 结构和工作原理 …………………… 321
  13.3.2 螺杆式空压机组及主要部件功能 …………………………………… 323
  13.3.3 操作与维护 ………………………… 324
  13.3.4 常见故障分析及处理方法 ………… 325
  复习思考题 …………………………………… 326

**参考文献** ………………………………………… 327

# 第一篇　水泥生料制备

　　水泥生料制备是指将配合好的原料（石灰石、页岩、粉砂岩等黏土质原料、铁质原料等按照一定的比例配合），经过磨细，制备出合格的生料粉，入均化库储存，再供水泥窑去煅烧熟料之用。从水泥生产整个流程看，水泥生料制备是指入窑前对原料的一系列加工过程，即：原料的破碎（板式喂料机、破碎机）→原料的预均化（矩形或圆形预均化堆场）→原料入磨前配料（喂料机计量）→原料粉磨（烘干兼粉磨的球磨机或立式磨）→分级（选粉机）→合格生料→均化库（储存、均化），然后进入下一道工序——熟料煅烧。各道工序用输送设备连接起来，除尘器承担粉尘处理、净化环境的任务（见图1-1、图1-2）。

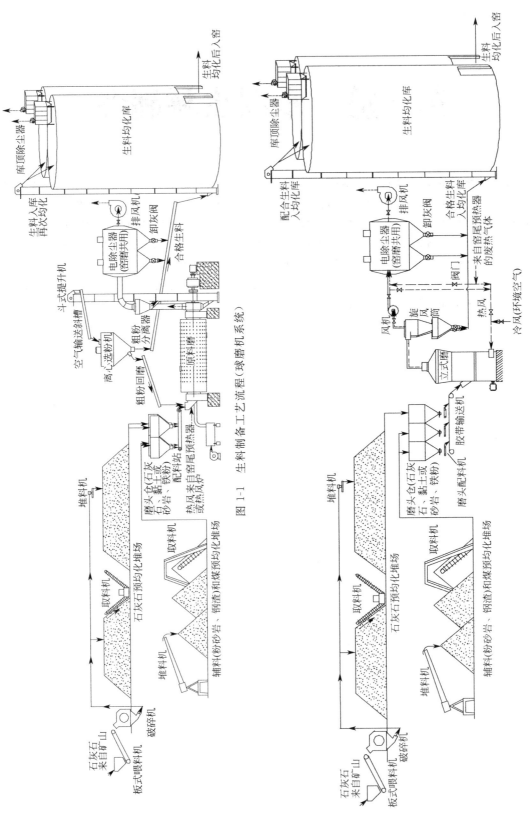

图 1-1 生料制备工艺流程（球磨机系统）

图 1-2 生料制备工艺流程（立磨机系统）

# 1 原 料 破 碎

**【本章摘要】** 本章着重介绍了水泥生产过程中石灰石、熟料及石膏等破碎用的颚式破碎机、锤式破碎机、反击式破碎机的工作原理、主要构造、工作参数及操作维护的注意事项，通过本章内容的学习，结合操作技能训练，旨在使读者掌握物料破碎和均化的主要设备、基本原理知识及应用技术。

## 1.1 概述

在水泥生产过程中，有大量的物料在入磨之前需要破碎，如从石灰石矿山上利用爆破技术开采下来的大块石灰石、磨制水泥时要处理的熟料、石膏等，这些物料的粒度一般都超过了粉磨设备允许的进料尺寸，给配料及粉磨作业带来困难，因此需要对它在入磨之前进行破碎，使之成为均匀的小块状或颗粒状物料，便于预均化（提高其化学成分的均匀性），更便于粉磨（降低了入磨物料粒度，可提高磨机产量，节省了粉磨电耗）。生料制备过程所要破碎的物料主要针对石灰石，它是制造水泥的主要原料，占80%以上。

### 1.1.1 破碎过程及方法

破碎是对物料进行粉碎的第一步，是由破碎机来完成的。第二步是粉磨，由磨机去完成（将在"4 生料粉磨"中介绍），两步合起来称之为粉碎，是指在外力的作用下，固体物质克服各质点间的内聚力，使其碎裂的过程。

破碎的方法很多，常见的有以下几种。

① 击碎［见图1-3(a)］ 物料在瞬间受到外来冲击力的作用被破碎。冲击破碎的方法很多，如静止的物料受到外来冲击物体的打击被破碎；高速运动的物料撞击钢板而物料被破碎；行动中的物料相互撞击而破碎等。此法适用于脆性物料的破碎。

② 压碎［见图1-3(b)］ 在两个工作面之间的物料，受到缓慢增长的压力作用而被破碎的方法称为压碎。此破碎方法适用于破碎大块硬质物。

③ 磨碎［见图1-3(c)］ 物料受到两个相对移动的工作面的作用，或受各种形状的研磨体之间的摩擦作用而被粉碎的方法称为磨碎。该法主要适用于研磨小块物料。

④ 折碎［见图1-3(d)］ 物料在受到两个相互错开的凸棱工作面间的压力作用而被破碎的方法。此法主要适用于破碎硬脆性物料。

⑤ 劈碎［见图1-3(e)］ 物料在两个尖棱工作面之间，受到尖棱的劈裂作用而被破碎的方法。该法多适用于破碎脆性物料。

事实上，任何一种破碎机械，不论是颚式破碎机，还是锤式破碎机或反击式破碎机，并不是使用单纯一种破碎方法破碎物料，而是使用两种或两种以上的方法"协调动作"来完成对物料的破碎。

### 1.1.2 破碎比

根据处理物料要求的不同，破碎可分为粗碎、中碎和细碎三类，通常按如下范围进行划分：

① 粗碎——物料被破碎到100mm左右；

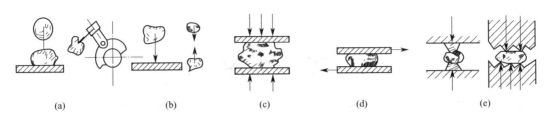

图 1-3 物料的破碎方法

② 中碎——物料被破碎到 100～30mm；

③ 细碎——物料被破碎到 30～3mm。

不管是粗碎、中碎还是细碎，破碎过程都是将大块物料碎裂成小块物料的过程。物料破碎前的尺寸与破碎后的尺寸之比就是破碎比。由于所破碎的物料是成批量的，这里只能用平均破碎比 $i_m$ 来表示物料在粉碎之前 $D_m$ 和粉碎之后 $d_m$ 的变化情况：

$$i_m = \frac{D_m}{d_m} \tag{1-1}$$

式中　$i_m$——平均破碎比；

　　　$D_m$——破碎前物料的平均直径，mm；

　　　$d_m$——破碎后物料的平均直径，mm。

平均破碎比可以作为衡量破碎力学性能的一项指标，在设备选型时作为参考。还可以用物料破碎前允许最大进料粒度（破碎机最大进料口尺寸）和最大出料粒度（破碎机最大出料口尺寸）之比表示物料破碎前后尺寸的变化情况，称之为公称破碎比，即：

$$i_n = \frac{B}{b} \tag{1-2}$$

式中　$i_n$——公称破碎比；

　　　$B$——破碎前允许最大进料粒度（也可用破碎机最大进料口尺寸表示），mm；

　　　$b$——破碎后允许最大出料粒度（也可用破碎机最大出料口尺寸表示），mm。

在实际生产中，最大进料尺寸总是比破碎设备允许最大进料尺寸要小一些，所以破碎物料时的实际破碎比总要比公称破碎比小一些，这在选择破碎设备时要加以注意。

### 1.1.3　破碎系统与级数

破碎机的破碎比是有一定范围的，如果要将很大的物料破碎成很小的物料，靠单台设备要达到生产要求一般难度较大，此时可以将两台或两台以上的破碎机串联起来使用。把串联使用的破碎机的台数称为破碎级数（也称为破碎段数）。在串联系统中第一级破碎机的平均入料粒度和最后一级破碎机的出料平均粒度之比，称为总破碎比。总破碎比也可用各级破碎比的乘积来表示，即：

$$i = i_1 i_2 \cdots i_n \tag{1-3}$$

式中　$i$——多级破碎的总破碎比；

　　　$i_1, i_2, \cdots, i_n$——各级破碎机的破碎比。

### 1.1.4　物料粒径的表示方法

在粉碎过程中，原料和破碎产品都是由各种粒径的混合料组成的颗粒群。这种颗粒群的粒径一般用平均粒径来表示，通常用质量平均法测算，其方法如下。

首先，取有一定代表性的试样，用套筛以筛析法把物料筛析成若干粒级；求出各粒级物料的平均粒径 $d_m$。其方法如下：设相邻两筛子的孔径为 $d_i$（大孔筛）和 $d_{i+1}$（小孔筛），在该两孔径级筛子之间的颗粒群可用算术平均粒径表示，即：

$$d_m = (d_i + d_{i+1})/2$$

然后，分别称出各粒级物料的质量 $G_1$、$G_2$、$G_3$、…、$G_n$。

最后求出颗粒群的平均粒径 $D_m$，即：

$$D_m = \frac{d_{m_1}G_1 + d_{m_2}G_2 + d_{m_3} + d_{m_n}G_n}{G_1 + G_2 + G_n} \tag{1-4}$$

筛析的粒度级数越多，测得的颗粒群平均粒径越精确。

### 1.1.5 粉碎产品的粒度特性

大块物料破碎后的颗粒尺寸不都是均齐的，有时可能较大颗粒占有大多数，有时可能较小颗粒占有大多数，要想了解粉碎产品中粗细粒度分布情况，可以采用产品粒度特性曲线来分析。粒度特性曲线的绘制方法如下：首先按"1.1.4 物料粒径的表示方法"中粒径测定时的筛析方法，把试样筛分成若干粒级，把筛析所得的数据整理后绘制成曲线图，这样，就可以比较清楚地来分析试样的粒度特性，如图1-4所示。

图1-4中曲线2表明此试样物料粒级大小分布均匀，图中凹形曲线1表示该试样物料中细小粒级比较多，粗粒级相对较少；曲线3则表明该试样物料中粗大颗粒较多，而细小颗粒较少。

粒度特性曲线不仅可以求得筛析时没有设定的粒级范围的粒级百分数，同时还可以检查和判断破碎机械的工作情况。为了比较，可在同一破碎机械中粉碎各类不同的物料，或在不同破碎机械中粉碎同一种物料，依次将粒度特性曲线绘制在同一图表中，以便于比较。

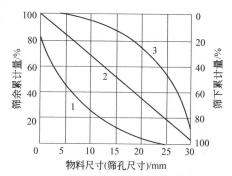

图1-4 粒度组成特性曲线

## 1.2 颚式破碎机

### 1.2.1 构造及主要部件

颚式破碎机是水泥厂常用的一种粗碎和中碎机械，由机架及定颚板、活动颚板、偏心轴、皮带轮和飞轮、推力板、拉杆、压力弹簧、调节螺杆等部件组成，在定颚板和活动颚板上镶嵌有耐磨衬板。图1-5是复杂摆动的颚式破碎机的构造及物料的破碎过程，其主要部件的功能如下。

（1）机架与支撑装置

机架由两个纵向侧壁和两个横向侧壁组成刚性框架，在工作中承受很大的冲击载荷，所以要具有足够的强度和刚度。中小型破碎机一般整体铸造，大于 1200mm×1500mm 的颚式破碎机都采用上、下机架的组合形式。

支撑装置主要用于支撑偏心轴和悬挂轴，使它们固定在机架上。目前，支撑装置一般都采用滚动轴承，以减小摩擦、方便维修和保证润滑。

（2）破碎部件

破碎机的破碎部件是活动颚板和固定颚板（简称动颚和定颚），颚板用于直接破碎物料，为了避免磨损，提高颚板使用寿命，在颚板和颚腔两侧一般都镶有衬板。在衬板与颚板之间，常常垫以塑性衬垫，以保持衬板与颚板紧密结合以及使衬板受力均匀。衬板采用强度高且耐磨的锰钢铸造。为了有效地破碎物料,衬板的表面常铸成齿条形和波纹形,见图 1-6。

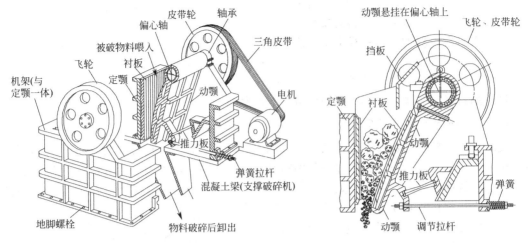

图 1-5　复杂摆动颚式破碎机的构造及物料的破碎过程

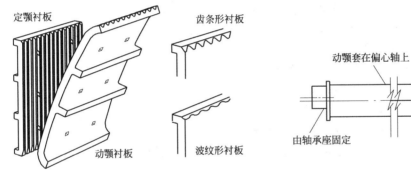

图 1-6　活动颚板和固定颚板　　　　图 1-7　颚式破碎机的偏心轴

（3）传动机构

偏心轴是颚式破碎机的主轴,如图 1-7 所示,也是带动连杆和活动颚板作往复运动的主要部件,两侧分别装有飞轮和胶带轮,使动力负荷均匀,破碎机稳定运转。主轴的动力通过连杆、推力板（肘板）传递给活动颚板,连杆、推力板承受很大的力,故用铸钢制造。

（4）拉紧装置

拉紧装置由弹簧、拉杆及调节螺母等组成。拉杆的一端铰接在动颚底部,另一端穿过机架壁的凸耳,用弹簧及螺母张紧,当连杆驱动动颚向前摆动时,动颚和推力板将产生惯性力矩,而连杆回程时,由于上述惯性力矩的作用,使动颚不能及时进行回程摆动,有使推力板跌落的危险。因而要用拉紧机构使推力板与动颚、顶座之间保持紧密接触。在动颚工作行程中,弹簧受到压缩;在卸料行程中,弹簧伸张,拉杆借助弹簧拉力来平衡动颚和推力板向前摆动时的惯性力,使动颚及时向反方向摆动。

（5）调节装置

调节装置用于调整出料口宽度。大中型颚式破碎机的出料口宽度,是使用不同长度的推力板来调整的,通过在机后壁与顶座之间垫上不同厚度的垫片来补偿颚板的磨损。小型破碎机通常采用楔铁调整方法。楔铁调整是在推力板和机架后壁之间,设有楔形的前后顶座,拧动调节螺栓,使后顶座上下移动,前顶座在导槽内移动,这样可以调节出料口宽度。

（6）保险装置

为保护活动颚板、机架、偏心轴等大型贵重部件免受损坏，一般都设有安全保险装置。通常颚式破碎机的保险装置是将推力板分成两段，中间用螺栓连接，设计时将螺栓的强度设计得小些；也有的是在推力板上开孔或用铸铁制造，当破碎机负荷过大时，推力板或其螺栓就会断裂，活动颚板停止摆动，从而起到保险作用（液压颚式破碎机连杆处的液压装置也具有保险作用）。

颚式破碎机的规格型号用入料口的宽度和长度来表示，例如：P（破碎机）E（颚式）F（复杂摆动）600mm（入料口宽度）×900mm（入料口长度）。

### 1.2.2 主要类型

颚式破碎机按照活动颚板的运动特性可以分为四类，如图1-8所示。

① 简单摆动颚式破碎机　活动颚板以悬挂轴为支点作往复摆动，其运动行程以活动颚板的底部，即卸料口处为最大。

② 复杂摆动颚式破碎机　活动颚板悬挂在偏心轴上，而活动颚板的底部则支撑在推力板上。当偏心轴转动时，活动颚板在其带动下作上下、左右的复杂运动，故称"复杂摆动式"。

③ 组合摆动颚式破碎机　活动颚板也悬挂在偏心轴上，而其底部则支撑在与连杆铰接的两块推力板上。这种破碎机的活动颚板的顶端和底部分别具有简摆式及复摆式破碎机的结构特性，是二者的组合。

④ 液压颚式破碎机　其结构与简单摆动颚式破碎机相近，不同之处是在连杆和推力板处各装一个液压装置，连杆上的液压油缸和活塞不仅便于主电机的启动，而且当颚腔内掉入难碎物料时，能对破碎机的主要部件起到保险、保护的作用。推力板上的液压装置则用来调整出料口间隙的大小。破碎机的活动颚板的上部悬挂在偏心轴上，底部则支撑在推力板上。当偏心轴转动时，活动颚板在其带动下作上下、左右的复杂运动，故它也是"复杂摆动颚式破碎机"，是当前最常用的一种颚式破碎机。

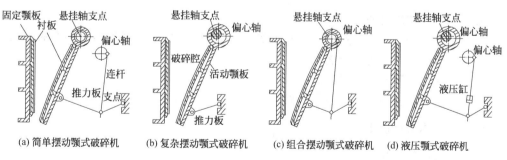

图1-8　颚式破碎机的类型

### 1.2.3 工作参数

（1）钳角

颚式破碎机活动颚板与固定颚板之间的夹角 $\alpha$ 称为钳角，如图1-9所示。钳角小，可以使破碎机的生产能力增加，但破碎比小。钳角大，可以增大破碎比，但会降低生产能力，同时落入颚腔中的物料不易夹牢，可能被向上挤出达不到破碎的目的。一般 $\alpha=22°\sim33°$，考虑到入料粒度相差很大的实际情况，小块物料可能被夹在大块物料之间，这时物料有被挤出加料口的可能，所以，一般设计颚式破碎机时，$\alpha$ 取 $18°\sim22°$。

（2）偏心轴的转速

颚式破碎机偏心轴的转速直接反映活动颚板的摆动次数。在一定范围内，偏心轴的转速

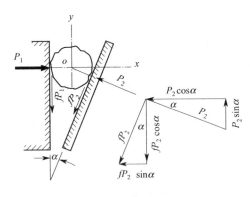

图 1-9 颚板的钳角及料块受力图

增加,生产能力随之增加;但是超过一定限度时,反而会使生产能力降低,并且电耗增加。经理论推导,偏心轴的转速应为:

$$n = 470\sqrt{\frac{\tan\alpha}{s}} \qquad (1-5)$$

式中 $n$——偏心轴的转速,r/min;
$s$——活动颚板下端水平行程,cm;
$\alpha$——钳角,(°)。

上式计算出的 $n$ 值为理想的转速,没有考虑破碎机的类型、规格和物料性质的影响。因此,只能用来大致确定颚式破碎机的转速。

对于大型颚式破碎机,为了减小动颚的惯性力和降低动力的消耗,按上式计算的 $n$ 值应再降低 20%~30%;如破碎坚硬物料,按上式计算的结果应作适当降低;如破碎脆性物料,转速则应适当提高。

颚式破碎机的转速也可按经验公式计算:

$$B \leqslant 1.2\text{m 时},\ n \text{ 为 } 310 \sim 145B\ (\text{r/min}) \qquad (1-6)$$

$$B > 1.2\text{m 时},\ n \text{ 为 } 160 \sim 420B\ (\text{r/min}) \qquad (1-7)$$

式中 $B$——颚式破碎机进料口的宽度,m。

(3) 生产能力

颚式破碎机的生产能力 $Q$ (t/h) 与被碎物料的性质(物料强度、硬度、粒度、堆积密度)有关,还与破碎机的性能和操作条件(供料情况、出料口大小)等因素有关。目前还没有把这些因素全部考虑进去的理论计算公式,只能采用一些实际生产资料和经验公式进行估算。

$$Q = qeK_1K_2K_3 \qquad (1-8)$$

式中 $Q$——颚式破碎机的产量,t/h;
$q$——标准条件下,开路破碎、容积密度为 1.6t/m³ 的中等硬度的物料在破碎机排料口单位宽度的生产能力 [t/(mm·h)],见表 1-1;
$e$——颚式破碎机的出料口宽度,mm;
$K_1$——破碎物料的易碎性系数,见表 1-2;
$K_2$——容积密度修正系数,$K_2 = \dfrac{\rho}{1.6}$;
$\rho$——物料的容积密度,t/m³;
$K_3$——进料粒度修正系数,见表 1-3。

表 1-1 颚式破碎机单位出料口宽度的产量 $q$

| 破碎机规格/mm | 250×400 | 400×600 | 600×900 | 900×1200 | 1200×1500 | 1500×2100 |
|---|---|---|---|---|---|---|
| $q$/[t/(mm·h)] | 0.40 | 0.65 | 0.95~1.0 | 1.25~1.3 | 1.9 | 2.7 |

表 1-2 物料易碎性系数 $K_1$

| 物料强度 | 抗压强度/MPa | 易碎性系数($K_1$) |
|---|---|---|
| 硬质物料 | 157~196 | 0.9~0.95 |
| 中等硬度物料 | 79~157 | 1.0 |
| 软质物料 | <79 | 1.1~1.2 |

表 1-3 进料粒度修正系数 $K_3$

| 进料最大粒度 $D_{max}$ 和进料口宽度 $B$ 之比 | 0.85 | 0.60 | 0.40 |
|---|---|---|---|
| 进料粒度修正系数 $K_3$ | 1.00 | 1.10 | 1.20 |

#### 1.2.4 操作与维护要点

(1) 开车前的准备工作

① 认真检查各部件如颚板、轴承、连杆、推力板、拉杆弹簧、飞轮和皮带轮及三角皮带等是否完好，连接螺栓是否紧固。

② 附属设备（喂料机、皮带机、润滑站、电气设备、仪表信号设备）是否完好。

③ 查看储油箱的润滑油量，若油量不足，需补充。

④ 打开润滑部位冷却水管阀门，应有水在流动。

⑤ 与相关岗位联系，做好开车准备。

(2) 启动与运行操作

① 按照规定的开车顺序操作，即逆生产流程开车。

② 启动主电机时，要注意控制柜上的电流表指示，经过 20～30s，电流应会降到正常的工作电流值。

③ 调节和控制喂料使加料均匀，物料粒度不得超过进料口宽度的 80%～90%；要严防金属杂物进入破碎机。

④ 工作中轴承温度一般不应超过 60℃，滚动轴承温度不应超过 70℃。

⑤ 检查润滑系统和冷却系统有无漏油、漏水现象，以及机器零部件的磨损、紧固情况。

⑥ 当电器设备自动跳闸时，应查明原因，否则不能强行连续启动。

⑦ 发生机械故障和人身事故时，应立即停车。

(3) 停车注意事项

① 停车顺序与开车顺序相反，即顺着生产流程方向操作。

② 必须在破碎机停稳后，才能停止润滑系统和冷却系统的工作。

#### 1.2.5 常见故障分析及处理方法

颚式破碎机在使用中可能会出现主机停机、肘板断裂、颚板跳动或撞击声、温升过高、飞轮左右摆动等故障，要仔细分析其原因，并采取相应措施处理，见表 1-4。

表 1-4 颚式破碎机常见故障处理

| 故障现象 | 产生的原因 | 排除措施 |
|---|---|---|
| 主机突然停机（闷车） | (1)排料口堵塞，造成满腔堵料；<br>(2)驱动槽轮转动的三角皮带过松，造成皮带打滑；<br>(3)偏心轴紧定衬套松动，造成机架的轴承座内两边无间隙，使偏心轴卡死，无法转动；<br>(4)工作场地电压过低，主机遇到大料后，无力破碎；<br>(5)轴承损坏 | (1)清除排料口堵塞物，确保出料畅通；<br>(2)调紧或更换三角皮带；<br>(3)重新安装或更换紧定衬套；<br>(4)调整工作场地的电压，使之符合主机工作电压的要求；<br>(5)更换轴承 |
| 主机槽轮、动颚运转正常，但破碎工作停止 | (1)拉紧弹簧断裂；<br>(2)拉杆断裂；<br>(3)肘板脱落或断裂 | (1)更换拉紧弹簧；<br>(2)更换拉杆；<br>(3)重新安装或更换肘板 |

续表

| 故障现象 | 产生的原因 | 排除措施 |
|---|---|---|
| 产量达不到要求 | (1)被破碎物料的硬度或韧性超过使用说明书规定的范围；<br>(2)电动机接线位置接反，主机开反车（动颚顺时针旋转），或电机三角形接法接成星形接法；<br>(3)排料口小于规定极限；<br>(4)颚板移位，齿顶与齿顶相对；<br>(5)工作现场电压过低；<br>(6)动颚与轴承磨损后间隙过大，使轴承外圈发生相对转动 | (1)更换或增加破碎机；<br>(2)调换电机接线；<br>(3)排料口调整到说明书规定的公称排料口和增加用于细碎的破碎机；<br>(4)检查齿板齿距尺寸，如不符标准则需更换颚板，调正固定颚板与活动颚板的相对位置，保证齿顶对齿根后，固定压紧，防止移位；<br>(5)调高工作场地电压，使之适应主机重载要求；<br>(6)更换轴承或动颚 |
| 活动与固定颚板工作时有跳动或撞击声 | (1)颚板的紧固螺栓松动或掉落；<br>(2)排料口过小，两颚板底部相互撞击 | (1)紧定或配齐螺栓；<br>(2)调正排料口，保证两颚板的正确间隙 |
| 肘板断裂 | (1)颚式破碎机主机超负荷或大于进料口尺寸的料进入；<br>(2)有非破碎物进入破碎腔；<br>(3)肘板与肘板垫之间不平行，有偏斜；<br>(4)铸件有较严重的铸造缺陷 | (1)更换肘板并控制进料粒度，并防止主机超负荷；<br>(2)更换肘板并采取措施，防止非破碎物进入破碎腔；<br>(3)更换肘板并更换已磨损的肘板垫，正确安装肘板；<br>(4)更换合格的肘板 |
| 机架轴承座或动颚内温升过高 | (1)轴承断油或油注入太多；<br>(2)油孔堵塞，油加不进；<br>(3)飞槽轮配重块位置跑偏，机架跳动；<br>(4)紧定衬套发生轴向窜动；<br>(5)轴承磨损或保持架损坏等；<br>(6)非轴承温升，而是动颚密封套与端盖摩擦发热或机架轴承座双嵌盖与主轴一起转动，摩擦发热 | (1)按说明书规定，按时定量加油；<br>(2)清理油孔、油槽堵塞物；<br>(3)调正飞槽轮配重块位置；<br>(4)拆卸机架上轴承盖，锁紧紧定衬套和拆下飞轮或槽轮，更换新的紧定衬套；<br>(5)更换轴承；<br>(6)更换端盖与密封套，或松开机架轴承座发热一端的上轴承盖，用保险丝与嵌盖一起压入机架轴承座槽内，再定上轴承盖，消除嵌盖转动 |
| 飞轮发生轴向左右摆动 | (1)飞槽轮孔、平键或轴磨损，配合松动；<br>(2)石料轧进轮子内侧，造成飞槽轮轮壳开裂；<br>(3)铸造缺陷；<br>(4)飞槽轮涨紧套松动 | (1)平键磨损，更换平键，或更换偏心轴或飞槽轮；<br>(2)增做飞槽轮防护罩并更换偏心轴或飞槽轮；<br>(3)更换偏心轴或槽轮；<br>(4)重新紧定涨紧套 |

## 复习思考题

1-1 粉碎有何重要意义？
1-2 何谓粉碎？何谓粉磨？何谓公称破碎比？
1-3 常用的破碎方法有哪种？各有什么特征？
1-4 简述复杂摆动颚式破碎机由哪几部分组成，各主要部件起什么作用？破碎过程是怎样的？
1-5 如何调节颚式破碎机的出料口宽度？
1-6 对推力板的材质和形状有什么要求？
1-7 何谓钳角？钳角的大小对破碎有何影响？
1-8 为什么说颚式破碎机的转速超过一定限度反而会降低生产能力？

## 1.3 锤式破碎机

### 1.3.1 构造及主要部件

与颚式破碎机相比较，锤式破碎机的破碎比较大（可达30～50）。它的主要工作部件为带有锤头的转子。主轴上装有锤架,在锤架上挂有锤头,机壳的下半部装着箅条。内壁装着衬板(为了保护机壳)。由主轴、锤架、锤头组成的旋转体称转子。转子的圆周速率很高,一般在30～50m/s。当物料进入破碎机中,受到高速旋转的锤头的冲击而被破碎。物料获得能量后又高速撞向衬板而被第二次破碎。较小的物料通过箅条排出,较大的物料在箅条上再次受到锤头的冲击被破碎,直至能通过箅条而排出,如图1-10所示。

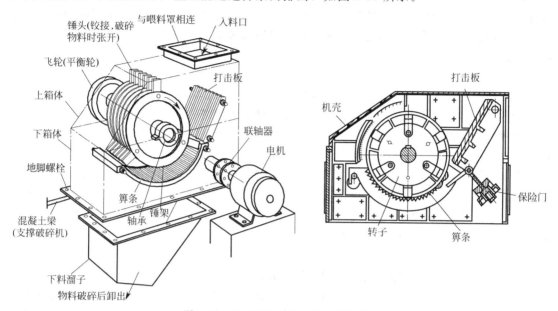

图1-10 锤式破碎机的构造(单转子)

(1) 锤头

锤头是直接击破物料的易损件,常用优质高碳钢锻造或铸造而成,也可用高锰钢铸造。近来,采用高铬铸铁铸造的锤头获得了良好效果。锤头的形状和重量直接影响破碎机的产量和使用寿命,一般根据被破碎物料的性质、进料粒度及检修情况进行选择。用于粗碎时,锤头重量要重,但个数要少;用于中细碎时,锤头重量要轻,而个数要多。

图1-11中(a)、(b)、(c)三种是轻型锤头,质量通常为3.5～15kg,一般用来破碎块度为100～200mm的软质和中等硬度的物料。(a)、(b)两种是两端带孔的,磨损后可以调面或调头使用,一个锤头可调面或调头使用4次;而(c)种锤头只能调换两次使用。图1-11(d)为中型锤头,质量为30～60kg,且重心距悬挂中心较远,多用来破碎800～1000mm的中等硬度物料,而(e)、(f)是重型锤头,其质量达50～120kg,主要用于破碎大块且坚硬的物料。为了提高锤头的耐磨性,有时在其工作面上涂焊一层硬质合金,锰钢锤头磨损后,也可用堆焊的方法进行修补。

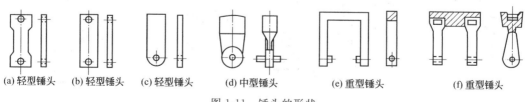

(a) 轻型锤头　(b) 轻型锤头　(c) 轻型锤头　(d) 中型锤头　(e) 重型锤头　(f) 重型锤头

图1-11 锤头的形状

(2) 转子

转子是锤式破碎机回转速率较快的主要工作部件,由主轴(支撑转子)、锤架(用来悬挂锤头）和销轴组成。锤头用销轴铰接悬挂在圆盘上，当有金属物件进入破碎机时，因锤头是活动地悬挂在转子圆盘上的，所以能绕铰接轴让开，避免损坏机件。

由于转子回转速率较高，重量又重，所以平衡问题就显得非常重要。如果转子的重心不通过转轴的轴心线，则运转时会产生惯性离心力，此惯性力是周期性变化的，不仅加速轴承磨损，而且会引起破碎机的振动。因此，转子的平衡特别重要，在挂锤、换锤和锤架时应十分注意其重量的静动平衡。支撑转子主轴的轴承有滑动轴承和滚动轴承。常用的轴瓦有：铸铁轴瓦、铜轴瓦和巴氏合金轴瓦等。滚动轴承具有摩擦力小、能在高速下正常工作等优点，故小型破碎机较多采用滚动轴承。

（3）箅条和破碎板

锤式破碎机的下部装有出料箅条，两端由可调节的悬挂轴支撑。箅条的安装形式与锤头的运动方向垂直，锤头与箅条之间的间隙可通过螺栓来调节。在破碎过程中，合格的产品通过箅缝排出，未能通过箅缝的物料在箅条上继续受到锤头的冲击和研磨作用，直至通过箅缝排出。

箅条的形状有三角形、矩形和梯形断面，材料一般为高锰钢铸造或锻打而成，锻造箅条可以增加耐磨性和韧性。箅条间隙一般做成向下扩散形，物料易通过，不易产生堵塞现象。

进料部分装有破碎板，它由托板和衬板等部件组成，用两根轴架装在破碎机的机体上，其角度可用调节丝杆进行调整，衬板磨损后可以更换。

（4）机壳

机壳由加料口、下机体、后上盖和侧壁组成，各部分用螺栓连接成一整体。机壳内壁装有锰钢衬板，下机体、侧壁及后上盖用钢板焊接而成，两侧外壁有用钢板焊接而成的轴承支架，以支持安装主轴的轴承。下机体前后两侧开有检修孔，以便于检修、调整和更换箅条。

（5）安全保护装置

① 保险门　在排料箅子的后边装有保险门，采用铰接方式悬挂在下壳体上，在平衡块的作用下自动闭合，见图1-12。它的主要任务是防止未被破碎的大块物料溢出，也能将误入机内的铁件或金属等，在离心力的作用下迅速推开保险门顺利排出，随后自动闭合，破碎机照常运转。保险门是可调机构，当需要调节排料箅子时，保险门也要随之调节。

② 安全销　在破碎机的主轴上装有安全铜套，皮带轮套在铜套上，铜套与皮带轮则用安全销连接，见图1-13。一旦喂入破碎机内的物料量过多（过载），或混进了金属物件时，负荷激增，过载销钉即被剪断，防止机械事故的发生，起到了保护作用。

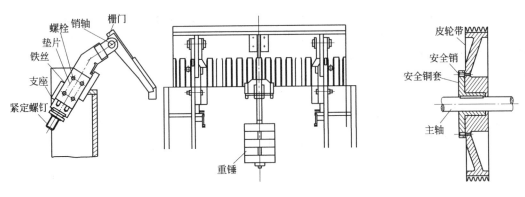

图1-12　保险门　　　　　　　　　　　　图1-13　安全销

（6）传动系统

电动机通过皮带轮、联轴节直接带动转子运转，主轴的另一端装有飞轮，飞轮的主要作用是储备动能、均衡负荷、减少转子旋转的不均匀性，确保设备平衡运转。

锤式破碎机的规格型号用转子直径和长度来表示：PCK-$\phi$1000×600，P（破碎机）C（锤式）K（可逆式，不可逆式不注）表示型号为锤式破碎机，转子的直径为1000mm，转子长度为600mm。

#### 1.3.2 主要类型

锤式破碎机类型很多，按结构特征可分类如下：

① 按转子数目，分为单转子锤式破碎机和双转子锤式破碎机；

② 按转子回转方向，分为可逆式（转子可朝两个方向旋转）和不可逆两类；

③ 按锤子排数，分为单排式（锤子安装在同一回转平面上）和多排式（锤子分布在几个回转平面上）；

④ 按锤子在转子上的连接方式，分为固定锤式和活动锤式（固定锤式主要用于软质物料的细碎和粉磨）。

在图1-10中介绍的锤式破碎机属于单转子、转子回转方向不可逆、锤子分布在几个回转平面上且活动连接在转子上的单转子锤式破碎机，还有一种是双转子锤式破碎机，如图1-14所示。它有两根平行的主轴，两转子由单独的电动机带动作相向旋转，机壳上部的进料口处有两排弧形箅条，大块物料在弧形箅条上受到两组回转锤头的打击，通过弧形箅条落入破碎腔的小块物料继续被锤头冲击，直至能经卸料箅条卸出。

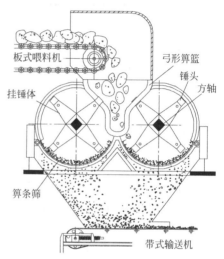

图1-14 双转子锤式破碎机

#### 1.3.3 工作参数

（1）转子转速

转子圆周速率的大小与破碎机尺寸、产品粒度及物料性质有关。随着转速的加快，可使破碎比及产品中细颗粒含量增加。但转速过大，会显著增加功率消耗，同时还会使锤头、箅条和衬板的磨损加剧。破碎脆性物料时，转子转速应比破碎黏性物料时快40%。欲使破碎产品粒度小，可增大转子转速并增加锤头的数目；欲得到中等尺寸的产品，转速应低些，锤头数目也应少些。

转子的圆周速率一般在30~50m/s之间。圆周速率分慢速（17~25 m/s）、中速（30~40m/s）和高速（40~70 m/s）。通常把圆周速率大于30 m/s的称为快速锤式破碎机，而小于30 m/s的称为慢速锤式破碎机。

（2）功率

关于锤式破碎机的功率消耗，至今仍没有准确的理论计算公式。在配用电动机时，一般根据经验公式来估算。

经验公式一：
$$N_c = KD^2 Ln \tag{1-9}$$

式中　$N_c$——锤式破碎机配套电动机功率，kW；

$L$——转子长度，m；

$D$——转子直径，m；

$n$——转子转速，r/min；

$K$——系数，$K$为0.1~0.15。

经验公式二:
$$N_c = \frac{GR^2 n^3 mK}{11 \times 10^7 \eta} \tag{1-10}$$

式中 $N_c$——锤式破碎机配套电动机功率,kW;

$G$——每个锤头的重量,N;

$R$——转子的外端半径,m;

$n$——转子的转速,r/min;

$m$——锤头总个数;

$\eta$——锤式破碎机的有效利用率,一般取 0.7～0.85;

$K$——圆周速率系数,参见表 1-5。

表 1-5 圆周速率系数

| 锤头圆周速率/(m/s) | 17 | 20 | 23 | 26 | 30 | 30 | 50 |
|---|---|---|---|---|---|---|---|
| 系数 $K$ | 0.22 | 0.16 | 0.10 | 0.08 | 0.03 | 0.015 | 0.008 |

(3) 生产能力

锤式破碎机的生产能力与破碎机的规格、物料的破碎比、物料性质及给料的均匀性有关。计算方法一般多采用经验公式。当破碎中硬石灰石、产品粒度在 15～25mm 时,单转子锤式破碎机的生产能力(t/h)为:
$$Q = DLZ\rho \tag{1-11}$$

式中 $D$——转子直径,m;

$L$——转子长度,m;

$Z$——卸料箅条的间隙宽度,mm;

$\rho$——破碎产品的容积密度,t/m³。

此外,在破碎石灰石时,也可采用以下经验公式计算锤式破碎机的台时产量 $Q$ (t/h):
$$Q = (30 \sim 45)DL\rho \tag{1-12}$$

式中 $D,L$——转子的直径与长度,m;

$\rho$——破碎产品的容积密度,t/m³。

### 1.3.4 操作与维护要点

(1) 开车前的巡查

① 确认破碎机侧面盖关好,将限位开关复位。

② 确认锤销安装正确、锤头安装牢固,主体螺栓、螺母及销子已紧固。

③ 确认箅条间隙已调好,箅条上无杂物。

④ 确认轴承的润滑油脂加足。

(2) 运转中的巡检

① 各轴承是否过热,是否漏油,是否有异音。

② 电机是否过热。

③ 主体机架有无异音和异常振动。

④ 轴承润滑油油量是否在规定的范围内。

⑤ 出破碎机粒度有无变化。

⑥ 确认 V 形皮带张紧程度。

⑦ 确认轴承衬板紧固螺栓、地脚螺栓是否松动。

### 1.3.5 常见故障分析及处理方法

锤式破碎机的转速快,敲击物料猛烈,有时会出现弹性联轴节或机器内部敲击声、振动量过大、轴承过热、出料粒度过大或产量减小等故障，一旦发现，应及时采取相应措施处理，见表1-6。

表1-6 锤式破碎机常见故障处理

| 故障现象 | 产生的原因 | 排除措施 |
| --- | --- | --- |
| 弹性联轴节产生敲击声 | (1)销轴松动；<br>(2)弹性圈磨损 | (1)停车并拧紧销轴螺母；<br>(2)更换弹性圈 |
| 出料粒度过大 | (1)锤头磨损过大；<br>(2)筛条断裂 | (1)更换锤头；<br>(2)更换筛条 |
| 振动过大 | (1)更换锤头时或因锤头磨损使转子静平衡不合要求；<br>(2)锤头折断，转子失衡；<br>(3)销轴变曲、折断；<br>(4)三角盘或圆盘裂缝；<br>(5)地脚螺栓松 | (1)卸下锤头、按重量选择锤头，使每支锤轴上锤的总重量与其相对锤轴上锤的总重量相等，即静平衡达到要求；<br>(2)更换锤头；<br>(3)更换销轴；<br>(4)电焊修补或更换；<br>(5)紧固地脚螺栓 |
| 机器内部产生敲击声 | (1)非破碎物进入机器内部；<br>(2)衬板紧固件松弛，锤撞击在衬板上；<br>(3)锤或其他零件断裂 | (1)停车，清理破碎腔；<br>(2)检查衬板的紧固情况及锤与筛条之间的间隙；<br>(3)更换断裂零件 |
| 产量减少 | (1)筛条缝隙被堵塞；<br>(2)加料不均匀 | (1)停车，清理筛条缝隙中的堵塞物；<br>(2)调整加料机构 |
| 轴承过热 | (1)润滑脂不足；<br>(2)润滑脂过多；<br>(3)润滑脂污秽变质；<br>(4)轴承损坏 | (1)加注适量润滑脂；<br>(2)轴承内润滑脂应为其空间容积的50%；<br>(3)清洗轴承，更换润滑脂；<br>(4)更换轴承 |

## 复习思考题

1-9 锤式破碎机是依靠什么原理破碎物料的？其规格如何表示？

1-10 锤式破碎机由哪几部分组成？各起什么作用？

1-11 如何选择锤头的形状和重量？

1-12 锤式破碎机有哪些优缺点？它适合应用于哪些场合？

# 1.4 反击式破碎机

## 1.4.1 构造及主要部件

反击式破碎机与锤式破碎机有很多相似之处，如破碎比大（可达50~60）、产品粒度均匀等，其工作部件由带有打击板的作高速旋转的转子以及悬挂在机体上的反击板组成，见图1-15。

从图中可以看出，进入破碎机的物料在转子的回转区域内受到打击板的冲击，并被高速抛向反击板，再次受到冲击，又从反击板反弹到打击板上，继续重复上述过程。物料不仅受到打击板、反击板的巨大冲击而被破碎，还有物料之间的相互撞击而被破碎。当物料的粒度小于反击板与打击板之间的间隙时即可被卸出。反击式破碎机主要由转子、打击板（又称板锤）、反击板和机体等部件组成。机体分为上下两部分，均由钢板焊接而成。机体内壁装有衬板，前后左右均设有检修门。打击板与转子为刚性连接；反击板是一衬有锰钢衬板的钢板焊接件，有折线形和弧线形两种，其一端铰接固定在机体上，另一端用拉杆自由悬吊在机体上，可以通过调节拉杆螺母改变反击板与打击板之间的间隙以控制物料的破碎粒度和产量。

如有不能被破碎的物料进入时，反击板会因受到较大的压力而使拉杆后移，并能靠自身重力返回原位，从而起到保险的作用。机体入口处有链幕，既可防止石块飞出，又能减小料块的冲力，达到均匀喂料的目的。

反击式破碎机的规格采用直径与长度的乘积来表示，如 PFφ500×400，PF 表示型号为反击式破碎机，转子的直径为 500mm，转子长度为 400mm。

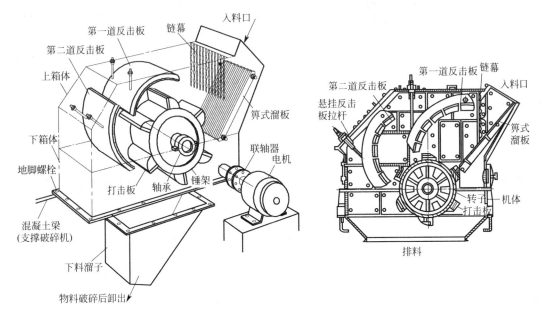

图 1-15　反击式破碎机的构造（单转子）

### 1.4.2　主要类型

(1) 双转子反击式破碎机

反击式破碎机也有单转子和双转子两种类型，图 1-15 所示的是单转子反击式破碎机，图 1-16 所示的是双转子反击式破碎机，图 1-17 所示的是组合式反击式破碎机，它们都装有两个平行排列的转子，第一道转子的中心线高于第二道转子的中心线，形成一定高度差。第一道转子为重型转子，转速较低，用于粗碎；第二道转子转速较快，用于细碎。两个转子分别由两台电动机经液压联轴器、弹性联轴器和三角皮带组成的传动装置驱动，作同方向旋转。两道反击板的固定方式与单转子反击式破碎机相同。分腔反击板通过支挂轴、连杆和压力弹簧等悬挂在两转子之间，将机体分为两个破碎腔；调节分腔反击板的拉杆螺母可以控制进入第二破碎腔的物料粒度；调节第二道反击板的拉杆螺母可控制破碎机的最终产品粒度。

双转子反击式破碎机的规格也采用直径与长度的乘积前面加 2 来表示，如 2PFφ500×400 则表示为转子的直径为 500mm，长度为 400mm 的双转子反击式破碎机。

(2) EV 型反击-锤式破碎机

将锤式破碎机和反击式破碎机的部分部件组合在一起，就成了反击-锤式破碎机，这是丹麦史密斯公司制造出的一种新型的反击-锤式破碎机，见图 1-18。它可将块度为 2.5m 的石灰石破碎到 25mm 左右的小块。其破碎过程是：进入破碎机的石灰石首先落到两个具有吸震作用的慢速回转的辊筒上（保护了转子免受大块石灰石的猛烈冲击），辊筒将石灰石均匀地送向锤头，被其击碎，并抛到锤碎机上部的衬板上进一步破碎，然后撞击到可调整的破碎板和出口箅条，最后冲击破碎并通过箅缝漏下，由皮带输送机送至预均化库储存均化。两个辊筒中的一个辊筒的表面是平滑的，而另一个则是有凸起的，两辊筒的中心距可调，转速不同,这样可防止卡住矿石,部分细料在这里通过两个辊筒间的间隙漏下。外侧的一个大皮带轮装在转子轴的衬套上,用剪力销子与衬套相连,万一出现严重过载而卡住锤碎机时,受剪销子被切断,皮带轮在它的衬套上空转,与此同时,断开电动机供电。出料算条安装在下壳体内。包括一套弧形算条架和算条,算条间距决定算缝的大小,这样也决定了产品的大小,出料算条可以作为一个整体部件被卸下。破碎板和出料算条相对于转子的距离是可以调整的,这样可补偿锤头的磨损。当 EV 型破碎机的电动机负荷超过一定的预定值时,自动装置将停止向破碎机喂料直到功率降到正常,又自动重新喂料。当破碎机被不能破碎的杂物卡住时,这时自动安全装置停止向破碎机和喂料机供电。在锤式破碎机入口处,垂挂着粗大的铁链幕,以防止碎石被掷回。

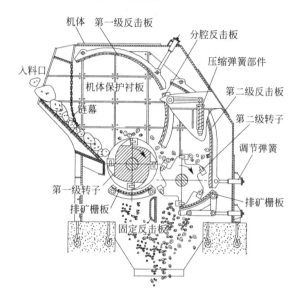

图 1-16 双转子反击式破碎机

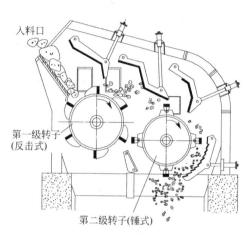

图 1-17 组合式反击式破碎机

### 1.4.3 工作参数

(1) 转子直径与长度

当转子质量一定时,反击式破碎机冲击力的大小与转子的线速率成正比,即和转子的直径有关。这说明要获得足够大的冲击能量,必须要较大的转子直径以及与之相适应的转子结构强度和合理的破碎腔。此外,喂料尺寸大小与转子直径的比值对反击式破碎机的生产能力也有影响。据资料统计,该比值越小,破碎比越小,生产能力越高,电动机负荷趋于均匀,机械效率也越高;反之则相反。喂料粒度与转子直径的关系可用经验公式表示为:

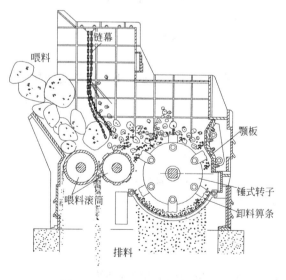

图 1-18 EV 型反击-锤式破碎机

$$d = 0.54D - 60 \tag{1-13}$$

式中 $d$——最大喂料粒度,mm;

$D$——转子直径,mm。

当用于单转子反击式破碎机时,其计算结果还需乘以 2/3。

破碎机转子的长度,主要根据生产能力的大小及转子的受力情况而定,一般转子直径与长度比值取 0.5~1.2。

(2) 转速

根据动量与冲量原理,当转子的质量一定时,转子的圆周速率是反击式破碎机的重要工艺参数,它对破碎机的生产能力、产品粒度和破碎比有着直接的影响。

转子的圆周速率与破碎机的结构、物料的性质和破碎比等因素有关。通常,粗碎时取 15~40m/s,细碎时取 40~80m/s;当破碎煤时,取 50~60m/s,破碎石灰石时,取 30~40m/s;对于双转子破碎机,一般一级转子为 30~35m/s,二级转子为 35~45m/s。

(3) 打击板数量

打击板数量与转子直径有关,通常转子直径小于 1m 时,可装 3 排打击板;直径为 1~1.5m 时,可装 4~6 排打击板;转子直径为 1.5~2.0m 时,可装 6~10 排。对于硬质物料或要求产品粒度较细时,打击板的数目可适当增加。

(4) 生产能力

影响反击式破碎机生产能力的因素很多,转子的尺寸、转子的圆周速率、物料的性质、破碎比等对生产能力有较大影响。目前一般采用下列近似公式计算生产能力:

$$Q=60KZ(h+e)Ldn\rho \tag{1-14}$$

式中 $Q$——破碎机的生产能力,t/h;
$Z$——打击板的排数;
$h$——打击板的高度,m,$h$ 为 65~75mm;
$e$——打击板与反击板之间的间隙,m,$e$ 为 15~30mm;
$L$——打击板的长度,m;
$d$——产品平均粒径,m;
$n$——转子的转速,r/min;
$\rho$——物料的堆积密度,t/m³;
$K$——修正系数,一般取 0.1。

(5) 功率

反击式破碎机的功率大小与设备的结构、转子的转速、物料的性质、破碎比及生产能力等因素有关。目前在理论上还没有比较完善的计算公式,通常电动机的功率 $N$(kW)可用经验公式计算。

经验公式一
$$N=7.5DLn/60 \tag{1-15}$$

式中 $N$——电动机的功率,kW;
$D$——转子的直径,m;
$L$——转子的长度,m;
$n$——转子的转速,r/min。

经验公式二
$$N=0.0102\frac{Q}{g}v^2 \tag{1-16}$$

式中 $N$——电动机的功率,kW;
$Q$——破碎机的生产能力,t/h;
$g$——重力加速度,$g=9.8\text{m/s}^2$;
$v$——转子的圆周速率,m/s。

### 1.4.4 操作与维护要点

（1）开车前的巡查

① 地脚螺栓和各部位连接螺栓是否紧固，检修门的密封是否良好。
② 主轴承或其他润滑部位的润滑油量是否足够。
③ 溜槽是否畅通，闸板是否灵活，机内是否有障碍物。
④ 手动转动转子是否灵活，有无摩擦或卡住现象。
⑤ 板锤、打击板有无磨损情况。
⑥ 三角皮带松紧度是否适当，有无断裂、起层现象。

（2）运转中的巡检

① 地脚螺栓及各部位连接螺栓是否有松动或断裂。
② 各部位的响声、温度和振动情况。
③ 润滑系统的润滑情况，定期添加润滑油（脂）或更换新润滑油（脂）。
④ 各部位有无漏灰或漏油现象，轴封是否完好。

### 1.4.5 常见故障分析及处理方法

反击式破碎机运转速率快，打击物料猛烈，常常会出现振动量骤然增加，内部产生敲击声过大、轴承温度过高、出料粒度过大等，需及时采取相应措施处理，见表1-7。

表1-7 反击式破碎机常见故障处理

| 故障现象 | 产生的原因 | 排除措施 |
| --- | --- | --- |
| 轴承温度过高 | (1)破碎机润滑脂过多或不足；<br>(2)破碎机润滑脂脏污；<br>(3)破碎机轴承损坏 | (1)检查润滑脂是否适量，润滑脂应充满轴承座容积的50%；<br>(2)清洗轴承、更换润滑脂；<br>(3)更换轴承 |
| 机器内部产生敲击声过大 | (1)不能破碎的物料进入破碎机内部；<br>(2)破碎机衬板紧固件松弛,锤撞击在衬板上；<br>(3)破碎机锤或其他零件断裂 | (1)停车并清理破碎腔；<br>(2)检查衬板的紧固情况及锤与衬板之间的间隙；<br>(3)更换断裂件 |
| 振动量骤然增加 | (1)破碎机转子不平衡；<br>(2)破碎机地脚螺栓或轴承座螺栓松 | (1)重新安装板锤，转子进行平衡校正；<br>(2)紧固地脚螺栓及轴承座螺栓 |
| 出料粒度过大 | (1)由于破碎机衬板与板锤磨损过大，引起间隙过大；<br>(2)破碎机反击架两侧被石料卡住,反击架下不来 | (1)通过调整破碎机前后反击架间隙或更换衬板和板锤；<br>(2)调整破碎机反击架位置，使其两侧与机架衬板间的间隙均匀，机架上的衬板磨损，即予更换 |

## 复习思考题

1-13 简述反击式破碎机的工作原理。
1-14 双转子反击式破碎机的构造有哪些特点？
1-15 反击式破碎机有何特点？其规格如何表示？它适用于哪些场合？
1-16 反击板起何作用？反击板的形式有哪些？

## 1.5 破碎工艺流程

过去水泥厂多采用颚式破碎机作为一级破碎，锤式破碎机、反击式破碎机（也有用圆锥破碎机的厂家）作为二级破碎，才能使石灰石破碎粒度达到入磨要求。随着水泥工艺的技术进步，生产装备正朝着大型化方向发展，单机产量大幅度提高，图1-19是典型的石灰石采用锤式破碎机破碎的单段破碎工艺流程。这样不仅简化了生产流程，减少了占地面积，也便于管理和实现自动化，有利于降低成本和提高劳动生产率。

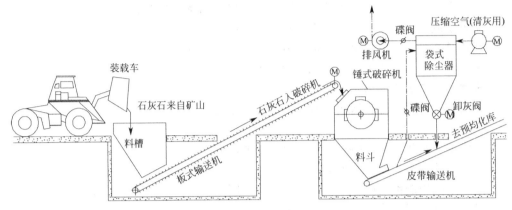

图 1-19　石灰石破碎工艺流程

## 复习思考题

1-17　简述石灰石的破碎工艺过程。

1-18　绘出石灰石的破碎工艺流程图。

# 2 原料预均化

**【本章摘要】** 本章主要介绍原燃料预均化库及预均化过程、堆料机和取料机的构造、操作、维护、常见故障分析及处理方法,阐明了原燃料的预均化对熟料煅烧质量所产生的积极影响。

## 2.1 概述

### 2.1.1 预均化的意义

众所周知,水泥生产力求生料化学成分的均齐,以保证在煅烧熟料时热工制度的稳定、烧出高质量的熟料,但进厂的原料(主要是石灰石)及煤的化学成分并非都那么均匀,有时波动还很大,这会给制备合格的生料、煅烧优质的熟料造成直接的困难及不好

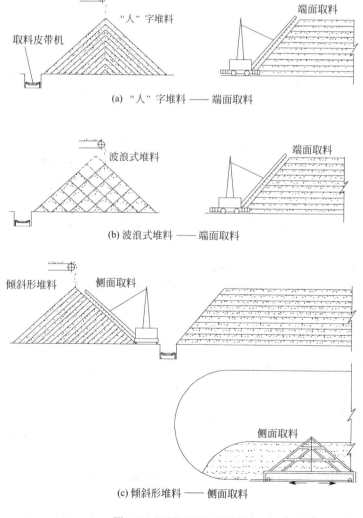

图 2-1 原料的预均化过程

的影响，因此必须对它们进行均化处理。对于石灰石（以及其他辅助原料如砂岩、粉煤灰、钢渣等）来讲，破碎后、入磨前所做的均化处理过程称为预均化过程，在预均化库内进行。在把原料磨制成生料后、入窑煅烧前还需要做进一步均化，这个过程是生料的均化，它在生料均化库（也是储库）内进行。在这里先介绍原料的预均化过程，生料均化在粉磨之后介绍。

### 2.1.2 预均化的过程

在原、燃料的储存和取用过程中，利用不同的存、取方法，使入库时成分波动较大、经取用后波动变小，使得物料在入磨之前得到预均化。具体操作是：尽可能以最多的相互平行和上下重叠的同厚度的料层进行堆放（储存），取用时要垂直于料层方向同时切取不同的料层，取尽为止，"人"字堆料、端面取料是预均化方式中最常见的一种方法，此外还有波浪形堆料、端面取料和倾斜堆料、侧面取料等预均化方法。不管是哪一种方法，堆料时堆放的层数越多，取料时同时切取的层数越多，预均化效果越好，原料在堆放时短期内的波动被均摊到较长的时间里成分波动减小了，使得所取物料的化学成分达到了比较均匀的效果，如图2-1所示。

## 2.2 预均化库

无论是用量最大的石灰石、还是用量较小的辅助原料物料（粉砂岩、钢渣、粉煤灰等），其预均化过程都是在有遮盖的矩形或圆形预均化堆场完成的，库内有进料皮带机、堆料机、料堆、取料机、出料皮带机和取样装置，下面来认识一下这两种预均化库。

### 2.2.1 矩形预均化库

矩形预均化库内的堆场一般设有两个料堆，一个料堆堆料时，另一个料堆取料，相互交替进行。采用悬臂式堆料机堆料［见图2-2(a)、(b)］或在库顶有皮带布料［见图2-2(c)石灰石堆场］，取料设备一般采用桥式刮板取料机（将要在2.5节中介绍），在取料机桥架的一侧或两侧装有松料装置，它可按物料的休止角调整松料耙齿使之贴近料面，平行往复耙松物料，桥架底部装有一水平或稍倾斜的由链板和横向刮板组成的链耙，被耙松的物料从端面斜坡上滚落下来，被前进中的桥底链耙连续送到桥底皮带机。

库内堆场根据厂区地形和总体布置要求，两个料堆可以平行排列［见图2-2(a)］，也可以直线布置［见图2-2(b)］。两料堆平行排列的预均化堆场在总平面布置上比较方便，但取料机要设转换台车，以便平行移动于两个料堆之间。堆料也要选用回转式或双臂式堆料机，以适用于两个平行料堆的堆料。

在两料堆直线布置的预均化堆场中，堆料机和取料机的布置是比较简单的，不需设转换台车，堆料机通过活动的S形皮带卸料机在进料皮带上截取物料，沿纵向向任何一个料堆堆料。取料机停在两料堆之间，可向两个方向取料。

### 2.2.2 圆形预均化库

这种堆场的布置与矩形堆场是完全不一样的，如图2-3所示。原料经皮带输送机送至堆料中心，由可以围绕中心做360°回转的悬臂式皮带堆料机堆料，俯视观察料堆为一不封闭的圆环形，取料时用刮板取料机将物料耙下，再由底部的刮板送到底部中心卸料口，卸在地沟内的出料皮带机上运走。

在环形堆场中，一般是环形料堆的1/3正在堆料、1/3堆好储存、1/3取料。

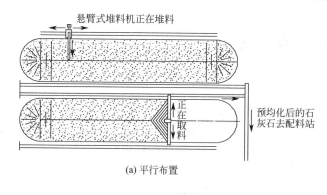

(a) 平行布置

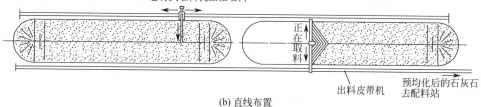

(b) 直线布置

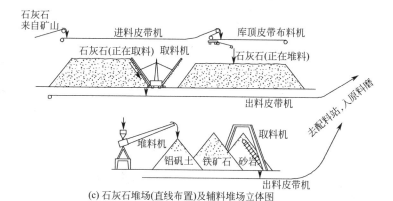

(c) 石灰石堆场(直线布置)及辅料堆场立体图

图 2-2 矩形预均化库堆场

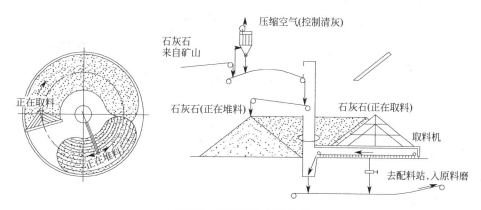

图 2-3 圆形预均化库堆场

## 复习思考题

2-1 简述石灰石、辅助原料、煤预均化的意义。
2-2 简述石灰石在矩形预均化库和圆形预均化库中的预均化过程。

## 2.3 悬臂式堆料机

### 2.3.1 构造

悬臂式堆料机主要由旋臂部分、行走机构、液压系统、来料车、轨道部分、电缆坑、动力电缆卷盘、控制电缆卷盘、限位开关装置等部分组成。这种堆料机设在堆场的一侧,利用电机、制动器、减速机、驱动车轮构成的行走机构沿定向轨道移动,由俯仰机构支撑臂架及胶带输送机的绝大部分重量,并根据布料情况随时改变落料的高度,具备钢丝绳过载、断裂、传动机构失灵等故障预防的安全措施。运行时的操作控制方式可以是自动控制、机上人工控制和机房控制,在安装检修和维护时可以在需要局部动作的机旁作现场控制,也可以在机房控制。不管哪一种操作,都可以根据需要通过工况转换开关来实现,如图2-4所示。

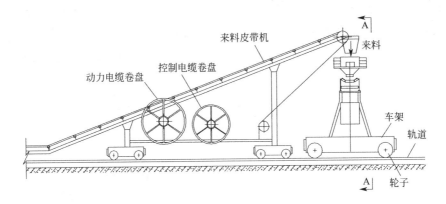

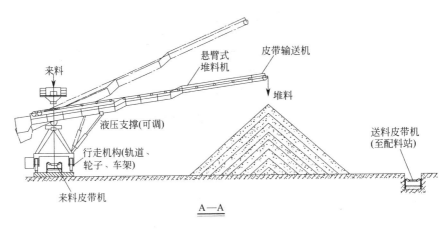

图 2-4 侧式悬臂堆料机

### 2.3.2 主要部件

(1) 悬臂部分

悬臂架由两个工字形梁构成,横向用角钢连接成整体,工字形梁采用钢板焊接成型。因运输限制,臂架分段制造,现场焊接成整体。在悬臂架上面安有胶带输送机,胶带机随臂架可上仰和下俯,胶带机采用电动滚筒。张紧装置设在头部卸料点处,使胶带保持足够的张力。胶带机上设有料流检测装置,当胶带机上无料时发出信号,堆料机停机;还设有打滑监测器、防跑偏等保护装置,胶带机头、尾部设有清扫器。

悬臂前端垂吊两个料位探测仪，随着堆料机一边往复运动，一边堆积物料，料堆逐渐升高。当料堆与探测仪接触时，探测仪发出信号，传回控制室。控制室开动变幅液压系统，通过油缸推动悬臂提升一个预先给定的高度。两个探测仪，一个正常工作时使用，另一个用作极限保护。

悬臂两侧设有走台，一直通到悬臂的前端，以备检修、巡视胶带机之用。悬臂下部设有两处支撑铰点。一处与行走机构的三角形门架上部铰接，使臂架可绕铰点在平面内回转；另一处是通过球铰与液压缸的活塞杆端铰接，随着活塞杆在油缸中伸缩，实现臂架变幅运动。

液压缸尾部通过球铰铰接在三角形门架的下部。

在悬臂与三角形门架铰点处，设有角度检测限位开关，正常运行时，悬臂在$-13°\sim16°$之间运行；当换堆时，悬臂上升到最大角度$16°$。

(2) 胶带输送机

胶带输送机的传动滚筒设在尾部。改向滚筒设在卸料端，下面设有螺旋拉紧装置。

(3) 行走机构

行走机构由三角形门架和行走驱动装置组成。三角形门架通过球铰与上部悬臂铰接，堆料臂的全部重量压在三角形门架上。三角形门架下端外侧与一套行走驱动装置（摆动端梁）铰接，内侧与一套行走驱动装置（固定端梁）刚性连接成一体，每个端梁配一套驱动装置，驱动装置共两套。驱动装置实现软启动和延时制动。

在三角形门架的横梁处吊装一套行走限位装置，所有行走限位开关均安装在吊杆上，随堆料机同步行走，以实现堆料机的限位。三角形门架下部设有平台，用来安装变幅机构的液压站。

(4) 液压系统

液压系统实现悬臂的变幅运动。液压系统由液压站、油缸组成，液压站安装在三角形门架下部的平台上，而油缸支撑在门架和悬臂之间。

(5) 来料车

来料车由卸料斗、斜梁、立柱等组成。卸料斗悬挂在斜梁前端，使物料通过卸料斗卸到悬臂的胶带面上。斜梁由两根焊接工字形梁组成，梁上安有电气柜、控制室以及电缆卷盘。斜梁上设有胶带机托辊，前端设有卸料改向滚筒，尾部设有防止空车时飘带的压辊。大立柱下端装有四组车轮。

卸料改向滚筒处设有可调挡板，现场可以根据实际落料情况调整挡板角度、位置来调整落料点。

来料车的前端大立柱与行走机构的连接，通过连杆两端的铰轴铰接，使来料车能够随行走机构同步运行。堆料胶带机从来料车通过，将堆料胶带机带来的物料通过来料车卸到悬臂的胶带机上。

(6) 电缆卷盘

动力电缆卷盘由单排大直径卷盘、集电滑环、减速器及力矩电机组成。外界电源通过料场中部电缆坑由电缆通到卷盘上，再由卷盘通到堆料机配电柜。控制电缆卷盘由单排大直径卷盘、集电滑环、减速器及力矩电机组成，主要功能是把堆料机的各种联系反映信号通过多芯电缆与中控室联系起来。

### 2.3.3 操作与控制

(1) 自动控制操作

自动控制下的堆料作业由中控室和机上控制室交互实施，当需要中控室对料堆机自动控制时，按下操作台上的操作按钮，堆料机上所有的用电设备将按照预定的程序启动，实现整机系统的启动和停车，操作进入正常自动作业状态。

(2) 机上人工控制操作

主要用于调试过程中所需要的工况或自动控制出现故障时,允许按非预设的堆料方式要求堆料机继续工作。

(3) 机上控制室内操作

操作人员在机上控制室内控制操作盘上的相应按钮进行人工堆料作业。当工况开关置于机上人工控制位置时,自动、机旁工况均不能切入,机上人工控制可对悬臂上卸料胶带机、液压系统、行走机构进行单独的启动操作,各系统之间失去相互连锁,但系统的各项保护仍起作用。

(4) 机旁现场控制

在安装检修和维护工况时需要有局部动作时,可以依靠机房设备的操作按钮来实现。在此控制方式下,堆料机各传动机构解除互锁,只能单独启动或停机。

### 2.3.4 运行中的检查维护

(1) 大车行走机构的检查维护

① 目测或用工具检测运行轨道是否有下沉、变形、压板螺栓松动等现象。

② 目测减速机及液压给油箱的油位是否低于规定标准。

③ 用扳手检查电机、减速机连接是否牢靠,螺栓有无松动。

④ 用手触摸电机、减速机有无振动、各轴承温度是否过热,耳听有无异音,观察减速机有无漏油。

⑤ 制动器是否可靠,及时清除制动瓦的污物。

⑥ 观察开式齿轮齿面的磨损和接触情况。

(2) 俯仰机构的检查维护

① 传动装置是否平稳,电机、减速机有无振动和异常声响。

② 安全装置、传动系统的连接是否可靠。

③ 回转支撑机构工作时接触是否良好、各处连接是否有松动。

④ 各润滑部位是否良好,油量是否满足要求。

⑤ 堆料机悬臂与料堆的顶部不应过近,严禁料堆尖与悬臂接触,刮伤皮带。堆料机与取料机换堆高度要有一定安全距离。

### 2.3.5 常见故障分析及处理方法

悬臂式堆料机在堆料过程中可能会出现电动滚筒及各轴承发热、刮板磨损、漏油、制动不灵及机件振动等故障,要注意观察,发现问题要及时处理。表2-1是常见故障及处理方法。

表 2-1 悬臂式堆料机常见故障处理方法

| 常见故障现象 | 发生原因 | 处理方法 |
| --- | --- | --- |
| 电动滚筒发热 | 油量过少或太多 | 加油或放油 |
| 刮板磨损 | 材质不好或寿命到期 | 补焊或更换 |
| 漏油 | 密封不良或损坏 | 更换密封 |
| 轴承发热 | (1)轴承密封不良或密封件与轴接触;<br>(2)轴承缺油;<br>(3)轴承损坏 | (1)清洗、调整轴承及密封件;<br>(2)按照润滑要求加油;<br>(3)更换轴承 |
| 机件振动 | (1)安装、找正时没有达到标准要求;<br>(2)地脚螺栓和连接螺栓松动;<br>(3)轴承损坏;<br>(4)基础不实或下沉不均 | (1)检查安装质量,重新安装找正;<br>(2)检查各部连接螺栓的紧固情况,确保紧固程度;<br>(3)更换损坏的轴承;<br>(4)夯实基础 |
| 制动不灵 | 制动器闸瓦与制动轮间隙过大或闸瓦磨损严重 | 调整闸瓦制动间隙,更换闸瓦 |

## 复习思考题

2-3 简述悬臂式堆料机的构造及堆料过程。
2-4 悬臂式堆料机各主要部件的作用是什么？
2-5 怎样操作控制和维护悬臂式堆料机？
2-6 悬臂式堆料机在运行中可能会出现哪些故障？怎样处理？

## 2.4 卸料车式堆料机

这种堆料机也叫天桥皮带堆料机，把它架设在预均化库顶部房梁上、沿料堆的纵向中心线安装，一头连着从破碎机房下来的石灰石皮带输送机［见图2-2(c) 石灰石堆场］，装上一台S形的卸料小车或移动式皮带机往返移动就可以直接堆料，如图2-5所示。为了防止落差过大，一般要接一条活动伸缩管，或者接上可升降卸料点的活动皮带机，其维护及常见故障处理将在10.2章节中介绍。

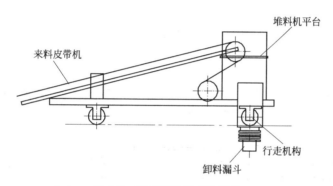

图 2-5 顶部卸料车式堆料机

## 复习思考题

2-7 简述卸料车式堆料机的堆料过程。
2-8 绘出卸料车式堆料机在石灰石预均化库中的工艺布置图。

## 2.5 桥式刮板取料机

### 2.5.1 构造

取料机多采用桥式刮板取料机，主要由松料装置、刮板取料装置（料耙）、大车运行机构、仰俯机构、机架组成，可配合多种堆料设备在矩形和圆形预均化堆场中使用，从料堆的端面低位取料，通过刮板转运到堆场侧面的带式输送机上运走（送至原料磨），如图2-6所示。

### 2.5.2 主要部件

（1）松料装置

在桥式刮板取料机上对称设置两个松料装置，主要由钢丝绳和耙架组成，耙架上均布耙齿。两根钢丝绳的下端固定在沿桥架下梁滑轨作往复移动的滑块上，另一端通过滑轮绕过桅杆的顶部，与桥架中部塔架上的一个可移动的平衡锤相连，使钢丝绳保持张紧状态。仰俯机

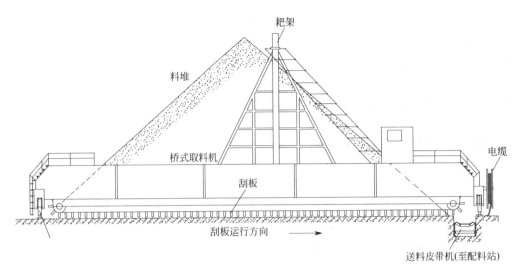

图 2-6 桥式刮板取料机

构调整桅杆的仰角,与料堆的自然休止角一致,能与料堆端面上的物料直接接触,掠过料堆端面,起到松料作用。

(2) 刮板取料装置

刮板取料装置也叫料耙,由链条(链板)、刮板、托轮、驱动机构、张紧机构组成,将刮到的物料卸入堆场侧面的出料皮带机,如图2-7所示。

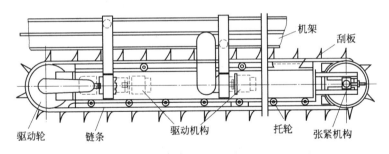

图 2-7 刮板取料机构

(3) 大车行走机构

具备横向进车取料和调节功能及刮板取料速度和空车行走速度,矩形堆场可以调车,圆形堆场可以空车运行调整位置。

### 2.5.3 操作与控制

正常生产时采用"中控室集中控制"(状态),需要单机调试设备时采用"机旁控制"(状态),现场有"开"、"停"按钮。

### 2.5.4 运行中的检查维护

(1) 松料装置的检查维护

① 目测或用一定规格的扳手检查松料机构、俯仰机构的各部分连接是否正常。

② 观察往复移动的滑轨与滑块的接触、润滑是否良好。

③ 观察机架有无开裂、变形或破损。

④ 耙架连接是否正常。

(2) 刮板取料机构的检查维护

① 目测各部连接是否牢靠；中间导轮栓、前后链轮与链条的接触是否良好，有无磨损，是否严重。

② 耳听驱动结构各部位有无异常振动和声响。

③ 手摸电机、减速机壳体感觉温度变化情况，不得超过 40℃。

(3) 大车驱动机构的检查维护

① 目测各部件的连接情况及中间导轮栓是否有松动现象。

② 耳听驱动电机、减速器和减速装置有无异常振动和声响。

③ 手摸电机、减速机壳体感觉温度变化情况。

④ 观察刮板减速机、大车行走减速机，耙车行走减速机是否漏油、振动、异音、发热。

⑤ 各润滑点润滑是否良好，油位是否符合要求。

(4) 其他部位的检查维护

① 所取料量是否适宜，过大或过小可相应调整慢速行走速率（左右变频器频率）。

② 观察现场操作盘按钮，机旁按钮，运行指示灯是否正常；各部限位开关是否完好有效。

③ 动力电缆，控制电缆、耙车行走电缆卷线盘传动有无异音、转动是否正常；耙车行走电缆在滑动导轨上行走是否灵活自如。

### 2.5.5 常见故障分析及处理方法

桥式刮板取料机在取料过程中有些部件会出现磨损、松料或仰俯机构松弛、轴承发热、皮带跑偏跑料、机架开裂、变形和机件振动等故障，要及早发现并会同专业维修人员及时处理。常见的故障处理方法见表 2-2。

**表 2-2 桥式刮板取料机的常见故障处理方法**

| 常见故障现象 | 发生原因 | 处理方法 |
| --- | --- | --- |
| 机架开裂、变形 | 长时间使用或受力不均 | 调整受力、焊接开裂部分，矫正变形 |
| 松料、仰俯机构松弛 | 使用中拉力不均衡，产生振动 | 调整受力、消除振动 |
| 刮板磨损 | 寿命到期或材质不好 | 补焊或更换 |
| 滑轨与滑块磨损大 | 润滑不良或损坏 | 适时更换 |
| 导轮松动 | 磨损和振动引起 | 停机时紧固和更换 |
| 轴承发热 | (1)轴承密闭不良；<br>(2)轴承缺油；<br>(3)轴承损坏 | (1)清洗,调整轴承和密封件；<br>(2)按润滑制度加油；<br>(3)更换轴承 |
| 耙车行走轮、挡轮轴承磨损 | 受力不均和行走未在直线上 | 应定期调整 |
| 取料机下料漏斗处皮带跑偏跑料 | 下料点不正 | 调整下料挡板 |
| 刮板固定螺钉、导向轮架固定螺钉和其他连接螺栓松动或脱落 | 设备长期运转所致 | 紧固或更换 |
| 机件振动 | (1)地脚螺栓和连接螺栓松动；<br>(2)轴承损坏；<br>(3)基础不实或下沉量不均 | (1)检查各部分连接螺栓的紧固情况，保证紧固程度；<br>(2)更换损坏的轴承；<br>(3)与厂技术部门结合设法解决基础问题 |

## 复习思考题

2-9 简述桥式刮板取料机的构造及取料过程。

2-10 桥式刮板取料机各主要部件的作用是什么？

2-11 怎样操作控制和维护桥式刮板取料机？

2-12 桥式刮板取料机在运行中可能出现哪些故障？怎样处理？

# 3 原料配料站

**【本章摘要】** 本章主要介绍原料粉磨中的配料站微机控制电子皮带秤系统及常用的恒速电子皮带秤、调速电子皮带秤、失重秤、电磁振动喂料机、除铁器、冲板式流量计、溜槽式流量计的结构与工作原理、技术性能及应用、操作、参数调整及维护要点及应用。

## 3.1 概述

对石灰石和其他辅料（粉砂岩或铝矾土、铁矿石、钢渣或铁粉、煤矸石或粉煤灰等）进行预均化后，其化学成分基本趋于均匀，下一步将进入原料配料站，按照配料要求（根据拟生产水泥的品种、原料的化学成分、煤的热值及灰分、工厂具体的生产条件等选择合理的熟料矿物组成或率值等，计算出石灰石及辅料所占比例，即原料的配料），要将石灰石等原料按照一定的配比和一定的喂料量送到磨机里去磨成生料。这一任务在原料配料站由喂料计量设备完成并经带式输送机喂入原料磨内。配料站常用的喂料计量设备有电子皮带秤、流量计、失重秤、电磁振荡给料机、带式输送机、除铁器等，料仓的下面装有螺旋闸门（根据水泥生产的要求不同，配料站的配料及设备是不同的）。对于不设预均化堆场而用圆库储存物料的厂家，配料站设在原料库的库底；对于现代化水泥厂来说，配料站一般设在预均化库附近或原料磨附近，图 3-1 是常见的一种原料配料站。

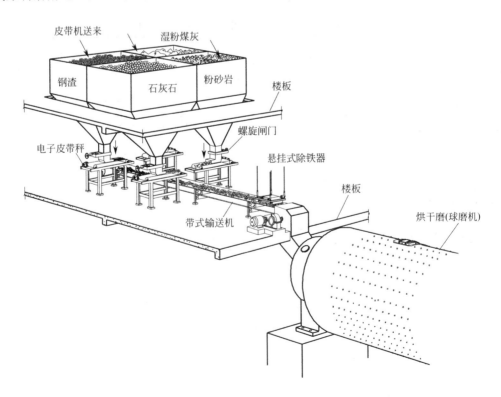

图 3-1 原料配料站

## 3.2　配料站微机控制电子皮带秤系统

生料微机控制电子皮带秤系统包括控制微机系统、电子皮带秤、X 射线荧光分析仪、制样设备和取样设备等硬件，其流程如图 3-2 所示。

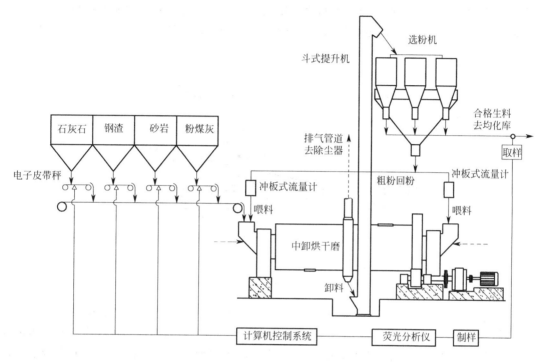

图 3-2　生料微机控制电子皮带秤系统

在生料粉磨过程中，以前一般都采用 X 射线荧光分析仪离线手段进行生料配料的控制，即由人工进行取样、制样后，送入 X 射线荧光分析仪进行自动分析，将分析数据反馈回计算机，进而调整电子皮带秤，加大或减小目标料流，实现生料三率值（n 或 SM、p 或 IM、KH）趋近设定的目标值，提高生料成分合格率与均匀性，获得质量稳定的合格生料。人工取回的生料试样有瞬时样与连续样之分，水泥厂一般尽可能选择收集连续样。新型干法工艺线越来越多的采用 QCX（quality control by computer and X-ray system）在线质量控制系统。在磨机出口处一侧适当地点，采用取样机对生料连续自动取样，经管道输送到化验室，由自动制样机压制生料标准样压片后送入 X 射线荧光分析仪进行连续分析测定，由 QCX 系统运行配料计算，中控室 DCS（distributed control system）集散型过程控制系统自动指令调速电子皮带秤修正运行参数，追踪实现生料三率值设定目标值。QCX 在线质量控制系统渐趋普遍的应用，其与中央控制 DCS 集散型过程控制系统紧密结合，进一步提高了生料成分合格率与均匀性，获得合格并且质量稳定的生料。

### 复习思考题

3-1　简述配料站微机控制电子皮带秤系统的构成情况及生料粉磨质量控制过程。

3-2　简述新型干法工艺线微机控制电子皮带秤系统的优越性。

## 3.3 恒速定量电子皮带秤

### 3.3.1 结构和工作原理

恒速式电子皮带秤是定量电子皮带秤的一种，其运行速率恒定，系统中配备喂料机如电磁振动喂料机，通过改变喂料机的喂料量，来实现定量给料的目的。主要由喂料机（一般采用电磁振动喂料机）、秤体、称重传感器和速率补偿及显示控制器四部分组成（见图3-3）。

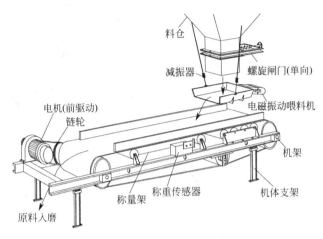

图3-3 恒速定量电子皮带秤

秤体自重由支点承受，通过调节平衡重锤使秤体处于平衡状态，在没有进入工作状态时，称重传感器的受力为零（显示仪表为"0"，实际应用时需加一定的预压力并在仪表内部调掉），因此没有信号输出。当开始喂料时，随着输送皮带移动，物料铺到整个皮带上，这时由于皮带上物料的重力作用，使秤架失去平衡，瞬时通过皮带上的物料重量按正比关系作用在称重传感器上，使桥路失去平衡，有电位差信号输出。根据电阻应变传感器的工作原理，其输出电压信号与其所受力的大小成正比，这样，传感器的信号输出值，就是定量喂料秤的瞬时给料的代表量。在实际喂料过程中，由于物料的粒度、容重、湿度以及仓压、出料状态、电网电压、频率等因素的变化，使喂料机的瞬时给料量不能保持一个预定值，因此，应连续自动调节喂料量，确保达到自动定量喂料和配料要求。实现自动定量喂料是在物料负荷作用下，称重传感器输出相应的模拟信号经放大单元放大，转换成0~10mA电流信号，推动瞬时显示仪表，同时，累计流量仪表显示出相应的累计读数。再有，可根据磨机实际需要的喂料量，作为设定值以人工或自动给定方式加给控制器，根据测量值和设定值比对运算，如果产生偏差，控制单元发出指令，使喂料机的下料量做相应的变化，从而改变喂料机的下料量亦即秤的喂料量，趋向和达到设定的目标值，使调节控制系统处于稳态而实现定量喂料。

恒速式电子皮带秤目前在很多中小型水泥厂中用于配料工艺磨机喂料。

### 3.3.2 操作要点

（1）给定下料量

按显示控制器的给定键，输入本次所需下料量（kg）。

（2）给定瞬时流量

通过功能键输入卸料时的要求瞬时流量（kg/min），按显示键可显示该值。

(3) 输入控制周期

控制周期即调节变频器给定的周期（调节 D/A 输出），例如 1s，则对应控制周期值为：1000ms/8ms=125，此值通过功能键置入。

(4) 完成以上参数设定并确认无误后，方可开机

① 启动喂料机开始向皮带喂料，此时仪表功能窗口显示值为皮带上物料的净重（kg）。

② 按显示控制器启动键启动仪表和变频器，仪表同时输出调节量（D/A）和开关量（DO）给变频器和气动阀，启动预给料机，开始给料，单位时间给料量应与给定瞬时流量（kg/min）一致，当单位时间下料量小于给定瞬时流量时，调节 D/A，通过变频器使预给料机加大给料量。反之，当单位时间下料量大于给定瞬时流量时，显示控制器控制减少给料量。

③ 此时仪表功能窗口显示值显示本次实际下料量（kg）。

### 3.3.3 维护要点

① 防止秤体上积灰积料，一般每班需清扫一次，更不能在秤体构件上增加或减少重量。保持秤体原始平衡不受破坏至关重要。

② 生产和检修时，人不得踏上秤体，也不允许重压或较大冲击振动。保证传感器不过分超载（一般超载不得大于 20%）。

③ 严防减速机漏油。如发现漏油应立即采取措施解决，并需重新调整秤的平衡。同样，在更换减速机油或秤体上任何零部件以后亦需重新调整秤体平衡。

④ 较长时间停机，必须切断电源，并拧紧称重传感器的保护顶丝，顶起秤架，使称重传感器与压板脱离接触。

⑤ 注意传动系统各部件的润滑，保持运行正常平稳及预给料机正常给料。

⑥ 应定期进行校"0"。每次检修后或较长时间停机再开机都必须重新校"0"。整个系统至少每半年检定调整一次。

⑦ 如果计量输送的物料温度高于 100℃时必须采用耐热橡胶带。

⑧ 开机必须按"启动电源——仪表通电——启动秤传动——最后启动预给料机"的顺序。停机的顺序与此相反进行。

### 复习思考题

3-3 简述恒速定量电子皮带秤的构造及配料控制过程。

3-4 简述恒速定量电子皮带秤的操作与维护要点。

## 3.4 调速定量电子皮带秤

### 3.4.1 结构和工作原理

调速定量电子皮带秤也是定量电子皮带秤的一种，但它的速率可调，且秤本身既是喂料机又是计量装置，是机电一体化的自动化计量给料设备。通过调节皮带速率来实现定量喂料，无需另配喂料机。主要由称重机架（皮带机、称量装置、称重传感器、传动装置、测速传感器等）和电气控制仪表（电气控制仪表与机械秤架上的称重传感器、测速传感器）两部分构成，传动装置为电磁调速异步电动机或变频调速异步电动机，皮带速率一般控制在 0.5m/s 以下，以保证皮带运行平稳、出料均匀稳定以及确保秤的计量精度（±0.5%～

±1%），如图 3-4 所示。

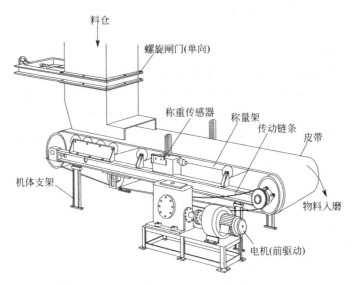

图 3-4　调速定量电子皮带秤

调速电子皮带秤在无物料时，称重传感器受力为零，即秤的皮重等于零（一般情况下，使称重传感器受力略大于零，即受力起始压力大于零），来料时物料的重力传送到重力传感器的受力点，称重传感器测量出物料的重力并转换出与之成正比的电信号，经放大单元放大后与皮带速率相乘，即为物料流量。实际流量信号与给定流量信号相比较，再通过调节器，调节皮带速率，实现定量喂料的目的。

调速电子皮带秤用于石灰石、钢渣、砂岩、铝矾土等连续输送、动态计量、控制给料，使用时常选配适宜的预给料装置，如料斗溜子、振动料斗溜子、带搅拌器的料斗溜子、叶轮喂料机溜槽、流量阀及溜槽下料器等。

### 3.4.2　操作要点

（1）开机操作

按"启动"键可以启动系统运行；按"停止"键可以停止系统。启动系统之前，应确认以下几点。

① 调速器的电源开关是否已经打开。

② 调速器的内外给定插针是否插在正确的位置：系统闭环自动调节时，该插针插在"外给定"位置，手动运行时插在"内给定"位置。

③ 零点、系数、给定值等数据是否正确，若不正确，应在启动系统之前修正。

④ 将要输送的物料是否正确，相应料仓内是否有料，秤体上喂、卸料口开度大小是否适当。

⑤ 磨机、输送机是否正常开动。

（2）停机操作

停机与启动状态相反，当磨机、输送机停机时应先停止秤的系统运行，操作顺序为：

① 启动磨机→启动输送设备→启动电子秤；

② 停止电子秤→停止输送设备→停止磨机。

（3）电源开关的使用

接通电源时将开关按钮打向"ON"位置即接通仪器电源。仪器长期不用时应关闭此开关，将开关按钮置"OFF"位即关闭仪器电源。电源开关关闭后，经操作输入的数据即由机内后备电池保持，在数日或数月内打开电源开关一般不会丢失下列数据：零点、系数、满量程、给定值、累积量。

短暂地停止系统运行（数小时或数日）可不关闭仪器电源。

（4）正常操作的保持

仪器设计有断电数据保持功能，所以即使关闭电源开关，或供电突然停止，基本数据也不会丢失，再次通电后只要直接启动系统，就可以正确运行。所以，在预选功能下输入的数据不需要经常修改和输入，需要经常修改的仅仅是给定量而已。为此，可将运行参数的设置放在各个预选功能内，而给定量的操作则单独安排"给定"键配合"增加"、"左移"键进行操作。常规运行时，操作人员只要操作这几个键即可，在一些场合，通过软件封锁预选功能的操作，这时预选功能里只能看到应该观察的数据，而不能对这些数据做相应的修改。

### 3.4.3 维护要点

（1）秤架部分

① 经常清扫十字簧片、称重传感器、秤架上的灰尘、异物。

② 减速机定期加油。

③ 检查引起转动部分异常噪声和发热的原因，排除隐患。

（2）电气部分

① 经常检查各种连接电缆及其端子接头是否完好，保持各信号联通正常、防止电机缺相。

② 定期清扫仪表内灰尘。

③ 保持标定用砝码、仪器仪表等完好，精度合格，定期校准秤的系统精度。

④ 检修时检查仪表电路各工作点是否正常，排除故障隐患。

### 3.4.4 恒速定量电子皮带秤与调速定量电子皮带秤主要性能比较

以上两种定量给料秤都用于水泥厂的磨机的自动计量和配料控制系统，根据二者的结构、性能和特点，把二者做一比较，具体如表 3-1 所示。

表 3-1 恒速定量电子皮带秤与调速定量电子皮带秤主要性能比较

| 比较内容 | 恒速定量电子皮带秤 | 调速定量电子皮带秤 |
| --- | --- | --- |
| 系统结构 | 系统结构简单，体积较小，重量轻，需配用单独的给料机（一般多采用电磁振动给料机） | 相对稍复杂，体积大，一般不配单独给料机，物料由皮带直接拖出，但也有例外 |
| 工作稳定性和对环境、物料的适应性 | 机械零点容易变动，所以要求有较好的使用条件，对环境振动、物料性质（如粒度、水分）适应性稍差。一般较适用于干、松散的中、小喂料量计量 | 机械零点的稳定容易保证，对使用环境和物料性质适应性好。所以对较恶劣的使用条件适应性强，并对大、中、小的瞬时喂料量都适应，可靠性高 |
| 操作、维护、调整 | 操作方便，维修简单，但要注意保持秤体清洁，调整检查方便，称重传感器受力状态较恶劣，所以容易损坏 | 操作方便，安装修理调整相对麻烦，但称重传感器受力比较理想 |
| 计量精度和控制调节性能 | 计量精度一般为 $\pm 0.5\% \sim \pm 1.0\%$，有的可达 $\pm 0.25\%$，调节幅度相对较小并有一定的滞后时间 | 计量精度一般为 $\pm 0.5\% \sim \pm 1.0\%$，调节幅度宽并几乎无滞后环节 |
| 设备价格 | 价格便宜 | 相对较贵 |

## 复习思考题

3-5 简述调速定量电子皮带秤的构造及配料控制过程。

3-6 简述调速定量电子皮带秤的操作与维护要点。
3-7 比较恒速定量电子皮带秤与调速定量电子皮带秤的主要性能。

## 3.5 失重秤

失重秤（也叫失重式喂料机、失重给料机、失重配料秤）是一种间断给料、连续出料的称重设备，其失重量控制在料斗中进行，可达到较高的控制精度，结构又易于密封，适用于原料配料时的喂料控制，如图 3-5 所示。

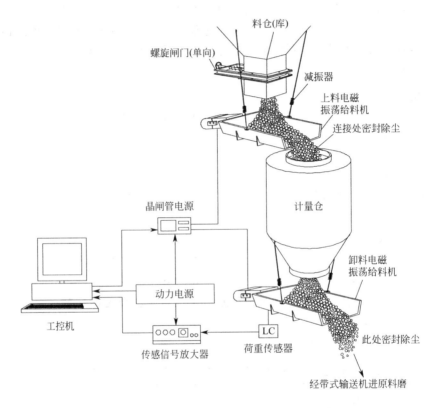

图 3-5 失重秤

### 3.5.1 结构和工作原理

失重式喂料机由料斗、喂料器（上料及卸料，主要是电磁振荡喂料机或螺旋喂料器）、称重系统和调节器组成。根据称重料斗中物料重量的减少速率来控制卸料螺旋输送机或电振机，以达到定量给料的目的。当称重斗内的物料达到称重上限位置后，上料停止，物料通过卸料电磁振荡喂料机或卸料螺旋喂料器卸出，将运行过程中对每个单位时间测量的"失重"与所需给料量进行比较，即实际（测量）的流量与期望的（预设）流量之间的差异会通过给料控制器指令卸料发出纠正信号，自动调节卸料速率，从而在没有过程滞后的情况下保持精确的卸料量。当称重斗内的物料达到称重下限位置时，控制器将对给料系统按容积给料（模式）进行控制，然后对称重斗快速重新装料（手动或自动），在（卸料电磁振荡喂料机或卸料螺旋喂料器）卸出物料的同时，（上料电磁振荡喂料机或上料螺旋喂料器将料仓中）物料快速加入称重斗内，当装料到称重上限时停止装料。快速装料（用时大约是卸料用时的 1/10），有助于稳定给料系统，提高称重的准确度和控制精度。

### 3.5.2 操作与控制

失重秤系统有多种工作模式，如：①连续运转模式；②批次运转模式；③固定运转模式；④固定累计运转模式；⑤自动调整运转模式；⑥容积式运转模式。

水泥厂生产的连续性特点决定了水泥厂使用失重秤系统通常选择连续运转模式。

开机前，设定称重系统目标流量、装卸料期间、料斗称重上下限等工作参数。如系统在调试时已经进行设定，则无需再设，也可以视实际需要重新设定。运转开始时，系统根据物料的卸出量计算出流量的数据进行 PID（比例-积分-微分控制器）控制，实现对目标流量的精确逼近。当料斗内的物料重量到达称重下限值时开始自动补充物料。补充物料同时也不需要停止物料卸出，补充物料期间，卸出物料控制自动按照容积式运转模式进行，在此期间卸料速率维持装料开始前最后阶段的卸料速率，该阶段长短可以设定。以后系统自动运行这种连续的重复控制过程。如装料期间无法达到料斗称重上限，则系统报警，自动停车。

### 3.5.3 维护要点

① 失重秤投入运转后严禁晃动、碰撞或施加冲击超载荷载。

② 经常检查机件是否正常，检查传感器与秤体压板、秤体各机件间隙之间是否有物料塞住，发现物料应及时清理。

③ 定期清扫灰尘，尤其是刀口、传感器、秤臂上的灰尘。

④ 停秤调整或维修时，必须将传感器压力板顶起并锁紧，投入运行前应人工加载，校验正常后方可运行。

⑤ 不允许以秤体任何部分作地线使用（尤其是电焊时），以免烧坏失重秤信号导线。

⑥ 不允许任何发热部件靠近引线；不要碰撞秤体引线，以免引起引线烧坏或碰断。

⑦ 凡暂时不使用的秤，应将传感器上的压力板支起，以免传感器受力。

### 复习思考题

3-8 简述失重秤的构造及喂料控制过程。

3-9 简述失重秤的操作与维护要点。

## 3.6 电磁振动喂料机

### 3.6.1 结构和工作原理

图 3-3、图 3-5 中已经示出了电磁振动喂料机（也称电磁振荡给料机），它是一种定量喂料设备，主要由电磁激振器（连接叉、衔铁、弹簧组、铁芯和壳体）、喂料槽、减振器和控制器组成（见图 3-6），连接叉和槽体固定在一起，通过它传递激振力给喂料槽；衔铁固定在连接叉上，和铁芯保持一定间隙而形成气隙（一般为 2mm）；弹簧组起储存能量的作用，铁芯用螺栓固定在振动壳体上，铁芯上固定有线圈，当电流通过时就产生磁场，它是产生电磁场的关键部件；壳体主要是用来固定弹簧组和铁芯，也起平衡质量的作用。

喂料槽承受料仓卸下来的物料，并在电磁振动器的振动下将物料输送出去，电磁激振器产生电磁振动力，使喂料槽作受迫振动。激振器电磁线圈的电流是经过半波整流的，见图 3-6(a)、(b)。当在正半周有电压加在电磁线圈上时，在衔铁和铁芯之间产生一对大小相等、相互吸引的脉冲电磁力，此时喂料槽向后运动，激振器的弹簧组受压发生变形，储存了一定的势能；在负半周，线圈没有电流通过，电磁力消失，弹簧组恢复原形储存的能量被释放，衔铁和铁芯朝相反的方向离开，此时喂料槽向前弹出，槽中物料（块状、颗粒或粗粉）向前

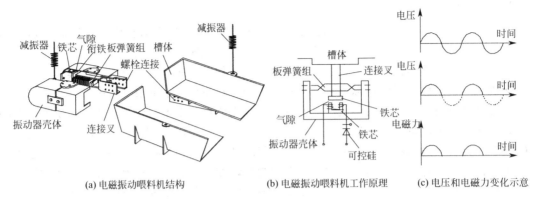

(a) 电磁振动喂料机结构　　(b) 电磁振动喂料机工作原理　　(c) 电压和电磁力变化示意

图 3-6　电磁振动喂料机

跳跃式运动。如此电磁振动喂料机就以交流电源的频率作 3000 次/min 的往复振动，由于槽体的运动频率太快了，所以看不见物料是跳跃前进的，只见它们在向前流动，送给下一个受料设备。减振器的作用是把整个喂料机固定在料仓底部，它由隔振弹簧和弹簧座组成，与机体组成一个隔振系统，能减小送料时传给基础或框架的动载荷。

可控硅调节器作为控制器，用来调节输入电压，使激振力发生改变，从而达到控制喂料量的目的。

### 3.6.2　喂料量的调节方法

电磁振动喂料机喂料量的调节方法有以下几种。

(1) 调整安装角度

电磁振动给料机安装角度指槽体中心线与水平线的夹角。向下倾斜安装时，倾角不大于 10°～15°，向上倾斜时，升角不超过 12°。升角上升 1°，输送量将降低约 2%。倾角下倾斜 10°，输送量约增大 30%，一般在给料量变动较大时才采用这种方法。

(2) 调节出料闸板的位置

改变槽体内料层的厚度，达到改变喂料量的目的。

(3) 利用可控硅整流调节器

调节电磁线圈的外加电压，来改变激振力的大小，调整振幅来改变喂料量。此法简单可行，而且调节范围宽。因此，在实际生产中得到广泛应用。

(4) 改变激振电源的频率

使用变频电源改变激振频率，在激振力幅值不变时，由于调谐指数的变化会使振幅有所变化，达到调节喂料量的目的。

### 3.6.3　维护要点

① 经常检查所有螺栓的紧固情况，每天不少于一次。
② 衔铁与铁芯之间的气隙必须保持平行，两工作面必须保持清洁，防止灰尘或铁磁性粉料进入机壳。
③ 线圈压板不能松动，引出的导线可穿以橡胶套管。
④ 发现振动突然发生变化时，应检查板弹簧是否有断裂现象。
⑤ 更换槽体中耐磨衬板时，必须按原来的厚度和形状修复，不能随意改变，以免引起调谐值的变化。

### 3.6.4　常见故障分析及处理方法

电磁振动喂料机在喂料过程中可能会出现接通电源后机器不振动或振动微弱、机器振幅小、给料量小,调节电位器或调压器不起作用、噪声过大及电流过高等,喂料中要经常巡视、注意仪表参数变化情况,发现问题及时采取相应措施处理。常见故障及处理方法见表 3-2。

表 3-2 电磁振动喂料机常见故障及处理方法

| 常见故障 | 原因分析 | 处理方法 |
| --- | --- | --- |
| 接通电源后机器不振动 | (1)保险丝熔断;<br>(2)线圈导线短路;<br>(3)接头处有断头,可控硅未导通 | (1)更换保险丝;<br>(2)检查、更换线圈;<br>(3)接好接头,导通可控硅 |
| 振动微弱,调节电位器或调压器不起作用 | (1)整流器被击穿;<br>(2)线圈极性接错<br>(3)气隙被料堵塞;<br>(4)弹簧间隙被堵塞 | (1)更换整流器;<br>(2)改接线圈;<br>(3)清除物料,保证气隙存在;<br>(4)改善机壳密封,不让杂物落入 |
| 噪声大,调整电位器或调压器时振幅反应不规则,有猛烈撞击 | (1)主弹簧(板弹簧或螺旋弹簧)断裂;<br>(2)槽体与激振器连接叉的连接螺栓松动或断裂;<br>(3)气隙太小;<br>(4)任意增加机器的重量 | (1)更换主弹簧,并重新调谐;<br>(2)更换并拧紧连接螺栓;<br>(3)调整气隙大小;<br>(4)恢复机器正常负重 |
| 冲动或间歇工作 | 线圈、导线损坏 | 修复导线、更换线圈 |
| 机器振幅小,给料量小 | 料仓排料口设计不合理,给料槽承受过多的压力 | 改进排料部位结构,改变排料口溜管倾斜角度,消除仓压影响 |
| 产量正常但电流过高 | 气隙太大 | 调整气隙到规定数值 |

## 复习思考题

3-10 简述电磁振动喂料机的构造及喂料控制过程。
3-11 怎样对电磁振动喂料机的喂料量进行调节控制?
3-12 电磁振动喂料机的常见故障有哪些?处理方法是怎样的?

# 3.7 除铁器

## 3.7.1 结构和工作原理

电磁除铁器是一种用于清除散状非磁性物料中铁件的电磁设备,一般安装于皮带输送机的头部或中部,如图 3-7 所示。通电产生的强大磁力将混杂在物料中的铁件吸起后由卸铁皮

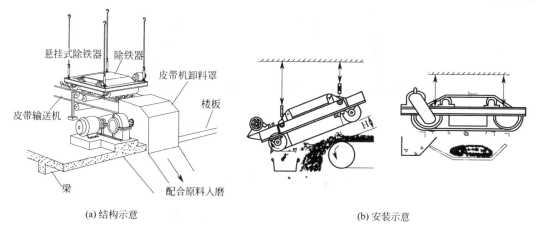

(a) 结构示意      (b) 安装示意

图 3-7 除铁器

带抛出,达到自动清除的目的,并能有效地防止输送机胶带纵向划裂,保护破碎机、磨机的正常工作。

### 3.7.2 操作与维护要点

① 定期检查磁场强度,减弱至低于产品说明书规定数值或者明显不能满足工作现场除铁要求时应当进行维修或更换。

② 定期检查设备绝缘电阻,符合要求。

③ 电磁除铁器工作现场相关设备必须紧固,电磁除铁器吊装系统设备必须紧固,稳定可靠。定期检查连接件松紧情况无异常。电线与端子相连时,应当使用匹配的冷压端头,保证接头良好接触。

④ 使用维护中,不得改变电气元件规格与参数;禁止带电开封检修。

⑤ 电磁除铁器工作过程中,工作人员应避免长时间逗留现场;手机卡、信用卡、公交车卡等磁记忆信息材料避免带入现场,以防损害。

#### 复习思考题

3-13 除铁器的用途是什么?安装在什么位置?

3-14 除铁器的操作维护要点是什么?

## 3.8 冲板式流量计

### 3.8.1 结构和工作原理

冲板式流量计是一种固体散料流量计,广泛用于生料闭路粉磨(或水泥粉磨)工艺过程计量(见图 3-2)。它能在物料流动过程中连续、自动测量物料流量,属动态称重计量和控制设备,由流量计外壳(包括钢板制成,密封防尘,有入口、出口法兰盘和维修门)、挡板(挡板经连杆与测量装置相连)、测量装置(包括落差补偿系统和带测力传感器、衰减装置的计量系统)三部分组成,见图 3-8。它是基于动量原理来测量自由下落的粉、粒状物料流量

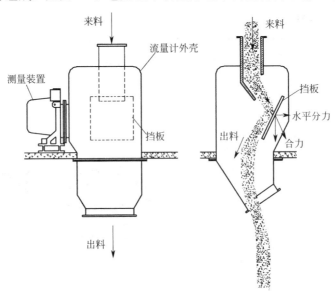

图 3-8 冲击流量计的构造及工作原理

的：当粉、粒状物料从具有一定高度的给料器自由下落，打在检测板上产生一个冲击力并反弹起来后又落在检测板上流下去，此时物料又与检测板之间产生一个摩擦力，而冲击力和摩擦力的合力与被测物料的瞬时质量流量成正比。上述合力可分解为水平分力和垂直分力，因此冲击流量计有两种测量方法，即测量水平分力或垂直分力。一般来说测垂直分力有很多困难，尤其黏附性物料，零点漂移现象较严重，故国内外目前均采用测量水平分力的冲击流量计。通过仪表检测出总水平分力，即可得出物料的瞬时质量流量。

### 3.8.2 冲板式流量计的使用

冲板式流量计通过校验和调整后即能投入使用，为使流量计正常工作，使用时还应注意下列各点。

① 调整后不要前后上下用力扳动检测板，否则会影响流量计的测量精度，更不要在使用中推动它。

② 流通截面虽有一定的余量，但也应该避免大颗粒的物料或超过量程的物料进入，防止通道堵塞。若堵塞应用适当工具进行清理，切不可用锤子敲打损坏流量计。

③ 定期清扫检测板和活动主梁周围的粉尘，避免堆积物卡死主梁影响测量精度。

④ 防止气流随物料进入流量计造成测量误差。

### 3.8.3 维护和检修

① 定期检查流量计的动态零点（注意：流量计已作动态调整，此时输出信号可能不为"零"），是否发生变化应对流量计作进一步检查，并做必要的调整。

② 每隔三个月对流量计的静态做出一次全量程的测试。

③ 每隔一年对流量计进行全面的检验和调整。

复习思考题

3-15 简述冲板式流量计的构造及工作原理。

3-16 怎样使用冲板式流量计？

3-17 绘出生料粉磨工艺流程简图，表示出冲板式流量计位置。

## 3.9 溜槽式流量计

### 3.9.1 结构和工作原理

溜槽式流量计主要由外壳、导向溜槽、计量溜槽、杠杆装置和称重传感器组成，如图3-9所示。

外壳由薄钢板折弯焊接制成，下法兰与其他支撑面相接，上法兰与导向溜槽相连；壳体内有计量溜槽，其管状横梁与壳体间用橡胶皮碗密封；壳体正面开设有供检修、调试的门盖。导向溜槽上下均有法兰，上法兰与外部输送设备相接，下法兰与壳体相接，槽体与水平面呈70°的斜角，槽体下部伸入壳体内与计量溜槽上部相距≤5mm，其底部与计量溜槽向槽内错开2～3mm。

计量溜槽为一弧形槽，槽底为锰钢板，它由管状横梁与杠杆装置相连，槽底可根据不同特性的料粘贴不同材料的面板：有轻微腐蚀、无静电反应的黏性物料用不锈钢面板，有轻微腐蚀、粘接、有轻微静电反应的物料用聚四氟乙烯面板，不粘接的物料则不需粘贴面板。

杠杆装置由起配重作用的框架和两组十字簧片组成。

溜槽流量计是利用物料通过一弧形计量溜槽时所产生的动能和作用力，使计量机构偏

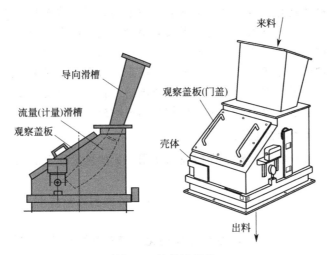

图 3-9 溜槽流量计

转,将力作用于称量传感器上,输出电信号,经过放大、转换处理,显示固体物料流量的瞬时值与累计值,通过调节器或电脑自动控制给料量。溜槽流量计的工作过程是:物料沿计量溜槽切线方向进入,由于物料的重力和沿弧形板的运动,对计量溜槽产生一个作用力,并使计量溜槽偏转,这个偏转力与物料的流量成正比。偏转力的大小由称重传感器检测,物料的瞬时流量和累计流量由二次仪表显示。为了自动定量控制给料量,将实际值与设定值比较,通过调节器或计算机,自动控制喂料量并保持均匀稳定。

### 3.9.2 溜槽式流量计的使用

溜槽流量计主要用于生料(或水泥)闭路粉磨系统中粗粉回料(流动的散状固体物料)的连续自动计量或定量给料控制。由于溜槽流量计秤体结构为全密封,对周围环境无污染,可用于空间受限制或环境条件恶劣的生产现场;无转动部件,十字簧片由不锈钢制成,不需维修;物料流对计量溜槽基本无冲击,因此不受冲击系数的影响;物料流沿平行的轨道通过溜槽,消除物料料粒之间的相互干扰。与冲击流量计相比,溜槽流量计更简单、体积较小、工作更稳定。

## 复习思考题

3-18 简述溜槽流量计的构造及工作原理。
3-19 怎样使用溜槽流量计?
3-20 绘出生料粉磨工艺流程简图,表示出溜槽流量计位置。

# 4 生料粉磨

**【本章摘要】** 本章主要介绍生料粉磨工艺及系统配置；球磨机、立式磨的构造、主要部件、工作原理、工艺参数；研磨体在球磨机内的运动状态分析及级配方案与装载量的确定；离心式、旋风式选粉机的结构、原理、主要参数及细度调节方法；粉磨系统操作及设备的维护及检修等，文中附有大量形象、逼真的立体图和局部剖视图，让学习者直观地看到生料粉磨工艺的全过程，为理解和掌握系统操作与控制、故障分析与排除、设备维护与检修奠定基础。

## 4.1 概述

生料粉磨就是将块状、颗粒状的石灰石、粉砂岩（铝矾土、砂岩）、钢渣（铁矿石）及粉煤灰（粉状）等原料，从配料站完成配料后由胶带输送机送进粉磨设备（球磨机或立式磨），通过机械力的作用变成细粉的过程，也是几种原料细粉均匀混合的过程。从下一个流程——熟料煅烧方面来考虑（出磨生料再进一步均化后，送至窑内煅烧），生料磨得越细、化学成分混合得越均匀，入窑煅烧水泥熟料时各组分越能充分接触、化学反应速率越快（碳酸钙分解反应、固相反应和固液相反应的速率加快，有利于游离氧化钙的吸收），越有利于熟料的形成且质量越高。不过细度也不能磨得过细，要考虑电耗和产量，力争做到"节能、环保、确保质量"。

"细度"一词是指生料出磨后、入库前的粗细程度，用标准筛的筛余值来表示，即：对生料（一定质量的试样，以"g"计量）过筛时，假如有90%以上的生料颗粒小于筛孔（漏下了），还有少于10%的生料颗粒大于筛孔（留在筛网面上），这就是筛余。这个筛子是标准筛，其孔径为$80\mu m$（0.08mm）和$200\mu m$（0.20mm）。生料细度一般控制在0.08mm方孔筛的筛余8%左右，0.20mm方孔筛的筛余小于1.0%。

近十多年来，随着水泥工业生产工艺、过程控制技术的不断升级，生料粉磨工艺和装备由过去以球磨机为主，发展为今天的高效率的立式磨、辊压机等多种新型粉磨设备并用、设备的组合应用，而且在朝着粉磨设备大型化、提升工艺控制技术智能化方面发展，不断满足水泥生产现代化的要求。

## 4.2 生料粉磨工艺流程

### 4.2.1 开路（开流）粉磨

开路粉磨对于粉磨的物料来讲就是直进直出式，即物料一次通过磨机粉磨就成为产品（确切地讲，生料是水泥的半成品），如图4-1所示。它的流程简单，设备少，投资少，一层厂房就够用。不过它也有缺点：要保证被粉磨物料全部达到细度合格要求后才能卸出，则被粉磨物料从入磨到出磨的流速就要慢一点（流速受各仓研磨体填充高度的影响），磨的时间长一点，这样台时产量就降低，相对电耗升高；而且部分已经磨细的物料颗粒要等较粗的物料颗粒磨细后一同卸出，大部分细粉不能及时排除（尽管磨内通风能带走一定量的细粉），在磨内继续受到研磨，就会出现"过粉磨"现象，并形成缓冲垫层，妨碍粗颗粒的进一步磨细。开路粉磨多用于中小型磨机的粉磨系统，其工艺流程立面图如图 4-2 所示。

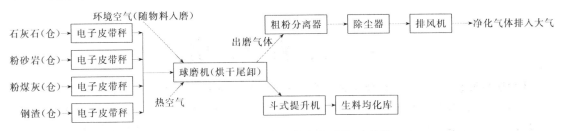

图 4-1　生料开路粉磨工艺流程（尾卸球磨机）

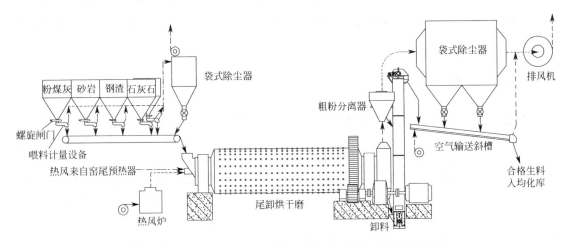

图 4-2　生料开路粉磨工艺流程立面图（边缘传动尾卸球磨机）

### 4.2.2　闭路（圈流）粉磨

如果让被磨物料在磨内的流速快一点，就能把部分已经磨细的物料颗粒及时送到磨外，可以基本消除"过粉磨"现象和缓冲垫层，有利于提高磨机产量、降低电耗。一般闭路系统比开路系统（同规格磨机）产量高 15%～25%，不过这样一来大部分还没有磨细的粗颗粒也随之出磨，使得细度不合格。这时需要加一台分级设备（一种分离粗粉和细粉的设备，将在"4.5 分级与分级设备"中专门介绍），把出磨物料通过提升机送到分级设备中，将细粉筛选出来作为合格生料送到下一道工序（均化、煅烧），粗粉再送入磨内重磨，图 4-3、图 4-5 是生料闭路粉磨尾卸和中卸烘干球磨机工艺流程，图 4-4、图 4-6 是它们的立面图。

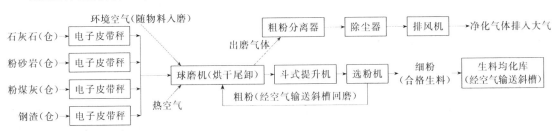

图 4-3　生料闭路粉磨工艺流程（尾卸球磨机）

不论是尾卸球磨机还是中卸球磨机所构成的闭路粉磨系统，球磨机与选粉机都是分别设置的，二者之间用提升机、螺旋输送机或空气输送斜槽等输送设备联络构成循环粉磨工艺系统，与开路粉磨相比较，工艺比较复杂，占有的地面和空间都比较大，厂房也增加了好几层，因此投资大，操作、维护、管理等技术要求较高。但产量和质量都提高了，大型现代化水泥厂与球磨机系统都采用闭路粉磨流程。

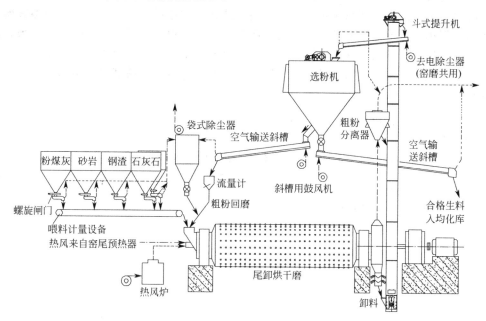

图 4-4　生料闭路粉磨工艺流程立面图（中心传动尾卸球磨机）

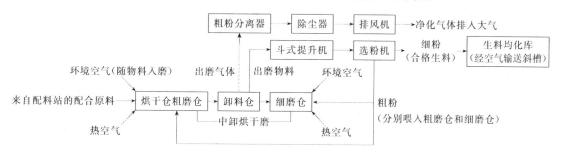

图 4-5　生料闭路粉磨工艺流程（中卸球磨机）

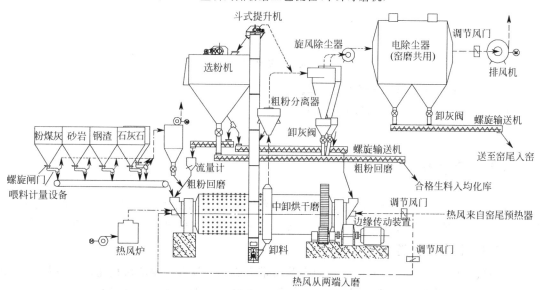

图 4-6　生料闭路粉磨工艺流程立面图（边缘传动中卸循环提升烘干球磨机）

近年来随着立磨技术的日趋成熟,在我国新建的新型干法水泥厂中生料的粉磨大多采用了立式磨粉磨工艺。立式磨系统把烘干、粉磨、选粉及输送设备汇集于一身,结构紧凑,占地面积和空间小,系统简单明了,噪声与球磨机相比要小得多,产量大大提高,未来将占据生料粉磨的主导地位。当然立磨对辊套和磨盘的材质要求较高,对液压系统加压密封要求严格,对岗位工人操作维护技术要求较高。图4-7是生料立磨生料粉磨工艺流程,图4-8是生料立磨粉磨的立面图。

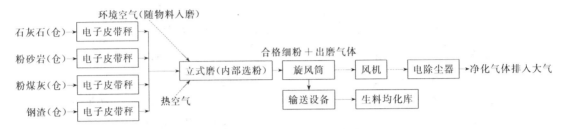

图4-7 生料立磨生料粉磨工艺流程

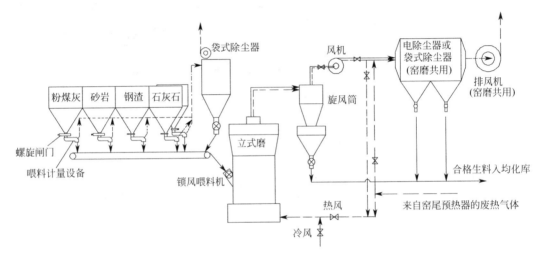

图4-8 生料立磨粉磨流程立面图

## 复习思考题

4-1 简述生料闭路中卸烘干粉磨工艺过程。

4-2 简述生料闭路尾卸烘干粉磨工艺过程。

4-3 简述生料立磨粉磨工艺过程。

## 4.3 球磨机

球磨机是目前应用最为广泛的一种粉磨设备,对粉磨物料的适应性较强,能连续生产,粉碎比较大(300～1000),既可干法粉磨又可湿法粉磨,还可烘干兼粉磨同时进行。

### 4.3.1 构造及分类

球磨机主体是一个回转的筒体,两端装有带空心轴的端盖,空心轴由主轴承支撑,整个磨机靠传动装置驱动以16.5～27r/min的转速(大磨转速低、小磨转速高)运转,因研磨体冲撞,噪声很大,把约20mm左右的块状物料磨成细粉。筒体内被隔仓板分割成了若干个仓，不同的仓里装入适量的、用于粉磨（冲击、研磨）物料用的不同规格和种类的钢球、钢段或钢棒等作为研磨体（烘干仓和卸料仓不装研磨体），筒体内壁还装有衬板，以保护筒体免受钢球的直接撞击和钢球及物料对它的滑动摩擦，同时又能改善钢球的运动状态、提高粉磨效率。

把距进料端（磨头）近的那一仓叫粗磨仓，所装研磨体（干法磨为钢球，湿法磨为钢棒）的平均尺寸（3～4 种不同球径的尺寸配合在一起）大一些，这主要是因为刚喂入的物料是从前一道工序——破碎、预均化后送来的配合原料，其中占绝大多数的物料属于块状石灰石，粒度可达 20mm 左右，尺寸较大，在粗磨仓里首先要受到冲击和研磨的共同作用而粉碎，成为小颗粒状物料和粉状物料（粗粉），通过隔仓板的筛孔进入下一仓（细磨仓）继续研磨。第二仓或第三仓、第四仓研磨体（钢球或钢段）的平均尺寸就逐渐减小，对小颗粒物料和粗粉主要进行研磨，从出磨端（磨尾）或磨中（中卸）卸出。

用于生料（或水泥）粉磨的球磨机一般按以下方式分类：

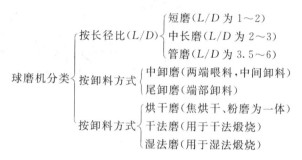

球磨机的规格用筒体的内径和长度来表示，如 $\phi 4.5m \times 13.86m$，这里 $\phi 4.5m$ 是筒体的内径，13.86m 是筒体两端的距离，不含中空轴。$\phi 5.6 \times 11 + 4.4$ 中卸烘干球磨机，含意是：带烘干仓、中部卸料的球磨机，磨机筒体直径为 5.6m，烘干仓长度为 4.4m，粉磨仓总长度为 11m。球磨机短磨一般为两仓或单仓，中长磨设有两个仓或三个仓，长磨 3～4 个仓。生料粉磨多使用中长磨和长磨，统称管磨。下面是几种典型的球磨机。

(1) 边缘传动中卸烘干磨

图 4-9 是边缘传动的中卸烘干磨（剖开可以看到内部结构），传动系统由套在筒体上的大齿圈和传动齿轮轴、减速机、电机组成。磨内设有 4 个仓，从左至右分别为：烘干仓（仓内不加衬板和研磨体，但装有扬料板，磨机回转时将物料扬起）、粗磨仓、卸料仓、细磨仓，待粉磨的配合原料从烘干仓（远离传动的那一端，习惯称为磨头）喂入，经过粗粉磨，从卸料仓卸出，被提升到上部的选粉机去筛选，细度合格的就是生料，较粗的物料再从磨机的两端喂入，中间卸料，形成闭路循环。热风来自回转窑窑尾或窑头冷却机，从磨机的两端灌入，在烘干仓端并备有热风炉。卸料仓长约 1m，在这一段的筒体上开设有一圈椭圆形或圆角方形的卸料孔。显然这些孔的开设会降低筒体强度，因此需把这一段筒体加厚，以避免运转起来使筒体拧成"麻花"。

(2) 边缘传动尾卸烘干磨

图 4-10 是带有烘干仓的边缘传动的尾卸烘干磨，它的传动与图 4-9 相似，但筒体结构与中卸烘干磨不太一样，它从一端喂料（磨头），另一端出料（靠近传动的那一端也称磨尾），烘干仓设在入料端，被磨物料先进入烘干仓，与来自窑尾的废气或热风炉（当回转窑未启动或立窑煅烧水泥熟料时）的热气体充分接触，让物料中的水分蒸发掉。磨内装有隔仓板，将磨内分为粗磨仓（刚喂入的物料粒度还较大，因此粗磨仓以冲击粉碎为主，研磨为辅）和细磨仓（物料经过粗磨仓的粗碎后通过隔仓板进入细磨仓，以研磨为主），磨尾卸料

处装有一道卸料箅板（结构与单层隔仓板基本相同）和提升叶片。

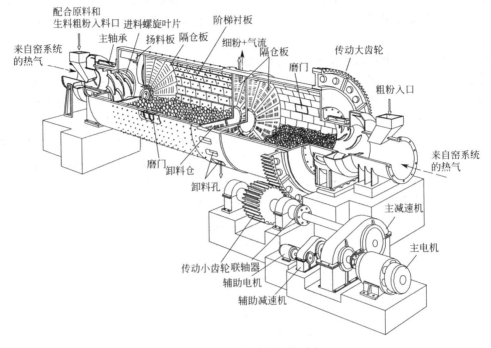

图 4-9　边缘传动中卸烘干磨

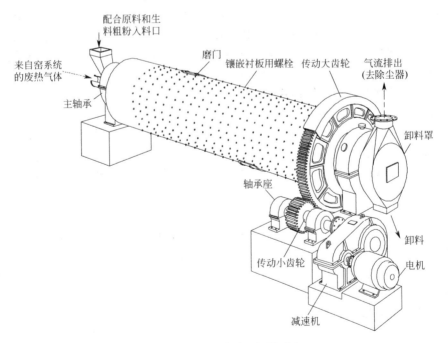

图 4-10　边缘传动尾卸烘干磨

(3) 中心传动中卸烘干磨

图 4-11 是中心传动的中卸烘干磨，它的传动方式与前面的两种不同，是减速机的输出轴与细磨仓的中空轴相连的，省略了传动大齿轮。为了避免筒体运转起来拧成"麻花"（预应力的存在），同边缘传动的中卸烘干磨一样，需将筒体中间的卸料口部位的筒体

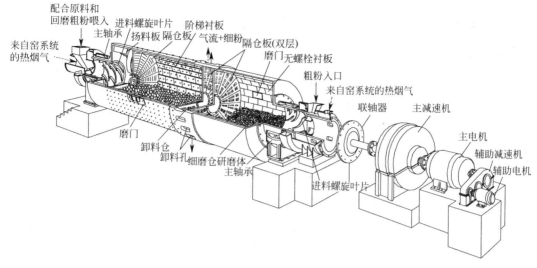

图 4-11 中心传动中卸烘干磨

加厚。

该图在磨机细磨仓入料口端作了局部剖视,可以看见端盖、中空轴的内部结构。

(4) 中心传动主轴承单滑履中卸烘干磨

图 4-9～图 4-11 所示的三种典型球磨机都是靠筒体两端的主轴承支撑运转的,而图 4-12 所示的磨机是一端(传动端)靠主轴承支撑,另一端由滚圈、托瓦支撑,烘干仓较长(悬臂),称之为主轴承单滑履磨机,两端的进、出料口的直径较大。这种结构对长径比大的磨机来说,可以降低筒体的弯曲应力,从而可以降低筒体钢板的厚度,见图 4-12(中心传动,同图 4-11,该图没有显示传动部分)。

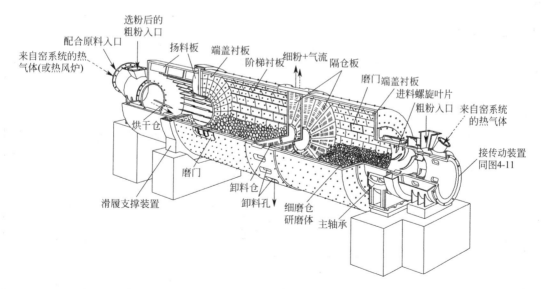

图 4-12 主轴承单滑履中心传动中卸烘干磨

除此之外,还有中心传动尾卸烘干磨、中心传动双滑履中卸烘干磨,它们的筒体结构、传动、支撑部分等与图 4-9～图 4-12 有相似的地方,在此不再复述。

部分球磨机(原料磨)的规格及性能列于表 4-1 中。

表 4-1 部分球磨机（原料磨）的规格及性能

| 磨机规格 | φ2.4m×6m | φ2.4m×10m | φ3.2m×10m | φ2.4m×13m | φ2.6m×13m | φ3.5m×10m | φ3.8m×7.5m | φ4.6m×9.5m+3.5m | φ4.8m×10m+4m |
|---|---|---|---|---|---|---|---|---|---|
| 粉磨系统 | 干法闭路 | 闭路中卸烘干磨 | 中卸烘干磨 | 湿法开路棒球磨 | 湿法开路 | 闭路中卸烘干磨 | 闭路末尾卸烘干磨 | 闭路中卸烘干磨 | 闭路中卸烘干磨 |
| 转速/(r/min) | 20.93 | 20 |  | 19.4 | 19.5 | 16.5 | 16.7 | 15.1 | 14.12 |
| 装球量/t | 23 | 40 | 65 | 70~80 | 78~81 | 80 | 85 | 175 | 190 |
| 有效容积/m$^3$ | 22.8 |  | 56.2 | 49.6 | 61.5 |  |  |  |  |
| 入磨原料平均水分/% | 1 | <6 | <5 | <12 |  | <5 |  |  |  |
| 产品细度(0.08mm方孔筛余)/% | 10 | 10 | 10 | 45~50 | 8~10 | 10 |  |  |  |
| 设计标定产量/(t/h) | 25 | 30 | 55 |  | 45 | 75 | 100 | 185 | 230 |
| 传动方式 | 边缘 | 边缘 | 中心 | 中心 | 中心 | 中心 | 边缘 | 中心 | 中心 |
| 减速机 型号 | ZHD-700-10ⅡJ | ZD80-4-Ⅱ | TSFP1150 | 2×1100 | 3310侧出轴 | JS110-A | MBY800 | JS150-B-FMFY350 | JS150-B-FMFY350 |
| 减速机 速比 | 5.53 | 6.435 |  |  |  | 43.8 | 5.6 | 49.3 | 53.4 |
| 减速机 质量/kg | 3600 | 5540 |  | 31490 |  |  |  |  |  |
| 电动机 型号 | JRQ158-8 | JQR1512-8 | JEZ1000-S | YR118/49-8 | YR118/61-8 | YR1250-8/1430 | YR710 | YRKK900-8 | YRKK900-8 |
| 电动机 功率/kW | 380 | 570 | 1000 | 800 | 1000 | 1250 | 1400 | 3550 | 3550 |
| 电动机 转速/(r/min) | 735 | 740 |  | 742 | 742 |  |  |  |  |
| 电动机 质量/kg | 4100 | 5100 |  | 6150 | 7340 | 132.4 | 162 | 352 | 361 |
| 设备质量/t | 60.5 | 95.8 |  | 130.9 | 179.4 | 132 |  |  |  |
| 备注 | 烘干仓长1.5m | 烘干仓长1.5m | 烘干仓长1.55m |  |  | 烘干仓长1.5m |  | 双滑履 | 主轴承单滑履 |

### 4.3.2 主要部件

**（1）筒体**

筒体是一个空心圆筒，由若干块钢板卷制焊接而成，筒体的两端用端盖与中空轴对中连接。筒体要承受着衬板、研磨体、隔仓板和物料的重量，运转起来会产生巨大的扭矩，故需要有很大的抗弯强度和刚度，因此筒体要有足够的厚度，这个厚度约为筒体直径的0.01～0.015倍，大个磨机更需要厚一些。筒体要开设1～4个磨门（与磨机的长度和仓数有关），用于更换衬板、隔仓板、倒装研磨体和人员进入磨内检修。开设磨门会降低磨机筒体强度，所以磨门不能开得过大，且磨门周围焊接加强钢板。只要能满足零部件（衬板、隔仓板或卸料算板散件、研磨体）和操作人员进出即可。

**（2）端盖**

端盖有焊接和铸造两种结构。焊接的端盖是钢板直接焊在筒体上，使其成为一体（见图4-13），这种结构的特点是用料少，机件轻，制造简单，质量容易保证。另一种结构是把端盖和中空轴分别铸造，加工后再把两部分组装在一起，用螺栓连接起来（见图4-14），这种结构消耗材料多，加工量大。

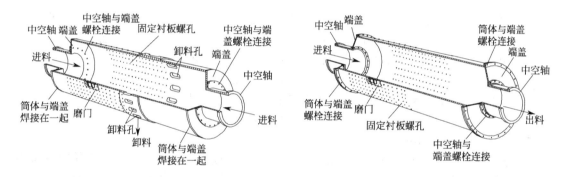

图4-13 中卸烘干磨的筒体、磨门、端盖和中空轴　　图4-14 尾卸烘干磨的筒体、磨门、端盖和中空轴

**（3）衬板**

磨机在运转时要把研磨体带起、抛出，砸碎物料，混入物料中。在带起的同时，部分研磨体也会沿筒体内壁下滑，这会对筒体内壁造成严重的磨损，所以应该加上内衬，用来保护磨体内壁和磨头免受研磨体直接冲击及物料的研磨，这就是衬板。如果把衬板的表面铸造成不同的形状，使衬板又多了一项功能：即帮助提升研磨体，以改善粉磨效果，提高粉磨效率。

① 常用衬板的种类。

a. 平衬板：表面平整或铸有花纹，研磨体随筒体运转时靠离心力产生的摩擦力提升，但下滑较明显，对刚喂入磨内的大块状物料的冲击粉碎不是很强，而对物料的研磨作用强，适合安装于细磨仓（离出料端近的那一仓），见图4-15(a)。

b. 压条衬板：由平衬板和压条组成，衬板本身无孔，压条上有孔，螺钉穿过螺孔把压条和衬板固定在筒体内壁上。压条高出衬板，对研磨体产生一定的推力，增加了研磨体的提升高度，抛落下去对块状物料有较强的冲击力，因而适于装在粗磨仓（离进料端近的那一仓），见图4-15(b)。

压条衬板也有它的不足，那就是没有压条的地方下滑现象明显，有压条的地方球带得较高，使得带球不均匀。而且磨机转速较快时，还会把球带得过高，抛到对面的衬板上，这样不但冲击粉碎作用减弱了，还增加了钢球与衬板的磨耗，所以转速较高的磨机不适于装压条衬板。

c. 阶梯衬板：衬板表面呈一倾角，安装后成为许多阶梯，可以加大对研磨体的推力，

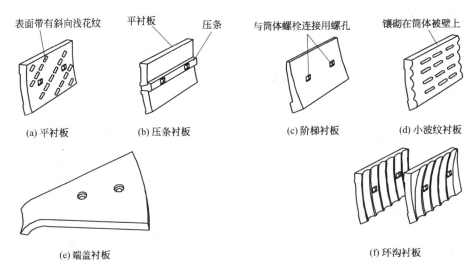

图 4-15 衬板的类型

同一层研磨体被提升的高度均匀一致，防止研磨体之间的滑动和磨损，它优于压条衬板，适合安装在粗磨仓。注意安装时薄端处于磨机转向的前方，千万不能装反，见图 4-15(c)。

d. 小波纹衬板：波峰和节距都小，适于细磨仓和煤磨，见图 4-15(d)。

e. 端盖衬板：装在磨头端盖或筒体端盖上，保护端盖不受磨损，见图 4-15(e)。

f. 环沟衬板：在衬板的工作面上铸出有圆弧形沟槽，安装后形成环形沟槽，适于多仓磨的第一仓和第二仓，干法、湿法磨机均可。固定方式可以是螺栓固定、螺栓镶嵌，也可以是无螺栓镶嵌，如图 4-15(f) 所示。

g. 分级衬板：对于磨机粉磨作业的理想状态应该是对大颗粒的物料用大直径的研磨体去冲击和粉碎，即在磨机的进料方向配以大直径的研磨体，随着物料往出料方向的逐渐减小，研磨体也应顺次减小。但如果磨机安装同种衬板，由于物料高度和粒度沿着磨机筒体纵向从进料端到出料端逐渐减小，致使大规格的研磨体会往出料方向窜动，小规格的研磨体却往进料端集聚，若在磨内沿纵向安装具有一定斜度的分级衬板，则自动地与粉磨物料的平均粒径由大到小的分布规律相适应，可去掉隔仓板，将两仓或三仓合并为一仓，增大了磨内的有效容积，减少了通风阻力，可以提高粉磨效率，见图 4-16。

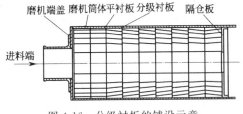

图 4-16 分级衬板的铺设示意

尽管分级衬板能使研磨体合理分级，但对其分级机理的解释还不尽相同，对这方面的研究还有待于进一步深化。

h. 角螺旋衬板：由平衬板、圆角衬板和金属衬板架组合而成，磨内有效断面呈圆角方形，相邻两端衬板的方形角互相错开一个角度，四个圆角分别构成断续的螺旋线。纵观全仓沿轴向为一个圆角方形的四头断续内螺旋，与安装其他衬板时研磨体在磨内的运动状态有所不同，此时研磨体群体成片下落去冲击物料，如图 4-17 所示。

除以上衬板外，还有波形衬板、凸棱衬板、半球形衬板等。

② 衬板的排列。整块的衬板长 500mm，半块衬板长 250mm，宽度为 314mm，平均厚度为 50mm 左右，排列时环向缝隙应互相错开，不能贯通，以防止物料或铁插对筒体内壁的冲刷，如图 4-18 所示。为了找平，衬板与筒体内壁之间填充一些水泥等材料。考虑到衬板

的整形误差，衬板之间可以留有5mm左右的间隙。

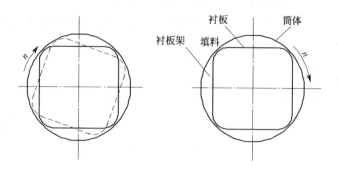

图 4-17 角螺旋衬板示意

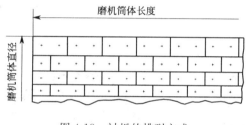

图 4-18 衬板的排列方式

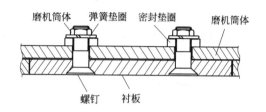

图 4-19 衬板的螺栓固定法

③ 衬板的安装。

a. 螺栓固定法：在固定衬板时，螺栓应加双螺母或防松垫圈，以防磨机在运转时因研磨体冲击造成螺栓松动，见图 4-19。

b. 镶砌法：镶砌时在衬板的环向缝隙中用铁板楔紧，衬板与筒体之间加一层 1:2 的水泥砂浆或石棉水泥，将衬板相互交错地镶砌在筒体内，这种固定方法一般用于细磨仓，见图 4-20(a)。

c. 阶梯、分级衬板、角螺旋衬板的安装：分级、阶梯衬板的安装要注意物料的前进方向和磨机的旋转方向，角螺旋衬板的安装与其他衬板不同，见图 4-17、图 4-20(b)。

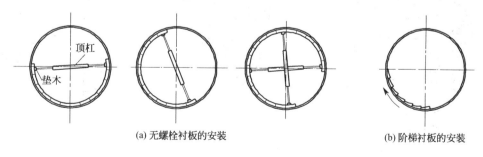

图 4-20 衬板的镶锲法

(4) 隔仓板

① 隔仓板的作用。

a. 分隔研磨体：使各仓研磨体的平均尺寸保持由粗磨仓向细磨仓逐步缩小，以适应物料粉磨过程中粗粒级用大球、细粒级用小球的合理原则。

b. 筛析物料：隔仓板的箅缝可把较大颗粒的物料阻留于粗磨仓内，使其继续受到冲击粉碎。

c. 控制物料和气流在磨内的流速：隔仓板的箅缝宽度、长度、面积、开缝最低位置及箅缝排列方式，对磨内物料填充程度、物料和气流在磨内的流速及球料比有较大影响。隔仓板应尽量消除对通风的不利影响。

② 隔仓板的类型。

a. 双层隔仓板：一般由前箅板和后盲板组成，中间设有提升扬料装置。如图 4-21 所示，物料通过箅板进入两板中间，由提升扬料装置将物料提到中心圆锥体上，进入下一仓，系强制排料，流速较快，不受隔仓板前后填充率的影响，便于调整填充率和配球，适于一仓，特别是闭路磨。但双层隔仓板的通风阻力大，占磨机容积大。双层隔仓板的箅板由若干块扇形板拼成，见图 4-21 中的放大图。

b. 单层隔仓板：由若干块扇形箅板组成，如图 4-22 所示。大端用螺栓固定在磨机筒体上，小端用中心圆板与其他箅板连接在一起。已磨至小于箅孔的物料，在新喂入物料的推动下，穿过箅缝进入下一仓。单层隔仓板的另一种形式是弓形（一般在中小型磨机中安装使用）隔板拼成的，其通风阻力小，占磨机容积小。

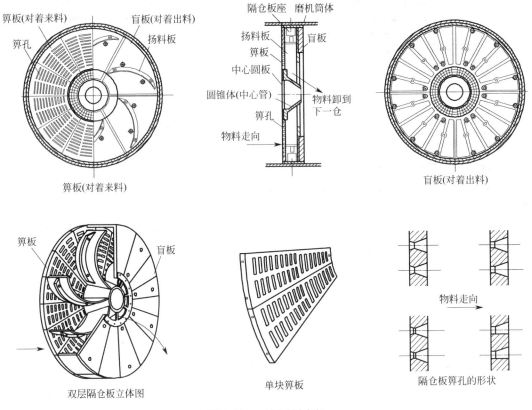

图 4-21　双层隔仓板

③ 隔仓板箅孔。隔仓板的箅孔能让物料通过，但不准研磨体窜仓，箅孔的形状和排列是有一定要求的。

a. 箅孔形状：箅孔形状如图 4-21 所示。孔深为 40mm 和 50mm（箅板厚度有 40mm、50mm 两种）。隔仓板上所有箅孔总面积（指小孔面积）与隔仓板总面积之比的百分数称为通孔率，通孔率不小于 7%～9%。若要调小孔通孔率，可以先堵外圈箅孔。

b. 箅孔排列：箅孔多为同心圆形排列，即平行于研磨体物料的运动路线，它能使物料容易通过，但也易返回，不易堵塞，也有放射状、倾斜式、半倾斜式、料流可调式等隔仓板。

在球磨机的一、二仓之间装双层隔仓板，二、三仓及三、四仓之间装单层隔仓板。安装箅板时，小端对着进料端，应使箅孔的大端朝向出料端，不可装反。

④ 隔仓板的安装。磨内各仓由隔仓板隔开，安装时一般在一、二仓之间装双层隔仓板，二、三仓及三、四仓之间装单层隔仓板，见图4-23。

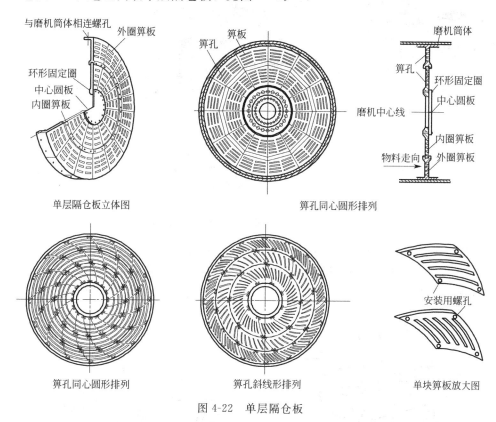

图 4-22　单层隔仓板

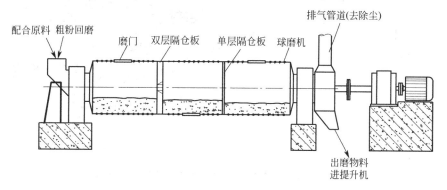

图 4-23　单层、双层隔仓板的安装

(5) 进料装置

不论是边缘传动还是中心传动，也不论是尾卸磨还是中卸磨，进料都要经过中空轴，进料装置的作用主要是将待磨物料顺利地送入磨机内，针对磨机来讲，进料的那一端称之为磨头。

进料装置主要有以下两种。

① 溜管进料（见图4-24）。物料经溜管进入磨机中空轴颈内的锥形套筒内，再沿旋转着

的套筒内壁滑入磨中。

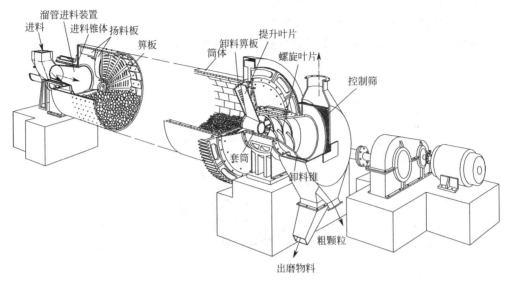

图 4-24　边缘传动的（溜管）进料装置和卸料装置

单滑履磨的进料装置参见图 4-12 所示的磨头（在图的左侧）进料端。

② 螺旋进料（见图 4-25）。物料由进料口进入装料接管，并由隔板带起溜入套筒中，被螺旋叶片推入磨内。

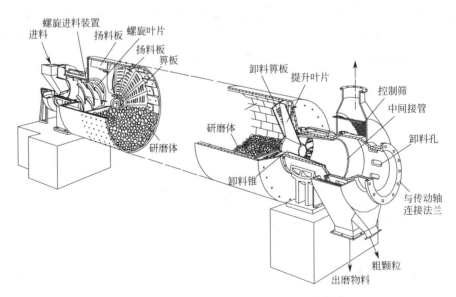

图 4-25　中心传动的（螺旋）进料装置和卸料装置

（6）卸料装置

球磨机的卸料方式有尾卸式（物料从头端喂入，尾端卸出）和中卸式（物料从两端喂入，中部卸出）两种。

① 边缘传动磨机的尾部卸料装置见图 4-24，是将通过卸料箅板后的物料由提升叶板提升到螺旋叶片上的，再由回转的螺旋叶片把物料输送至卸料出口，经控制筛溜入卸料漏斗中。磨内排出的含尘气体经排风管进入收尘系统。

② 中心传动磨机的尾部卸料装置见图 4-25，物料由卸料箅板排出后，经叶板提升沿卸料锥外壁送到空心轴内的卸料锥形套内，再经椭圆形孔进入控制筛，过筛物料从罩子底部的卸料口卸出。罩子顶部装有和收尘系统相通的管道。

③ 中卸烘干磨机（无论是边缘传动还是中心传动）的卸料装置，在磨体的粗磨仓与细磨仓之间均专门设有一个卸料仓，与粗磨仓和细磨仓用隔仓板隔开，在卸料仓出口处的筒体上有椭圆形卸料孔，筒体外设密封罩，罩底部为卸料斗，顶部与收尘系统相通，可以对照图 4-9、图 4-11 和图 4-12 来观察，它们都是中间卸料。

(7) 传动装置

磨机是通过电机、传动轴、减速机转动起来的，传动方式有边缘传动和中心传动两种。

① 边缘传动。边缘传动是由传动齿轮轴上的小齿轮与固定在筒体尾部的大齿轮啮合，带动磨机转动的，规格小的磨机不设辅助传动电机，如 $\phi2.2m \times 6.5m$ 尾卸烘干磨，如图 4-26 所示，规格大的磨机如 $\phi3.5m \times 10m$ 生料磨等，设有辅助传动电机，如图 4-27 所示，可以打慢速，主要是为了满足磨机启动、检修和加、倒球操作的需要。

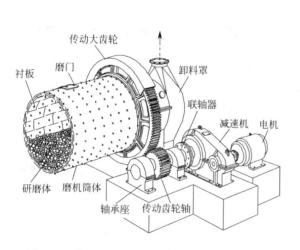
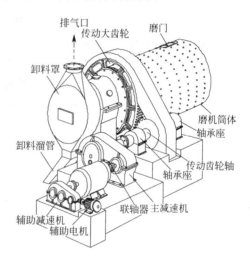

图 4-26　磨机的边缘传动（不设辅助传动电机）　　图 4-27　磨机的中心传动（设有辅助传动电机）

② 中心传动。中心传动是以电动机通过减速机直接驱动磨机转动，减速机输出轴和磨机中心线在同一条直线上。规格大的磨机多用中心传动，如图 4-28 所示。它可分为低速电机传动、高速电机（带减速机）传动，它也有单传动和双传动之分。中心传动的效率高，但设备制造复杂，多用于大型磨机，如 $\phi3.5m \times 10m$、$\phi2.4m \times 13m$ 湿法棒球磨等，增设有辅助传动装置。

(8) 支撑装置

磨机的重量很重，若把筒体及端盖、中空轴、衬板、隔仓板、研磨体、进出料装置、被磨物料等都加起来，大型磨机的重量足足有二百多吨！而且它要转动，需要有支撑装置把这个庞然大物支撑起来，下面来看看支撑装置。

① 主轴承支撑。在磨体两端的中空轴处，主轴承"兄弟俩"分别挑起了支撑磨体的重担，见图 4-29。由图可知，凹面轴承合金球面瓦支撑在有凹球面的轴承座上，轴承座经螺栓固定在轴承底座上，有的磨机喂料端主轴承座置于轴承底座的几根钢辊上，可使轴瓦和轴承座一起随磨机筒体热胀冷缩而相应往复移动，避免中空轴颈擦伤轴瓦。为了使轴瓦不被旋转的中空轴从轴承座内拖出，在排气管附近的出水口处用两根螺栓和一块压板顶住。在轴承端面有用螺栓固定的密封圈、毛毡圈与中空轴紧贴，防止漏油和进灰。固定在中空轴颈、下

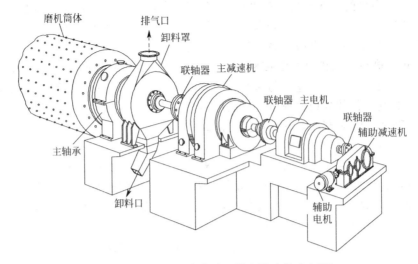

图 4-28　磨机的边缘传动（设有辅助传动电机）

部浸于油中的油圈在随中空轴一起回转时将油带起，然后由刮油板将油刮下，使之经油槽流到轴颈上起润滑作用。轴承上盖用螺栓固定在轴承座上，通过轴承盖上的检查孔可查看到轴承的工作情况。为防止长期停止运转的磨机在启动时空心轴颈和轴承合金之间因油膜过薄引起边界摩擦甚至干摩擦，导致转矩猛增和擦伤轴瓦。有的磨机主轴承带有静压润滑，在启动磨之前先启动高压润滑油站的高压油泵，将一定量的高压油打入如图 4-29 所示的轴瓦的油囊中，该高压润滑油从油囊向四周间隙扩散开，形成一层稳定的静压油膜，托起空心轴使之与轴瓦表面脱离。此时启动磨机，摩擦产生的启动转矩比一般动压润滑时低 40% 左右。冷却水由进水管进入轴承空腔内冷却润滑油，并将腔内残留的空气由排气管排出，经橡胶管进入球面瓦内冷却轴承合金，再经排气管一侧的出水口排出。

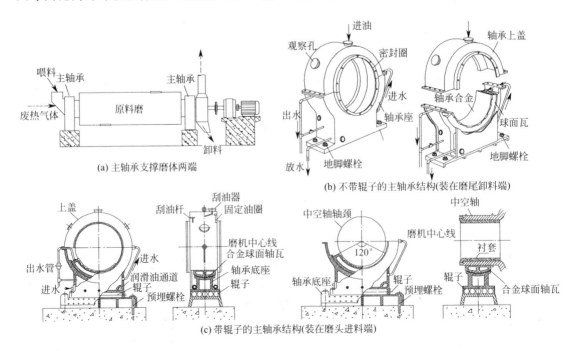

图 4-29　主轴承支撑装置

② 滑履支撑装置。磨机的两端或一端不用通常的主轴承支撑，而是采用滑履支撑。如图 4-30 所示的是一端由主轴承支撑，而另一端是滑履支撑的混合支撑装置，见"图 4-12 主轴承单滑履中心传动中卸烘干磨"。

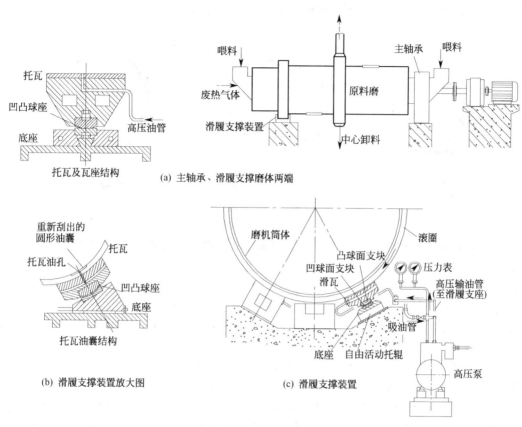

图 4-30 主轴承单滑履支撑装置

滑履轴承支撑的磨机是通过固装在磨机筒体上的轮带支撑在滑履上运转，采用的是动静压润滑。当磨机启动、停止和慢速运转时，高压油泵将具有一定压力的润滑油通过高压输油管送到每个滑瓦的静压油囊中，浮升抬起轮带，使轴承处于静压润滑状态，而在磨机正常运转时，高压油泵停止供油，此时润滑是靠轮带浸在润滑油中，轮带上的润滑油被带入瓦内，实现动压润滑。由于轮带的圆周速率较大，其"间隙泵"的作用也大，且滑履能在球座上自由摆动，自动调整间隙，故润滑效果也较好。

### 4.3.3 工作原理及主要参数

（1）工作原理

球磨机粉磨物料的主要工作部分发生在水平低速回转的筒体上，当筒体被传动装置带动回转时，研磨体由于惯性离心力的作用，贴附在磨机筒体内壁的衬板面上与之一起回转，被带到一定高度后，借重力作用自由落下，此时研磨体将筒体内物料击碎，同时研磨体在回转的磨机内除有上升、下落的循环运动外，还会产生滑动和滚动，致使研磨体、衬板和被磨物料之间发生研磨作用使物料磨细。物料在受到冲击破碎和研磨磨碎的同时，借进料端和出料端的物料本身料面高度差，使物料由进料端向出料端缓缓流动，完成粉磨作业。

很显然，磨机在正常运转时，研磨体的运动状态对物料的研磨作用有很大的影响。能被磨机带到较高处的，像抛射体一样落下的研磨体因其具有较高动能，所以对物料有较强的冲击破碎能力；不能被磨机带到高处的，就和物料一起滑下，对物料具有较强的研磨能力。

磨机内研磨体的运动状态通常与磨机转速、磨内存料量及研磨体的质量有很大关系。因为筒体的转速决定着研磨体能产生的惯性离心力的大小。当筒体具有不同的转速时，研磨体的运动状态便会出现如图 4-31 所示的研磨体三种运动状态。

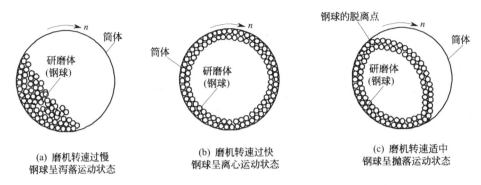

图 4-31　磨机转速不同时研磨体（钢球）的三种运动状态

① 当筒体转速过低时，不能将研磨体带到较高的高度，研磨体和物料随即因自身重力作用自然下滑，呈"倾泻运动状态"，对物料的冲击作用很小，几乎只起到研磨作用，因而粉磨效果不佳，生产能力降低。

② 当筒体转速过高时，由于惯性离心力大于研磨体自身的重力，研磨体和物料贴附在筒体内壁上，随筒体一起旋转不降落，呈"圆周运动状态"。研磨体对物料起不到任何冲击和研磨作用。

③ 当筒体转速适中时，研磨体被提升到一定高度后抛落下来，呈"抛落运动状态"，此时研磨体对物料有较大的冲击和研磨作用，粉磨效果较好。

在球磨机筒体中，研磨体装填数量越少，筒体转速越高，则研磨体的滚动和滑动也越小，由此引起对物料的研磨作用也就越小，当研磨体装填的数量很多时，分布在靠近筒体横断面中心部分的研磨体，不足以形成抛射运动而产生较多的滚动和滑动，致使物料受到研磨作用而磨细。所以在粉磨粒度较大或较硬的物料时，研磨体的平均尺寸要大些，装填数量可少些，从而保证研磨体具有足够的抛射降落高度，加强冲击破碎作用。反之，在粉磨较小或较易磨的物料时，研磨体平均尺寸可以小些，但装填数量应多些，这样会加强研磨作用。

在实际生产中，为了有效地利用研磨体能量，通常将磨机分为 2～4 个仓，用隔仓板隔开。磨机的前仓装钢球（或钢棒），主要对物料起冲击破碎作用，后仓一般装钢段，主要对物料起研磨作用。

（2）研磨体运动基本方程式

磨机的粉磨作用，主要靠研磨体对物料的冲击和研磨，钢球是装在球磨机里应用最广泛的一种研磨体（将在"4.4 研磨体"中专门介绍），找出它的运动规律、导出其方程式，要从钢球在回转的磨内运动状态说起。为了进一步了解它对物料作用的实质，应该对它的运动情况加以分析，找出规律，以便掌握球磨机的一些主要参数，如转速、研磨体最适宜的装载量及消耗、影响磨机粉磨效率的因素等。

为了便于分析，对研磨体在磨内的运动状态可以作如下的假设。

① 研磨体在筒体内的运动轨迹只有两种，如图 4-32 所示。一种是以筒体横断面几何中心为圆心，按同心圆弧的轨迹贴附在筒壁上作上升运动；另一种是贴附筒壁上升至一定高度后以抛物线轨迹降落下来，如此往复循环一层一层地运动。

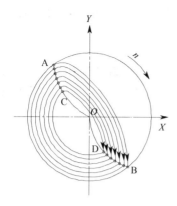 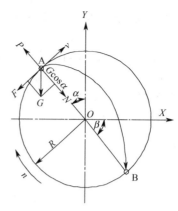

图 4-32　研磨体运动情况
A—B—最外层轨迹；C—D—最内层轨迹；
A—C—脱离点轨迹；B—D—降落点轨迹

图 4-33　研磨体运动轨迹分析
A—研磨体的脱离点；B—研磨体的降落点；
α—研磨体的脱离角；β—研磨体的降落角

② 研磨体与筒壁间及研磨体层与层间的滑动略去不计；筒体内物料对于研磨体运动的影响也略去不计。

研磨体开始离开圆弧轨迹而沿抛物线轨迹下落，此瞬时的研磨体中心（A 点）称为脱离点，而通过 A 点的回转半径 $R$ 与磨机中心的垂线之间的夹角 $\alpha$ 称作脱离角。各层研磨体脱离点的连线 AB 称为脱离点轨迹，如图 4-33 所示。

根据图 4-33 所示的研磨体运动情况，取紧贴筒体衬板内壁的最外层研磨体（质点 A）作为研究对象，研磨体所受的力为惯性离心力 $P$ 以及重力 $G$ 在直径方向的分力 $G\cos\alpha$，当研磨体随筒体提升到 A 点时，若在此瞬间研磨体的惯性离心力 $F$ 小于 $G\cos\alpha$，研磨体就离开圆弧轨迹，开始抛射出去，按抛物线轨迹运动。由此可见，研磨体在脱离点开始脱离的条件为：

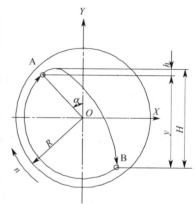

图 4-34　钢球的降落高度

$$F \leqslant G\cos\alpha \tag{4-1}$$

由圆周运动公式，$F = \dfrac{mv^2}{R}$ 及 $m = \dfrac{G}{g}$ 代入上式得：

$$\frac{G}{g} \times \frac{v^2}{R} \leqslant G\cos\alpha \quad 因而得出：\frac{v^2}{gR} \leqslant \cos\alpha \tag{4-2}$$

又：$v = \dfrac{\pi R n}{30}$，由于 $\dfrac{\pi}{g} \approx 1$　所以　$\cos\alpha \geqslant \dfrac{R n^2}{900} \tag{4-3}$

式中　$F$——惯性离心力，N；
　　　$G$——研磨体的重量，N；
　　　$v$——研磨体运动的线速率，m/s；
　　　$R$——研磨体层距磨机筒体中心的距离，m；
　　　$\alpha$——研磨体脱离角；
　　　$g$——重力加速度，m/s²；
　　　$n$——筒体转速，r/min。

公式(4-3)为研磨体运动基本方程式，由此方程式可以看出：研磨体脱离角 $\alpha$（或降落高度）与筒体转速 $n$ 及研磨体所在层半径 $R$（或筒体有效半径）有关，而与研磨体重量无关。

(3) 研磨体降落高度与脱离角的关系

研磨体从脱离点上抛到最高点后，从最高点到降落点之间的垂直距离 $H$ 称为降落高度。它影响着研磨体的冲击能量。在回转半径 $R$ 一定时，$H$ 值（$H=h+y$）取决于脱离角 $\alpha$ 的大小，如图 4-34 所示。

物体上抛公式 $v_Y^2=2gh$，所以 $h=\dfrac{v_Y^2}{2g}$；而 $v_Y=v\sin\alpha$，又因为 $v^2=gR\cos\alpha$［由式(4-2)得］，故：

$$h=\frac{gR\sin^2\alpha\cos\alpha}{2g}=0.5R\sin^2\alpha\cos\alpha \tag{4-4}$$

而 $y=4R\sin^2\alpha\cos\alpha$，推导如下：

取脱离点 A（见图 4-33 中的 A 点）为坐标原点，则抛物线方程为：

$$X=vt\cos\alpha$$

$$Y=vt\sin\alpha-\frac{1}{2}gt^2$$

将上式消去 $t$ 得：

$$Y=X\tan\alpha-\frac{Gx^2}{2v^2\cos^2\alpha} \tag{4-5}$$

以 $O$ 点为圆心，$X$-$X$ 轴、$Y$-$Y$ 轴为坐标基准，半径为 $R$ 的圆的方程式为 $X^2+Y^2=R^2$，此圆对 $XX$-$YY$ 轴之方程式应为

$$(X-R\sin\alpha)^2+(Y-R\cos\alpha)^2=R^2 \tag{4-6}$$

将式(4-5)和式(4-6)联立求解，得：

$$\begin{cases} X=4R\sin^2\alpha\cos^2\alpha \\ Y=-4R\sin^2\alpha\cos\alpha \end{cases}$$

式中"—"号表示降落点在横坐标之下。以绝对值表示为：

$$|y|=4R\sin^2\alpha\cos\alpha$$

则降落高度：$H=h+y=0.5R\sin^2\alpha\cos\alpha+4R\sin^2\alpha\cos\alpha$

即：

$$H=4.5R\sin^2\alpha\cos\alpha \tag{4-7}$$

这就是降落高度与脱离角的关系式，取不同脱离角度 $\alpha$，可以得到不同的降落高度 $H$。例如：

| | |
|---|---|
| $\alpha=30°$ 时 | $H\approx0.97R$ |
| $\alpha=45°$ 时 | $H\approx1.59R$ |
| $\alpha=54°44'$ 时 | $H\approx1.72R$ |
| $\alpha=60°$ 时 | $H\approx1.69R$ |
| $\alpha=30°$ 时 | $H\approx0.97R$ |
| $\alpha=0°$ 时 | $H=0$ |

选择一个合适的脱离角 $\alpha$，就可以得到一个最大的降落高度 $H$。经过数学计算，当靠近筒壁的研磨体的脱离角为 $54°44'$ 时，研磨体具有最大的降落高度，从而使研磨体具有最大的粉碎力。

(4) 磨机转速

钢球在磨内产生的离心力与磨机的转速有关。转速越快，离心力就越大，转速过快，钢球不脱落而随磨机筒体一起运转，对喂入磨内的块状物料无法粉碎；转速过低，离心力过

小，钢球带得不高就向下滑落，只能研磨不能冲击粉碎。看来必须要控制好磨机的转速，这个转速产生的离心力要把钢球带到能具有最大降落高度的位置，让它抛落下去，把物料砸碎。

① 临界转速 $n_0$。临界转速是指磨内最外层研磨体刚好贴随磨机筒体内壁作圆周运动时的一瞬间的磨机转速。此时研磨体处于磨机筒体圆断面的顶点，即脱离角 $\alpha=0°$。将此值代入研磨体运动基本方程式 $\cos\alpha \geqslant \dfrac{Rn_0^2}{900}$ 中，对上式取"＝"号，即 $\cos\alpha = \dfrac{Rn_0^2}{900}$，把 $R$ 换为 $D_0$，则有 $n_0^2 = \dfrac{900 \times 2}{d}\cos\alpha$，整理：

$$n_0 = 42.4\sqrt{\dfrac{\cos\alpha}{D_0}} \tag{4-8}$$

可得临界转速：

$$n_0 = \dfrac{42.4}{\sqrt{D_0}}(\text{r/min}) \tag{4-9}$$

式中，$D_0$ 为磨机筒体有效内径，m。

以上公式是在几个假定的基础上推导出来的，事实上，研磨体与研磨体、研磨体与筒体之间是存在相对滑动的。因此，实际的临界转速比计算的理论临界转速要高，且与磨机结构、衬板形状、研磨体填充率等因素有关。

② 磨机的理论适宜转速 $n_g$。使研磨体产生最大冲击粉碎功的磨机转速称作理论适宜转速。当靠近筒壁研磨体层的脱离角 $\alpha=54°44'$ 时，研磨体具有最大的降落高度，对物料产生的冲击粉碎功最大。将 $\alpha=54°44'$ 代入式 $n_0 = 42.4\sqrt{\dfrac{\cos\alpha}{D_0}}$ 中，可得理论适宜转速：

$$n_g = 42.4\sqrt{\dfrac{\cos54°40'}{D_0}} = \dfrac{32.2}{\sqrt{D_0}} \ (\text{r/min}) \tag{4-10}$$

③ 转速比 $\phi$。转速比 $\phi$ 是磨机的适宜转速与临界转速之比，即：

$$\phi = \dfrac{n_g}{n_0} = \dfrac{\dfrac{32.2}{\sqrt{D_0}}}{\dfrac{42.4}{\sqrt{D_0}}} = 0.76\% \tag{4-11}$$

式(4-11)说明理论适宜转速为临界转速的 76%（或 78%）。一般磨机的实际转速为临界转速的 70%～80%。

④ 磨机的实际工作转速。以上适宜转速是在一定假设前提下推导出来的，而粉磨作业的实际情况很复杂，应该考虑的因素很多。一般认为，对于大直径的磨机，由于其直径大，研磨体冲击能力强，转速可以低些；对于小直径的磨机，研磨体冲击能力较差，加之一般工厂的入磨物料粒度相差不大，所以转速可以高些。国内干法磨机的工作转速多用下列公式计算：

当 $D>2.0\text{m}$ 时，
$$n = \dfrac{32.2}{\sqrt{D_0}} - 0.2D_0 \ (\text{r/min}) \tag{4-12}$$

当 $1.8\text{m}<D\leqslant 2.0\text{m}$ 时，
$$n = \dfrac{32.2}{\sqrt{D_0}} \ (\text{r/min}) \tag{4-13}$$

当 $D\leqslant 1.8\text{m}$ 时，
$$n = \dfrac{32.2}{\sqrt{D_0}} + (1 \sim 1.5) \ (\text{r/min}) \tag{4-14}$$

式中　$n$——磨机的实际工作转速，r/min；

$D_0$——磨机的有效内径，m；
$D$——磨机的规格直径，m。

(5) 磨机功率

影响磨机需用功率的因素很多，如磨机的直径、长度、转速、装载量、填充率、内部装置、粉磨方式以及传动形式等。计算功率的方法也很多，常用的磨机需用功率计算式有以下三种：

$$N_0 = 0.2VD_0 n \left(\frac{G}{V}\right)^{0.8} \tag{4-15}$$

式中 $N_0$——磨机需用功率，kW；
　　　$V$——磨机有效容积，m³；
　　　$D_0$——磨机有效内径，m；
　　　$n$——磨机工作转速，r/min；
　　　$G$——磨内研磨体装载量，t。

至于$(G/V)^{0.8}$，如果知道了研磨体装载量$G$和磨机有效容积$V$，就可以算出$G/V$，然后在表4-2中查出它的值。

表 4-2　$G/V$ 和 $(G/V)^{0.8}$ 之间的关系

| $\frac{G}{V}$ | 0.90 | 0.95 | 1.00 | 1.05 | 1.10 | 1.15 | 1.20 | 1.25 | 1.30 | 1.35 | 1.40 | 1.45 |
|---|---|---|---|---|---|---|---|---|---|---|---|---|
| $\left(\frac{G}{V}\right)^{0.8}$ | 0.92 | 0.96 | 1.00 | 1.04 | 1.08 | 1.12 | 1.16 | 1.19 | 1.25 | 1.27 | 1.31 | 1.34 |

式(4-15)计算起来比较麻烦，把它简化以后，算出来的结果也很接近：

$$N_0 = 0.148 G D_0 n K_\varphi \tag{4-16}$$

这里$K_\varphi$是钢球的装载量系数，它与填充率$\varphi$（以小数表示）的关系是$K_\varphi = \varphi^{-0.2}$，钢球填充时，$\varphi$值就确定了，可以根据$\varphi$值查表4-3找出$K_\varphi$值。

表 4-3　$K_\varphi$ 与 $\varphi$ 的关系

| $\varphi$ | 0.20 | 0.22 | 0.24 | 0.26 | 0.28 | 0.30 | 0.32 | 0.34 | 0.36 | 0.38 | 0.40 |
|---|---|---|---|---|---|---|---|---|---|---|---|
| $K_\varphi$ | 1.38 | 1.36 | 1.33 | 1.31 | 1.29 | 1.27 | 1.26 | 1.24 | 1.23 | 1.21 | 1.20 |

磨机配套电动机功率计算：

$$N = K_1 K_2 N_0 \quad (\text{kW}) \tag{4-17}$$

式中 $K_1$——与粉磨方式、磨机结构、传动效率有关的系数（见表4-4）；
　　　$K_2$——电动机储备系数，在1.0～1.1间选取。

表 4-4　$K_1$ 系数

| 传动方式 | 干法磨 | 湿法磨 | 棒球磨 | 中卸磨 |
|---|---|---|---|---|
| 边缘传动 | 1.3 | 1.2 | 1.4 | 1.4 |
| 中心传动 | 1.25 | 1.15 | 1.35 | 1.35 |

(6) 磨机生产能力

① 磨机小时生产能力的计算。影响磨机生产能力的因素很多，主要有以下几个方面：粉磨物料的种类、物理性质的产品细度；生产方法和流程；磨机及主要部件的性能；研磨体的填充率和级配；喂料形式、磨机的操作方法、物料在磨内的运动情况等。这些因素及其相互关系是比较复杂的，究竟哪种因素起主导作用，还必须依据具体情况而定。常用磨机生产能力经验计算式为：

$$Q = \frac{N_0 q \eta}{1000} \tag{4-18}$$

式中 $Q$——磨机生产能力,t/h;
$N_0$——磨机所需功率,按式(4-15)或式(4-16)计算,kW;
$q$——单位功率生产能力,kg/kW;
$\eta$——流程系数,开路取1.0;闭路取1.15~1.5。

用该公式计算磨机的小时产量过于麻烦,查表4-5,将 $q\eta$ 数据代入式(4-18)后,使计算简便很多。

表 4-5 生料磨的单位功率产量和流程系数

| 系统类别 | 湿法粉磨系统 | | 系统类别 | 干法粉磨系统 | |
|---|---|---|---|---|---|
| | $q\eta$ | 细度(0.08mm方孔筛筛余)/% | | $q\eta$ | 细度(0.08mm方孔筛筛余)/% |
| 开路长磨 | 60~70 | 8~10 | 开路长磨 | 55~65 | 10 |
| 开路棒球磨 | 75~85 | 10~12(入磨粒度可较大) | 风扫磨 | 75~80 | 10 |
| 一级闭路长磨 | 80~85 | 10~12 | 一级闭路长磨 | 75~80 | 10 |
| 一级闭路棒球磨 | 85~95 | 10~12(入磨粒度可较大) | 尾卸闭路烘干磨 | 80~85 | 10 |
| 二级闭路短磨 | 95~105 | 8~10 | 选粉烘干磨 | 80~85 | 10 |
| | | | 中卸闭路烘干磨 | 90~95 | 10 |

磨机的产量是随入磨物料的易磨性、入磨物料粒度和产品要求细度等变化而变化的,在计算时要考虑这些因素的影响,对产量进行修正。

a. 当入磨物料粒度发生改变时,应按粒度校正系数 $K_d$ 进行修正:

$$K_d = \frac{Q_1}{Q_2} = \left(\frac{d_2}{d_1}\right)^x \tag{4-19}$$

式中 $d_2$——当生产能力为 $Q_2$ 时的喂料粒度,以80%通过的筛孔孔径表示;
$d_1$——当生产能力为 $Q_1$ 时的喂料粒度,以80%通过的筛孔孔径表示;
$x$——与物料特性、成品细度、粉磨条件等有关的指数,一般在0.1~0.25之间变化。棒球磨一般取低值,开路粉磨、硬度大的石灰石取高值。

b. 入磨物料易磨性发生变化时,可根据表4-6查出(相对)易磨性系数,再用下式计算:

表 4-6 物料的相对易磨性系数值 $K_m$

| 物料名称 | 易磨性系数 | 物料名称 | 易磨性系数 | 物料名称 | 易磨性系数 |
|---|---|---|---|---|---|
| 硬质石灰石 | 1.27 | 中硬质石灰石 | 1.5 | 软质石灰石 | 1.7 |

$$\frac{K_{m_1}}{K_{m_2}} = \frac{Q_1}{Q_2} \tag{4-20}$$

式中,$K_{m_1}$、$K_{m_2}$ 分别为磨机生产能力为 $Q_1$、$Q_2$ 时的入磨易磨性系数。

c. 当产品细度发生变化时,查表4-7得出不同细度时的细度系数 $K_{c_1}$、$K_{c_2}$ 的数值,再用下式计算:

$$\frac{K_{c_1}}{K_{c_2}} = \frac{Q_1}{Q_2} \tag{4-21}$$

表 4-7 不同细度的细度系数 $K_c$

| 细度(0.08mm方孔筛筛余)/% | 2 | 3 | 4 | 5 | 6 | 7 | 8 | 9 | 10 | 11 | 12 | 13 | 14 | 15 |
|---|---|---|---|---|---|---|---|---|---|---|---|---|---|---|
| $K_c$ | | 0.59 | 0.66 | 0.72 | 0.77 | 0.82 | 0.87 | 0.91 | 0.96 | 1.00 | 1.04 | 1.09 | 1.13 | 1.17 | 1.21 |

② 磨机的年生产能力。

$$Q_n = 8760 \eta_n Q \text{ (t/a)} \tag{4-22}$$

式中　$Q_n$——磨机的年生产能力，t/a；

　　　$Q$——磨机台时生产能力，t/h；

　　　$\eta_n$——磨机的年利用率，生料开路磨 $\eta_n < 80\%$，生料闭路磨 $\eta_n < 78\%$，所有系统的年利用率 $\eta_n$ 不得低于 70%。

## 复习思考题

4-4　简述物料的粉磨原理。

4-5　对照图 4-9～图 4-12，分析这四种球磨机的相同点和不同点。

4-6　球磨机主要有哪些部件？各部件起什么作用？

4-7　隔仓板的构造是怎样的？它在磨内起什么作用？

4-8　分析尾卸、中卸闭路烘干粉磨系统的物料与烟气的走向。

4-9　计算题：已知 $\phi 3.5 \text{m} \times 11 \text{m}$ 干法开路中心传动磨机的有效内径 $D_0 = 3.4 \text{m}$，有效容积 $V = 93.8 \text{m}$，研磨体填充率 $\varphi = 0.31$，装载量 $G = 135 \text{t}$，烘干仓长 1.3m，转速 $v = 16.5 \text{r/min}$，计算电机功率和产量。

4-10　分析球磨机运转时的钢球运动状态，在什么情况下会随磨机筒体一起回转？什么情况下又不会随磨机筒体回转？在什么情况下砸向物料粉碎力最大？

## 4.4　研磨体

研磨体的任务就是把喂入磨内的块状物料击碎并磨成细粉。刚进入磨内的物料颗粒尺寸在 20mm 左右，要把它们磨成 0.08mm 以下的细粉（筛余一般不能超过 15%），差距也较大。研磨体不得不对刚喂入的大块物料（粗磨仓内）以猛烈的冲击为主，研磨为辅，捣碎它们。这期间也免不了研磨体之间的相互碰撞，因此会发出强烈的声音，这主要来自粗磨仓。随着物料粒度的减小，将往下一仓流动，研磨体转向以研磨为主，声音逐渐减弱，磨细后送出磨外，不同种类和规格的研磨体用在不同的磨仓中。

### 4.4.1　种类与材质

（1）钢球

钢球是球磨机中使用最广泛的一种研磨体，在粉磨过程中与物料发生点接触，对物料的冲击力大，主要用于双仓开路磨的第一仓（进料端，也是粗磨仓）、双仓闭路磨的两个仓（粗、细磨仓），管磨机的第一仓、第二仓。钢球直径在 $\phi 15 \sim 125 \text{mm}$ 之间，根据粉磨工艺要求，粗磨仓一般选用 $\phi 50 \sim 110 \text{mm}$、细磨仓选用 $\phi 20 \sim 50 \text{mm}$ 中的各种规格的钢球。钢球的参数及钢球材质与性能见表 4-8 和表 4-9。

表 4-8　钢球的参数

| 钢球直径 /mm | 钢球质量 /(kg/个) | 钢球个数 /(个/t) | 质量/球体积 /(kg/m³) | 钢球表面积 /(cm²/个) | 钢球表面积 /(cm²/t) |
|---|---|---|---|---|---|
| 30 | 0.111 | 9009 | 4850 | 28 | 25 |
| 40 | 0.263 | 3802 | 4760 | 50 | 19 |
| 50 | 0.514 | 1946 | 4708 | 78 | 15.2 |
| 60 | 0.889 | 1125 | 4660 | 113 | 12.7 |
| 70 | 1.410 | 709 | 4640 | 154 | 11.0 |
| 80 | 2.107 | 474 | 4620 | 201 | 9.5 |
| 90 | 2.994 | 334 | 4590 | 254 | 8.5 |
| 100 | 4.115 | 243 | 4560 | 314 | 7.6 |
| 110 | 5.478 | 183 | 4526 | 380 | 6.95 |

表 4-9 钢球材质与性能

| 牌号 | 材质 | 主要化学成分/% | | | | | 钢球直径 $\phi$ /mm | 钢球表面硬度 /HRC |
|---|---|---|---|---|---|---|---|---|
| | | C | Cr | Mo | Mn | Cu | | |
| | 高铬铸铁 | 1.5~2.5 | 12~18 | <1.0 | | 1.0~2.0 | 30~100 | 54~66 |
| | 低铬铸铁 | 2.5~3.0 | 1.2~3.0 | | | | 20~90 | 45~48 |
| GGCr15 | 锻制轴承钢 | 1.0 | 1.5 | | | | 60~100 | 52~55 |
| 45 | 中碳锻钢 | 0.45 | | | | | 50~100 | 40~45 |
| | 中锰球墨铸铁 | 3.5 | | | 6.0 | | 35~90 | 45~48 |
| A3 | 低碳锻钢 | 0.12 | | | | | 30~100 | 10~13 |

(2) 钢段

磨机的细磨仓中，对物料主要是研磨，钢（铁）段可以取代钢球，它的外形为短圆柱形或截圆锥形，与物料发生线接触，研磨作用强，但冲击力小，用于细磨仓是比较合适的。常用的规格有 $\phi15mm \times 20mm$、$\phi18mm \times 22mm$、$\phi20mm \times 25mm$、$\phi25mm \times 30mm$ 等各种规格。

(3) 钢棒

钢棒是湿法磨常用的一种研磨体，直径 $\phi40 \sim 90mm$，棒长要比磨仓的长度短 $50 \sim 100mm$。例如 $\phi2.4mm \times 13mm$ 湿法棒球磨，第一仓的有效长度为 2.75m，使用棒的规格为 $\phi60mm \times 2565mm$、$\phi65mm \times 2565mm$ 和 $\phi70mm \times 2565mm$。

不论是哪一种类的研磨体，对它的材质都有很高的要求：要具有较高的耐磨性和耐冲击性。其材质的好坏影响到粉磨效率及磨机的运转率，要求材质坚硬、耐磨又不易破裂。国外普遍采用合金耐磨球。如高铬铸铁是一种含铬量高的合金白口铸铁，其特点是耐磨、耐热、耐腐蚀，并具有相当的韧性。低铬铸铁含有的铬元素较少，韧性较高铬铸铁差，但有良好的耐磨性，用作小球、铁段及细磨仓的衬板是适宜的。

(4) 研磨体材质的选择

① 硬度。研磨体的硬度越大就越耐磨。但被磨物料硬度不高时对研磨体要求也不必过高，只要能适应粉磨要求即可。硬度最好不超过 HB=500（相当于 HRC50），超过此值时耐磨性提高幅度极小，水泥磨的钢球硬度易取 HRC45~55。高铬铸铁球、高铬锻钢球、中锰铸铁球、马氏体球墨铸铁球都能满足要求。

② 韧性。要保证研磨体在对物料反复冲击下不致碎裂，就要有足够的韧性。同一球径的钢球在大磨机内的冲击功比在小磨机内的冲击功大，故大磨机所用钢球韧性要大。

### 4.4.2 研磨体填充率与填充高度的关系

对于球磨机来讲，研磨体的作用是将喂入磨内的块状物料进行冲击粉碎、研磨，使之成为合格细粉而完成粉磨作业。它们在磨机运转中不停地与物料、衬板、隔仓板及自身发生着碰撞、摩擦。这就需要定期补充一些研磨体，而且每隔一定时间对那些磨损的两半球或碎球，在彻底清仓时把它们清理出，重新将几种不同尺寸的研磨体按照一定的比例装进磨机的各个仓内。

往磨机各仓加入的研磨体的量叫装载量，通常以吨来计量。它的填充容积（总的研磨体体积+孔隙）占磨机有效容积的百分数，称为研磨体的填充率。它与填充表面（至磨顶）高度有一种数学关系，如图 4-35 所示。

$$\varphi = \frac{\beta}{360} - \frac{\sin\beta}{2\pi} \tag{4-23}$$

$$H_1 = \frac{D_0}{2} - h = \frac{D_0}{2}\left(1 - \cos\frac{\beta}{2}\right) \tag{4-24}$$

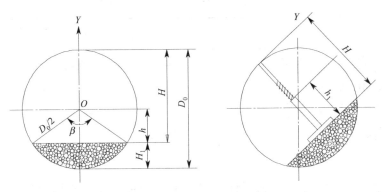

图 4-35 研磨体填充率、填充表面（至磨顶）高度

式中 $\varphi$——磨机研磨体的填充率，以小数或百分数表示；
　　$\beta$——研磨体的填充表面对磨机中心的圆心角；
　　$h$——磨机中心对研磨体填充表面的距离，m；
　　$D_0$——磨机有效内径，m；
　　$H_1$——磨机研磨体填充表面高度，m。

如果钻进磨机内部量出 $h$ 或 $H$ 的值，就可以算出 $\varphi$ 值。要是将测出的 $H$ 与 $\varphi$ 建立关系，列于表 4-10 中，使用起来就非常方便。

表 4-10 $H/D_0$ 与 $\varphi$ 的关系

| $H/D_0$ | 0.72 | 0.71 | 0.70 | 0.69 | 0.68 | 0.67 | 0.66 | 0.65 | 0.64 |
|---|---|---|---|---|---|---|---|---|---|
| $\varphi/\%$ | 22.9 | 24.1 | 25.2 | 26.4 | 27.6 | 28.8 | 30.0 | 31.2 | 32.4 |
| $H/D_0$ | 0.63 | 0.62 | 0.61 | 0.60 | 0.59 | 0.58 | 0.57 | 0.56 | 0.55 |
| $\varphi/\%$ | 33.7 | 34.9 | 36.2 | 37.4 | 38.7 | 39.9 | 41.2 | 42.4 | 43.6 |

各种类型球磨机研磨体的填充率 $\varphi$ 大致控制范围见表 4-11。

表 4-11 各种类型磨机的填充率 $\varphi$

| 磨机类型 | $\varphi$ 值 | 磨机类型 | $\varphi$ 值 |
|---|---|---|---|
| 开路长磨或中长磨 | 0.28~0.35 | 一级闭路长磨 | 0.30~0.36 |
| 闭路双仓磨 | 0.30~0.32 | 二级闭路短磨 | 0.40~0.45 |
| 管磨机的仓段 | 0.25~0.33 | | |

表中的 $\varphi$ 是某一台磨机各仓填充率的总平均值，只是一个大致范围，若要使研磨体的填充合理，要针对不同的磨机、不同的仓、粉磨物料的物理性质等，通过计算确定，而且还要在生产中进行检验。

### 4.4.3 各种尺寸研磨体的堆积密度

单个研磨体或钢段的密度是 7.8t/m³，成堆的各种不同直径的研磨体堆在一起，研磨体和研磨体之间的孔隙混合在一起的密度，称为研磨体的堆积密度或容积密度 $\rho$（t/m³），它比真实密度要小得多，如表 4-12 所示。

有了研磨体填充率（见表 4-11）、堆积密度和磨机（或磨仓）的有效容积，就可以算出研磨体的装载量：

$$G = V\varphi\rho = 0.00785 D_0^2 L \varphi \rho \tag{4-25}$$

式中 $G$——研磨体的装载量，t；
　　$V$——磨机（或磨仓）的有效容积，m³；

$D_0$——磨机（或磨仓）的内径，m；

$L$——磨机（或磨仓）的长度，m；

$\varphi$——研磨体填充率，%；

$\rho$——研磨体的堆积密度，t/m³。

表 4-12 各种尺寸研磨体的堆积密度

| 研磨体种类 | 堆积密度 $\rho$/(t/m³) | 研磨体种类 | 堆积密度 $\rho$/(t/m³) | 研磨体种类 | 堆积密度 $\rho$/(t/m³) |
| --- | --- | --- | --- | --- | --- |
| 钢球 $\phi$30mm | 4.85 | 钢球 $\phi$90mm | 4.58 | 钢棒 $\phi$60 | 6.56 |
| 钢球 $\phi$40mm | 4.76 | 钢球 $\phi$100mm | 4.56 | 钢棒 $\phi$75 | 6.51 |
| 钢球 $\phi$50mm | 4.70 | 钢球 $\phi$150mm | 4.52 | 钢棒 $\phi$100 | 6.50 |
| 钢球 $\phi$60mm | 4.66 | 钢棒 $\phi$25mm | 6.85 | 钢段 | 4.4~4.6 |
| 钢球 $\phi$70mm | 4.62 | 钢棒 $\phi$40 | 6.70 | 卵石球 | 1.4~1.7 |
| 钢球 $\phi$80mm | 4.60 | 钢棒 $\phi$50 | 6.63 | | |

### 4.4.4 研磨体的级配

（1）研磨体级配的意义

钢球直径的大小及其质量的配合称为研磨体的级配。其级配的优劣直接影响磨机的产质量和研磨体的消耗。级配的依据主要根据被磨物料的物理化学性质、磨机的构造以及产品的细度要求等因素确定。物料在粉磨过程中，开始块度较大，需用较大直径的钢球冲击破碎。随着块度变小，需用小钢球粉磨物料，以增加对物料的研磨能力。在研磨体装载量不变的情况下，缩小研磨体的尺寸就能增加研磨体的接触面积，提高研磨能力。选用钢球的规格与被磨物料的粒度有一定的关系。物料粒度越大，钢球的平均直径也应该大。由此可见，磨内完全用大直径和完全用小直径的研磨体都不合适，必须保证既有一定的冲击能力，又有一定的研磨能力，才能达到优质、高产、低消耗的目的。

（2）研磨体级配的原则

根据生产经验、研磨体级配一般遵循下述原则。

① 根据入磨物料的粒度、硬度、易磨性及产品细度要求来配合。当入磨物料粒度较小、易磨性较好、产品细度要求细时，就需加强对物料的研磨作用，装入研磨体直径应小些；反之，当入磨物料粒度较大，易磨性较差时，就应加强对物料的冲击作用，研磨体的球径应较大。

② 大型磨机和小型磨机、生料磨和水泥磨的钢球级配应有区别。由于小型磨机的筒体短，因而物料在磨内停留的时间也短，所以在入磨物料的粒度、硬度相同的情况下，为延长物料在磨内的停留时间，其平均球径应较大型磨机小（但不等于不用大球）。在磨机规格和入磨物料粒度、易磨性相同的情况下，由于生料细度较水泥粗，加之黏土和铁粉的粒度小，所以生料磨应加强破碎作用，在破碎仓应减小研磨作用。

③ 磨内只用大钢球，则钢球之间的空隙率大。物料流速快，出磨物料粗。为了控制物料流速，满足细度要求，经常是大小球配合使用，减小钢球的空隙率，使物料流速减慢，延长物料在磨内的停留时间。

④ 各仓研磨体级配，一般大球和小球都应少，而中间规格的球应多，即所谓的"两头小中间大"。如果物料的粒度大、硬度大，则可适当增加大球，而减少小球。

⑤ 单仓球磨应全部装钢球，不装钢段；双仓球磨的头仓用钢球，后仓用钢段；三仓以上的磨机一般是前两仓装钢球，其余装钢段。为了提高粉磨效率，一般不允许球和段混合使用。

⑥ 闭路磨机由于有回料入磨，钢球的冲击力由于"缓冲作用"会减弱，因此钢的平均球径应大些。

⑦ 由于衬板的选择使带球能力不足，冲击力减小，应适当增加大球。

⑧ 研磨体的总装载量不应超过设计允许的装载量。

研磨体的级配是针对球磨机而言的（立磨涉及不到这一问题），主要内容包括：各磨仓研磨体的类型、配合级数、球径（最大值、最小值、平均值）的大小、不同规格的球（棒、钢段）所占的比例及装载量。级配确定后，需进行生产检验，并结合实际情况进行合理的调整。

（3）级配方案中研磨体的最大规格及平均球径

① 拉祖莫夫公式。

最大球径：
$$D_{大}=28\sqrt[3]{d_{大}} \tag{4-26}$$

平均球径：
$$D_{平}=28\sqrt[3]{d_{平}} \tag{4-27}$$

式中 $D_{大}$，$D_{平}$——配球使用的最大钢球直径和平均钢球直径，mm；

$d_{大}$，$d_{平}$——入磨物料的最大粒径和平均粒径，mm。

② 我国水泥行业对拉祖莫夫公式的修正。在实际生产中发现，用拉祖莫夫公式计算出的 $D_{大}$ 及 $D_{平}$ 值偏小，我国水泥行业对该式进行了修正。

a. 对于闭路磨机的粗磨仓。

最大球径：
$$D_{大}=28\sqrt[3]{d_{95}}\times\frac{f}{\sqrt{K_{m}}} \tag{4-28}$$

平均球径：
$$D_{平}=28\sqrt[3]{d_{80}}\times\frac{f}{\sqrt{K_{m}}} \tag{4-29}$$

式中 $d_{95}$，$d_{80}$——入磨物料最大粒度、平均粒度，mm；以95%、80%通过的筛孔孔径表示；

$K_m$——物料的相对易磨性系数（见表4-6）；

$f$——磨机单位容积物料通过量影响系数，根据磨机每小时的单位容积通过量 $K$ 从表4-13中查出。

其中
$$K=(Q+QL)/V[t/(m^3 \cdot h)] \tag{4-30}$$

式中 $Q$——磨机小时产量，t/h；

$L$——磨机的循环负荷率，%；

$V$——磨机的有效容积，$m^3$。

表4-13 单位容积物料通过量 $K$ 与 $f$ 值的关系

| $K/[t/(m^3 \cdot h)]$ | 1 | 2 | 3 | 4 | 5 | 6 | 7 | 8 | 9 | 10 | 11 | 12 | 13 | 14 | 15 |
|---|---|---|---|---|---|---|---|---|---|---|---|---|---|---|---|
| $f$ | 1.01 | 1.02 | 1.03 | 1.04 | 1.05 | 1.06 | 1.07 | 1.08 | 1.09 | 1.10 | 1.11 | 1.12 | 1.13 | 1.14 | 1.15 |

b. 对于闭路磨机的细磨仓。

$$D_{大}=46\sqrt[3]{d_{95}}\times\frac{f}{\sqrt{K_{m}}} \tag{4-31}$$

$$D_{平}=46\sqrt[3]{d_{80}}\times\frac{f}{\sqrt{K_{m}}} \tag{4-32}$$

式中 $D_{大}$，$D_{平}$——细磨仓最大粒径、平均球径，mm；

$d_{95}$，$d_{80}$——细磨仓入口处物料最大粒度、平均粒度，mm。

③ 邦德计算公式。

最大球径：
$$D_{大}=36\sqrt{d_{80}}\times\sqrt[3]{\frac{\rho\omega_{i}}{q\sqrt{D_{0}}}} \tag{4-33}$$

式中 $D_{大}$——最大球径，mm；

$d_{80}$——物料粒度，以80%通过量的筛孔直径表示，mm；

$\rho$——入磨物料的密度，$kg/m^3$；

$\omega_i$——邦德指数，对于生料，$\omega_i=10.57$；

$q$——磨机适宜工作转速与临界转速之比，即转速比，%；

$D_0$——磨机的有效内径，m。

除上述公式之外，还有奥列夫斯基公式、戴维斯公式、托瓦路夫公式及见克公式等。但我国水泥企业经常用拉祖莫夫公式及修正公式来计算研磨体球径。

④ 我国水泥行业经验公式：磨仓平均球径

$$D_{平}=1.83D_{80}+57$$

式中，$D_{80}$ 为喂入石灰石80%通过的筛孔孔径，mm。

该式只适用于直径大于2m的开路磨机，对于闭路磨机，$D_{平}$ 可适当加大 $2\sim3$mm，且原料中的石灰石为中等硬度。

⑤ 级配后的混合平均球径计算公式。

$$D_{平}=\frac{D_1G_1+D_2G_2+\cdots+D_nG_n}{G_1+G_2+\cdots+G_n}\text{（mm）} \tag{4-34}$$

式中　$D_1,D_2,\cdots,D_n$——分别为 $G_1,G_2,\cdots,G_n$ 质量的钢球直径，mm；

$G_1,G_2,\cdots,G_n$——分别为 $D_1,D_2,\cdots,D_n$ 直径的钢球质量，t。

(4) 研磨体级配方案的制定

制定研磨体的级配方案，通常是从第一仓开始（即粗碎仓）。对多仓磨机而言，一仓的钢球级配尤为重要，按照一般交叉级配的原则，亦即上一仓的最小球径决定下一仓的最大球径，依此类推，一仓实际主导其他各仓的级配，目前，球磨机一仓有代表性的级配方法有两种：一种是应用最普通的多级级配法；另一种是近年来开始采用的二级级配法。

① 二级配球法。二级配球法只选用两种直径相差较大的钢球进行级配，大球直径取决于入磨物料的粒度（以物料中占比例较大的物料的粒度来表示），采用公式可计算出要求的最大钢球的直径，小球的直径取决于大球间空隙的大小，据有关资料介绍，小球直径应为大球直径的13%~33%，一般小球占大球重量的3%~5%，而且原则上应保证小球的掺入量不应影响大球的填充率。

② 多级配球法。多级配球法是一种传统的配球方法，通常选用3~5种不同规格的钢球进行级配，其具体的级配步骤如下。

a. 钢球的最大球径 $D_{最大}$ 根据入磨物料的最大粒度 $d_{最大}$ 来确定，一般按公式 $d=28\sqrt[3]{d_{大}}$ 计算，或用 $d=28\sqrt[3]{d_{大}}\times\frac{f}{\sqrt{K}}$ 计算，钢球的平均球径也按上述公式计算。

b. 确定钢球的级数：即采用几种规格的钢球进行级配，若入磨物料的粒度变化大，则宜选多种规格级配，反之，可少选几种。钢球的级配数可参阅表4-14所示级数进行选择。

表4-14　钢球级配数选用表

| 粉磨方式 | 双仓磨级配数 | | 三仓磨级配数 | | |
|---|---|---|---|---|---|
| | 第一仓[①] | 第二仓 | 第一仓[①] | 第二仓 | 第三仓 |
| 闭路 | 4~5(球) | 2~3(段) | 4~5(球) | 3~4(球) | 1~2(段) |
| 开路 | 4~5(球) | 3~4(球) | 4~5(球) | 3~4(球) | 3~4(球) |

① 当入磨物料的粒度大、硬度高、产品控制指标要求细时，第一仓的级配数易取大值，必要时还可再加上一级配球。

c. 按照研磨体"中间大，两头小"的配比原则及物料粒度分布特征，设定出每种规格的钢球的组成比例。

d. 计算配球后混合钢球的平均球径，并与原先用公式确定的钢球的平均球径相比较，若两者偏差较大,则需要重新设定各种钢球的组成比例,重新配球,直至两者偏差较小为止。

(5) 研磨体级配表的编制

研磨体的级配方案的制定,对于三级或四级配球,当最大球径和平均球径确定之后,可从级配表中查取其他球径的百分比例。那么级配表是怎样编制的呢?是不是有了级配表就可以得到最好的粉磨效果呢?假设磨机的第二仓为 $\phi 40mm$、$\phi 50mm$、$\phi 60mm$ 三级配球,经计算平均球径 $\phi 51mm$,与级配表对照可得:$\phi 60mm$ 球 30%,$\phi 50mm$ 球 50%,$\phi 40mm$ 球 20%,应用十分方便。

① 三级配球表的编制。从图 4-36 可以看出,三角图表中的横行与斜行的各数值表示的平均球径之间存在一定的公差,且与各百分比存在着以下关系:

$$D_{平均}=ax_1+bx_2+cx_3 \tag{4-35}$$

式中　$D_{平均}$——表中的任意平均球径,mm;

　　　$a,b,c$——表中用来级配的三种球径,mm;

　　　$x_1,x_2,x_3$——分别对应于 $a$、$b$、$c$ 三种球径的百分数,%。

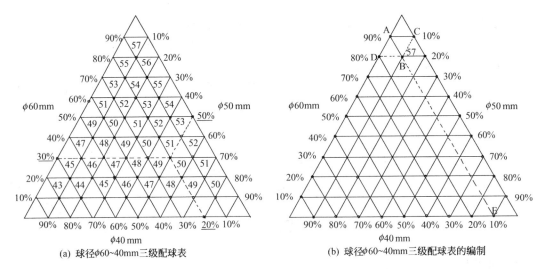

图 4-36　三级配球表

按照这种关系,可以根据原料的易磨性、入磨粒度、产品细度等条件大致确定三种球径的规格,用图 4-36(a) 给定的 $\phi 40mm$、$\phi 50mm$、$\phi 60mm$ 球径的级配表编制方法如下。

a. 画出等腰三角形,三角形各边分别表示 $\phi 40mm$、$\phi 50mm$、$\phi 60mm$ 三种球径规格,每边均分 10 等份,如图 4-36(b) 将百分比由 10%～90% 按顺时针(或逆时针)方向对应于各百分点。

b. 沿三角形各边作平行线,连接各边的百分数。

c. 以最上端的第一个倒立三角形下角点为 B,则取如图 4-36(b) 所示的 BD、BC、BE 互成 120°的三条线对应的百分数,按式(4-35) 计算该点的平均球径为:$D_{平均}=\phi 60mm\times 80\%+\phi 50mm\times 10\%+\phi 40mm\times 10\%=\phi 57mm$。

d. 用同样方法依次求得其他各点的平均球径,即得到图 4-36(a) 的三级配球表。应用中为简便起见,横行与斜行各点的平均球径并不需要逐一计算,因为其具有一定分布规律,可以按横行和斜行表现的规律直接填入,使编制过程更加简化。

② 四级配球表的编制。四级配球要比三级配球多了一条边,因为是四边形,见图 4-37(a)。根据图 4-37 同样可以确定出平均球径的公式:

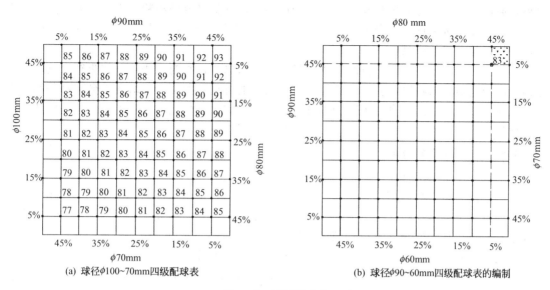

图 4-37 四级配球表

$$D_{平均} = ax_1 + bx_2 + cx_3 + dx_4 \tag{4-36}$$

式中各参数的意义与式(4-35)相同。

结合三级配球表的制法,来做一做四级配球表。

a. 选定四种钢球直径,如 $\phi$90mm、$\phi$80mm、$\phi$70mm、$\phi$60mm。

b. 画出正四边形,每边分成 10 等份,每两格为 1 等份,因为四种钢球中的其中一种最大填加量不会超过 50%,故按刻度单位 5,将 5%、最大 45%的百分数顺时针依次对应于四边形的两条边。

c. 根据公式(4-35),计算填入右顶角的小四边形左下角点的数值,就是该级配下的平均球径,即:

$$D_{平均} = \phi 90\text{mm} \times 45\% + \phi 80\text{mm} \times 45\% + \phi 70\text{mm} \times 5\% + \phi 60\text{mm} \times 5\% = \phi 83\text{mm}$$

d. 其他各点的平均球径,同样也可用计算或按照其分布规律的方法依次求得。每一点与平均球径所对应的百分数即为其配比。

无论采用三级配球或是四级配球,图表方法只是配球的基础,不能包含原料的硬度、水分、易磨性、入磨粒度以及粉磨工艺(如开流、闭路)等所有影响粉磨的因素。故实际应用中,应在此基础上注意根据粉磨效率进行适当调整。

### 复习思考题

4-11 简述研磨体的作用。

4-12 对磨机配球应遵循哪些原则?根据这些原则确定 $\phi$2.4m×10m 闭路中卸烘干磨、$\phi$3.5m×10m 闭路中卸烘干磨的研磨体级配方案。

4-13 研磨体填充率与填充高度的关系是怎样的?请绘图说明。

## 4.5 分级与分级设备

在生料闭路粉磨过程中(在 4.2.2 中已经认识了闭路也叫圈流粉磨),配合原料在磨内经过研磨体对它的冲击和研磨后卸出,其颗粒尺寸并不均匀,有部分细小颗粒可以成为合格生料，但还有相当一部分粗颗粒没有达到细度要求，这就需要把粗粉和细粉分开，这个任务是由安装在球磨机上面的分级设备来完成的，把出磨的粗粉和细粉分开，粗粉送入磨内再磨，细粉即是合格的产品。

从粉磨工艺要求角度讲，分级的含意是指颗粒状物料按颗粒大小或种类进行分选的操作过程，而分离是将某种固体粒子从流体中排除出来的过程。但不论分级还是分离都是利用颗粒在流体中做重力沉降和离心沉降的原理进行工作。用于现代化水泥生产的生料闭路粉磨的分级设备主要有离心式、旋风式、组合式选粉机及粗粉分离器等。

### 4.5.1 离心式选粉机

(1) 构造及主要部件

离心式选粉机也称内部循环式选粉机，其外壳与内壳均由上部筒体、下部锥体组成，它们之间通过支架连接在一起构成壳体，外壳下部是细粉出口，内壳下部是粗粉出口。外壳的上部装有顶盖，传动装置（电机和减速机）固定在顶盖上，离顶盖中部较近的部位有一处开孔，这是入料孔。外壳有个铸铁底座，用螺栓与基础底座连接。

仅有壳体是不能将粗细粉料分开的，壳体里面还有很多部件。从图4-38中可以看出，里面有大风叶即主风叶、小风叶即辅助风叶及撒料盘，它们都装在立轴上（用于产生循环风），内壳顶部的环行通道上装有一圈可以拉出又能推进的挡风板（用于调节选粉细度和产量），中部装有角度可调节的回风叶（也是用于调节选粉细度和产量）。

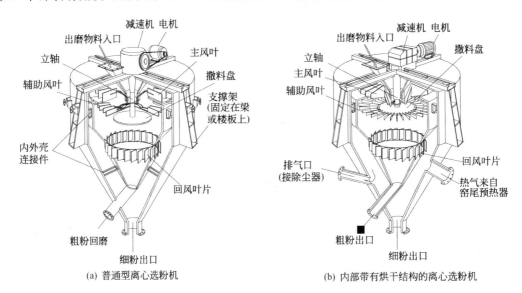

图4-38 离心式选粉机

① 传动部分。传动部分由电动机、减速机组成，安装在选粉机顶部的机架座上，带动装有大、小风叶和撒料盘的立轴旋转，转速可调，如图4-39所示。

② 主风叶。主风叶又称大风叶，它的主要作用是产生循环风量。由于循环风量决定选粉室内上升气流的速率，因此，主风叶片数或规格的变动，将使产品的细度发生变化。

主风叶的规格和安装数目应根据磨机能力和产品品种以及选粉机产品细度要求等来确定。磨机生产能力大、循环负荷率高时，需要有较大的循环风量。相反，磨机能力较小、循环负荷率不高时，不需要很大的循环风量。选粉机的循环风即循环气流，在很大程度上决定选粉能力和物料的分离粒径。

离心式选粉机的循环风量可以通过主风叶片数的增减来改变；在一定范围内适当提高选

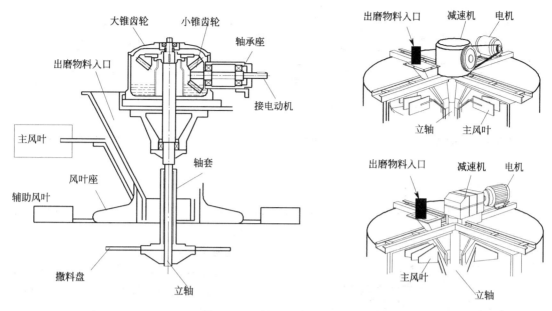

图 4-39 选粉机的传动及立轴

粉机的转速，可使循环风量增大。

③ 辅助风叶。辅助风叶又称小风叶，随立轴一起回转时，产生旋转气流，加速颗粒的离心沉降，对粗细物料的分离起着很重要的作用，能够有效地控制产品细度。

辅助风叶安装在风叶盘上的均匀性和对称性，对产品细度的控制有很大的影响。安装时注意要对称、间隔均匀。辅助风叶安装得越多，物料颗粒在气流中通过的阻力也就越大。辅助风叶的片数与选粉机选出产品的细度存在着明显的线性关系，片数越多，选出的生料越细。

④ 控制板及调整机构。控制板又称挡风板，具有调节风量的作用，而且也能用来调节产品细度。当控制板推进时，成品的细度变细；拉出控制板，细度变粗，如图4-40所示。

⑤ 撒料盘。撒料盘（见图4-41）的转动，使物料向四周分散。物料离开撒料盘后，受离心力作用向内壳壁飞去，形成了一层物料，伞幕循环风从回风叶上升时，冲洗这个物料伞幕，使粗细物料开始分离开来。物料分散的程度对粗细物料的

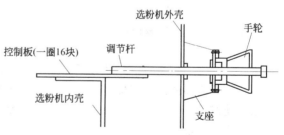

图 4-40 控制板及调整机构

分离效果有很大影响。而撒料盘的回转速率直接影响物料分散程度。物料撒出速率过高时，会增加细物料碰撞内壳壁的机会，导致选粉效率降低。反之，撒出速率过低时，会使粗细物料粘在一起，不易分离，同样会降低选粉效率。

此外，选粉机的喂料量也影响撒料盘撒出料幕的分散程度。撒料盘直径与转速不变时，增加选粉机的喂料量，撒出料幕的厚度增加，分离效果就差。因此，选粉机的喂料量增加时，应适当提高撒料盘的圆周速率。反之，则应适当降低圆周速率。

⑥ 回风叶。回风叶是选粉机内、外壳之间的百叶通道，循环风从内外壳之间的通道经过回风叶进入内壳。回风叶与安装点的圆切线的夹角称回风叶的角度。离心式选粉机回风叶角度一般以45°或60°安装。

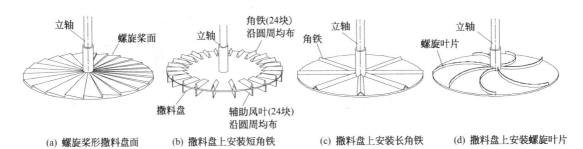

(a) 螺旋桨形撒料盘面　(b) 撒料盘上安装短角铁　(c) 撒料盘上安装长角铁　(d) 撒料盘上安装螺旋叶片

图 4-41　撒料盘

(2) 工作原理及分级过程

离心式选粉机是基于颗粒在流体中作重力沉降和离心沉降的原理把粗粉（较大颗粒的物料）和细粉（较小颗粒的物料）进行分离的。工作时利用选粉机立轴上的主风叶以一定转速回转所产生的内部循环气流，使不同大小的物料颗粒因其沉降速率的差别而被分离，如图 4-42 所示。

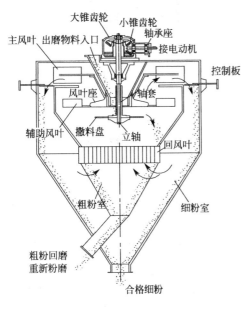

图 4-42　离心式选粉机的选粉过程

从图中可以看出，被选粉的物料由选粉机的上部喂入，落到旋转的撒料盘上，料层受到惯性离心力的作用向周围抛撒出去，在气流中，大颗粒迅速撞到内壳筒体内壁，失去速率沿着内壁下滑。主风叶在回转中产生的螺旋形上升气流穿透被撒出的物料层，形成吹洗分离，被撒料盘抛出较粗或较重的物料颗粒，不易受气流干扰转向，离心散射碰撞内壳内壁受重力作用而沉降在内壳锥底，并从出料管排出。较小或较轻的物料颗粒则改向仍随气流上升而进入辅助风叶回转的分离区内，此时中等大小的颗粒在辅助风叶所产生的旋转气流作用下，也沉降在内壳下锥体内。更细小的颗粒则被上升气流带走并穿过辅助风叶，进入内壳与外壳之间的细粉沉降区。由于通道面积的扩大，气流速率降低，以及外壳内壁的阻滞作用，使细粉下沉，并由细粉出口排出。气流则通过回风叶进入内壳循环使用。

(3) 主要参数

① 生产能力。生产能力是选粉机选出符合要求的生料（在这里主要指生料细度符合入窑要求）的产量，但并不能代表选粉机本身的能力，而表示粉磨系统（磨机、选粉机）的能力。选粉机可以通过调节循环风量来适应磨机粉磨能力的需要，也就是说选粉机的选粉能力具有较大的调节范围。

影响选粉机生产能力的因素很多，如主风叶和辅助风叶数量、撒料盘的转速、出磨物料水分和产品细度要求等。一般按经验公式计算：

$$Q = KD^{2.65} \quad (4-37)$$

式中　$D$——选粉机外壳直径，m；

$K$——系数，粉磨生料 $K=0.85$（同样适用于水泥粉磨的选粉。对于 42.5 强度等级水泥：$K=0.56$；52.5 强度等级水泥：$K=0.42$）。

② 功率。离心式选粉机的功率，按经验公式计算：

$$N = KD^{2.4} \tag{4-38}$$

式中　$N$——离心式选粉机所需功率，kW；
　　　$K$——系数，可取 1.58。

③ 主轴转速。选粉机主轴转速的高低关系到循环风量及选粉区气流的上升速率等，从而影响选粉机的生产能力、功率、选粉效率。一般离心式选粉机的转数 $n$ 和直径 $D$ 的乘积在 600～900 之间。

(4) 循环负荷率

经过粉磨后的物料进入选粉机，分离出来的粗粉再次返回磨内重新粉磨，这个粗粉量（也称回料量）叫做循环负荷量，它与从该系统中排出的计划物料量（即选出来的细粉量，也是产量）之比称为循环负荷率，以百分数表示，即：

$$L = \frac{T}{G} \times 100\% = \frac{m_c - m_a}{m_a - m_b} \times 100\% \tag{4-39}$$

式中　$L$——循环负荷率，%；
　　　$T$——返回磨内的粗粉量，kg/h；
　　　$G$——系统中排出的计划物料量，kg/h。

通过对 a、b、c 点的取样、筛析、测定，间接地计算出循环负荷率的值，见图 4-43。

这里要清楚一点的是，系统中排出的计划物料量就是磨机的产量，也可以看成是喂入磨机的配合原料，尽管喂料量与产量在瞬时不相等，但整个磨机系统的进出料是平衡的。

选粉机是闭路粉磨系统中磨机的附属设备，其选粉效率、循环负荷率与磨机产量三者间有着密切关系。从选粉机本身来讲，循环负荷率小（待选粉料加料量小）时物料的相互干扰作用也小，则选粉效率就高；从磨机来讲由于闭路系统可以加快物料在磨内的流动速率，减少

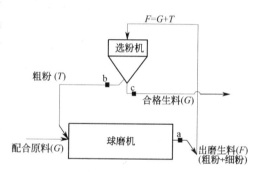

图 4-43　闭路粉磨系统物料平衡图

了过粉磨现象，提高了生产率。从工艺角度讲，高循环负荷率，虽可提高产量，但产品粒度过于均匀，细粉量的减少对水泥早期强度增长不利。所以需要从总体来考虑，选粉效率、循环负荷率应控制在一定的合理范围之内。一般而言，当产品细度为 0.08mm 筛余 5%～10% 时，选粉效率为 60%～80%，各种不同粉磨系统的循环负荷率为：干法生料磨系统配置空气分级设备时为 200%～450%；湿法生料磨系统配置水利分级设备时为 50%～300%。

循环负荷与磨机规格、产品细度要求还有密切关系。闭路球磨机比闭路长管磨的循环负荷要大一些，这是因为球磨机比较短，需增加物料通过磨机的循环次数来增加粉磨时间，以达到要求的粉磨细度。

(5) 选粉效率

干法闭路粉磨系统的分级设备普遍采用的是离心式或旋风式选粉机，其作用是将出磨物料中细度达到要求的合格产品及时选出，以降低磨机电耗、提高磨机的产量并保证质量。

选粉效率是指选粉后成品中所含细粉量与喂入选粉机中的细粉量之比，参阅"图 4-4 生料闭路粉磨工艺流程立面图"和图 4-43，即：

$$\eta = \frac{G_c}{F_a} \times 100\% = \frac{G_c}{(G+T)_a} \times 100\% \tag{4-40}$$

式中　$F$——出磨物料量；

$G$——成品量；

$T$——粗粉回料量。

由于 $F$、$G$、$T$ 在生产中是不容易直接测得的，所以都在图 4-43 中的各测点取样作筛析，测得筛余值 $m'_a$、$m'_b$、$m'_c$，再求选粉效率 $\eta$ 就方便多了。它们之间的关系可以用物料平衡原理来建立：

$$F = G + T \tag{4-41}$$

$$F_a = (G+T)_a = G_a + T_a \tag{4-42}$$

将式(4-40)、式(4-41)、式(4-42)三式联立求解得：

$$\eta = \frac{m_c(m_a - m_b)}{m_a(m_c - m_b)} \times 100\% \tag{4-43}$$

再将某一粒级的筛余（%）$m'_a = 100 - m_a$，$m'_c = 100 - m_c$，$m'_b = 100 - m_b$ 关系代入上式，最后得：

$$\eta = \frac{(100 - m'_c)(m'_b - m'_a)}{(100 - m'_a)(m'_b - m'_c)} \times 100\% \tag{4-44}$$

上式就是直接从筛分分析计算选粉效率的公式，这个公式也同样适用于"4.5.2 旋风式选粉机"和"4.5.4 组合式选粉机"。

(6) 循环负荷率、选粉效率和磨机生产率之间的关系

磨机的循环负荷率与选粉效率、磨机产量三者之间的关系见图 4-44。就选粉机本身而言，循环负荷率小，选粉机的喂料量也小，选粉过程中物料相互干扰作用减小，使选粉效率提高。对于磨机来说，减少了过粉碎现象，磨机生产率与循环负荷率呈对数曲线增长关系。

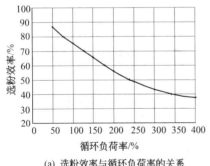
(a) 选粉效率与循环负荷率的关系

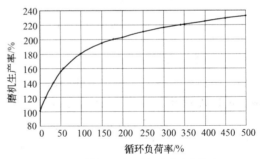
(b) 磨机生产率与循环负荷率的关系

图 4-44 循环负荷率、选粉效率和磨机生产率之间的关系

从工艺角度分析，适当提高循环负荷率可使磨内物料流速加快，减少过粉磨现象，提高粉磨系统的产量。但若循环负荷率太高，会使产品粒度过于均匀，细粉量的减少对水泥早期强度增长不利。同时在高循环负荷率下，选粉效率很低、磨机产量增长缓慢，用于选粉和物料输送的能量消耗相对增长。所以应根据本厂具体情况从总体考虑，将选粉效率与循环负荷率控制在合理范围内，一般而言，生料磨的循环负荷率在 $L = 200\% \sim 450\%$ 之间。

(7) 循环负荷率、选粉效率的计算举例

有一 $\phi 2.4m \times 10m$ 的生料闭路磨机，配一 $\phi 5.0m$ 的离心式选粉机。设计标定产量 30t/h，实际产量 33t/h。系统各点物料通过 0.08mm 筛的量为 $a = 60\%$（出磨物料），$b = 47.0\%$（粗粉回料），$c = 94.8\%$（产品），产品（实际是熟料的半成品）比表面积 $S_0 = 310 m^2/kg$（$3100 cm^2/g$），磨机的有效容积为 $38.5 m^3$，参照图 4-43，求下列物理量。

① 循环负荷率 $L$：

$$L=\frac{T}{G}\times100\%=\frac{c-a}{a-b}\times100\%=\frac{94.8-60}{60-47}\times100\%=268\%$$

② 粗粉回料量 $T$：

$$T=LG=\frac{268}{100}\times33\text{t/h}=88.44\text{t/h}$$

③ 磨内物料通过量 $Q$：

$$Q=T+G=(88.44+33)\text{t/h}=121.44\text{t/h}$$

④ 单位容积物料通过量 $V_0$：

$$V_0=\frac{Q}{V}=\frac{121.44}{38.5}\text{t/(m}^3\cdot\text{h)}=3.15\text{t/(m}^3\cdot\text{h)}$$

⑤ 半成品中的细粉量（精品）$G_0$：

$$G_0=G_c=33\times\frac{94.8}{100}\text{t/h}=31.3\text{t/h}$$

⑥ 选粉效率 $\eta$：

$$\eta=\frac{c\,(a-b)}{a\,(c-b)}\times100\%=\frac{94.8\times(60-47)}{60\times(94.8-47)}=43\%$$

(8) 规格性能

常用离心式选粉机的规格及性能列于表 4-15。

**表 4-15 离心式选粉机的规格性能**

| 选粉机外壳直径/m | | 3.5 | 4.0 | 4.5 | 5.0 | 5.5 |
|---|---|---|---|---|---|---|
| 主轴转速/(r/min) | | 230 | 180 | 190 | 190 | 165 |
| 产品细度(0.08mm，筛余)/% | | 5～8 | 6～8 | 6～8 | 6～8 | 3000～4000(cm²/g) |
| 生产能力/(t/h) | | 16 | 22 | 30 | 40 | 50 |
| 电动机 | 型号 | Y250L-4 | Y250M-6 | Y280M-6 | JO-94-6 | JS-116-6 |
| | 功率/kW | 30 | 40 | 55 | 75 | 95 |
| | 转速/(r/min) | 1460 | 980 | 980 | 980 | 1000 |

### 4.5.2 旋风式选粉机

(1) 构造及主要部件

旋风式选粉机主要由壳体（分级室）部分、回转部分（小风叶和撒料盘一起固定在垂直轴上）、传动部分和壳体周围的若干均匀分布旋风筒组成，选粉室的下部设有滴流装置，它既能让循环气流通过，又便于粗粉下落，鼓风机与选粉室之间的连接管道上设有调节阀，用于调节循环风的大小以调节产品细度和产量。在进风管切向入口的下面，设有内外两层锥体，分别收集粗粉和细粉，如图 4-45 所示。

(2) 工作原理及分级过程

与离心式选粉机不同的是，用外部专用风机和几个旋风筒分别替代离心选粉机内部的大风叶和内外筒之间的细粉分离空间，将抛粉分级、产品分离、流体推动三步分别进行。固定在立轴上的小风叶和撒料盘由电动机经过胶带传动装置带动旋转，在分级室中形成强大的离心力。进入到分级室中的气粉混合物在离心力的作用下，较大颗粒受离心作用力大，故被甩至分级室四周边缘，自然下落，便被收集下来，作为粗粉送回磨机重新粉磨；较小颗粒受离心力作用小，在被甩离运动过程中，受气流影响被带至高处，顺管道运动至下一组件内被分级或收集，通过变频器调节转速便可调整分级室中离心力的大小，达到分出指定粒度的物料的目的，如图 4-46 所示。

(3) 主要参数

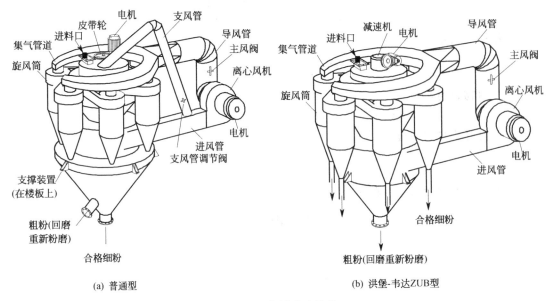

(a) 普通型　　(b) 洪堡-韦达ZUB型

图 4-45　旋风式选粉机

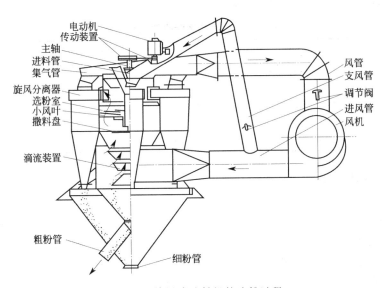

图 4-46　旋风式选粉机的选粉过程

① 生产能力。生产能力一般按经验公式计算：（旋风式选粉机同样适用于水泥粉磨的选粉。对 42.5 强度等级水泥：$Q=5.35D^2$；52.5 强度等级水泥：$Q=4.0D^2$）

$$Q=7.12D^2 \tag{4-45}$$

式中　$D$——选粉室直径，m。

② 主轴转速。旋风式选粉机的主轴转数 $n$ 和直径 $D$ 的乘积在 300～500 之间。直径越大，所取 $nD$ 值也越大。

(4) 规格性能

旋风式选粉机的规格及性能列于表 4-16。

### 4.5.3　粗粉分离器

粗粉分离器又称气流通过式选粉机，为空气一次通过的外部循环式分级设备，安装在出

表 4-16 旋风式选粉机的规格性能

| 选粉室直径/m | | $\phi2.0$ | $\phi2.5$ | $\phi2.8$ | $\phi3.0$ | $\phi4.0$ |
|---|---|---|---|---|---|---|
| 生产能力 | 生料/(t/h) | 28 | 44 | 55 | 65 | 114 |
| | 水泥/(t/h) | 21 | 33 | 42 | 48 | 86 |
| 主轴转速/(r/min) | | 190 | 180 | 152-228 | 165 | 87-174 |
| 电动机 | 型号 | Y160L-8 | Y180L-8 | $Z_2$-81 | Y200$L_1$-6 | JZTS-92-4 |
| | 转速/(r/min) | 720 | 730 | 750 | 970 | 440-1320 |
| | 功率/kW | 7.5 | 11 | 13 | 18.5 | 75 |
| 配用风机 | 型号 | 4-72-11No10C | 4-72-11No12C | 4-72-12No12C | 4-72-11No16C | G4-73-11No16D |
| | 风量/($m^3$/h) | 37850 | 68020 | 72760 | 91200 | 168000 |
| | 风压/kPa | 2.36 | 2.49 | 2.36 | 2.51 | 2.70 |
| | 功率/kW | 40 | 75 | 75 | 75 | 155 |

磨气体管道（垂直段）上，其作用是将气流携带粉料中的粗粉分离出来，送回磨内重新粉磨，细粉随流体排出后进收尘器收集下来，在进入下一道程序除尘器之前做预先处理，以减轻除尘器的负担。

粗粉分离器的结构比较简单，如图 4-47 所示，一般由大小两个呈锥形的内外壳体、反射棱锥、导向叶片、粗粉出料管和进出风管等组成。

工作时，含尘气体（颗粒流体）以 15~20m/s 的速率从进气管进入内外壳体之间的空间，大颗粒受惯性作用碰撞到反射锥体，落到外壳体下部。气流在内外壳体之间继续上升，由于上升通道截面积的扩大，气流速率降至 4~6m/s，又有一部分较大颗粒在重力作用下陆续沉降，顺着外壳体内壁滑下，从粗粉管道排出。气流上升至顶部后经过导向叶片进入内壳中，运动方向突变，部分粗颗粒撞到叶片落下。同时气流通过与径向呈一定角度的导向叶片后，向下作旋转运动，较小的粗颗粒在惯性离心力的作用下甩向内壳体的内壁，沿着内壁落下，最后也进入粗粉管。细小的颗粒随气流经排气管送入收尘设备，将这些颗粒（细粉）收集下来。

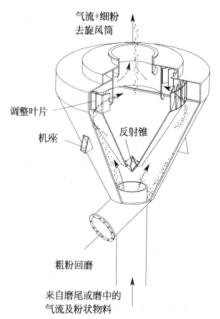

图 4-47 粗粉分离器

粗粉分离器存在两个分离区：一是在内外壳体之间的分离区，颗粒主要是在重力作用下沉降；二是在内壳体里面的分离区，颗粒在惯性离心力的作用下沉降。它们沉降下来的颗粒均作为粗粉，由粗粉管排出。

### 4.5.4 组合式选粉机

组合式选粉机集粗粉分离、水平涡流选粉（上部为平面涡流选粉机、下部为粗粉分离器，由于出磨含尘气体直接进入选粉机处理，省掉了粗粉分离器等一套设备）和细粉分离为一体的高性能选粉机（选粉同时兼有除尘功能）。该设备主要由四个旋风子和一个分级筒组成。其分级过程是：来自磨机高浓度含尘气体从下部进入，经内锥整流后沿外锥体与内锥体之间的环形通道减速上升，在分选气流和转子旋转的共同作用下，粗粉在重力作用下（重力分选）沿外锥体边壁沉降滑入粗粉收集筒。合格的生料随气流进入转子内，经由出风口进入旋风筒，由旋风筒将成品物料收集，经出口排出，送往均化库；废气由旋风筒顶部出口进入下一级收尘器内，进一步除尘处理，如图 4-48 所示。

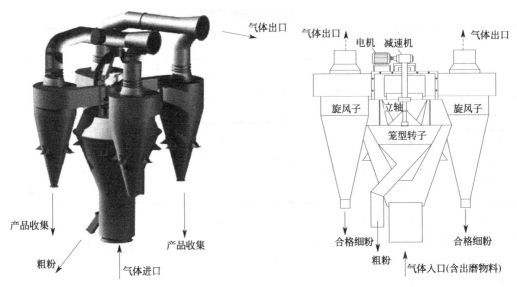

图 4-48 组合式选粉机

## 复习思考题

4-14 简述分级的作用和意义。
4-15 分析影响颗粒物料实际沉降速率的相关因素。
4-16 简述粗粉分离器的结构和工作原理。
4-17 简述离心式选粉机的构造和工作原理。
4-18 离心式选粉机主要部件的作用是什么?
4-19 简述循环负荷与选粉效率和磨机生产能力之间的关系。
4-20 比较离心式选粉机与旋风式选粉机的优缺点。
4-21 怎样计算选粉机的循环负荷率及选粉效率?

## 4.6 球磨机系统

### 4.6.1 烘干兼粉磨工艺系统

图 4-49 和图 4-50 是两种典型的球磨机系统生料烘干兼粉磨工艺系统流程,从图中可以清楚地看到球磨机与选粉机和其他辅助设备之间的工艺关系。

(1) 尾卸提升循环烘干磨系统

球磨机的卸料方式不同,工艺流程也有所区别。尾卸提升循环烘干磨由磨头(粗磨仓)喂入、从磨尾(细磨仓)排出,经提升机、选粉机选出符合细度要求的生料,送到下一道工序——生料均化库储存均化,粗粉回到磨内重新粉磨,形成闭路循环。来自窑尾预热器或窑头冷却机的废热气体从磨头随被磨物料一同入磨,如果热风温度不够,可启用磨头专用热风炉补充热量提升温度,如果停窑就由热风炉单独提供热气体。物料通过粉磨、提升、选粉循环过程来达到符合要求的生料细度,如图 4-49 所示。

大型磨机若以窑尾废气作热源时,物料入磨含水率允许<4%~5%,若同时加设热风炉,水分可允许在8%左右。若要提高烘干粉磨效率,可将热风分别引入选粉机、提升机及磨前破碎机等,使其各自在完成作业过程的同时进行物料烘干。

(2) 中卸提升循环烘干磨系统

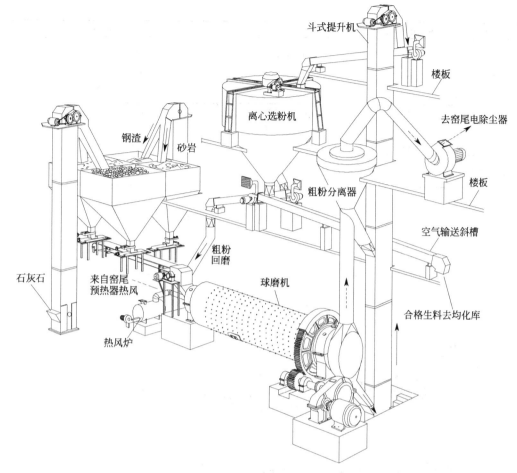

图 4-49 边缘传动尾卸烘干磨闭路系统

中卸提升循环烘干磨系统与尾卸提升循环烘干磨不同的是原料由磨头喂入，磨细后从中间仓卸出，选粉机选出的粗料再分别从磨头和磨尾喂入，选出的细粉即细度合格的生料送到生料均化库。烘干物料用的热气体来源与尾卸烘干磨相同，只是大部分从磨头喂入，小部分从磨尾喂入，通风量较大，粗磨仓的风速高于细磨仓，烘干效果较好，物料入磨含水率允许＜8%，若同时加设热风炉，水分可放宽到14%左右，但供热、送风系统较复杂，如图4-50所示。

### 4.6.2 球磨机工艺系统配置

中卸烘干磨与选粉、输送、除尘共同构成了闭路粉磨系统，主要配置见表4-17，粉磨工艺流程见图4-50所示。

表 4-17 2000t/d 生产线中卸提升循环磨主要配置实例

| 设备名称 | 旋风式选粉机配套系统 | 高效选粉机配套系统(2500t/d) | |
|---|---|---|---|
| 选粉机 | $\phi$4.5m 旋风式选粉机<br>风量：240000m³/h<br>功率：220kW<br>产量：140t/h | DSM-4500 组合式高效选粉机<br>风量：270000m³/h<br>功率：160kW<br>产量：190t/h | TLS3100 高效选粉机<br>风量：290000m³/h<br>功率：180kW<br>产量：190t/h |
| 提升机 | 斗式提升机<br>B1250×3800mm<br>调速电机：110kW<br>输送能力：590t/h | NSE700<br>电机功率：130kW<br>输送能力：690t/h | NSE700<br>电机功率：130kW<br>输送能力：690t/h |

续表

| 设备名称 | 旋风式选粉机配套系统 | 高效选粉机配套系统(2500t/d) | |
|---|---|---|---|
| 主排风机 | 9-28-01 No.23F<br>风量:315000m³/h<br>全压:6300Pa<br>功率:800kW | 2400DI BBB50<br>风量:320000m³/h<br>功率:1000kW | 2400DI BBB50<br>风量:320000m³/h<br>功率:1000kW |
| 球磨机 | 中卸烘干磨:φ4.6m×7.5m+3.5m<br>产量:150t/h<br>功率:2500kW | 中卸烘干磨:φ4.6m×13m<br>产量:190t/h<br>功率:3550kW | 中卸烘干磨:φ4.6m×13m<br>产量:190t/h<br>功率:3550kW |
| 粗粉分离器 | φ6.5m 1台<br>处理风量:71000m³/h | | |

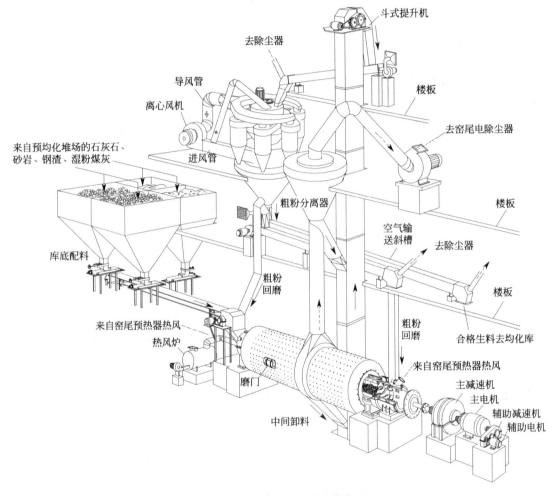

图 4-50 中心传动中卸烘干磨闭路系统

从表 4-17 中可以看出，高效选粉机的应用能简化工艺流程，降低设备投资。多数厂家的粉磨经验表明匹配高效选粉机的系统能力可提高 10% 左右。

## 复习思考题

4-22 绘制出尾卸提升循环磨系统工艺流程简图，简述生料的粉磨过程。

4-23 绘制出中卸提升循环磨系统工艺流程简图，简述生料的粉磨过程。

## 4.7 球磨机系统操作

### 4.7.1 磨机系统岗位责任制

岗位责任制主要是明确本岗位操作人员的生产操作、设备维护、修理及管理的责任。对操作人员来讲，各岗位责任制应包括以下内容。

(1) 工作范围
① 负责本岗位设备的开停车操作及正常运转操作。
② 负责设备及其周围环境卫生。

(2) 职责
① 严守工作岗位，努力完成生产任务；保证产品质量达到要求。
② 严格执行操作规程，做到安全生产。
③ 巡回检查设备运转情况，各轴瓦润滑正常，各部位螺栓紧固，及时排除故障。
④ 每 1~2h 抽检一次喂料量。
⑤ 填写生产记录。

### 4.7.2 交接班制度

水泥生料粉磨过程（除检修外）正常运行是每日三班连续生产，交接班制度是生产管理的基本制度之一。通过对交接班的严格管理，使生料制备连续生产的各岗位都能按规定进行交班与接班，保证生产的连续、稳定运行。在每班换岗时，接班人员必须提前到岗，交接班双方要当面检查记录情况，做到下列各点。
① 喂料设备称量不准确、不灵活不交接。
② 设备缺油、运转不正常不交接。
③ 工具不全不交接。
④ 设备及环境卫生不好不交接。
⑤ 接班人如发现设备运转异常或记录不清、情况不明或设备未按规定维护时，可拒绝接班。
⑥ 交班人未交代清楚，在接班后发现设备有问题，由接班人负责。

接班人员无异议，在交接班记录上签字，而且交接班记录的交、接班人姓名，必须由进行交接班的本人签字，不得提前、滞后，不得代签。

### 4.7.3 操作记录填写要求

生产中每个岗位都要把从接班开始到交班结束整个这一班生产全过程所发生的事情填写在操作记录簿上，目的是为下一班操作及以后的维护和检修提供参考。操作记录的书写格式各厂可能不完全一样，但是内容要写全、写详细，主要内容包括以下各点。
① 各控制仪表上所显示的参数的变化量，包括磨机通风温度和压力；主电机（和辅助电机）的电流和电压值；主轴承、传动轴承的温度及润滑情况；磨机的喂料量；减速机润滑油油压、流量、各部轴承温度等参数。
② 化验室每隔一定时段反馈过来的三率值（荧光分析结果：石灰饱和率、硅酸率、铁率）、生料碳酸钙滴定值（$T_{CaCO_3}$）和细度值。
③ 生产操作控制情况，如喂料量的调整和风量、风压的调整。
④ 设备运行中的检查和维护情况、出现的问题及问题分析、采取的处理措施及结果。
⑤ 设备的维修、检修过程记录。
⑥ 把本班还没有做完的工作、下一步要做的工作也要写在操作记录簿上，供下一班继

续完成这一工作参考使用。

这里要说明的是，对于初级工来讲，①~③项的操作记录是能够做到的，只要善于思考、细细揣摩，是能够掌握各种参数值与生产之间的关系及变化规律的。后三项较为复杂，这就要求在工作中不断的学习、不断的实践、不断的总结，为操作技能的进一步提高储备能量。

### 4.7.4 对照交接班记录分析上一班设备的运行情况

接班人员接班时要认真地听取上一班人员的操作情况介绍，同时仔细查阅交接班记录中的下列内容。

(1) 各控制仪表上所显示的参数变化的记录

① 分析磨机通风温度和压力变化记录，与物料水分、生料细度及产量之间的关系。

② 分析磨机主电机（和辅助电机）的电流和电压的变化记录，与喂料量及粒度、是否出现故障之间的关系。

③ 磨机主轴承、传动轴承及减速机各部轴承的温度、润滑油油压、流量变化记录，分析润滑情况。

④ 提升机负荷记录，分析闭路系统循环负荷情况。

⑤ 磨音记录，分析喂料量、磨内存料量、研磨体消耗、各仓粉磨能力平衡情况。

⑥ 除尘系统压差变化记录。

(2) 检查操作控制情况记录

① 化验室每隔一定时段反馈过来的三率值（荧光分析结果：石灰饱和率、硅酸率、铁率）、生料碳酸钙滴定值（$T_{CaCO_3}$）和细度值，分析控制值的波动幅度、原料配比及生料的变化情况。

② 喂料量、风压、风温的调整记录，与粗粉回料的关系。

③ 选粉机产品细度和循环负荷的调整记录。

④ 立式磨粉磨液压调整、料层厚度变化情况记录。

⑤ 磨机启动、停机（或紧急停机）记录。

(3) 对照检查设备的维护、检修过程记录

主机、辅机在运行中要经常检查和维护（润滑、冷却、螺栓固定等）、交接班应核查出现故障记录及故障分析（如减速机声音异常、饱磨、包球、磨头返料、螺孔漏灰、立磨吐渣、磨体振动等）记录，接班后观察设备运行情况。

(4) 上一班没有做完的工作和对下一班的建议

如果磨机出现较大的问题，上一班到下班时还没有调整过来或没有检修完工，应把调整、检修过程记录下来，并把建议留下来给下一班参考，这些都是很有价值的资料，在接班时一定要认真研读，对照设备仔细分析，这对完成上一班没有做完的事情有很大帮助。

### 4.7.5 磨机开车前的准备工作

球磨机启动时决不能莽撞，一定要慎之又慎，做好充分准备。

(1) 安全意识、交接班程序及常用工具

① 穿好上岗工作服、带全其他安全劳保用品。

② 查看上一班生产记录，认真听取上一班的操作情况介绍。

③ 按生产要求准备好常用工具（减速机专用的扳手、铁锤、起子）。

(2) 对粉磨系统的所有设备、设施进行全面检查

① 设备内外部件应完好，安装正确，所有固定螺栓不应有松动现象。

② 减速机润滑油罐储油是否充足、各进（回）阀门是否处于启动状态；轴瓦和各润滑油是否清洁，油量要适当，油循环系统及水冷却系统要畅通，无泄漏现象。

③ 通风系统和物料输送系统要畅通，无杂物堵塞，不得有泄漏之处。通风系统应密封良好，调整物料和气流的阀门，锁风装置均要开闭灵活。

④ 安全和照明装置要齐全，信号系统完好。除油温度计外，各仪表指针均应指在零位上。

⑤ 喂料装置是否完好，调控系统、计量系统应准确，否则应经校正核准后方能开机。

⑥ 检查卸料口锁风阀门、排风机风门、热风门是否处在正常的开启位置上。

⑦ 查看设备的主轴承冷却系统是否畅通。

⑧ 关闭各风机节流闸板，以减少启动负荷。

⑨ 查看控制仪表和安全装置是否合格、动作是否灵敏可靠。

⑩ 冬季开车，要根据情况对减速机油箱进行加热，使润滑油温度达到 20~25℃，以保证润滑油能够正常循环，并降低设备启动负荷。磨机轴承可以在油箱加温后，开动油泵用温油加温。

(3) 与其他岗位相互协调，相互配合

① 了解生料的控制指标及配料方案。根据生料库内的储料情况，按化验室要求将生料入库闸阀调整到指定库号位置。

② 备足各种原料，并了解其水分、粒度及易磨性等情况。

③ 与电工、空压机站联系送电、送风、送气，并检查电压、风压是否符合要求。

④ 及时与上下工序取得联系，确保设备的正常启动。

⑤ 做好上述工作后，还要进一步与各岗位联系，无关人员不要靠近设备，确定无误后，发出启动信号，然后按顺序开车。

### 4.7.6 选粉机开机前的准备工作

① 穿好上岗工作服、带全其他劳保用品。

② 检查各紧固件等装配情况，各零部件均不得松动。

③ 调整传动装置三角皮带，要让它松紧适中。

④ 检查润滑轴承，加足润滑油脂。

⑤ 检查各种电器开关、动力仪表、信号装置是否可靠。操作开关要保持灵活轻便，其表示牌应与实际相符。

⑥ 保持工作地点和设备清洁。

### 4.7.7 粉磨操作控制的依据

① 根据磨机的计划产量和细度要求：在确保生料细度的前提下，要提高产量，需加大符合配比要求的几种物料总量的喂料量。

② 根据碳酸钙滴定值（$T_{CaCO_3}$）波动范围的变化量：若 $T_{CaCO_3}$ 值增加，表明入磨石灰石多，砂岩、钢渣、粉煤灰等辅助原料相对要少一些，这时应减少石灰石的喂入量；反之就要增加石灰石的喂入量。一般化验室对生料每隔 1h 取样一次，用酸碱滴定法来测碳酸钙的含量，并及时将测定结果反馈给磨机操作系统，以便对入磨各种物料配比及时做出调整。配置荧光分析仪的工厂也可利用该仪器快速分析，及时进行调整。

③ 根据入磨物料的物理参数：粒度大、硬度高、水分多，应减少混合物料的喂入量，否则磨机不容易"嚼烂"、容易糊磨。这些参数也是由化验室提供的，不过不是每小时提供一次，而是进厂一批原料测定一次，其实入磨粒度大小是可以用眼睛分辨出来的。

④ 闭路磨机的回料量及循环负荷率、工艺管理规程和操作规程的控制指标，也是调整控制喂料量的依据。

### 4.7.8 磨机运转与不能继续运转的条件

磨机在生产过程中，常会发生设备超负荷或出现设备的严重缺陷等情况，以致造成磨机不能继续运转。为保证磨机正常而持续运转，必须迅速采取措施调整负荷或停磨处理。当下列情况出现时，磨机一般不能继续运转。

① 磨机的电动机运转负荷超过额定电流值；选粉机和提升机等辅机设备的电动机运转负荷超过额定电流值。

② 各电动机的温度超过规定值；磨机主轴承及传动轴承的温度超过规定值。

③ 各喂料仓的配合原料出现一种或一种以上断料而不能及时供应；喂料装置及下料斗因大块料或异物卡死，短时间无法处理好；收尘设备发生故障而停止通风收尘；各辅机设备和输送设备发生故障。

④ 边缘传动的磨机大小齿轮啮合声音不正常，特别是发生较大振动时；减速机发出异常声音或振动较大。

⑤ 大小轴承地脚、轴承盖螺栓严重松动；润滑油圈不转动且拨动无效；或输油泵发生故障、油管堵塞，致使润滑系统失去作用；冷却水压因故陡然下降而不通。

⑥ 磨机衬板、挡环、隔仓板等因螺栓折断而脱落。

处理好磨机不能继续运转的情况后才能恢复生产。此外，对于整个粉磨系统的安全防护罩及其他安全设施要保证完好，供水及供油系统的密封及室内照明等都应尽量完善。

### 4.7.9 烘干磨"暖机"的操作程序

对于烘干兼粉磨生料制备系统开车时，为了使烟道耐火砖和磨内各部件逐渐受热升温，在启动磨机润滑冷却系统后，启动磨机的排风机系统，打开进风管道内的闸板，并逐渐增大磨机进口阀门的开度，向磨内送入热风进行预热。预热时必须使磨内温度逐渐上升，并使之均匀分布预热。当磨机的磨头气体温度达到100℃时，在现场用慢速传动装置使磨机筒体间隔一定时间转动180°。当磨机排风机进口气体温度达到70~80℃时，启动选粉机系统。当磨机排风机进口气体温度达到90~100℃时，"暖机"结束，然后按顺序开启其他设备。

"暖机"时的入磨热风温度不宜太高，根据邯郸水泥厂的经验，夏季不宜高于200℃，冬季不超过300℃。"暖机"时间长短应视磨机规格、气温条件和入磨物料水分大小确定，一般在20~30min左右，冬季时间要长些，夏季短些。

### 4.7.10 入磨原料配料的自动调节控制

入磨原料（石灰石、铝矾土、砂岩、钢渣或铁粉等）采用电子皮带秤—X射线荧光分析仪—电子计算机喂料控制系统，根据原料化学成分的波动情况及设定的目标值来控制调节喂料配比，保证生料达到规定的化学成分。控制系统分为：对待磨各种原料进行取样分析（一般在磨机出口取样）和由分析得到的化学成分计算出各种原料的要求配比两个阶段。计算公式是线性的，很容易由计算机算出，得到的各种原料成分是取样值的平均值。在某些情况下，即使不能取得最理想的配比，但也比较接近。

对入磨原料控制和配比控制的调整方法主要有以下几个。

① 对使用取样器采集的样品，一般是间隔测量分析，同时考虑到原料在喂料机上的输送时间、在磨内的粉磨时间、制样、分析所用的时间，那么一次配料的时间周期大致为30~60min，生料配料程序控制就按照这个时间来定期启动。

② 配料计算中所用的生料目标率值，一般是熟料的率值，这主要是考虑了煤灰掺入的影响。

③ 采用修正控制加分控制的方法。由于给定的原料成分是某一段时间的平均值，入磨原料成分是在时刻波动的，这就使给定值与实际值出现了偏差，如果偏差是由于原料中所含比例最大的氧化物的波动而引起的，如石灰石中的$CaO$、砂岩中的$SiO_2$、页岩中的$Al_2O_3$和铁粉中的$Fe_2O_3$等，那么修正的要素就是这些原料中含量最多的那种氧化物；若偏差是

由于几种原料中配合比例最大的那种原料的化学成分的波动引起的，或者是几种原料中的某一种原料化学成分波动最大而引起的，这样需根据两次取样间的原料配比及出磨生料中几种氧化物的含量计算下一周期所需的原料新配比。不要忘记计算时要考虑煤灰的影响。

④ 消除累计偏差。对原料成分进行修正计算后，还不能消除每一次生料率值的瞬时值之间的微小偏差。需在每次新配比计算中考虑前几周期进入均化库的生料率值偏差将其消除，使平均值与设定的目标值趋于一致。

⑤ 出磨生料偏差的校正。校正不宜过急，过急（如1个周期）会造成新磨制的生料成分大幅度波动，校正也不宜太迟（如10个周期），可能会满库使偏差校正不过来。故在配料控制设计中应根据均化库的类型及容量，选用连续控制法，在3～5个周期内使生料的平均成分达到设定目标值。

⑥ 计算所得的各种原料新配比，由计算机通过电子定量皮带秤自动调节，也可由操作员根据打印的配比报告，用手动操作进行调节。

### 4.7.11 烘干磨喂料量的调节控制原则

烘干磨的粉磨效率取决于烘干和粉磨两个方面的因素，这比普通干法生料磨的操作更复杂一些，一方面能力薄弱，势必影响另一方面能力的发挥。为了充分发挥烘干磨的特点，在操作中除做到干法磨的"五勤、二快"外，还应切实做好烘干过程与粉磨过程的平衡控制工作。

(1) 喂料量过多

① 磨音低沉，电耳记录值下降。
② 提升机功率（电流）上升，粗粉回料量增加。
③ 磨机出口负压增加，粗磨仓压差增加。
④ 出磨气体温度降低。
⑤ 满磨时磨机主电机电流下降。

通过对以上现象进行综合分析比较确认喂料量是否过多，及时平衡地减小喂料量，尽量避免停喂，只有严重堵磨时才停止喂料。

(2) 喂料不足

① 磨音清脆响亮，有电耳监控的磨机则电耳音响上升。
② 提升机电流下降，选粉机回料量减少。
③ 磨机出口负压下降，粗磨仓压差下降。
④ 出磨气体温度上升。

此时，应及时增加喂料。同时还应注意磨机排风机进口阀门开启度的调节，调节是依据磨机出口气体温度应保持在 (100±10)℃ 范围内进行的。

### 4.7.12 烘干磨热风的调整与控制

热风温度和风量影响着烘干速率，入磨热风的温度愈高，风量愈大，则烘干愈快，但生产过程中由于影响因素多，情况复杂，所以在调节热风时应遵循如下原则：在保证设备安全的条件下，应达到较快的烘干速率，使磨机的烘干能力与粉磨能力相平衡，努力降低热耗，并使出磨废气不产生水汽冷凝现象。为此，必须根据具体情况来选择合理的热风温度和热风量，表4-18是某厂 $\phi 3.5m \times 10m$ 中卸烘干磨的热工测点及控制范围，可供参考。

(1) 控制好入磨热风和出磨废气温度、风量

① 入磨热风温度不能过高。过高会使磨机主轴承温度上升，磨内部件易变形损坏，因此，操作中应根据主轴承温度允许范围，尽量控制热风温度偏高些。

表 4-18 某厂 φ3.5m×10m 中卸烘干磨的热风测点及控制

| 测定点 | 测点项目和控制范围 | | | |
|---|---|---|---|---|
| | 风温/℃ | | 风压/mmH$_2$O | |
| | 范围 | 正常值 | 范围 | 正常值 |
| 热风入磨头 | 250～500 | 300～450 | −100～0 | −50 |
| 热风出磨尾 | 200～400 | 200～350 | −100～0 | −50 |
| 磨中 | 0～150 | 100 | −300～0 | −250 |
| 粗粉分离器出口 | 0～100 | 85 | −700～0 | −600 |
| 粗粉分离器进口 | | | −600～0 | −400 |
| 排风机出口 | | 85 | −100～0 | −50 |
| 选粉机进口风机 | | | −400～0 | |

注：1mmH$_2$O=9.81Pa，下同。

② 出磨废气温度的控制范围是根据烘干物料的需要和防止水汽冷凝来确定的。在正常情况下，出磨废气温度的高低，反映了磨内物料的烘干情况、入磨热风调节是否合适。如果出磨废气温度过低，说明磨内物料烘干不够，热风量偏少，反之，又造成热量浪费，加快磨内部件的损坏。操作愈稳定，出磨废气温度的变化就愈小；如果废气温度波动太大，物料被烘干的程度相差就大，对生料的产量、质量的影响就越大，故操作中应特别注意稳定。

另外，入磨物料水分太大、黏性大，在磨内有可能成团结块，影响热风与物料的热交换，热量不能被物料充分吸收，这时废气温度即使在控制范围，烘干情况也不好。所以在操作控制中，一般应控制入磨物料的水分小于 15% 左右（各厂的控制指标不同，有的厂控制在 15% 以下，而有的厂控制在 6% 以下），同时结合听磨音和观察入磨物料的水分变化来判断烘干情况，及时采取措施，合理、正确地调整风量和风温。

③ 在调整入磨热风时，风温不能超过规定范围，过高时，要适当打开冷风阀板，降低热风温度，由于进入冷风使整个系统的负压下降，因此，必须相应调整排风机风量，以便使负压维持在控制范围内。

(2) 加强密封，防止漏风

保持磨内密闭良好是提高烘干磨能力的重要因素。要使通风不致减弱，除与排风机抽力有关外，还在于通风管路的严密性。由于整个系统处于负压状态，如果管路密封不严，就会漏入大量冷空气。所以要经常检查密闭卸料装置和下料溜管的锁风装置。定时清理黏附在喂料口闸板上的湿物料，保持闸板的开闭正常，使其不致影响锁风效果。

### 4.7.13 磨机负荷控制

"负荷"是指磨内瞬时的存料量。磨机在运行中必须根据磨内存料量的变化随时调节喂料量，使粉磨过程经常处于最佳稳定状态。假如被粉磨物料的水分、硬度发生变化，可能会出现满磨或堵磨等不正常情况，此时可以将"电耳"信号、提升机功率及选粉机回粉信号输入计算机，用数学模型进行分析控制或极值控制方法进行调节。"电耳"实际是一个放大器，可以取代人的耳朵监听磨音来判断磨内的粉磨情况，由一个声电转换器和一个电子放大器以及控制执行部分组成，由声电转换器接收磨音，把声音信号转换成电信号，由电子放大器把电信号放大后送到操作控制室的仪表显示出来，根据显示的参数变化，随产品指标的变动而调整喂料量。也可以把监听到的磨音经放大器把电信号放大后送到控制部分来自动调节喂料机的喂料量，这就实现了喂料量自动控制，图 4-51 所示的是电耳控制系统，声电转换器（像一个喇叭）安装在磨机筒体附近，通常设在距磨头 1m 左右，用来接收粗磨仓的磨音。磨音减弱时，说明磨内存料量多，应减少喂料量（即配合原料），反之需增加喂料量。电子皮带秤喂料兼计量，它由直流电动机拖动，通过皮带速率和传感器的信号求得喂料量，用调

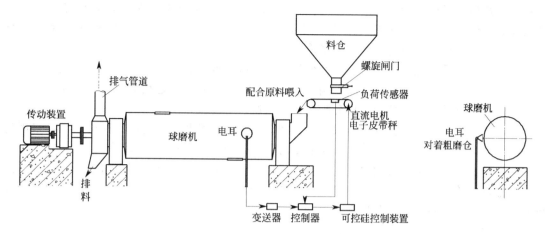

图 4-51　电耳控制喂料量

节电机转速的方法改变喂料量。对于球磨机与选粉机同时烘干的磨机来讲，在采用微机自动控制磨机负荷时，一般输入以下几个参数。

① 电子秤对原料的输出量。

② 磨机电耳的音压电声数据。

③ 磨机出口提升机的功率负荷和用冲击流量计测出的选粉机粗粉回料量，然后在微机上选择自动控制即可。

微机以磨音、回料量为主控参数，以提升机负荷为监控参数。

### 4.7.14　系统压力控制

磨机系统各处的压力是不一样的，这就形成了压差。磨机进出口压差的变化是反映磨内负荷量最有代表性的数据。在系统通风量没有改变的情况下，粉磨或选粉状况发生了变化，风压会敏感地反映出来。如烘干磨的部分隔仓板箅孔堵塞、立式磨的料床增厚，仪表会显示压差增大。通过磨机系统压力的控制，检测各部位的通风情况，并判断磨内的粉磨状况。一般情况下，在压差变化不大时，可适当调节排风机的风门（减少或增加通风量），以保持磨机系统的正常通风，满足烘干粉磨的需要。但压差变化过大时，还是要从可能出现的几种不正常的情况来考虑，认真分析，找出原因，采取相应对策尽快处理。

### 4.7.15　烘干磨两仓负荷的均衡

磨机两仓负荷大小的判断方法如下。

① 根据两仓磨音判断两仓粉磨能力大小。

② 看提升机电流大小来判断回料量大小。若粗磨仓能力大于细磨仓，则应调整固体流量计的分料闸板，使喂入粗磨仓的回料量大些；反之，可适当减少回料量，直至两仓负荷达到平衡。

两仓回料量一经分配适当后，平时不宜随意改动，以免影响操作的稳定，一般只在重新配料或入料粒度变化较大时，才进行调整。

### 4.7.16　生料质量控制

随着水泥工业的发展，生产工艺技术在不断提升，这对出磨物料各种化学成分的分析精度和分析速度的要求也越来越高，化学分析方法已满足不了快速测定的要求，用于生产控制的荧光分析方法正逐步取代传统的化学分析方法。X 荧光分析仪由光源、衍射晶体、探测器三个基本部件组成，它采用的是核物理技术，测定出磨生料时不需要对样品进行液化，只需将样品压片后就可以进行测定。当被测物料受 X 光源发出的 X 射线照射时,样品中各元素被激发,产生各自特征的次级 X 射线,其强度与各元素的含量成正比,探测各元素 X 射线的强度,即可得到这些被测元素的含量值。

在水泥生料质量控制中,将多元素分析仪、离线钙铁分析仪或在线钙铁分析仪等荧光分析仪与出磨物料的取样系统、配料控制微机、配料电子皮带秤一起构成生料配料控制系统。

(1) 离线钙铁分析仪的生料成分配料控制系统

多元素分析仪、离线钙铁分析仪用于离线分析方式,分析仪器与配料微机联机,采用间断控制。在每个控制周期内,由人工取样、制样并送入仪器进行分析。将生料中的 CaO 和 $Fe_2O_3$ 含量分析的结果,自动输送到配料微机。按预定的控制策略进行数据处理、运算,得出新的配比,输出控制信号,调整各原料给料秤的流量设定值。考虑到离线钙铁分析仪的分析速度和粉磨系统特性,控制周期一般为 0.5~1h。

(2) 在线钙铁分析仪的生料成分配料控制系统

在线钙铁分析仪与定时取样分析间断性工作的离线钙铁分析仪不同的是,仪器直接安装在水泥生产线上,连续自动取样、自动制样,连续分析出磨生料的钙铁含量,自动回到生产料流中去。分析结果联机传送给配料计算机,经数据处理后,与控制目标比较。采用定值、倾向、累计等控制策略,计算出新的配比,约每 5min 输出新的控制信号,自动调整定量给料秤的下料量,使出磨生料的 $CaCO_3$ 和 $Fe_2O_3$ 成分稳定在要求的范围内。在生料磨配料控制系统中采用荧光分析法测定出磨生料成分,速度快,准确度高。通过计算机反馈信息调节生料磨各种原料的配比,以提高出磨生料的合格率或减少生料成分的标准偏差,大大提高了出磨生料的质量。

### 4.7.17 选粉效率、循环负荷率的正常控制范围

前已述及,选粉效率是指选粉后的成品中所含的通过规定孔径筛网的细粉量与入选粉机物料(也是出磨物料)中通过规定孔径筛网的细粉量之比;循环负荷率是粗粉回磨量与产量之比。选粉机本身不起粉磨作用,只能及时把粗细粉分离出来,有助于粉磨效率的提高。所以并不是选粉效率越高,磨机的产量就越高。适当提高循环负荷率(也就是增加粗粉回料量),反而能增加磨机的产量。因此不论是选粉效率还是循环负荷率,一定要和粉磨过程相结合,才能提高磨机的粉磨效率。经验表明:闭路磨机的循环负荷率在 80%~300%、选粉机的选粉效率在 50%~80% 范围之内是比较合适的。不过这个范围过大,最理想的数值需根据不同类型、不同规格的磨机和选粉机通过多次标定的数据来确定。

### 4.7.18 离心式选粉机的细度调整方法

(1) 控制板的调整

在设备运转中,控制板是控制产品细度和回磨的粗粉细度的一种辅助手段,通过调整它的位置来达到这一目的。控制板向里推,缩小了内筒气流出口处的断面,使流体阻力增加,特别是控制板下产生涡流引起的阻力,使较粗颗粒在控制板处沉降下来,所得的成品就较细。当成品过细时,可把控制板往外拉,则成品将变粗。但是这种调整方法只有在细度变动不大时才有效。如要求细度变动较大,需停机调整辅助风叶,甚至调整主风叶的片数。

控制板一般为 8 块,可用人工调整,有条件也可采用电动调整手段。根据细度要求可先推进或拉出几块,一般调整时最好按相对位置成对地拉出或推进。

(2) 辅助风叶的调整

辅助风叶的主要作用是控制成品细度。由于它的旋转在内壳体中形成旋转气流,可以分散物料,把不合格的粗颗粒分离出来。因此在辅助风叶的作用下,可以采用较高的风速;同

时辅助风叶还能把一部分细颗粒聚结成的大颗粒打碎，使符合要求的颗粒及时选出来。这些都有助于选粉机效率的提高。辅助风叶片数越多，成品越细。但是辅助风叶太多，会使合格的细粉落入粗粉中的数量增多，选粉效率下降。选择适当的辅助风叶片数，是保证成品细度和提高选粉效率的重要因素。

(3) 主风叶的调整

在选粉机内，上升气流所能带走的物料颗粒的大小主要受气流速率的影响。而上升气流速率与循环风量成正比，循环风量增大，流速加快。流速越快，动能越大，带走的粗颗粒就越多，成品的细度随着变粗。影响气流速率的主要因素之一是主风叶的数量。主风叶片数越多，循环风量与速率就越大；相反就减小。合理选择主风叶片数，能在较大范围内调整选粉机出口的细度及选粉能力。由于它的变动对细度影响较大，因此，生产中在细度要求变动不大的情况下不调整它。

(4) 回风叶处风口的调整

风口的作用是确定气流进入内壳里的方向，控制气体流量。风口过宽，使进入的气流含有较多的细粉；过窄阻力增大。风口角度应适当，便于气流循环与细粉沉降。所有风口叶片的方向必须一致，而且与中心轴转动方向相反，风口叶片固定后很少调整。

(5) 主轴转数的调整

主轴转数的变化对循环风量的影响很大。要用变速传动装置，并且不易掌握，因此，选粉机的主轴转数一般不变。

### 4.7.19 旋风式选粉机调节细度的方法

(1) 改变选粉室上升气流速率

提高选粉室上升气流速率，使产品细度变粗，反之则细。改变选粉室上升气流速率有两种方法：一是开大或关小风机进风管上的风门，调节总风量，从而改变选粉室上升气流速率；二是开大或关小支风管上的调节阀门。开大调节阀门时，选粉室内上升气流速率降低，关小调节阀门时，选粉室内上升气流速率提高。这是旋风式选粉机常用的一种调节产品细度的方法。

(2) 改变辅助风叶的片数

与离心式选粉机相似，改变旋风式选粉机的辅助风叶片数也可以调节产品细度。其规律是：增加辅助风叶片数，产品细度变细；减少辅助风叶片数，产品细度变粗。

(3) 改变主轴转速

改变主轴转速也就是改变辅助风叶和撒料盘的转速。转速加快，辅助风叶产生的气流侧压力和撒料盘的离心力增大，产品细度则细；转速减慢，气流侧压力和撒料盘的离心力减小，产品细度则粗。

### 4.7.20 中卸提升循环磨操作控制调节实例

(1) 原料配比控制

采用石灰石与黏土预先配合的混合料、纯石灰石和铁粉三种原料进行配料，控制水硬率（$HM = \dfrac{CaO\%}{SiO_2\% + Al_2O_3\% + Fe_2O_3\%}$）和铝氧率（$IM = \dfrac{Al_2O_3\%}{Fe_2O_3\%}$）两个率值。采用荧光分析仪连续测定出磨生料中的 $CaCO_3$ 以检测生料率值，采用多道 X 射线荧光分析仪，每 4h 对荧光分析仪进行一次修正，同时以此测定结果对 $HM$ 进行间断控制。

原料配料控制是以混合料的设定值为基准，以实际喂料量对石灰石及铁粉（或钢渣）的喂料量进行比例设定。三者各自构成一个独立的自闭环调节回路，同磨机负荷控制一起，又在总体上构成一个半串激调节系统（四闭环调节系统），例如：设定混合物料的喂料量为 220t/h，纯石灰石及铁粉喂料量通过各自的比率设定器自动调整为 33.18t/h 及 3.18t/h（两者均为比率系数），则两者的喂料量分别为 73t/h 和 7t/h。生产中可通过计算机改变两者的设定值，达到控制生料成分的目的。混合料、纯石灰石、铁粉原料的喂料量，则有各自的定量电子秤及调节器，保持各自的给定值。该系统设计时考虑了仪器本身可能发生的故障，在生料粉磨质量的管理上采用四种方式供选用，见表 4-19。

表 4-19　生料粉磨质量管理方式及选用情况

| 生料成品质量管理方式 | 控制时采用的分析值 | | 主要使用情况 |
|---|---|---|---|
| | $HM$（或 $KH$）控制 | $IM$ 控制 | |
| 01 | X 射线荧光分析仪 | X 射线荧光分析仪 | 通常用 |
| 02 | X 射线荧光分析仪 | 化学分析 | X 射线荧光分析仪故障时使用 |
| 03 | X 射线荧光分析仪 | X 射线荧光分析仪 | X 射线荧光分析仪故障时使用 |
| 04 | 滴定分析 | 化学分析 | X 射线荧光分析仪故障时使用 |

质量控制的取样点设在生料出选粉机至均化库的输送过程中，由自动取样机完成取样任务（包括电收尘器收回的窑灰），生料程序控制由五个程序组成。

① 由荧光分析仪进行的 $HM$ 控制程序：控制生料磨石灰石比率设定期的设定值，使用钙量仪连续测得的 $HM$ 值与 $HM$ 目标值一致。

② 磨机喂料比率监视程序：每 10min 输入计算机 4 个数据，取其平均值，作为控制用的瞬间值，这个值每 10min 更新一次，5min 取 30 个数据，累计平均，保持 50min 10 个累计平均值数字，再将该累计平均值每 5min 更新一次，以此用于 $HM$ 的控制，这样就可以克服从生料磨喂料机到荧光分析仪测定结果之间存在的 30～50min 的滞后时间，对配料控制产生的不利影响，改善生料系统的动态品质。

③ 由 X 荧光分析仪进行的 $HM$ 和 $IM$ 控制程序：当钙量仪发生故障时，可用 X 荧光分析仪测得的 $HM$ 值进行 $HM$ 控制。

④ 钙量仪检量线修正程序：在 X 荧光分析仪发生故障时，用滴定分析值对钙量仪的检量线进行修正。

⑤ 通过控打机的对话处理程序：通过 X 荧光分析室的控打机进行人-机对话处理。

（2）磨机负荷控制

① 磨机启动后的喂料程序控制。采用单回路数字喂料量调节器控制，磨机完成启动后，计算机得到启动结束信号，按规定程序把喂料量设定值送入喂料量调节器，调节器即开始喂料量控制，缓慢地加料。开始喂料量为磨机额定产量的 1/2，此时计算机便从提升机得到电力负荷信号，当信号稳定时，再加剩余量的 1/2（即总量的 1/4），待提升机负荷稳定后，再增余量的 1/2（即总量的 1/8），如此增加直至达到正常负荷为止。如果增加至某一喂料量以后，提升机负荷较加料前低一些，则判断为堵磨，需按当时喂料量减少 1/2，待提升机负荷上升以后，重新开始加料。

② 正常负荷控制。磨机的正常负荷一般由调节器控制，但调节器不能进行自动增加喂料控制，这时作为后援装置的计算机就要发挥作用。根据提升机电力负荷和磨机第一仓电耳信号来调节喂料量，使三种原料按设定比例增减。当计算机监测到磨机堵塞时，便会向调节器发出堵塞信号，调节器收到信号将喂料量减少到零值（不论是轻堵还是重堵），待计算机解除信号以后，调节器再恢复喂料，直至正常。对磨机堵塞的监视，计算机根据五种因素来综合判断，当其中的两种以上因素显示堵塞征兆时，既可判断为堵磨。磨机堵塞及恢复时的五种信号的动向见表 4-20。

表 4-20 磨机堵塞及恢复时的五种信号

| 信号 | 堵塞时 | 恢复时 | 信号 | 堵塞时 | 恢复时 |
|---|---|---|---|---|---|
| 提升机循环负荷 | ↘ | ↗ | 磨尾排风温度 | ↘ | ↗ |
| 磨机粗磨仓电耳声音 | ↘ | ↗ | 磨机电力负荷 | ↘ | ↗ |
| 磨机粗磨仓仓压 | ↗ | ↘ | | | |

在喂料操作中,无论是磨机启动后喂料控制还是正常的负荷控制,都可以根据监视磨机多种状态和提升机负荷,来进行综合判断,并进行人工调整。

(3) 系统压力控制

① 系统工艺流程和压力参数。某一闭路中卸烘干磨系统如图 4-52 所示,图中 A~G 为磨机系统压力测点,通过这些点对整个系统压力的调节和控制,可以确保系统运转正常,同时还可以确定系统的运转情况,以便采取有效的措施,保持均衡稳定的压力。系统正常运行时,各测点的压力值见表 4-21。

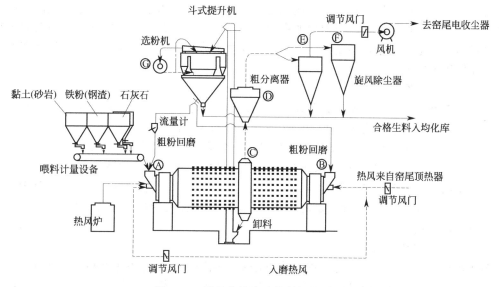

图 4-52 烘干磨的自动控制操作系统

表 4-21 磨系统各测点压力参数

| 压力测点 | 磨头入口压力 | 磨尾入口压力 | 磨中卸仓出口压力 | 粗粉分离器出口压力 | 细粉分离器出口压力 | 选粉机循环风压力 |
|---|---|---|---|---|---|---|
| | A | B | C | D | E | F | G |
| 压力值/Pa | -320~-480 | -1050~-1370 | -1550~-1860 | -3220~-3550 | -4083~-4550 | -4143~-4600 | -1460~-1760 |

② 各压力参数的变化与调节。C 与 A 和 B 的压差,表征了磨内通风阻力的大小。压差增大的原因可能是磨内负荷过大或隔仓板箅缝阻塞所致。一般来说,在磨机喂料不变、拉风量不变的情况下,E(F)、D、C 增大,而 A 降低、B 增大,也就是 C 与 A 的压差增大,同时 C 与 B 的压差减小,此时可能是入磨物料粒度增大了,需采取降低喂料量来改善、避免情况恶化导致粗磨仓研磨体窜向烘干仓或饱磨。

③ 选粉机循环风压力的调节。从图 4-52 中可看到选粉机循环风压力 G 点,它影响到循环负荷大小、生料成品细度、选粉机下料回粉皮带的正常运转。例如:在某个时段生料喂料量 150t/h、循环压力-1250Pa,靠近磨尾端回粉皮带轮处在入口气体负压的牵引下,细灰

会往细磨仓内飘。而选粉机粗粉下料处的皮带尾端是正压状态，会向外冒灰，一段时间之后，回粉皮带轮会被料压死，影响正常生产。因此 G 点负压不应太小，至少保持在 －1500Pa 左右。

④ 调节系统压力时要关注其他参数。不能只顾某一点或几个点的压力调节，还要兼看其他有关参数，使各项参数的控制调节达到均衡稳定的状态，确保系统的正常运转。

(4) 出磨生料水分控制

通过调节冷风阀门改变冷风量的办法来调节入磨热风温度，来保证成品水分达到规定的要求，当原料水分大时，需适当关小磨机入口冷风阀门（少掺冷风），以提高入磨的热风温度。此外在粗磨仓和细磨仓的热风入口管道上都装有电动冷风阀门，可在中控室遥控或现场手动操作。正常生产时，来自窑尾预热器进入粗磨仓的热风温度为 350℃ 左右，进入细磨仓的热风温度一般控制在 250℃ 左右，出磨气体温度 90℃ 左右。

### 4.7.21 湿法磨机的操作

现代化水泥厂都采用的是新型干法工艺技术，湿法生产由于热耗高、电耗也高、用水量大等，正在面临着被干法生产所取代的命运。但湿法生产工艺也有它的优点，在磨制生料时向磨机里加入一定量的水，磨制出的是料浆，质量非常均匀，个别企业为循环经济产业链配套，仍在使用湿磨干烧工艺。

(1) 湿法开路磨的操作

湿法生料磨的特点是（不论开路还是闭路）研磨体在料浆中运动，当磨内料浆水分改变时，物料的粉磨细度也会发生改变。湿法开路磨操作控制的主要环节如下。

① 勤听磨音，勤看物料，及时均匀地调节喂料量，严防"饱磨"、堵磨和返料。

② 检查入磨水（或水箱）的水压是否正常。根据石灰石、黄泥浆、水压情况和出磨料浆质量检验结果，及时调整喂料量和加水量，使生料细度和水分控制在规定指标范围内。

③ 经常察看黄泥浆下浆量，如发现黄泥浆量不足或流动受限，应及时在磨头加水冲洗，并检查原因严防堵塞。

(2) 湿法棒球磨的操作

湿法棒球磨的操作与湿法球磨的操作方法基本相同，但也有些特点必须正确掌握。

① 均匀喂料，喂料过多过快易使棒仓"满磨"或"跑粗"；喂料量过少则影响粉磨效率，并加剧钢棒和衬板的磨损；断料则将导致钢棒冲击衬板螺栓，易造成磨机筒体螺孔漏浆。

② 棒球磨的第一仓应特别注意保持磨音正常，如发现磨音沉闷，有"满磨"之嫌疑时，应立即减少喂料，使磨音恢复正常；如磨音仍未回升，则有可能发生乱棒，必须停机检查。如发现进料内螺旋有弯棒进入时，应将弯棒用氧气烧断取出，然后，再开机转几转，钢棒就可能顺直。

③ 要特别注意保持磨内料浆水分正常，水分变动对料浆细度的影响较大。如增加水分时，料浆细度将会变粗。

④ 要经常注意磨机筒体有无漏浆现象。如有漏浆则说明棒仓螺栓松动，应停机拧紧，以免衬板掉入磨内造成乱棒。

⑤ 停磨时应先停止喂料，待磨内物料适当排空后再停磨，以免下次开磨时因磨内存料过多造成"满磨"。

⑥ "乱棒"时，棒仓几乎无声音，出料很少，磨机电动机电流突然变动很大。

(3) 湿法磨机的喂料量和加水量的控制

湿法粉磨应当设定料浆水分含量和细度的控制目标值，以确保料浆质量。

① 察看黄泥浆流动性，均匀喂料，防止堵磨。
② 及时调整喂料量和加水量，使生料细度和加水量必须控制在规定的指标范围之内。
③ 若一仓磨音低沉、粗磨仓"饱磨"或倒浆，要及时减少喂料量，倒浆严重时，就要停止喂料，同时继续加水，以防隔仓板堵塞。待磨音正常后恢复喂料。

#### 4.7.22 粉磨过程中不正常情况的分析及处理

(1) 磨机"饱磨"的原因及处理

"饱磨"就是"满磨"或"闷磨"，是磨机运行中常见的一种不正常现象，是磨机进出物料失去平衡，在短时间内磨内存料过多所致。"包球"又称"糊球"，生料粉磨作业中不太常见（多发生在水泥磨上）。

① 造成"饱磨"的原因。"饱磨"不太严重时，表现的"症状"是磨音由清晰转为低沉，出磨物料量减少，中卸磨的进出口风压增大；处理一般是先减少喂料量，如果效果不明显，则需停止喂料，待磨音正常后，再逐渐加料至正常操作。但"饱磨"严重时则听不见磨音，主电机的电流降低为正常的70%，出磨物料量显著减少。更严重者磨头返料、磨尾干脆不卸料，排风管道一点气流也没有。一般这种情况主要是因为磨内隔仓板箅缝被物料堵塞，研磨体、衬板和隔仓板上黏附着厚厚的物料。仓内特别是第一仓约90%的有效空间被研磨体和物料所占据，分析原因可能如下。

a. 喂料过多或入磨物料粒度过大、硬度大而未能及时调减喂料量。

b. 入磨物料水分过大，通风不良，造成隔仓板堵塞，物料流速降低，使磨内存料过多，对钢球产生严重的缓冲作用，降低研磨体的效能。

c. 碎球卡在隔仓板箅缝中。

d. 钢球级配不恰当。当第一仓小球过多时冲击力不足，或钢球消耗后未能及时补充；隔仓板磨坏，研磨体窜仓而造成级配失调，因而使粉磨能力降低。

e. 闭路磨机的选粉效率低，回料过多，增加磨机的负荷。

② "饱磨"的处理。"饱磨"若是由入磨物料水分过大引起的，可用生石灰代替石灰石，配出磨机正常生产0.5~1h的入磨物料，同时停磨，打开磨门，排除一部分磨内积料，让料球有一定的活动空间，然后关好磨门，启动磨机。把配好的料人工从磨头徐徐喂入，约20min后会有物料从磨尾排出，0.5h后排料会大增，1.5h后磨内湿料基本排完。这时观察到磨机的运转电流和磨音趋于正常。但不要瞬间使喂料达到正常值，因为这时仓内黏附的物料还没完全脱落，喂料量只能逐渐加大，约8h后才能恢复正常喂料量。

由于生石灰可以很好地吸收磨内物料中的水分，形成的$Ca(OH)_2$又可作为石灰石原料磨制生料，生石灰吸水反应式为：

$$CaO + H_2O = Ca(OH)_2 + Q$$

按照物质守恒定律可算出，每100kg纯生石灰可吸水32.14kg，吸水后产生的热量也很大，足以把多余的水分蒸发出来，随气流排走。

如果"饱磨"太严重，那就只有清仓解决：把磨内的料、球倒干净，清除隔仓板上的堵塞物，重新配球。

(2) "包球"的原因及处理

"包球"的表象是磨音低沉，有时发出"呜呜"的响声，出磨气体水汽大，物料较潮湿，研磨体表面粘上一层细粉，磨机粉磨能力减弱，以致造成磨尾排大量粗颗粒物料。

产生"包球"的原因及其解决的办法如下。

① 若因入磨物料水分太大，使细粉黏附在研磨体的表面，则应加强对物料的烘干，改用干料或临时加入少量干煤（立窑生产的黑生料粉磨），使之逐渐消除包球。

② 若因通风不良，磨内水汽不能及时排出，导致磨内物料过湿而包球，应及时清扫风管，改善通风。

(3) "饱磨"和"包球"的区别

"饱磨"和"包球"的表面现象没有太大的区别，听起来都是磨音发闷，仪表显示电流下降，磨机产量大减。但"饱磨"和"包球"又不完全一样，"饱磨"时，出磨物料比较潮湿，除尘器易结露；"包球"时出磨物料和气体温度较高，磨尾筛（出料端）冒水蒸气，产品中有薄片状物料，同时磨机出口大瓦温度很高（仪表显示有时达 80℃）。

(4) 球磨机"跑粗"的原因及处理

在长径比较小的双仓开路磨机上，有时出磨生料明显偏粗而又难以控制，这就是"跑粗"。它产生的原因有可能是研磨体级配不合理，致使粗磨仓能力过强、细磨仓能力不足。解决的办法是适当加大细磨仓的填充率，以增强对物料的提升能力和研磨能力，在进料端前一、二圈的衬板上，每隔一块加焊一根可形成 15~20mm 凸棱的方钢（或钢筋），采用波纹衬板更换磨损较严重的衬板。

(5) 磨头返料的原因及处理

磨机出现磨音沉闷、电流表读数下降、出料少，甚至磨头返料，其原因及采取相应的处理措施如下。

① 喂料量过多，粒度过大。要减少喂料量，减小物料入磨粒度。

② 干磨时，物料水分大，粘球、糊磨、箅子堵塞。需降低物料水分，加强通风，停磨处理粘球，清除箅孔堵塞物。

③ 研磨体级配不当，或因窜仓造成失调；各仓长度不合理。需停机调整研磨体级配及各仓长度。

(6) 磨机电流表读数明显增大且不稳定的原因及处理

① 磨机内装载量过大，调整装载量，使之合适。

② 传动系统过度磨损或发生故障，停机检查轴、轴承、齿轮等传动件，并配合专业人员修理。

③ 衬板沿圆周受到磨损后致使重量不匀，需停机更换新衬板。

(7) 排料量减少的原因及处理

① 喂料过少或过多，需调整供料量至合适程度。

② 喂料机溜子堵塞或损坏，或入料螺旋筒叶片损坏，需停机检查并配合专业人员修理。

③ 研磨体磨损过多，或数量不足，需向磨内补充研磨体。

④ 干磨时，通风不良或箅孔堵塞，需清扫通气管或箅孔。

⑤ 物料水分过大，粒度过大，研磨体级配不当，此时应与工艺人员联系处理。

(8) 磨机内温度过高的原因及处理

① 入磨物料温度过高，需降低物料温度。

② 磨机通风不良，需清扫风管及箅孔。

## 复习思考题

4-24　球磨机系统操作的交接班制度是怎样的？

4-25　操作记录填写有哪些要求？

4-26　怎样对照交接班记录分析上一班设备的运行情况？

4-27　磨机开车前的准备工作有哪些？

4-28　球磨机粉磨操作控制的依据是什么？

4-29 烘干磨喂料量的调节控制原则是什么?
4-30 怎样调整与控制烘干的磨热风量?
4-31 怎样控制磨机的负荷?
4-32 "饱磨"的原因是什么?怎样处理?
4-33 "包球"的原因是什么?怎样处理?
4-34 球磨机"跑粗"的原因是什么?怎样处理?
4-35 磨头返料的原因是什么?怎样处理?
4-36 排料量减少的原因是什么?怎样处理?
4-37 选粉效率、循环负荷率的正常控制范围是多少?
4-38 怎样调节离心式和旋风式选粉机的细度?
4-39 怎样控制生料质量?

## 4.8 球磨机及选粉机的故障诊断及处理

### 4.8.1 设备运行状态的诊断与监测

(1) 故障诊断的意义

诊断技术是通过测取机械设备在运行或静态条件下的状态信息,对所测信息进行分析处理,以此客观评价设备及其零件、部件的技术性能,为优化运行状况、提高生产效率提供直接依据。

水泥机械设备在运行过程中,其零部件受到机械应力、热应力、化学应力以及电气应力等多种物理作用的积累,设备技术状态逐渐发生变化而产生异常、运行故障或性能劣化等情况,水泥生料制备系统设备的异常主要包括:振动、噪声、温升、磨损等二次效应,故障诊断技术即是依据这种二次效应的物理参数来定量或定性地诊断设备在运行中所受的应力、强度和性能等技术指标,以便分析故障原因,评价和预测其运行的可靠性,并据此提出解决方案和预防措施。

(2) 故障诊断技术的应用

① 性能诊断和运行诊断。性能诊断是检验、评价新安装或大修后的设备效果和功能是否正常的常用方法,根据诊断结果,可以将发现的问题消除在正式运行之前;运行诊断是对正在运行中的机械设备及其工艺系统进行状态检测,以便对异常情况的发生和发展进行早期诊断。

② 连续监控和定期诊断。对正在运行的机械设备及其整个工艺系统,可以采用仪表和计算机信号处理系统对它们的运行状态进行连续监视和监测,也可以间隔一定的时间进行一次常规检查和诊断。这两种诊断方法的选用可以根据被监控对象的重要程度、故障影响的关键程度、运行中机械设备或系统的性能下降的快慢程度以及其故障发生和发展的可预测性来决定。

③ 直接诊断和间接诊断。生产系统、液压系统、机械零件等可采用直接诊断法来确定它们的状态,这种方法迅速而可靠,但有时会受到机械结构和工作条件的限制而不太好实施,这时可借助于间接方法诊断。间接诊断即是通过设备运行中的二次诊断信息来间接判断所测部件的状态变化。不过二次诊断信息属于综合诊断信息,误检或漏检的可能性难以避免,因此还要根据历史档案和经验进行辅助分析。

④ 在线诊断和离线诊断。在线诊断是对正在运行的机械设备由计算机在现场进行自动实时诊断;将记录仪现场监测、记录的状态信号带回实验室会同历史档案进行的分析诊断称之为离线诊断。

⑤ 常规诊断和特殊诊断。在设备正常运行状态条件下的诊断都属于常规诊断,但某些

工作环节需要创造特殊的条件来采集信号就是特殊诊断，例如：动力机组启动和停机过程的振动信号诊断，必须通过转子的扭振和弯曲振动的几个临界转速，而这类信号在常规诊断中是采集不到的，所以需采取特殊诊断。

(3) 设备故障诊断的常规方法

① 振动监测与诊断。利用传感器（磁电式速度传感器、电阻应变式加速度传感器、压电式加速度传感器、机械阻抗测量用传感器）采集设备运转时振动产生的位移、速度、加速度等信号，并对此加以分析、处理，进行设备运行状态的监测与诊断。

② 声波监测与诊断。利用噪声测量仪的声电传感器、声级计、传声放大器等功能装置采集设备运行中的声速、波长、周期、频率、声压、声阻抗等差异信号，对设备进行机械故障的监测与诊断。

③ 温度监测与诊断。用于对设备运行过程的温度、温差等进行监测与诊断。常用仪器主要有热电偶温度计、液体膨胀式温度计等。

### 4.8.2 磨机无法启动的原因及处理方法

① 网络电压过低、瞬时继电器跳脱：启动时应在网络电压正常时启动，允许在额定电压±5%范围内波动，调整继电器整定值，必要时加装变频启动装置或液体电阻启动器。

② 磨内研磨体和物料量过载：打开磨门、减球、清料。

③ 磨机停机时间长且没有翻动，致使磨机轴线弯曲：需慢速转磨，连续翻动后启动。

④ 磨机停机时间长、物料没有卸空，潮湿的物料在磨内结块：打开磨门，撬松物料、消除结块，或取出部分物料或研磨体，重新启动，等磨机运转正常后再将它们补入。

⑤ 高压油泵压力不足或启动过快，磨体未浮升，形成干摩擦：调整油压、间隔启动。

⑥ 轴瓦润滑不良或轴瓦拉毛，甚至烧坏：抽瓦刮研，供油后启动。

### 4.8.3 主电机电流明显增大的原因及处理方法

磨机装球量过多、喂料量过多、出料箅板堵塞、磨内风速过低、主轴承润滑不好、齿轮过度磨损、传动轴瓦水平不一致或联轴器偏斜等，都可以导致主电机电流明显增大，需要根据压差、磨音、提升机负荷、循环负荷量、主轴承温度等分析判断，采取相应措施，如减球、减喂料、增加供油量、清除碎球、清理箅缝、降低物料水分（提高烘干气体温度）、加强通风等方法进行处理。

### 4.8.4 主轴承温度突然升高的原因及处理方法

主轴承是球磨机回转和全部重量的支撑点，同时还具有自动调位的功能。轴瓦是由巴氏合金浇铸成的半瓦。在正常工作情况下，易黏着、擦伤磨损，外球面易裂纹和渗漏，在润滑异常情况下或工作条件发生变化；或维修不及时，巴氏合金轴瓦最易烧损。此外，轴瓦的质量好坏，也是影响磨机是否正常运转的重要因素，当主轴承温度突然升高时应当寻找发热原因，并采取相应措施。

(1) 发热的原因

① 润滑不良：中空轴瓦缺油（油量不足、油泵出油压力不足、油圈带不上油来）、牌号不当（主要是黏度，黏度过大油进入不了瓦内、黏度过小又不能在瓦上形成油膜）、油中含有杂质（未能有效过滤）。

② 冷却水系统故障：可能是水管内积垢严重或水路堵塞（未定期清洗）。

③ 磨机入料端间隙偏小：导致两块轴瓦在轴向力作用下发热（新装磨机更容易出现）。

④ 轴瓦的刮研精度不够，瓦侧间隙及轴向间隙过小：导致不良发热。

⑤ 传动不平稳而使磨体振动：轴瓦上的油膜不能形成，也容易出现在新装的磨机上。

⑥ 筒体因挠度过大而弯曲变形：球面瓦转动不灵活，瓦上不能形成良好的压力油膜。

⑦ 通过中空轴的物料或热风温度过高：高温使润滑油变稀，形不成良好的油膜。

⑧ 中空轴表面质量差、轴衬材料变形、轴衬与轴瓦脱壳等。

⑨ 磨内研磨体装载量过多，超负荷运转。

（2）采取的相应措施

① 勤检查、精心维护，早发现问题早处理。并在主轴瓦上安装自动报警装置，温度升到临界值时呼叫操作人员处理。

② 在进、出料螺旋套筒与中空轴内表面间设置隔热材料。

③ 将轴承壳体向外延伸加长，在延伸的油池中设冷却水管对其进行冷却。

④ 在球面瓦上铸成蛇形冷却水管或冷却水通道。

⑤ 主轴瓦盖顶部设置通气孔（散热）。

⑥ 大型磨机的两个主轴承采用稀油站集中强制润滑。

### 4.8.5 传动部分常见故障及处理方法

传动部分主要包括：电动机、联轴器、减速机、传动轴及其轴承、大齿轮、小齿轮等。联轴器的安装正确与否，是传动部分能否正常运转的关键。传动轴有两个轴承，由于轴的转速较高，所以，按照轴瓦的技术要求正确的实施润滑，是减少修理、延长部件工作时间的重要条件。大、小齿轮啮合条件发生恶劣变化，是齿轮超前磨损必须修理的主要原因，它与很多因素有关。不正常的齿轮啮合将发生超前磨损、不均匀磨损、轮齿断裂、轮毂裂纹等，常见故障及处理方法见表4-22。

表4-22 球磨机传动部分常见故障及其处理方法

| 常见故障 | 原因分析 | 处理方法 |
| --- | --- | --- |
| 齿轮或轴承振动及噪声过大 | (1)齿轮磨损严重；<br>(2)齿轮啮合不良，大齿圈跳动偏差过大；<br>(3)齿轮加工精度不符合要求；<br>(4)大齿轮的固定螺栓或对口连接螺栓松动；<br>(5)轴承轴瓦磨损严重；<br>(6)轴承座连接螺栓松动；<br>(7)轴承安装不正 | 停车进行检查，针对故障的具体情况，采取相应的措施加以排除、修理、调整或更换齿轮；修理、研配轴承轴瓦；调正轴承；紧固所有连接螺栓 |
| 传动轴及轴承座连接螺栓断裂 | (1)传动轴的联轴器安装不正确，偏差过大；<br>(2)传动轴上负荷过大；<br>(3)传动轴的强度不够或材质不佳；<br>(4)大、小齿轮啮合不良，特别是齿面磨损严重，振动强烈；<br>(5)轴承安装不正，或其连接螺栓松动(或过紧) | (1)重新将联轴器安装调整好；<br>(2)预防过载发生；<br>(3)更换质量好的传动轴；<br>(4)正确安装齿轮，当齿轮面磨损到一定程度时，应及时修理或更换；<br>(5)将轴承安装调正，更换螺栓，拧紧程度合适 |
| 齿轮打牙或断裂 | (1)金属硬杂物进入齿间；<br>(2)冲击负荷及附加载荷过大；<br>(3)齿轮疲劳；<br>(4)齿轮材质不佳，加工质量差，齿形不正确，装配不合要求 | (1)防止金属硬杂物进入；<br>(2)控制载荷大小，防止过载；<br>(3)更换齿轮；<br>(4)改进、调整、修理或更换齿轮 |
| 齿轮传动有冲击声 | (1)啮合不良，侧隙过大；<br>(2)大齿圈两半齿圈结合不严，齿距误差过大；<br>(3)固定轴承座的螺栓松动 | (1)重新安装调整齿轮，使之符合要求；<br>(2)重新装配调整好；<br>(3)拧紧螺栓 |
| 润滑系统油压过高或过低 | (1)油管堵塞；<br>(2)供油不足；<br>(3)油泵或油管渗入空气或漏油；<br>(4)油泵有问题 | (1)检查、清洗；<br>(2)补充油；<br>(3)检修；<br>(4)检修 |

续表

| 常见故障 | 原因分析 | 处理方法 |
|---|---|---|
| 小齿轮在齿轮轴肩处断裂 | 轴颈与齿轮孔是过度配合,由于磨机振动大,在接触表面处产生微振腐蚀磨损,在轴肩处引起应力集中,成为疲劳源,导致疲劳断裂 | (1)尽可能减小磨机振动;<br>(2)降低接触表面的粗糙度;<br>(3)在接触表面间加锰青铜衬套 |
| 齿轮齿面磨损过快 | (1)润滑不良;<br>(2)啮合间隙过大或过小;<br>(3)装配不正;<br>(4)齿间进入东西;<br>(5)齿轮材质不佳;<br>(6)齿轮加工质量不合要求,如齿形误差大,精度不够,热处理不当等 | 停机清洗检查,更换润滑油;调整齿轮啮合间隙;更换质量好的齿轮 |

### 4.8.6 磨机筒体部分常见故障及处理方法

磨体筒体部分的主要故障出自各种衬板、隔仓板、筛板和其固定螺栓。由于衬板松动,衬板缝隙过大,物料进入衬板与筒体之间,筒体经过长期冲刷而局部磨损,甚至磨穿也是常见的事。筒体裂纹、变形和筒体焊缝裂纹,特别是筒体与筒体法兰连接焊缝裂纹也经常出现。筒体两端的中空轴颈是磨机易损大件,最易产生擦伤、黏着磨损和疲劳裂纹。中空轴颈内部的进出料螺旋筒,是与物料直接接触的易磨损零件,该零件磨损后不但有碍进出的物料通畅,而且中空轴将受到物料磨损的威胁。此外,磨头轴颈密封材料性能良好、严格密封是保持润滑油质清洁、延长轴颈和轴瓦使用寿命的物质保证,见表4-23。

表4-23 磨体筒体部分常见故障及其处理方法

| 常见故障 | 原因分析 | 处理方法 |
|---|---|---|
| 进料端漏料 | (1)进料溜子与进料螺旋筒间以及喂料机与漏斗间的间隙大,密封不良;<br>(2)密封毡垫磨损或脱落 | (1)调整间隙,密封好;<br>(2)更换毡垫 |
| 筒体振动和轴向窜动异常 | (1)基础局部下沉,引起磨机安装不平;<br>(2)基础因漏油浸蚀,地脚螺栓松动 | (1)停机处理,可加垫调整下沉量,使之水平;<br>(2)将被油渍浸蚀的二次灌浆层打掉,并重埋地脚螺栓,然后拧紧好磨机,再拧紧地脚螺栓 |
| 筒体局部有磨损 | (1)衬板没有错位安装;<br>(2)衬板脱落后继续运转;<br>(3)衬板与筒体间有空隙物料冲刷 | (1)衬板错开缝安装;<br>(2)停机安装好衬板;<br>(3)衬板与筒体间贴合应严密 |
| 衬板连接螺栓处漏料浆或粉 | (1)衬板螺栓松动或折断;<br>(2)衬板磨损严重;<br>(3)密封垫圈磨损;<br>(4)筒体与衬板贴合不严 | (1)拧紧或更换螺栓;<br>(2)修理或更换衬板;<br>(3)更换密封垫圈;<br>(4)应使其严密贴合 |

### 4.8.7 离心式选粉机的故障处理

选粉机在运转中会受到一些特殊因素的影响,致使内部各种可调装置失去应有的调节作用,使产品细度发生波动,主要故障包括以下各项。

(1) 内壳破裂

选粉机内壳筒体经过物料的不断摩擦,容易磨损,以致形成破洞。若定期检修安排不当,检查又不细致,会在生产中发生内壳破裂,造成内壳粗料漏入外壳成品之中,使成品细度变粗。发生这种情况时,用控制板或辅助风叶等办法都无效果,此时应停机检查。内壳因磨蚀而发生破洞,最易发生在下锥出料管弯曲处。检查时可用明灯在内壳照着,检查者则在外壳仔细查找,如有破洞可临时焊补,待定期检查时再彻底处理。

(2) 风叶脱落或断裂

由于安装不好或材质不良等原因，主风叶和辅助风叶常会在选粉机运转中发生脱落或断裂。辅助风叶脱落时，成品细度突然变粗并且波动较大。此时选粉机机体有较轻的摆动，应及时停机检查处理。

(3) 控制板不齐

控制板应保持在外尺寸一致，以使内壳出风口圆形截面整齐。在选粉机运转中，由于机体振动而发生控制板向内或向外移动，或者是操作不当使控制板在外尺寸不一致，致使成品细度变粗。在成品细度突然变粗时，也要检查控制板在外尺寸是否整齐，以便及时纠正。

(4) 内壳下料管堵塞

由于长时间停机或掉入杂物而发生堵塞。下料管堵塞时，内壳积存的粗料可从回风叶口溢入外壳成品之中，使成品细度突然变粗。此时出磨提升机的负荷会很快下降。如有此情况发生，则应立刻停机检查处理，尤其水泥粉磨系统，会造成细度很粗的水泥入库，影响水泥质量。

(5) 磨机出料"跑粗"

由于入磨物料性能变化或喂料操作不当而引起磨机发生"跑粗"或"满磨"，使出磨物料细度突然变粗，致使选粉机选出的成品变粗。这种情况发生时，应首先调整磨机喂料量，恢复磨内物料平衡，使出磨物料细度达到正常控制范围。

### 4.8.8 离心、旋风选粉机齿轮啮合间隙的调整

离心选粉机的立轴是由圆锥直齿轮传动的，长期运转会导致啮合间隙发生变化，因此需要对其进行调整。调整时可先旋动大锥齿轮上部的调整螺帽，螺帽上分成若干格，每转一格，上下位移0.3~0.4mm，还可以用横轴传动端支撑端面的垫片来调整小锥齿轮的轴向移动距离，从而调整两个锥齿轮的啮合间隙。锥齿轮接触面的位置应在牙齿表面的中央部位，调整接触面位置时，要区别空载和荷载的不同情况，对接触面的不同情况通过移动安装距离的方法加以改善。

### 4.8.9 离心、旋风选粉机传动轴晃动的原因及处理

选粉机立轴出现的故障主要表现为传动轴晃动，严重时连选粉机机壳一起晃动。主要原因是立轴下部轴承伞架或立轴轴承位置发生磨损。此时需更换新轴（或拆下处理轴承），处理方法和步骤如下。

① 打开选粉机上盖左右两边的检查门。

② 拆下主风叶和小风叶及撒料盘，用检修起重机或手拉葫芦从两边把风叶盘及回转体平吊起。

③ 松开立轴下面的大螺帽，将风叶盘及回转体轻轻放在内锥体上。

④ 吊起立轴根据损坏情况进行修补。

⑤ 然后按照上述相反的步骤再把立轴连同撒料盘装进去。用框式水平仪在主轴垂直圆柱上，从两个方向检查轴的垂直度，用在主梁和减速机底座加垫铁的方式进行调整，使主轴的垂直度不大于0.1mm/1000mm，装好后用手转动，要保证灵活。

### 4.8.10 旋风式选粉机常见故障及排除方法

(1) 产量突然下降

① 原因分析。风管严重堵塞（特别是旋风筒上面的回风管、岔风管），致使风管截面积减小，风机循环风明显减少，没有足够的风量将混合粉吹入转笼分离就落到滴流装置成为回粉进入磨机，这是产量突然下降的主要原因。

② 排除方法。定期清理回风管。如回风管及岔风管上没有清灰门，要开设清灰门。

(2) 粗细粉不分，产品达不到指标

① 原因分析。

a. 选粉机粗粉内锥体由于受到磨损致使破裂，在高压风的作用下将粗粉吹到细粉外锥体内，结果部分粗粉混进成品内。可分别在旋风筒捅料门处和细粉下料管处取样检测，如旋风筒处样品筛析符合标准而细粉下料管处样品筛析不合格，即可诊断为内锥体破裂。

b. 部分混合粉未经小风叶分级而进入旋风筒。由于小风叶磨损变小，使部分混合料在高压风的作用下吹进旋风筒。

② 处理方法。

a. 在停机后用电灯泡（一只）从选粉室检修门伸进去，维修人员钻进外锥体内，如果发现内锥体有光亮处就是磨破的地方，用电焊条补好即可解决问题。

b. 安装标准小风叶调整分级圈座与下料筒之间的密封。

(3) 选粉机主轴电动机电流增大

① 原因分析。转筒分级圈座与下料筒之间的间隙被混合物料堵满，形成很大的摩擦力影响主轴的正常运转，使电动机的负荷增大电流增大直至烧坏电动机。

② 处理方法。

a. 调整分级圈座与下料筒之间的密封。

b. 在分级圈座内壁装上用8mm钢板做的小刮刀，将黏附在下料筒上的混合料刮下来即可解决电流大的问题。

(4) 选粉效率低循环负荷率高

① 原因分析。

a. 主轴轴承进灰，影响运转，使主轴转速低。

b. 主传动轮皮带太松，虽然调速表达到规定值，但因皮带松、主轴转速仍然较低。

② 处理方法。加强主轴轴承润滑，调紧皮带。

(5) 选粉机严重跑风、漏风

① 原因分析。选粉机在工作时有时会从各法兰处漏风或风从选粉机下料管返到提升机造成环境污染。其原因是各法兰密封不严或回风管及细粉锁风阀损坏，外部风从回风管、细粉锁风阀吸入，干扰了正常的循环风量。造成正负压不平衡，大于循环风量的风从下料管跑到提升机内，又从提升机跑到磨内，影响选粉机产量。

② 处理方法。

a. 填好各道法兰的石棉绳，紧固好螺栓。

b. 修好锁风阀及回风管。

(6) 选粉机振动太大

① 原因分析。

a. 主轴轴承间隙大，使转子产生不平衡造成选粉机振动。

b. 支撑选粉机的支架脱焊。

c. 选粉机大、小风叶磨损不一致或选粉机转笼笼栅磨破引起转笼不平衡使选粉机产生振动。

② 处理方法。

a. 更换主轴轴承。

b. 更换新叶片，将质量相同的一组叶片对称安装。

c. 更换新转笼。

d. 加固选粉机支架基础。

#### 4.8.11 组合式选粉机的轴承发热、响声异常的处理

选粉机在运行时如果没有及时补充或更换润滑油、横轴端法兰螺栓松脱或上部调整螺母丝扣滑牙、配合松动或游隙增大等，都会致使轴承发热、响声异常，此时需对其采取补油、重新攻丝、换螺帽等方法处理。

#### 4.8.12 组合式选粉机叶片被打坏或掉落致使机体摆动的处理

① 由于叶片本身质量问题、重量不一所致，此时需更换叶片，称重均匀安装。
② 固定叶片螺栓松动，需加垫片拧紧螺栓。
③ 当初安装不当，产生了向上或向下偏斜，需调整安装位置。
以上工作必须是在磨机系统（磨机、喂料设备、输送设备）停机后进行。

### 复习思考题

4-40 设备故障诊断的常规方法有哪些？
4-41 分析磨机无法启动的原因是什么？怎样处理？
4-42 分析主电机电流明显增大的原因是什么？怎样处理？
4-43 分析球磨机主轴承温度突然发热的原因是什么？怎样处理？
4-44 分析磨机传动齿轮及轴承振动过大、噪声过高的原因是什么？怎样处理？
4-45 离心式选粉机常见故障有哪些？怎样处理？
4-46 旋风式选粉机常见故障及排除方法。

## 4.9 球磨机系统设备的维护和检修

### 4.9.1 设备维护的主要内容

（1）日常维护的主要内容

日常维护是设备维护工作的基础，是预防故障、保证设备正常运转的有效措施。因此，要做到班前对设备进行检查、紧固各部位零件、润滑，运行中严格按照操作和维护规程使用、维护设备，随时注意设备运行中的声音、振动、温升、异味和油位、油压、压力等指示信号，以及限位、安全装置等情况，发现问题及时处理或报告。

（2）定期维护的主要内容

定期维护是根据设备的结构特点、生产环境和条件、企业维护水平、生产任务计划等多种因素，合理安排、按一定周期对设备进行的全面维护，其主要内容如下。

① 对设备的易磨损部位和重要部位进行拆卸、清洗、检查。
② 清洗外表和内部、疏通油路，保证油路畅通。
③ 清洗和更换油毡和滤油器。
④ 调整各部位配合间隙。
⑤ 对电器部分，要检查更换各部位元器件和清灰等。

### 4.9.2 设备的润滑

不论是磨机还是选粉机，以及风机、除尘、输送设备等有上百种设备在运转，运转就会产生摩擦，摩擦除了造成能量的大量的浪费，还会降低机器及其零部件的使用寿命。只有润滑才是减小摩擦、降低磨损的最有效的措施，润滑及保养工作关系到设备的安全连续运转。

设备在运转摩擦部位有多个润滑点,需要经常性地对它们采用相应的润滑装置和润滑方法进行巡检和保养。润滑材料的进给、分配和引向润滑点的原件、器具、装置统称为润滑装置,采用这些润滑装置实现机器设备点润滑的方法称为润滑方式。各个润滑点采用的润滑装置和润滑方式是不完全相同的,图4-53所示的是设备的几种不同的润滑方式。在不同的设备、不同的润滑点,应根据具体情况和经验,来选用不同的润滑油种类和采取不同的润滑方式。

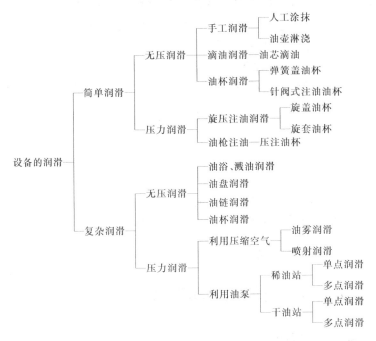

图 4-53 设备的润滑方式

### 4.9.3 润滑的作用

① 减小摩擦。由于摩擦表面有润滑材料并形成油膜,从而避免或减少了零件表面的直接磨损。

② 冷却作用。润滑油在零件表面的循环流动带走了零件表面的摩擦热,可使摩擦零件冷却。

③ 冲洗作用。润滑油在零件表面的循环流动,可将金属表面的磨屑、杂质、污垢及时清洗掉,进入油池后过滤沉淀,从而保证摩擦表面的清洁。

④ 密封作用。润滑脂由于在轴承体内的空腔里不流动,避免了粉尘的进入,起到了封闭的作用。

⑤ 改善负荷条件。润滑油膜可以减缓零件表面的冲击负荷,减小零件的振动,润滑油可降低摩擦系数,减小运动阻力,降低启动负荷与运转负荷。

⑥ 防腐作用。在不同的设备和不同的润滑部位,正确地选择不同的润滑剂,能避免摩擦表面被氧化腐蚀,起到对零件的保护作用。所以必须对润滑油和润滑脂的一些性能要有所了解。

### 4.9.4 对润滑及润滑材料的要求

(1) 对润滑的要求

① 根据摩擦副的工作条件和部位,选用合理的润滑材料。

② 确定合理的润滑方式和润滑方法。
③ 严格保持润滑剂和润滑部位的清洁。
④ 保证供给适量的润滑剂，防止缺油和漏油。
⑤ 适时清洗和换油，既保证润滑又节省润滑剂。

(2) 对润滑材料的要求

① 具有较低的摩擦系数，降低零件表面的磨损速度，减少设备功率消耗，提高机械使用寿命。
② 有较高的吸附性，使油能牢固地黏附在摩擦副表面上。
③ 具有合适的黏度，以便在摩擦面之间积聚成油楔；在受压情况下不至于被挤出。
④ 具有较高的纯度和抗氧化性，不应与水和空气作用而形成酸或胶体沥青致使油质变性。
⑤ 有较好的导热能力和防锈性能，降低摩擦表面温度，保护摩擦表面不被氧化。

### 4.9.5 润滑油的主要质量指标

润滑油是一种液体润滑剂，很多摩擦部件都要用到它。它的主要物理化学性能如下。

(1) 外观质量

从外观来看，优质润滑油应该是颜色均一，澄清而不浑浊，没有沉淀物的。精制的油颜色浅，透明度好；使用过的油颜色变深，光感暗淡。

(2) 黏度

黏度是润滑油的重要质量指标，是选择润滑油的主要依据。它指的是润滑油分子之间的摩擦阻力，阻力越大说明其内部摩擦力越大，这种油稠，流动速度慢，所以黏度大，反之就小。

润滑油的黏度是用牌号来划定大小的。例如 $50^\#$ 机械油即表示该油在 50℃ 时的平均运动黏度约为 $50\mu m/s$。同类润滑油的分牌数高，黏度也就越大。

(3) 凝固点

凝固点是指润滑油在降温过程中冷却到开始失去流动性时的初始对应温度。凝固点高的润滑油不能在低温下使用。一般使用温度应比该润滑油的凝固点高 5~10℃。

(4) 闪点和燃点

润滑油在加热后，其蒸气与周围空气形成混合气体，与火焰接触时出现闪火，此时润滑油的温度叫做该润滑油的闪点；如果闪火连续不熄形成燃火，此时的温度叫燃点。闪点和燃点的高低表示润滑油在高温下的安全性。为了保证安全，最高使用温度应比闪点低 20~30℃。

(5) 酸值

酸值是表明润滑油中含有酸性物质的指标。中和 1g 润滑油中的酸性物质所需的氢氧化钾的质量 mg 数称为酸值。它是鉴别润滑油是否变质的重要指标。

(6) 水溶性酸碱

水溶性酸碱是指润滑油中可溶于水的有机酸和碱，它能引起油的氧化、胶化和分解，使之老化和酸败。这种有机酸大部分是低分子酸，对金属有腐蚀作用，形成这种酸和碱的原因可能是精制程度不高或受污染造成的，使用时必须严格检查。

(7) 残炭

残炭是指将润滑油加热蒸发后生成的焦黑色残留物，数值用残留物与试样油之比的百分数来表示。其值越大，表明润滑油中稳定的烃类和胶状物质越多，易生成焦炭，导致摩擦零件过热和磨损。

(8) 机械杂质

润滑油中的机械杂质是指存在于油品中所不溶于溶剂的沉淀物或悬浮物质,它是由粉尘、砂砾、磨屑组成,也包括一些沥青质和碳化物。精制程度高的润滑油不含杂质,但长期使用会生成杂质,它能破坏油膜的完好,降低润滑性能,所以要定期过滤,清除杂质。

#### 4.9.6 常用的润滑油及其用途

(1) 机械油

机械油外观呈浅红色半透明状,牌号越低即黏度越低,透明度越好。它具有良好的润滑性,不腐蚀机件,安定性好。机械油分9个牌号,其中 $10^{\#} \sim 90^{\#}$ 为常用机械油,其主要用途如下。

① $20^{\#}$、$30^{\#}$ 机械油:用于各种小型风机、水泵和其他小型水泥附属设备轴承的润滑。

② $40^{\#}$、$50^{\#}$ 机械油:用于中小型减速机、桥式吊车的驱动装置等;也可以用于中小型磨机主轴承或传动轴承。

③ $70^{\#}$、$90^{\#}$ 机械油:用于较大的磨机和破碎机的轴承部位的润滑。

(2) 工业齿轮油

① 工业齿轮油:适用于负荷较高的齿轮传动润滑,如闭式齿轮、蜗杆传动装置和中小型磨机的减速机的润滑,它的使用寿命较长。

② 极压齿轮油:适用于高载荷与工作条件苛刻的齿轮,如水泥厂大中型的密闭齿轮减速机。

③ 开式齿轮油:这种润滑油黏附性能好,具有防锈、防腐、抗磨、润滑等作用,适用于开式、半开式传动齿轮的润滑。在转速不高、负荷较重的大中小型开式齿轮上使用效果较好。

(3) 气缸油

气缸油分为饱和气缸油、过热气缸油和合成气缸油三种。在水泥厂中经常用来润滑负荷重、转速低、温度高的一些滑动轴承和一些中小型减速机,如磨机主轴承和传动轴承及一些输送设备的减速机等。

#### 4.9.7 润滑脂的主要质量指标

润滑脂是半液体乳状物质,它是用稠化剂、润滑剂、填料以及一些填加剂制成的,是半液体润滑材料。

(1) 外观质量

良好的润滑脂颜色均匀、有一定稠度、没有结块和析油现象,表面也没有干硬皮层。当然,不同的润滑脂有不同的外观,如钠基质纤维粗糙,钙基质呈奶油状光滑且半透明,铝基质光亮透明。

(2) 滴点

滴点是在一定的条件下加热润滑脂,从规定的仪器(滴点温度计)中开始滴下时的温度。它是选择润滑脂时的一个较重要的参考指标,一般应选用滴点高于润滑部位温度 $20 \sim 30$℃,才能保证润滑脂在使用时不致流失。

(3) 针入度

指用特殊的 150g 的圆锥体在本身重量作用下,从 25℃ 润滑脂表面陷入的深度,以 1/10mm 为单位来表示数值。针入度随温度变化的程度越小,越不容易流失与硬化,也就是说质量越好。

(4) 胶体安定性

胶体安定性是指润滑脂抵抗温度和压力的影响而保持其胶体结构的能力。胶体安定性不好的润滑脂不宜长期储存。

(5) 水分

水分是指润滑脂的含水量。游离水会降低润滑剂的机械安定性，同时也减低了润滑脂的防护性，甚至引起腐蚀。

(6) 腐蚀性

润滑脂的功能就是保护金属不受腐蚀，所以要求它能有效地黏附在金属表面，隔绝空气、水与金属表面的接触，而它本身对金属却不腐蚀。

### 4.9.8　常用润滑脂及其用途

(1) 钙基润滑脂

钙基润滑脂由动植物油和钙皂稠化而成，是中等黏度的矿物油。它的耐水性能好，能在潮湿环境下使用，但不宜在高温、高速的摩擦部位使用，所以适用于一些附属设备的滚动轴承和部分滑动轴承的润滑。

(2) 钠基润滑脂

钠基润滑脂由动植物油和钠皂稠化而成，耐温性强，易溶于水，不能用于潮湿的工作设备。

(3) 合成锂基润滑脂

这种润滑脂有一定的抗水性，滴点高、抗寒能力强，也能耐高温，适用于 20~120℃ 范围内各种机械的滚动和滑动摩擦部位的润滑。

### 4.9.9　固体润滑剂

(1) 二硫化钼成膜膏

它是一种外观灰褐色的均匀油膏，具有较好的减摩、抗压、耐高温、抗水性强、附着性强等特点，是一种多效能润滑剂，适用于小型减速机。

(2) 2# 二硫化钼齿轮润滑油膏

外观呈灰黑色的软膏状，具有很强的抗水性，良好的机械安定性，它较适用于桥式吊车、磨机和烘干机等开式齿轮的润滑。

(3) 9# 二硫化钼润滑油膏

外观呈灰褐色油膏状，具有极强的金属附着性，在 -20~150℃ 温度时使用，具有良好的润滑性和胶体安定性，它适用于中等负荷的齿轮减速机和磨机、烘干机的开式齿轮润滑。

(4) 二硫化钼润滑块

它是以高纯胶体二硫化钼润粉剂为主要的抗压减摩材料，适用于中小型磨机主轴承或其他轴承的润滑。

### 4.9.10　稀油润滑

大型球磨机的主轴承、滑履磨轴承、包括将要在 4.10 章节中讲的立式磨的推力轴承等，多采用集中润滑系统，压力供油有足够的供量，可以保证数量多、分布较广的润滑点及时得到润滑，达到延长设备使用寿命的目的。集中润滑的设备是稀油站，这是稀油循环润滑系统的心脏，它将润滑油液强制地压送到机器摩擦部位，在相对运动的机器零件间形成油膜，减少零件的摩擦、磨损，同时对摩擦部位进行冲洗，并带走摩擦产生的热量，保证机器正常运转。

(1) 稀油站的组成及工作原理

稀油站主要由油箱（其内装有磁网过滤器）、低压油泵装置（高压油泵装置）、单向阀、双筒网片式过滤器、油冷却器、流量调节阀、溢流阀、自动断电加热器、接点双金属温度计、高低压力表、压力控制器、油位尺（观察）、最高（最低）油位报警器、冷却水压力表、出水温度表等组成，如图 4-54 所示。

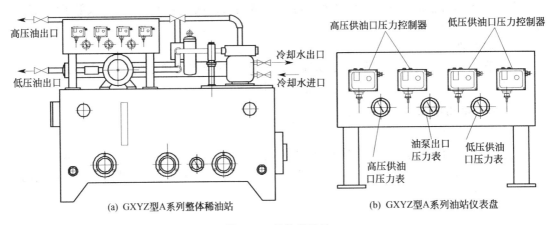

图 4-54　整体稀油站

常用的是 XYZ、GXYZ、GDR 等系列的整体式（各润滑元件统一安装在油箱顶上），其符号含意：

稀油站代号含意是：　　　　　XYZ-＊＊
　　　　　　　　　　　　　　　　　｜　｜──配置说明
　　　　　　　　　　　　　　　　　｜────工程流量(L/min)
　　　　　　　　　　　　　　──────稀油站

期中配置说明＊，如：P—PLC 控制；G—列管式冷却器；A—不带板式冷却器

各系列稀油站的工作原理及润滑过程基本相同：油液由齿轮泵从油箱中吸出，经单向阀、双筒网式过滤器、换热器被直接送到设备润滑点。每台稀油站设有两台油泵，一台工作，另一台备用。润滑油流程：工作油泵—单向阀—过滤器—冷凝器（夏季使用）—压力继电器—主机设备润滑点—返回油箱—油泵，采用 PLC（带 DCS 接口）或继电器两种控制方式，工作时，高低压系统中的工作压力由溢流阀调节，通过压力继电器控制；供油温度由装在出油管路上的铂热电阻来控制加热器和列管式冷却器，自动开停和报警，油温低时，电加热器先行加热润滑油，待油温升至 40℃ 左右时，低压油泵启动，供油压力正常后，启动高压油泵，使油进入静压油腔（由压力控制器控制），压力达到要求后启动主机。运行中如果低压系统供油压力降到某一数值时，备用泵自动打开满足供油，压力若再下降就自动报警。

油箱上装有液位发讯器，用来控制油箱内油面的高低，油位高时报警，油位低时发停车讯号，由人工去加油。

（2）稀油站的操作控制

① 主机启动控制。在主机启动前必须先开动润滑油泵，向主机供油。当油压正常后才能启动主机。如果润滑油泵开动后，油压波动很大或油压上不去，则说明润滑系统不正常。这时，即使按下了启动操作电钮，主机也不能转动，这是必要的安全保护联锁措施。控制联锁的方法很多，一般常采用在压油管路上安装油压继电器，控制主机启动操作的电气回路。

② 油箱的油位控制。油箱的油位控制常采用带舌簧管浮子式液位控制器。当油箱油位面不断地下降，降到最低允许油位时，液位控制器触点闭合，发出低液位示警信号，红灯亮、电笛鸣，同时强迫油泵和主机停止运行。当油箱油位面不断升高（可能是水或其他介质进入油箱内），达到最高油液位时，则发出高液位示警信号，红灯亮、电笛鸣，应立即检查，

采取措施,消除故障。

③ 油箱加热控制。在寒冷地区或冬季作业时,应加热油箱中的润滑油,润滑油温度一般维持在40℃左右,以保持油的流动性,否则整个系统的控制因温度低、油的黏度增加而发生困难。加热的方法有两种:一种是用蒸汽加热,比较缓和;另一种是用电热元件加热。后一种加热方式比较剧烈,有时会使油质发生热裂化反应,降低黏度并生成胶质沉淀。这两种方法都装有自动调节温度的装置,当油温升到规定温度时,即自动断电或断汽。

④ 连续冷却控制油温。设备连续运转产生热量被润滑油带走并储存,当润滑油储存热量使油温大于45℃时,应开启列管式冷却器,保证油温在30~45℃。

### 4.9.11 干油站润滑

水泥设备中除了大部分采用润滑油润滑以外,还有些设备需采用润滑脂润滑,如破碎机、辊压机的轴承;板式输送机的链条以及开式齿轮(齿轮结构暴露在环境中,对润滑剂的要求更高,如抗氧化、抗灰性强)等。干油站就是采用润滑脂作为机械设备摩擦副的润滑介质,通过一套系统向润滑点供送润滑脂的装置,有手动干油站和自动干油站两类,见图4-55和图4-56。

(1) 手动干油站

润滑点不多和不需要连续润滑的机械设备,一般采用手动干油站(如SGZ-8型)润滑。由手工驱动柱塞式油泵,其工作过程为:压脂—换向—分配—润滑。

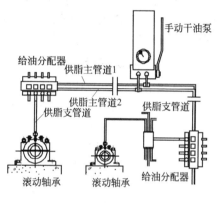

图4-55 手动干油集中润滑系统

① 压脂:由吸油泵来的润滑脂进入干油泵的储脂筒(有两个卸脂口和一个回脂口),摇动手柄,润滑脂在一定的压力(0.7MPa)作用下,通过单向阀进入输脂通道。

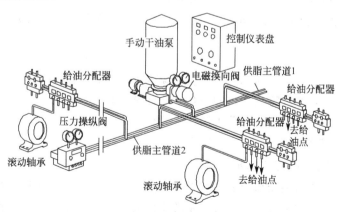

图4-56 电动干油集中润滑系统

② 换向:手动干油泵内部设置有换向阀,由人工控制润滑脂输向主管1或主管2,当换向阀推向内侧时,管路1接通开始供送润滑脂,管路2回脂;当换向阀拉向外侧时,管路2接通开始供送润滑脂,管路1回脂。

③ 分配:润滑脂经过过滤器进入给脂分配器,分成几路供给润滑点。

④ 润滑:润滑点得到润滑脂,由于摩擦副的运动,使润滑脂流入摩擦副的楔形间隙,

建立油膜，实现润滑。

(2) 自动干油站

自动干油站是一种由电动机驱动，经减速机带动柱塞泵而排出润滑脂的供油装置，一般与双线给油器配合使用，由安装在管路末端的压力操纵阀控制电阀的换向或停车，实现交替系统主管供脂或停车的功能。其工作过程为：压脂润滑—换向等待—启动输脂。

① 压脂润滑：电动干油站供送的压力润滑脂经电磁换向阀、过滤器，沿输脂主管1经给油器由输脂支管送到润滑点（轴承摩擦副），实现润滑。

② 换向等待：当所有给油器工作完毕，输脂主管内的压力迅速提高，使得装在输脂主管末端的压力操纵阀克服弹簧阀力，滑阀移动触碰限位开关接通电讯号，电磁阀换向使输脂通路由原来的通道1改变为通道2，同时操作盘上的磁力启动器断开，电机停止工作。

③ 启动输脂：按照加脂周期，到一定的时间间隔后，在电气仪表上的电力气动控制器（PLC）指令电机启动，干油站的柱塞泵即按照管路2的通道向润滑点压送润滑脂，管道1卸荷，多余润滑脂回到储油箱。

#### 4.9.12 油雾润滑

油雾润滑多用于大型、重载、高速的滚动轴承、封闭的齿轮、涡轮等装置的润滑。它是由分水过滤器、电磁阀、调压阀、油雾发生器、油雾输送管道、凝缩嘴（布置在润滑点上）及控制仪表组成的一套润滑系统，使用的气源必须清洁干净。

(1) 主要部件及作用

① 分水过滤器：过滤压缩空气里的机械杂质和水分。

② 电磁阀：开、闭压缩空气通道。

③ 调压阀：控制和稳定压缩空气的压力，使提供给油雾发生器的空气压力不受输送管路上压力波动的影响。

④ 油雾发生器：核心部件，集储油、雾化为一体的油雾润滑装置。有时在储油器内还设置有油温自动控制器、液位显示计、电加热器、压力继电器等装置。

⑤ 凝缩嘴：嘴上有细长的小孔，油雾通过时受阻而使密度突然增大，油雾与孔壁发生摩擦，使油雾结合成较大的油粒。

(2) 润滑原理

油雾润滑装置以压缩空气为动力，使油液雾化成 $2\mu m$ 以下的微粒，由管道输送到布置在润滑点上的凝缩嘴，通过嘴上细长的小孔，将油雾微粒变成较大的、湿润的油粒子，投向润滑位置，实现润滑。气体及微小粒子经排气孔排入大气。

图 4-57 所示为由各种零部件组成的油雾润滑装置。

#### 4.9.13 磨机润滑系统的维护

现代化水泥厂的磨机采用压力循环润滑，在这种润滑系统中，通常设有油泵站，通过管道连接减速机各润滑点连续供油。在整个系统中配有油泵、油箱、过滤器和冷却器、显示控制仪表（供油压力表、进油和回油温度表、冷却水进出水温度表）和反馈安全装置等。这种方法润滑充分可靠，冷却和冲洗效果好。生产过程中要确保设备的正常运行，润滑系统承担着非常重要的角色。

(1) 设备润滑管理制度

① 明确责任人，根据设备确定的润滑部位，逐一巡检，防止遗漏。

② 根据设备润滑部位的不同，标明各润滑点润滑剂的名称、代号，巡检时按润滑剂的

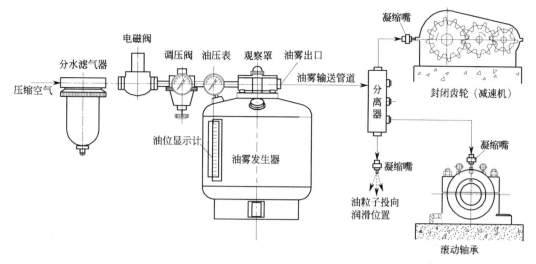

图 4-57 油雾润滑装置

牌号实施润滑。

③ 根据设备润滑点使用润滑剂的要求明确每一次加、换油（脂）周期和量的多少，巡检时根据上次加、换油（脂）的时间推算，按量施加。

(2) 润滑油的"三级过滤"

润滑油的储存、使用必须保持清洁，不允许杂质进入润滑油内影响润滑性能，通常要采取"三级过滤。"

① 一级过滤。油液入厂储存，为滤除运输过程中的杂质和较大的尘粒，在泵入储油罐时要采用 100 目过滤网进行过滤。

② 二级过滤。油液从储油罐到润滑容器，为消除储存过程中进入的杂质和尘粒，采用 80 目过滤网进行二次过滤。

③ 三级过滤。油液从润滑容器到各润滑点，为防止杂质和微尘进入润滑部位，采用 60 目过滤网进行第三次过滤。

(3) 磨机润滑系统的维护保养

① 运转前的准备。

a. 各紧固螺栓、地脚螺栓、管道连接螺栓有无松动。

b. 各油箱的油量是否充足、油质是否符合要求。

c. 打开冷却水阀门，确认冷却水流量是否达到规定值，以及有无漏水现象。

d. 关闭旁路阀门，打开正常流路阀门，并确认油的流量，使油通过油冷却器。

e. 打开双联过滤器的一侧，关闭低压油泵的溢流阀，全开通压力表开关。

f. 现场检查完毕后，将转换开关打到指定的位置。

② 运转中的检查。

a. 各地脚螺栓和管道连接螺丝有无松动。

b. 油泵有无异常振动发热和异音。

c. 各部位有无漏油漏水现象。

d. 确认各温度、压力表指示是否正常，管道有无堵塞、有无空气混入。

e. 根据出油口差压压力分析判断过滤器是否堵塞。

f. 确认各低压油泵冷却水量大小和出入口温度。

g. 高压油泵出口压力应符合磨机启动条件。

③ 停机后的保养。

a. 经常检查并紧固松动螺栓。

b. 经常检查各部位有无漏油漏水现象

c. 根据情况经常清洗过滤器，清洗油箱的过滤网。

d. 定期检查油量和油质。

(4) 干油站润滑油的维护

① 注意储油筒油位，确保储油筒内有足够的润滑脂。

② 注意观察各分配器上的指标器是否动作正常。

③ 辊压机运行中，注意观察各润滑点润滑脂溢出情况，及时根据实际情况调整润滑间隔时间。

④ 对每日检修条款中所列各项进行检查。

⑤ 检查润滑泵装置、分配器、各接头及管中是否有渗漏情况。连接接口处应密封紧密，如有渗漏，及时处理。

⑥ 检查储油管内润滑脂情况，当润滑脂不足时，及时补充。

#### 4.9.14 磨机主轴承的维护

若磨机开停车频繁、润滑油量不足或润滑油中含有杂质、外界粉尘侵入等，可能会导致主轴承磨损，若冷却水或润滑油量不足致轴承温度过高会使轴承合金熔化。已熔化的轴承合金强度很低，如不及时修理会在磨机运转中碾压成卷曲的片状或丝状物，堆积于轴承的两端或两侧。所以在操作中一定要注意观察，尽可能避免（地）或减少主轴承的磨损和防止熔化。

(1) 加强润滑管理

① 根据轴承特性选用优质润滑油。

② 以油圈、油带作润滑装置的主轴承，应着重检查主轴承状况及润滑油质，并加强维护。

③ 带有强制润滑装置的主轴承，应重点检查润滑站和管路系统、滤油器和冷却器，并定期清洗。

④ 装上轴承盖后，通过检查孔检查刮油器是否能在滑动槽内自动滑动，不能让它卡在滑动槽沿上，免得在磨机运转中油圈与刮油器相互压紧，导致油圈松动、润滑不良及滑动轴承烧毁。

⑤ 安装轴承内油位指示器，随时反应轴承内的油量。

⑥ 磨机停机时间较长（24h 以上）重新启动时，要提前半小时从检查孔向轴承注油，让其充分进入轴与轴承之间方可启动，这样能避免轴承被磨损。

(2) 对主轴承采取降温措施

主轴承的磨损和熔化主要是主轴瓦温度过高所致，除润滑降温、降低磨损外还可采取下列措施降低主轴承温度。

① 在进出料螺旋（或套筒）与中空轴内表面间设置隔热材料，防止热量向主轴瓦传递。

② 将轴承壳体向外延伸加长，在延伸的油池中设冷却水管，通入冷却水。

③ 在球面瓦内铸上蛇形冷却水管或冷却水通道，或采用体外冷却装置降温。

④ 在主轴瓦瓦盖顶部设置散热通气孔。

⑤ 在主轴承巴氏合金与铸铁球面间的贴合面上插入一支节点温度计，并将其与主电机的电气线路连接，作为超温自动报警装置，当轴瓦温度超过规定值时自动报警，以便及时

处理。

#### 4.9.15 磨机正常运行时的维护保养

维护保养是常态工作。即使磨机处在正常运行时，也不能放松检查，要定期巡回检查设备的运转情况。

① 主轴承、齿轮、传动轴承的润滑油量是否适量；主轴承温度超过60℃时，要立即停止主电机，并启动辅助电机，让磨机缓慢转动，这样可避免中空轴与轴瓦之间的油膜被破坏和局部温度过高而化瓦。出口水温不高于35℃、传动轴承温度不超过55℃，各部位的温度值都因在设备上装有温度表能显示出来。发现异常现象要及时处理或向有关人员报告。

② 观察湿法磨筒体有无漏浆现象：漏浆说明棒仓螺栓松动，应停机拧紧，以免衬板掉入磨内造成乱棒。

#### 4.9.16 减速机运转中的维护保养

(1) 检查主减速机的运转情况

正常运转时声音是均匀的"嗡嗡"声，若为时有时无的冲击声，表明齿距误差大或齿的间隙大；若为叮当声或轧齿声，表明侧向间隙大或齿轮齿顶边缘有尖，或中心线不平；若为响亮的噪声或不正常的敲击声，说明齿的工作面有畸变或局部缺陷；若发出的声音时高时低且有周期性，则是齿轮与旋转中心呈偏心分布，如图4-58所示。发现异常现象要向有关人员及时报告。

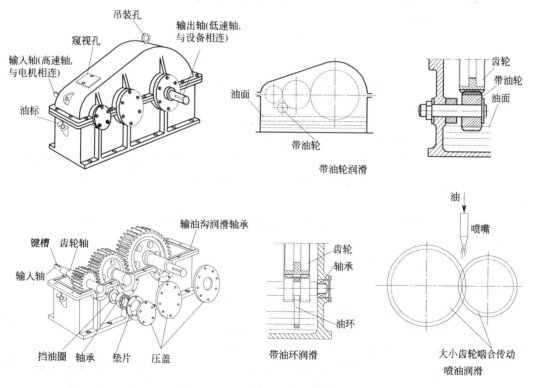

图4-58 减速机的构造及其润滑

(2) 减速机的保养

定期擦洗设备，及时紧固松脱的零件。减速机正常情况下的供油温度一般在40~45℃之间，如超过这个范围，应重新调整供油量或油冷却器的供水量。要特别注意轴承支架的温度,在一般情况下,第一级小齿轮轴承支架的温度比所供的润滑油高 20~50℃,其他轴承支架的温度比所供的润滑油高 10℃ 左右是正常的。但超过这个温度,就必须停机彻底检查。

减速机运行时要经常观察润滑油储油箱的储油情况,其油料必须高于油标最低位置,否则就应停机补充润滑油,而且必须补充与原来同一牌号的润滑油。

对减速机的润滑装置,每运转 200h 就要清理回油网一次,半年化验油质一次。

较长时间停机时,通过联轴器与磨机脱开,每月开动一次,每次 1h 左右,通过观察窗或侧盖观察齿轮和轴承支架生锈的情况。

(3) 减速机油封更换步骤

① 拆下锁定板。
② 拆下外侧端盖。
③ 拆卸已损油封。
④ 将油封安装到位后,根据拆卸相反顺序进行安装。

**4.9.17 磨机电动机的维护保养**

① 电机在运行中要保持清洁,严禁油、水或其他杂质落入机内。
② 注意轴承的润滑情况是否正常,是否有漏油、渗油现象。
③ 注意观察润滑油的颜色变化,如果变暗或混进水和杂质,要及时更换。

**4.9.18 稀油站齿轮泵的使用与维护**

① 齿轮泵泵头与电动机采用弹性连接,齿轮泵中心线与电动机中心线误差不得大于 0.1mm,联轴器盘动应灵活,无卡阻。
② 油泵应尽量接近油箱,吸入高度不得大于 500mm。
③ 油泵连接应牢固,进出口接头不得有松动、漏气现象。
④ 为保证油泵长期使用,油液必须清洁,不应有任何腐蚀性物质和机械杂质。
⑤ 油泵转动时应按标牌指示方向转动。
⑥ 溢流阀应尽可能靠近油泵,最好是直接与油泵相连。
⑦ 主动轴出现漏油现象,应尽快更换油封。
⑧ 油泵采用滚动轴承,如果磨损,齿轮泵的噪声增大,压力有所下降,应更换轴承。
⑨ 检修齿轮泵后,从新装配齿轮泵时,应严格控制泵的轴向间隙、同心度,不能出现差错,否则不能正常工作。
⑩ 齿轮泵严禁在周围环境温度过高(超过电动机允许温度)的地方和露天工作,以免电动机受潮。

**4.9.19 稀油站冷却器的使用与维护**

(1) 操作规程

① 使用前检查所有附件与仪表,并查看各连接处是否牢固、是否有泄漏。
② 将冷却器热侧排气阀打开,再缓缓打开热进阀门(此时热介质排出阀门处于关闭状态),当热介质充满后,关闭热进阀门及热侧排气阀。
③ 将冷却器冷侧排气阀门打开,再缓缓打开冷进阀门(此时进冷介质排出阀处于关闭状态),当冷介质充满后,关闭冷进阀门和冷侧排气阀。此时两种介质均处于静止状态,经热交换后,温差逐渐减少。
④ 冷侧介质温度升高 5~10℃ 后,打开冷、热介质的进出阀门,使冷热介质均处于流动状态。
⑤ 冷却器因故或正常停止工作时,其操作步骤应按启动的逆过程操作。

(2) 使用中的注意事项

① 在开动冷却器时，切忌快速打开冷进阀门，因为冷介质大量流过冷却器时，会使换热管表面形成一层导热性很差的"过冷层"，即使以后冷却器冷介质流量很大，也起不到良好的换热作用。

② 如果冷介质为水，发生电化腐蚀时，可选择适当的位置安装防腐蚀的锌棒。

③ 冷介质采用净化的淡水，为防止水垢生成，水的温度尽量要低些，水流量要大些。如果属于重水应先进行软化处理，再供给冷却器使用。

(3) 维修与保养

冷却器经长时间使用后，有腐蚀生成物、沉淀物及水垢等附着于管壁，会降低传热效率及增大压降，因此视具体情况，每隔一段时间将它拆卸下来进行清洗。

① 拆装方法。

a. 关闭冷、热介质的进出阀门，排尽冷却器内的剩余介质，然后从系统中拆卸下来。

b. 打开冷却器，拆去两端头盖，取下密封垫。

c. 油固定管板侧将管束从壳体中抽出来，注意轻拿轻放，以免损坏换热管。

d. 装配按逆过程进行，要特别注意密封垫的装配，密封垫不得扭曲或损伤。

e. 装配好后，应按 1.25 倍工作压力进行水压试验，合格后排尽积水，装入系统中。

② 清洗的方法。

a. 用软管引洁净水高速冲洗头盖、后盖、壳体内壁及换热管内、外表面，同时用清通条洗刷换热管内表面，洗完后，用压缩空气吹干。

b. 用泵将清洗液强制通过冷却器，并不断进行循环，清洗压力不得大于 0.5MPa，流向最好与工作介质流向相反，清洗时间视具体情况而定，清洗完后，用清水冲洗并吹干。

c. 可采用电动清洗机通过加热、加压、化学作用，强制清洗，效果最好。

### 4.9.20 选粉机的锁风问题

离心机和旋风式选粉机都是靠循环气流将料粉分散后进行分级，气流循环过程中有正压区和负压区，以保证气流正常循环，不断对物料分散和进行分级。因此操作中一定要防止循环气流发生短路和漏风现象，否则将影响选粉机的正常工作。

离心式选粉机内壳体经过物料的不断摩擦，容易磨损，以致形成破洞，若定期检修安排不当，检查又不细致，则往往在生产中发生内壳破裂，不仅影响循环气流的正常流通，还可能影响细粉的分离，使粗粉直接从内壳破裂处漏入外壳成品中，使成品细度变粗。

旋风式选粉机更要注意锁风问题，因为选粉室周围的细粉分离器实际就是由单筒旋风收尘器组成的。如果底部发生漏风就直接影响细粉的收集，使选粉效率大幅下降。此外，旋风式选粉机进风口附近筒体易磨损且处在正压状态，从这里到粗粉出口部分如果发生向外漏风，不但造成车间粉尘飞扬，而且也破坏了循环气流平衡与稳定。旋风式选粉机如果不注意锁风问题，会使循环负荷率增大，选粉效率下降，选粉浓度增大，不仅造成风机磨损加快，而且破坏磨机与选粉机的平衡，影响生产。所以，在生产中要特别注意旋风式选粉机的锁风，在细粉下料管处可装设叶轮机、闪动阀、翻板阀，或直接用管式螺旋机进行密封锁风。为了操作上做到心中有数和积累技术资料，可在粗、细粉集料斗的适当部位各装一测压仪表，监测选粉机内部的压力变化情况，推断选粉机内的工作情况。

### 4.9.21 磨机系统小修内容

小修即对设备的局部修理，工作量较小，只更换少数磨损坏的零部件，排除故障，调整设备，能保证设备正常使用到下次修理期，小修内容一般包括以下各项。

(1) 磨机小修内容

小修是对磨机系统设备进行局部修理，一般一月一次，但每月可定检两次。

① 测量钢球的消耗情况，添补钢球或钢段。
② 检查衬板、隔仓板的磨损情况，更换少量衬板及紧固螺栓。
③ 清洗并检查小齿轮有无裂纹等现象，补充齿轮油。
④ 清洗并检查进出口空心轴有无裂纹及其他缺陷情况。
⑤ 修理并解决供油系统的缺陷。
⑥ 检查筒体有无裂纹及其他缺陷。
⑦ 检查传动主轴承并调整间隙，添加润滑油。
⑧ 检查并疏通冷却水管路系统。
⑨ 检查并调整电磁离合器闭合间隙。
⑩ 检查并修理电器设备及辅机设备存在的缺陷项目。

(2) 喂料设备的小修

① 检查或更换已磨损的刮料板、升降装置，达到调整灵活、升降方便的要求。
② 更换皮带，松紧适宜，防止跑偏。
③ 检查或焊补已磨损的下料管。
④ 更换喂料机的轴承、圆锥齿轮，保证侧隙和顶隙达到规定要求。
⑤ 更换电磁振动喂料机减振器上的弹簧及螺丝，调整至受力一致。
⑥ 更换电磁振动喂料机上的槽体。

(3) 选粉机的小修

① 检查或焊补磨透的内外壳体，防止漏风漏料。
② 检查主风叶的磨损情况，按技术要求配重对称更换，保持回转部件平衡稳定。
③ 检查并调整控制板、旋风式选粉机循环风管并密闭堵漏。
④ 检查或修理旋风式选粉机风机壳体及叶轮。

(4) 减速机的小修

① 检查维修设备各部位紧固情况，发现松动，妥善处理；检查修理各润滑管路和接口密封，保证油路畅通，无漏油、渗油现象。
② 打开减速机观察孔，检查减速机齿面有无不正常磨损，接触面有无松动，有无点蚀现象或点蚀有无发展。
③ 检查各种指示仪表，发现问题及时维修、调整或更换。

(5) 对小修的质量要求

① 各部件螺栓紧固，不得有松动现象。
② 供油系统完好，主轴承及减速机油量充足。
③ 冷却水管道畅通。
④ 电器设备无任何缺陷。
⑤ 各轴承间隙，电磁离合器闭合间隙在规定范围内。

### 4.9.22 磨机系统中修内容

中修一般是指更换和修复设备的主要零部件，同时要检查整个机械系统，校正设备的基准，以保证机械设备能够恢复和达到应有的标准和技术要求。

(1) 磨体部分

① 小修理的基本内容。
② 更换整仓或大部分衬板、隔仓板及其螺栓。

③ 大齿轮翻面使用。
④ 更换进料螺旋筒或衬套,修理或更换进料漏斗及其衬板。
⑤ 更换出磨筛筒,修理筛筒罩,更换排气筒。
⑥ 整修筒体局部变形,焊补筒体裂纹。
⑦ 检测并调整磨体中心线的水平偏差。
⑧ 更换或清理磨内研磨体。

(2) 主轴承部分
① 小修理的基本内容。
② 检修轴承,处理合金轴瓦,研刮和调整间隙。
③ 酸洗循环水管道系统与主轴承水冷却内腔,做到清除水垢,水流畅通。
④ 更换主轴承或重新流注巴氏合金。

(3) 传动部分
① 小修理的基本内容。
② 更换小齿轮或修理不均匀磨损部位。
③ 更换小齿轮轴承(滚动);或重新浇注巴氏合金瓦(滑动)。
④ 更换磨损严重或有其他缺陷的联轴节。
⑤ 更换减速机齿轮与轴承。
⑥ 修理混凝土基础,消除缺陷,提高基础强度。中修一般每18~24个月进行一次。

### 4.9.23 磨机系统大修内容

大修是对机器设备进行全面的修理,其工作量最大,需要把机器设备全部拆卸,不仅更换和修复全部的磨损件,而且还要对整个设备进行校正和调整,恢复设备原有的精度、性能和效率。

① 中、小修理的基本内容。
② 全部衬板及磨头衬板、隔仓板、筛板更换。
③ 磨头端盖、空心轴及轴承座更换。
④ 更换或翻面大小齿轮。
⑤ 更换全套传动轴及传动轴承。
⑥ 更换减速机齿轮、轴及轴承、机壳等。
⑦ 联轴器总成、调整并找正传动系统。
⑧ 全面校正基准、磨机中心线及基础标高水平找平。
⑨ 所属辅助设备中不能解决的大项目均列入大修中解决。

### 4.9.24 磨机修理应达到的质量要求

(1) 衬板与隔仓板的装配
① 衬板的排列应符合设计要求,有方向性的衬板(如阶梯形衬板、分级衬板)其安装方向符合磨体转向与物料流向的要求。
② 衬板螺栓穿透灵活,埋头部分应进入极限位置。衬板与筒体间应垫以水泥砂浆或胶合板,螺栓应附有垫圈与锁紧螺母,紧固坚实做到无松动。
③ 镶砌衬板应按设计要求排列,衬板与筒体间的水泥垫层应均匀一致,厚度适宜,衬板间应挤紧。
④ 隔仓板与中心固定圆板均匀地连接在一起,方向要符合图纸要求,用螺栓拧紧或铆死,固定后整体在一个平面上并垂直于筒体,其倾斜度不大于0.5%。

(2) 主轴承的修理与装配

① 轴承座应清洗干净并紧固好,其水平误差不大于 0.04mm/m。

② 主轴瓦精确刮研,其接触角度为 75°~90°,1cm² 至少有一个接触点。

③ 主轴承外球面与轴承座的内球面应在中心位置接触,不能出现线接触。必要时进行修磨、刮研,球面间应施以润滑脂。

④ 空心轴颈与主轴应留有轴向间隙,出料端(固定端)的轴向间隙为 0.4~1mm;入料端(滑动端)磨体一侧应保持达到总间隙的 2/3;另一侧为 1/3。

⑤ 主轴承径向间隙以四角测量为 0.008~0.001D(D 为主轴外径)。

(3) 磨头与筒体的装配

① 两端磨头放入轴承后,磨体应处于水平状态,其水平误差不应大于 0.1/1000,并且入料端不能低于出料端。

② 磨体转动后,球面瓦的轴向摆动不大于 ±1mm。

(4) 传动轴承(滑动)的修理更换

① 轴承与轴颈配合刮研,应达到 1cm² 不少于两个接触斑点,接触角度为 60°~90°。

② 轴承座自位找平,其偏差不大于 0.04mm/m。

③ 润滑装置完整、灵活、有效。

④ 传动轴中心线与磨机中心必须严格保持平行,其距离差不得超过 0.5mm。

(5) 大齿轮翻面或更换

① 大齿圈与磨体在全部销钉与紧固螺栓拧紧后,检测其转动偏差,其径向与轴向偏差都不应超过 1.5mm。

② 两分式大齿圈装配后,其接合面间不能有残余间隙,其局部间隙量不大于 0.10mm。

③ 大齿轮罩安装牢固,密封件齐全,大齿轮运转中无摩擦与卡碰。

(6) 小齿轮的装配

① 小齿轮轴应保持水平,其偏差不大于 0.004mm/m;与大齿轮的啮合间隙,在大齿轮径向跳动最大处测量为 0.25~0.30 模数。

② 与大齿轮的齿侧间隙在大齿轮轴向摆动差最小处测量,其齿侧间隙沿齿长应均匀分布,其偏差不大于 0.10%。

③ 齿面接触精度应达到:沿齿高达到 30%,沿齿长不少于 70%。

### 4.9.25 润滑泵的检修

润滑泵装置若运行中出现泵头不出油的情况,常见有下列几种情况。

① 泵头吸油口有杂物堵塞。处理办法:清洗润滑泵,清除杂物。

② 工作活塞未挂在驱动轮沟槽内,工作活塞不动作。处理办法:将泵头取出,重新安装。

③ 润滑脂混入空气,泵头吸空。处理办法:拆下泵头后端盖,用手动轴堵住出油口与螺纹口,运行油泵,排出泵头内空气,若不能排除故障,立即取出单向阀、泵头后端盖及紧锁装置,查看调节螺塞是否调节到位(螺塞距离螺纹端口部为 3mm 左右),调节到位后,向螺纹口中强行塞入润滑脂,然后用手指堵住螺纹口,再运行油泵,观察出油口是否连续不断地出油。

④ 若连续不断出油,用手使劲堵住出油口,若有压力(手指不能阻止润滑脂排出),则说明泵头无故障,反之,若不出油,则说明泵头柱塞磨损,需要更换泵头。

⑤ 将单向阀、泵头后端盖及锁紧装置组装在泵头上,启动润滑泵,观察出油口处是否有油连续不断地排出且产生回吸现象。若有油连续不断地排出但不产生回吸现象,用手使劲

堵住出油口,若有压力(手指不能阻止干油排出),则说明单向阀无故障;若无压力,将单向阀调节螺塞顺时针旋转,压紧单向阀弹簧,再次用手使劲堵住出油口,若仍无压力,则说明单向阀出现故障,拆洗单向阀。

## 复习思考题

4-47　球磨机系统日常维护的主要内容有哪些?
4-48　球磨机系统定期维护的主要内容有哪些?
4-49　润滑的作用是什么?对润滑的要求是什么?
4-50　简述稀油站的组成及工作原理。
4-51　稀油站的操作控制项目有哪些?怎样操作控制?
4-52　简述稀油站冷却器的使用与维护方法。
4-53　怎样操作控制手动干油站?
4-54　怎样操作控制自动干油站?
4-55　怎样维护保养磨机的润滑系统?
4-56　怎样维护保养运转中的减速机?
4-57　旋风式选粉机为什么要注重锁风问题?
4-58　磨机修理应达到怎样的质量要求?

## 4.10　立式磨

立式磨也称立式辊磨,与球磨机的工作内容和目的是一样的,但构造和工作方法却差别很大。球磨机是"躺着"工作的,而立式磨是"站着"工作的,所以也称它为立磨(或立式辊磨、环辊磨、辊式磨),见图4-59。这是继球磨机之后的一种新型粉磨设备。大型立式磨的生产能力可达400t/h,比球磨机$\phi 4.8m \times 10m + 4m$的尾卸烘干磨产量(230t/h)高出了近一倍,具有产量高、粉磨效率高和烘干能力强等优点,近些年立磨的发展速度非常快,已成为新型干法水泥生产线对原料粉磨的首选设备(且也正逐渐应用于水泥粉磨工艺系统之中)。

### 4.10.1　构造和工作原理

立式磨由碾辊、磨盘、加压机构、选粉机构、密封进料装置、润滑装置等构成。下面以联邦德国伯力鸠斯制造的伯力鸠斯磨和丹麦史密斯(FLS)制造的ATOX磨两种立式磨为例,看一看它们的构造及工作过程。

伯力鸠斯立式磨(RM)如图4-60所示。磨辊为两组共四个磨辊,是互相平行的两对鼓形辊。每组辊子由两个窄辊子拼装在一起,各自调节它们对应于磨盘的速率。有利于减少磨盘内外轨道对辊子构成的速率差,从而减轻摩擦带来的磨损,可延长辊皮的使用寿命,还削减了辊和盘间物料的滑移。每组磨辊有一个辊架,每个磨辊架两端各挂一吊钩,每个吊钩由一个液压拉杆相连,共4根。磨盘上相对应的是两圈凹槽形轨道,磨盘断面为碗形结构,磨盘上两个凹槽轨道增加了物料被碾磨的次数和时间,

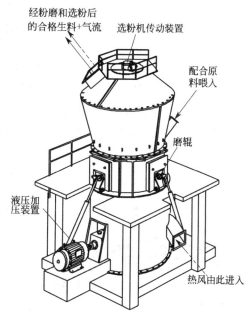

图4-59　立式磨

有利于提高粉磨效率。拉杆通过吊钩和辊架传递压力到磨辊与料床上,对物料碾压粉碎。碾压力连续可调,以适应操作要求。

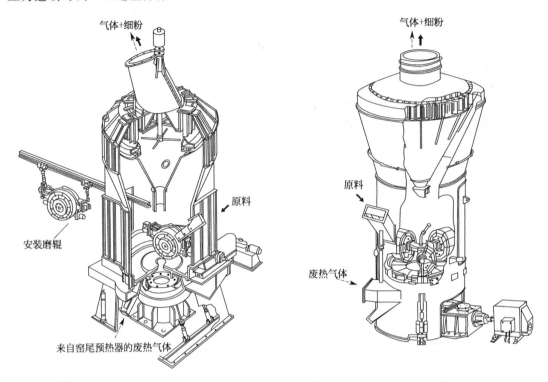

图 4-60　RM 立式磨（德国伯力鸠斯）　　　图 4-61　ATOX 立式磨（丹麦史密斯）

图 4-61 所示的是 ATOX 磨,采用圆柱形磨辊和平面轨道磨盘,磨辊辊皮为拼装组合式,便于更换辊皮。磨辊一般为 3 个,相互成 120°分布,相对磨盘垂直安装。三个磨辊由中心架上三个法兰与辊轴法兰相连为一体。再由三根液力拉伸杆分别通过与三个辊轴另一端部相连,将液压力向磨盘与料层传递,该液压拉伸杆可将磨辊和中心架整体抬起。因此,不设辅助传动,启动时直接开动主传动系统。

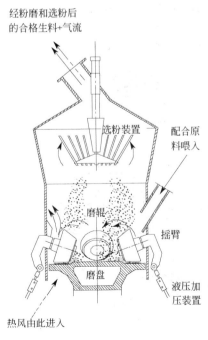

图 4-62　立式磨内的循环粉磨

从以上立式磨的构造中可以看出,被磨物料是从磨体中部喂入落在靠近磨盘中心的磨床,由于磨盘的转动,物料在离心力的作用下甩向靠近边缘的辊道（一圈凹槽）,碾辊在自身重力和加压装置（液压系统）作用下逼近辊道里的被磨物料,对其碾压、剪切和研磨,被磨物料不断地喂入,又不断地被粉磨,直至细小颗粒被挤出磨盘而溢出。

热风从磨机底部进入,靠排风机的抽力在机体内腔造成较大的负压,对粉磨后但仍含有一定水分的物料进行悬浮烘干并将它们吸到磨机顶部,经选粉机的分选,粗粉（较大颗粒）又回到磨盘与喂入的物料一起再粉磨,细粉随气流（此时物料基本被烘干、热气体温度也降低）出磨进入除尘器，实现料、气分离，料就是合格的生料，气体经除尘净化后排出。没有送到磨外的较大颗粒表面被烘干，以较低的速率进入分级区，被转子叶片撞击甩开而跌落至磨盘上，形成循环粉磨，如图4-62所示。

### 4.10.2 主要部件

（1）碾辊和磨盘

参照图4-62，把石灰石、黏土或砂岩、铁粉或钢渣等原料（或熟料、石膏、混合材等）

**表 4-24　不同辊式磨的磨盘、磨辊形状**

| 磨机名称 | 辊子与磨盘的几何形状 | 主要特征 | 辊子个数及加压方式 | 检修状况 | 启动时辊子的位置 |
|---|---|---|---|---|---|
| 莱歇磨 | 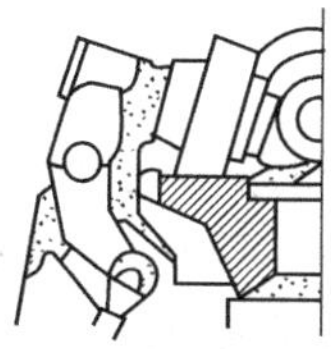 | 平磨盘与锥形磨辊 | 2辊，弹簧式 3、4辊，液压式 | 磨上附有翻出磨辊用的轻便型油压装置 | 启动时磨辊能自动从磨盘上提起，减小了启动转矩 |
| MPS磨 |  | 具有鼓形磨辊及与此相适应的带有凹槽的磨盘 | 3辊，液压气动的预应力弹簧加压系统 | 磨辊辊套与磨盘衬板是分片的，易于在磨内更换 | 启动时磨辊不能提起 |
| 雷蒙磨 传统的 |   | 具有圆锥形辊子和碗状磨盘 | 2～3个辊子，弹簧加压 | 与莱歇磨相似,辊子能翻出磨外,便于更换易磨件 | 使用电力联锁装置使磨机启动前辊子能从磨盘上提起 |
| 雷蒙磨 新型的 |  | 辊子由两片紧贴在一起的圆柱轮箍组成，磨盘呈碗状，倾角15° | 3辊，液压加压系统 | | |
| 伯力鸠斯磨 | 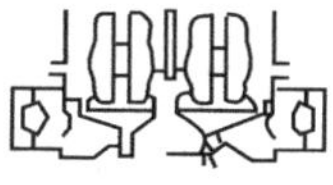 | 每个鼓形辊子由两个窄辊组成，转速能适应磨盘上的不同线速率，磨盘具有与辊子相适应的凹槽 | 2对辊子，液压气动加压装置 | | |
| 彼特斯磨（E型磨） | 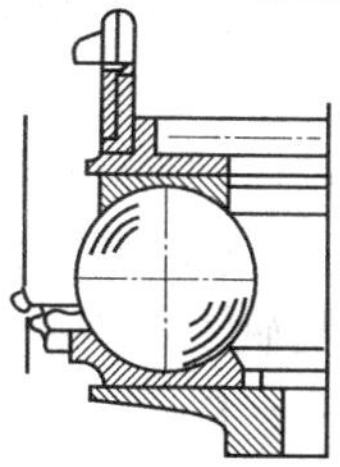 | 类似于止推滚珠轴承 | 9～10个钢球可调弹簧、液压装置或液压气动装置 | | |
| FLS ATOX磨 | 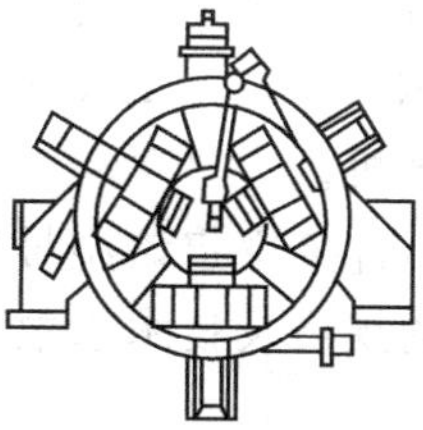 | 具有圆柱形辊子和平板式磨盘 | 3个辊子，液压加压系统 | 磨辊可以翻出机外 | |

物料碾碎并制成细粉，靠的是 2~4 个磨辊和一个磨盘所构成的粉磨机构，设计者使它具备了两个必要条件：能形成厚度均匀的料床和接触面上具有相等的比压。磨辊衬套和磨盘衬板采用高强耐磨金属材料（价钱很贵），磨损后用慢速转动装置转到便于维修的位置修复。表 4-24 是不同辊式磨的磨盘和磨辊形状以及它们的主要特征。

（2）加压装置

辊磨与球磨的粉磨作业原理不同，它不是靠研磨体的抛落对物料的冲击和泻落及料球之间的研磨，而是需要借助于磨辊加压机构施压来对块状物料碾碎、研磨，直至磨成细粉。现代化大型立磨是由液压装置或由液压气动装置通过摆杆对磨辊施加压力。磨辊置于压力架之下，拉杆的一端铰接在压力架之上，另一端与液压缸的活塞杆连接，液压缸带动拉杆对磨辊施加压力，将物料碾碎、磨细。

（3）分级机构

立磨自身已经构成了闭路粉磨系统，它不如球磨机组成的闭路系统设备多（提升机、螺旋输送机或空气输送斜槽、选粉机等）而分散、庞大、复杂，它只摘取了选粉机的风叶，与转子组成了分级机构，装在磨内的顶部，构成了粉磨——选粉闭路循环，简化粉磨工艺流程，减少辅助设备，同时也节省土建投资。

这种分级机构分为静态、动态和高效组合式选粉机三大类。

① 静态选粉机。工作原理类似于旋风筒，不同的是含尘气流经过内外锥壳之间的通道上升，并通过圆周均布的导风叶切向折入内选粉室，边回转边再次折进内筒，结构简单，无可动部件，不易出故障。但调整不灵活，分离效率不高。

② 动态选粉机。这是一个高速旋转的笼子，含尘气体穿过笼子时，细颗粒由空气摩擦带入，粗颗粒直接被叶片碰撞拦下，转子的速率可以根据要求来调节，转速越高时，出料细度就越细，与离心式选粉机的分级原理是一样的。它有较高的分级精度，细度控制也很方便。

③ 高效组合式选粉机。将静态选粉机（导风叶）和动态选粉机（旋转笼子）结合在一起，即圆柱形的笼子作为转子，在它的四周均布了导风叶片，使气流上下均匀地进入选粉区，粗细粉分离清晰，选粉效率高。不过这种选粉机的阻力较大，叶片的磨损也大。

### 4.10.3 主要类型

立式磨有好多种类型：如伯力鸠斯磨、莱歇磨、雷蒙磨、彼特斯磨、培兹磨、MPS 磨、ATOX 磨、OK 系列磨等。不管是哪一种，它们的结构和粉磨原理基本相同，所不同的是在磨盘的结构、碾辊的形状和数目上的差别，还有就是在选粉机上做了些"手脚"。

立式磨机的规格表示方法：ATOX 型立磨，为丹麦史密斯（F. L. Smidth）公司设计并制造；RM 由西德伯力鸠斯（Polysius）公司研制；MPS 磨机是由德国普费佛（Pfeiffer）设计研发，第一台 MPS 中速磨于 1958 年由法埃弗工厂在一台磨铝矾土矿石的波尔兹磨基础上改装而成，HRM（H 是合肥拼音的第一个字母，RM 是立式辊磨 Roller mill 的字头）是由我国合肥水泥设计院自主研制开发适合中国国情的立式磨机；PRM 是由我国天津水泥设计院自主研制开发适合中国国情的立式磨机，产量 100t/d。HRM1100 、HRM1250 是指由合肥水泥设计院设计的磨盘直径为 1100mm、1250mm 的立式磨机。

磨盘中径（衬板上方最小弧度处 两边的对等长度）大小直接决定该型号磨机的每小时产量。用于生料粉磨的 HRM、PRM、MPS 及 ATOX 立磨的规格及技术参数列于表 4-25~表 4-27。

表 4-25  HRM、PRM 型生料立式磨规格及主要技术参数

| 技术参数/型号 | HRM 1900 | HRM 2200 | PRM 2300 | PRM 2500 |
| --- | --- | --- | --- | --- |
| 磨盘中径/mm | 1900 | 2200 | 2300 | 2500 |
| 产量/(t/h) | 50～60 | 70～90 | 40～45 | 50～58 |
| 主电机功率/kW | 500 | 710 | 400 | 450 |
| 入磨物料粒度/mm | 0～40 | 0～40 | 0～50 | 0～50 |
| 产品细度(80μm 筛筛余)/% | <12 | <12 | <12 | <12 |
| 入磨物料水分/% | <10 | <10 | <10 | <10 |
| 产品水分/% | ≤1 | ≤1 | ≤1 | ≤1 |
| 入磨风温/℃ | ≤350 | ≤350 | ≤350 | ≤350 |
| 出磨风温/℃ | 70～95 | 70～95 | 70～95 | 70～95 |
| 出磨风量/(m³/h) | 约 120000 | 约 180000 | 约 80000 | 约 1000000 |
| 磨机差压/Pa | 约 5000 | 约 5000 | 约 5000 | 约 5000 |
| 设备总质量/t | 120 | 170 | 192 | 230 |

表 4-26  MPS 立式磨的技术性能

| 技术参数/型号 | MPS 2450 | MPS 2650 | MPS 3150 | MPS 3450 |
| --- | --- | --- | --- | --- |
| 产量/(t/h) | 75 | 90 | 150 | 180 |
| 磨盘直径/mm | 2450 | 2650 | 3150 | 3450 |
| 磨辊直径/mm | 1750 | 1900 | 2300 | 2450 |
| 磨盘转速/(r/min) | 29.2 | 28.1 | 25 | 24.2 |
| 磨辊碾磨力/kN | 480 | 570 | 810 | 960 |
| 入口风量(标准状态)/(m³/s) | 23.5 | 29 | 42.5 | 52.1 |
| 压差/mbar | 52 | 54 | 56 | 57 |
| 密封风量(标准状态)/(m³/s) | 0.36 | 0.37 | 0.44 | 0.36 |
| 主电机/kW | 610 | 690 | 1075 | 1300 |
| 主减速机/(r/min) | 980 | 980 | 980 | 980 |
| 辅助电机/kW | 15 | 22 | 30 | 29 |
| 辅助减速机/(r/min) | 1480 | 1480 | 1480 | 1480 |
| 设备总质量/t | 142 | 157.1 | 266 | 315 |

注：mbar，毫巴，1mbar=100Pa，下同。

表 4-27  ATOX 立磨系统及相关设备参数

| 技术参数/型号 | ATOX 37.5 | ATOX 42.5 | ATOX 50 |
| --- | --- | --- | --- |
| 磨盘直径$\phi$/mm | 3750 | 4250 | 5000 |
| 磨盘转速/(r/min) | 24.2 | 27.2 | 25.0 |
| 生产能力/(t/h) | 160 | 370 | 390 |
| 磨辊个数/个 | 3 | 3 | 3 |
| 入磨粒度/mm | (≥95mm)<2% | (≥110mm)<2% | (≥110mm)<2% |
| 成品细度(80μm 筛筛余)/% | ≤12 | ≤12 | ≤12 |
| 入磨物料水分/% | ≤5.2 | ≤5.0 | ≤5.0 |
| 成品水分/% | ≤0.5 | ≤0.5 | ≤0.5 |
| 磨机通风量/(m³/min) | 9500 | 11000 | 14000 |
| 主电动机功率/kW | 1800 | 2500 | 3500 |
| 选粉机电机功率/kW | 140 | 170 | 250 |

### 4.10.4 立式磨的粉磨特性

根据立式磨的工作原理及不同类型的立式磨结构特点，分析它的粉磨特性如下。

① 立式磨必须保持磨辊与磨盘对物料层产生足够大的粉磨压力，使物料受到碾压而粉碎。粉磨压力亦即辊压力，它与物料易磨性、水分、要求产量、磨内风速以及立磨类型和规

格等因素有关。易磨和水分小的物料，以及产量要求低时，辊压力就可以小些。辊压力依赖液压系统对加压装置（拉杆）施加的压力和磨辊自重而产生，并可在操作中加以调整。

此外，磨盘上的物料层必须具有足够的稳定性和保持一定的料层高度，大块物料将首先受到磨辊的碾压，辊压力集中作用在大颗粒物料上，当辊压力增加到或超过物料的抗压强度时，物料即被压碎。其他较大颗粒的物料接着被连续不断地碾压使粒度减小，直到细颗粒被挤出磨盘而溢出。

② 立式磨的粉磨效率不但与磨辊压力有关，也与料层的厚度有关。必须保持磨辊与磨盘之间有足够多的物料面。并且要保持一定的物料层厚度，使物料承受的辊压力不变。对于形成稳定料层较困难的物料，必须采取措施加以控制。如对于喂入干燥物料或细粉较多的物料，在磨盘上极易流动，料层不稳定，所以有时要采取喷水增湿的方法来稳定料层。也可通过自动调整辊压力来适应不稳定的料层变化。

③ 立式磨是一种烘干兼粉磨的风扫型磨机，机体内腔较大，允许通过较大的气流，使磨内细颗粒物料处于悬浮状态，因此立式磨用于粉磨生料或煤时，其烘干效率较高。

立式磨与干法水泥窑配套使用，可以将预热器排出的热废气通入磨内烘干物料。一般立式磨可以烘干水分高达15%的原料。

④ 在立式磨内，粉磨与选粉为一体。如图4-62所示，当物料颗粒离开磨盘边部，被气环口的高速气流吹起而上升，细颗粒物料被带至选粉机，较细的颗粒被选出，较粗的颗粒则从气流中沉降返回到磨盘上，也有部分粗颗粒则以较低的速率进入分级区，可能被转子叶片撞击甩开而跌落至磨盘上，形成循环粉磨。

### 4.10.5 立式磨的主要工艺参数

(1) 生产能力

立式磨的生产能力与从磨辊下通过的物料层厚度、磨辊碾压物料的速率和磨辊宽度成正比，与物料在磨内的循环次数成反比：

$$Q = 3600 \frac{1}{K} \gamma v b h Z \tag{4-46}$$

式中　$Q$——立式磨生产能力，t/h；
　　　$K$——物料在磨内的循环次数；
　　　$\gamma$——物料在磨盘上的堆积容积密度，t/m³；
　　　$v$——磨辊（外侧）圆周速率，m/s；
　　　$b$——磨辊宽度，m；
　　　$h$——料层厚度，m；
　　　$Z$——磨辊个数。

由于式(4-45)中的 $v = \dfrac{\pi D n}{60}$，则该式可改写为：

$$Q = \frac{60}{K} \pi y D n b h Z \tag{4-47}$$

式中　$D$——磨盘有效直径，m；
　　　$n$——磨盘转速，r/min。

立式磨的生产能力还与物料的易磨性、物料水分、辊压力等有关，实际生产能力波动较大。

(2) 功率

立式磨的功率与磨辊对料层的辊压力、磨盘转速和磨辊个数成正比。

实际立式磨功率的确定，需要根据原料的功耗试验和磨耗试验的结果确定。按功耗值计算装机功率，即：

$$N = KD^{2.5} \tag{4-48}$$

式中　$N$——立式磨的功率，kW；
　　　$K$——储备系数；
　　　$D$——磨盘外径，m。

不同类型的立式磨正常配备功率的计算式见表 4-28。

表 4-28　不同类型的立式磨功率与磨盘外径的关系

| 立式磨类型 | 配备功率计算式 |
| --- | --- |
| LM | $N = 87.8D^{2.5}$ |
| ATOX | $N = 63.9D^{2.5}$ |
| RM | $N = 42.2D^{2.5}(D<51), N = 49.0D^{2.5}(D>54)$ |
| MPS | $N = 64.5D^{2.5}(D_m<3150), N = 52.7D^{2.5}(D_m>3450)$ |

注：$D_m$ 为辊道平均直径。

(3) 磨盘转速

立式磨磨盘的转速决定于磨盘直径。其近似计算式：

$$n = C \frac{1}{\sqrt{D}} \tag{4-49}$$

式中　$n$——磨盘转速，r/min；
　　　$D$——磨盘外径，m；
　　　$C$——修正系数。

不同类型立式磨的转速与磨盘直径的关系列于表 4-29。

表 4-29　转速与盘径的关系

| 立式磨名称 | $n$ 与 $D$ 的关系 | 相当于球磨机的百分数/% | 立式磨名称 | $n$ 与 $D$ 的关系 | 相当于球磨机的百分数/% |
| --- | --- | --- | --- | --- | --- |
| LM | $n = 58.5D^{-0.5}$ | 182.8 | MPS | $n = 51.0D^{-0.5}$ | 159.4 |
| ATOX | $n = 56.0D^{-0.5}$ | 175.0 | 球磨机 | $n = 32.0D^{-0.5}$ | 100.0 |
| RM | $n = 24.0D^{-0.5}$ | 168.5 | | | |

## 复习思考题

4-59　简述立式磨的构造及工作原理。
4-60　立式磨有哪些主要部件？每个部件的作用是什么？
4-61　立式磨有哪些粉磨特性？试从工作原理和立式磨结构方面来分析。

## 4.11　立式磨系统

### 4.11.1　立式磨工艺系统

球磨机与分级设备（选粉机）是分别设置的，二者之间用提升机、螺旋输送机或空气输送斜槽等设备构成闭路循环粉磨工艺系统，比较复杂，占有的地面、空间也比较多。立式磨流程则较简单，它集烘干、粉磨、选粉及输送设备等于一身，结构紧凑，占地面积和空间小，具有广阔的应用前景，我国近几年新上马的新型干法水泥厂生料的粉磨大多采用了立式磨粉磨工艺，如图 4-63 所示。

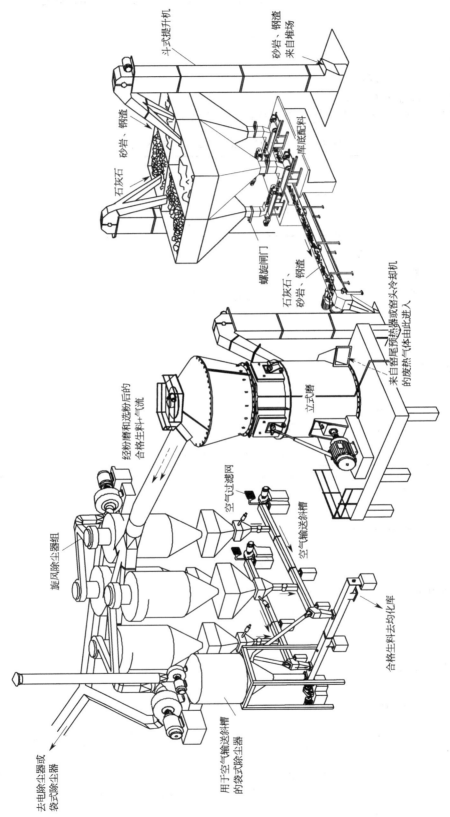

图 4-63 立式磨生料粉磨工艺流程

从流程图中可以看出，来自磨头仓含有一定水分的配合原料从立磨的腰部喂入，在磨辊和磨盘之间碾压粉磨，来自窑尾预热器或窑头冷却机的废热气体从磨机底部进入对物料边粉磨边烘干，气流靠排风机的抽力在机体内腔造成较大的负压，把粉磨后的粉状物料吸到磨机顶部，经安装在顶部内置选粉机的分选，粗粉又回到磨盘与喂入的物料一起再粉磨，细粉随气流出磨进入除尘器，实现料、气分离，料就是细度合格的生料，气体经除尘净化后排出。

立式磨与球磨机相比，电耗可下降10%～25%，烘干物料水分6%～8%，采用热风炉配套可烘干水分15%～20%的物料，大型立式磨的入磨物料粒度高达100～150mm，可省略二级破碎。

### 4.11.2 立式磨工艺系统配置

2000～2500t/d生产线立式生料磨系统主要配置实例如表4-30所示。

表4-30　2000～2500t/d生产线立式生料磨系统主要配置实例

| 工艺设备 | ATOX立式磨系统 | HRM立式磨系统 | MPS立式磨系统 |
| --- | --- | --- | --- |
| 生产能力/(t/h) | 160 | 180～210 | 150 |
| 入料粒度/mm | <80 | <40 | <80 |
| 被磨物料水分(入磨/出磨)/% | ≤6 | ≤10,≥1 | ≤7,≥0.5 |
| 立磨规格 | ATOX-32.5<br>主电机功率：1250kW<br>磨辊直径：1950mm<br>磨盘直径：3250mm<br>磨盘转速：31.06r/min | HRM3400<br>主电机功率：1800kW<br>磨盘直径：φ3400mm<br>出磨风量：<420000m³/h<br>磨机压差：5000～6000Pa | MPS3450<br>主电机功率：15050kW<br>磨辊直径：2450mm<br>磨环直径：3450mm<br>磨盘转速：24.5r/min |
| 旋风分离器 | S-5000/500（2台） | 4-φ3200mm<br>处理风量：5800～7000m³/min | φ4250mm<br>处理风量：5800～6000m³/min |
| 主风机 | 风量：4680m³/min<br>风压：9350Pa<br>功率：1100kW | 2888DI BB24<br>风量：7000m³/min<br>风压：10000Pa<br>功率：1600kW | 风量：6000m³/min<br>风压：8800Pa<br>功率：1600kW |

### 复习思考题

4-62　简述立式磨的粉磨工艺流程。
4-63　比较球磨机与立式磨生料粉磨系统的主要配置情况，分析相同点和不同点。

## 4.12　立式磨的操作

### 4.12.1　启动前的准备

启动立式磨前，要对立式磨及收尘、输送、供热、喂料计量、润滑等附属设备进行认真的检查。

① 润滑系统润滑油的检查及调整。填加或更换润滑油时，一定要检查用油品种、牌号，不能用错，且油中不能有杂质。对设备润滑油检查必须全面无遗漏地进行，包括锁风润滑、磨辊润滑、减速机润滑及液压柜的油量、油路和阀门等，所有运动部件、传动链条、联轴器均应加油。润滑油量要按具体设备、具体运动部位的要求加入，填加的过多会引起设备发热，但油量过少，设备会因缺油而损坏，所以一定要掌握好加入量。

② 冷却系统检查。设备运行时要发热，需用冷却水来降温，启动前应检查冷却水管阀门是否打开，并控制合适的水量。

③ 空压机站的检查。检查空压机是否启动，各储气罐是否按规定进行排污，压力是否达到额定压力，压缩空气管道及阀门有无漏气现象，有问题及时处理，供气管道上的手阀应处于开启状态。

④ 磨头储料仓或原料库、设备内部、人孔门，检修孔的检查，磨头储料仓或原料库加料之前应检查是否有安装或检修时掉在仓内部的金属杂物，这些东西将会造成料仓下料口堵塞或喂入磨内，留下后患。设备内部同样要仔细查看，不能留下杂物，以防止设备运行时卡死或打坏设备造成损失。待设备检查完后，所有人孔门、检修孔要严格密封，防止生产时漏水、漏风、漏料、漏油。

⑤ 阀门检查。所有的电动、气动阀门首先在现场确认能灵活开闭，阀轴与连杆是否松动，然后由中央控制室遥控操作，确认中控与现场的开闭方向一致，检查开度与显示是否一样，如果阀门上带有上、下限位开关，则要与中控室核对其限位信号是否返回；各储仓下所有的手动阀门或闸板在设备启动前都应打到适当位置。

⑥ 设备紧固情况的检查。磨机、风机、空气压缩机的地脚螺栓等不能出现松动，设备的易松动件、传动连杆等都要进行严格的检查，斗式提升机斗和链之间的连接也要检查。

⑦ 原料仓物料检查：确认各原料仓的物料储存量准确，料位计准确指示仓内物料位置，并与中控室显示一致。试生产期间仓内物料不宜过满，一般为满仓的 $60\%\sim70\%$。

### 4.12.2 开停车操作

(1) 开车操作

对所有设备检查后一切准备就绪，同球磨机一样按逆生产流程顺序开车，即由后往前顺序启动所有生料输送设备。

① 启动收尘系统，并开、关风管上相应的电动阀门。
② 启动液压、润滑装置组，进入工作状态。
③ 启动磨机排风机组，调整系统阀门开启度，控制风量，系统内不能出现正压。
④ 若回转窑尚未点燃或需要用热风炉补充供热，这时点燃热风炉，慢慢打开电动闸阀，逐渐升温。
⑤ 启动磨机喷水组，冷却水流动起来。
⑥ 检查确认磨辊抬起后，启动磨机主电机组。
⑦ 检查确认磨辊润滑正常，磨机出口气体温度达到开车温度（一般为 $80\sim100℃$）。
⑧ 启动排料输送系统，做好接料准备。
⑨ 启动喂料，计量设备，将石灰石、砂岩、铝矾土、铁粉等配合原料送入磨内。当料层达到一定厚度，磨辊自动放下，整个磨机系统（通风、收尘、润滑、冷却、输送、喂料）进入正常工作状态。各设备完成启动动作都需要一定的时间，因为每台设备必须达到全速并通过传感器证实以后，才启动后一台设备，不要操之过急。

(2) 停车操作

原则上讲，停车顺序与开车是相反的，也就是按粉磨流程停机。但由于立式磨的操作比较复杂，这里需叙述的更详细些。首先确认停车范围，将自动控制转为手动控制，然后按如下程序停车。

① 将原料秤给定值降到原料磨允许的最低负荷，调低入磨热风温度。
② 停原料计量，喂料装置。
③ 停磨内喷水组。
④ 待磨内料卸空、磨辊自动抬起后，停磨机主电机组（主电机完全停稳后，磨辊自动放下）。

⑤ 停磨辊润滑装置组。
⑥ 重新设定高温风机出口压力值，(约-200~300Pa)，调整电收尘器（或袋式除尘器）入口阀门开启度，以备转换废气全部入窑尾电收尘器。
⑦ 停磨机排风机组。
⑧ 视现场情况按生产流程停磨机辅助设备及磨机减速机润滑装置。
⑨ 停收尘器组。

#### 4.12.3 运行中的检查和调整

磨机系统正常运转之后，应经常观察控制仪表盘上各设备的电流、电压、温度、喷水量的参数变化及变化趋势来判断运行情况，发现不正常现象，应及时采取适当措施进行调整处理，使系统正常而稳定地运行。

① 减速机轴承温度、磨辊润滑油温度：若升温，要检查供油压力或油质好坏以及冷却水系统是否通畅，针对不同情况来处理。
② 选粉机减速机润滑油压力不正常：要检查供油管路是否通畅或阀门是否打开，并做相应处理。
③ 磨内物料量过多或过少，可以通过磨机进出口压差判断后，通过改变入磨物料量处理。
④ 磨机出口气体温度超出控制范围：通过调整磨机喷水量调节。
⑤ 磨机入口压力波动大，则应通过调整磨机进风电动阀门开度处理。
⑥ 磨内通风量不合适，此时磨机排风机入口风量不合适，应调整电动阀门开启度处理。
⑦ 生料细度、水分不合格：当生料过粗时，应提高选粉机转速、降低风量；反之，生料过细（产量一定低），则应降低选粉机转速，加大通风量。当生料水分过高，可通过调整磨机进出口气流温度；或减少磨内喷水以及调整喂料量等方法处理。
⑧ 生料三率值或 $T_{CaCO_3}$ 不合格：如 $T_{CaCO_3}$ 或 $KH$ 偏低，说明石灰石量偏低，需增加石灰石加入量进行原料配比调整。

#### 4.12.4 运行中的操作控制要点

（1）稳定料床

维持稳定料床，这是辊式磨料床粉磨的基础，正常运转的关键。料层厚度可通过调节挡料圈高度来调整，合适的厚度以及它们与磨机产量之间的对应关系是在调试阶段确定的。料层太厚粉磨效率降低，料层太薄将引起振动。如辊压加大，则产生的细粉多，料层将变薄；辊压减小，磨盘物料变粗，相应返回的物料多，料层变厚；磨内风速提高，增加内部循环，分选出细料量增多，料层减薄；相反，降低风速，料层增厚。在正常运转下辊式磨经磨辊压实后的料床厚度不宜小于40~50mm。

（2）粉磨压力控制

粉磨压力是由液压系统产生的，液压系统有液压站和液压缸，液压缸连有蓄能器，其在研磨过程中起着液压气动吸振和缓冲机械负荷的作用。当泵站工作时便可产生液压也可抬升磨辊，研磨压力的大小与磨的压力应该基本相等，否则会影响磨机的正常运行。磨辊通过辊轴及拉伸杆承受压力，直接影响产量：研磨压力大，研磨作用增强，产量高；反之则产量低。但研磨压力也不宜过大，否则会增加主电机负荷，增加无用功，同时容易使磨机振动加剧，损坏磨机衬板及其他设备。在操作过程中，要保持研磨压力在设定范围内。

（3）出磨气体温度控制

立磨是烘干兼粉磨系统，出磨气温是衡量烘干作业是否正常的综合性指标。入磨热风从环缝喷入，风速大、磨内通风面积也大、阻力小，烘干效率高。为了保证原料烘干良好，出磨物料水分小于 0.5%，一般控制磨机出口气流温度在 80~100℃。如温度太低则成品水分大，使粉磨效率和选粉效率降低，有可能造成收尘系统冷凝；如太高，表示烟气烘干效果不良，也会影响到收尘效果。

出磨气体温度可通过调节出磨排风机出口风门的开启度来控制，也可以保持风门的开启度不变，适当向磨内喷入雾状的水来控制出磨气体温度。

在窑点火之前且当入磨物料水分较大时，除了应用窑尾废气外还需补充热源，这时应以出磨气温来控制热风炉温度或热风量以维持出磨气温稳定。

（4）风速控制

立磨主要靠气流带动物料循环。合理的风速可以形成良好的内部循环，使盘上的物料层适当、稳定，粉磨效率高。但风量是由风速决定，而风量还和喂料量有关系，如喂料量大，风量应大；反之则减小。风机的风量受系统阻力的影响，可通过调节风机阀门来调整。磨机的压降、进磨负压、出磨负压均能反映风量的大小。压降大、负压大表示风速大、风量大；反之则相应的风速小、风量小。这些参数的稳定就表示风量的稳定，从而保证料床的稳定。

（5）生料细度控制

生料细度受分离器转速、系统风量、磨内负荷等影响。在风量和负荷不变的情况下，可以通过手动改变转速来调节细度，调节时每次最多增或减 2r/min，过大会导致磨机振动加大甚至跳闸。

（6）磨内适当喷水

粉磨中对磨盘物料进行喷水可以改善硬质物料在磨盘出现聚集导致的不稳定粉磨料层，使干细物料流动性降低，从而稳定料层；对于大多数含有通常水分的配合原料来说，喷水还可以降低出磨气体的温度。一般喷水量为喂料量的 1%~2% 即可起到稳定料层和减少振动的作用。

### 4.12.5 粉磨过程中不正常情况的分析及处理

（1）生产能力过低

可能的原因为：喂料速率低；粉磨压力低；产品细度太细；系统风量低。

解决的方法为增加喂料速率或增加粉磨压力，降低选粉机转速，加大系统排风量。当磨机的生产能力过高时，解决的方法相反。

（2）磨体振动过大

磨体振动是立式磨机工作中普遍存在的一个现象，合理的振动是允许的，但若振动过大，则会造成磨盘和磨辊以及衬板的机械损坏。所以在操作过程中应当严格将振动值控制在允许范围内（一般在 2.0mm/s 以下），磨机才能稳定运行。引起磨机振动的原因较多，归纳起来有以下几种。

① 喂料不均匀，当入磨的混合料多为粉料时，磨辊压力大，磨盘上料层薄，甚至磨盘与磨辊直接接触，造成振磨；当入磨的混合料多为块料状物料时，造成磨辊的压差不稳定，产生振磨。解决的方法是稳定入磨物料的粒度，适当调整喂料速率或降低粉磨压力，在保证需要物料细度的前提下，适当降低选粉机转速。

② 金属件进入磨机，检查金属探测器、磁铁分离器工作是否正常。

③ 窑废气风机损坏引起振动或入磨的窑尾废气压力高、不稳且含尘浓度大使磨内温度过高，从而加大了磨机振动，此时应加大循环风门的开度，增大入磨的循环风，提高了磨机的入口负压，使磨机运转平衡。

（3）大量吐渣

① 喂料量波动过大。要做到稳定喂料，保持磨盘上有一定厚度的料层。

② 料干、料细、物料流速快、盘上留不住料。有些物料若太干、太细，内摩擦系数较小，从而流动性好，难以形成正常的料层，或者料层很不稳定造成操作困难，严重振动。遇到这种情况，根本的解决办法是增加磨内喷水，以增加物料的黏性，降低流动性，一般喷水量为 2%～3%。

③ 粒粗、压力低、压不碎，解决办法是适当加压。

④ 风速小、风量小、吹不起，解决办法是应加大风量。

⑤ 因漏风引起的磨内负压降低，解决办法是加强密封、减少漏风。

(4) 压降过大或过小

如果喂料量过大；研磨能力没有跟上；挡料圈高度太低；内部循环负荷高（即粗粉回料多、产品太细），会导致磨机的压降增大，对应的解决办法是：减少喂料；调整蓄能器能力以增大研磨能力；调整挡料圈高度；降低选粉机转速。压降减小与上述相反。

(5) 磨辊漏油

① 磨辊骨架油封损坏，解决办法是拆卸磨辊，更换骨架密封。

② 磨辊空气平衡管道堵塞，解决办法是检查清洗空气平衡管道。

③ 磨辊密封风机管道破损，解决办法是清理管道并焊补。

(6) 液压泵吸空和液压泵本身故障

进油管封闭不良或本身封闭不良而漏气或油量不足或油液稠度不当等，会导致液压泵吸空，解决方法是：更换不良封密件并拧紧螺母，加足油量、更换油液。泵内铜套、齿轮等元件损坏致使精度下降，或泵轴向间隙大、输油量不足，处理这些故障的方法有：更换零件、使轴间隙适当，必要时更换齿轮泵。

## 复习思考题

4-64 立式磨启动前要做好哪些准备？

4-65 简述立式磨运行中的操作控制要点。

4-66 磨体振动过大的原因是什么？怎样处理？

4-67 运行中产生大量尾料，原因是什么，怎样处理？

## 4.13 立式磨机系统设备的维护和检修

### 4.13.1 保持立式磨的液压系统和减速机泵站正常工作

日常运行中要经常检查泵站，如果油位明显降低，要正式记录和报告，及时补充润滑油。如果油过滤器的指示器显示过滤器堵塞，要及时更换和清洗。如果减速机泵站不能正常工作，可能是冷却水管道堵塞，也许是加热器或加热泵损坏，这时应清理管道或更换过滤器、更换加热器或加热泵。如果磨辊润滑油泵站不能正常工作时，也按照上述办法处理。润滑油质量要得到保证，每隔一段时间要从液压泵站的油箱里抽取油样来检验它的纯净度、黏度、酸值和含水量等，如有超标，要立即换油。

### 4.13.2 ATOX 立式磨磨辊漏油的修理实例

用于磨辊密封的空气和润滑的油脂是通过中心架的空气通道和油脂通道进入磨辊内部的，如图 4-64 和图 4-65 所示，当磨机机壳内密封空气通道局部被磨破时，风管内进灰，便会磨伤磨辊内部的通道，使骨架密封、轴承等处进灰，导致磨辊漏油，此时必须停磨修理。

(1) 拆卸磨辊

① 拆除机头上的拉力杆及扭力杆，把磨辊从中心架上卸下移出磨外。由于起吊磨辊用

的工字梁是固定的，如果三个磨辊刚好都不在工字梁的正下方，这时就要启动减速机泵站，用人工盘动电机转动磨盘，将磨辊转动到对准吊梁的正下方。中心架可以留在磨盘上，但需将密封空气和润滑油管路及法兰面清洗干净，并盖上塑料布防止灰尘侵入。

② 将磨辊和转轴水平放置，在转轴上依次拆除机头、空气密封圈、轴承盖及骨架密封。

(2) 更换骨架密封及所有的"O"形密封圈

① 清洗磨辊轴承润滑油管道及风管道。

② 磨辊油泵站油箱清洗换油，并更换油过滤器。

③ 更换骨架密封和"O"形密封圈时，要严格检查其尺寸。

④ 在更换"O"形密封圈之前，要严格筛选密封圈尺寸，并顺着槽内填充密封脂。

(3) 安装磨辊及空气密封圈

① 磨辊安装之前所有部件必须清洗干净，所有接触表面要保持干燥、清洁、无黄油。在磨盘上装上支撑工具，将中心架吊到支撑工具上并加以固定，在磨辊和中心架连接法兰面上，安装用于密封空气通道和润滑油路的"O"形密封圈（必须是新的），然后移动磨辊转轴使其法兰靠近中心架上的接合面。为保证"O"形密封圈不被破坏，当两个平面相互结合后，在圆周方向上二者不能有错动。最后用液压扳手按规定的力矩拧紧法兰连接螺栓，并在螺母上装上保护帽。

② 将空气密封圈安装到转轴上后，用塞尺检查空气密封圈之间的间隙，保证不大于 0.5mm。

③ 更换磨损的风管，并在风管和油管外装耐磨护套。

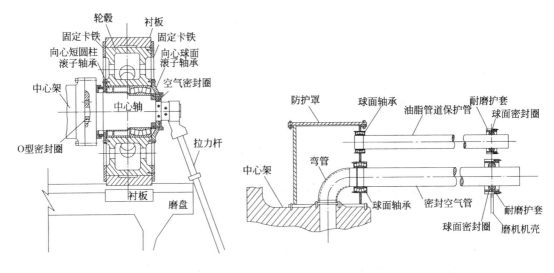

图 4-64 磨辊（ATOX）　　图 4-65 磨辊（ATOX）密封空气及润滑油脂进入管

### 4.13.3 ATOX磨磨辊拉力杆断裂的处理实例

某一新型干法水泥厂日产熟料 2000t，配一台丹麦产 ATOX 37.5 型立式生料磨，可该磨机运行 6 年中曾多次发生拉力杆断裂故障。

(1) 故障原因

① 磨辊在运行中会产生振动，而磨辊和磨盘的衬板因不均匀磨损更导致了振动的加剧，这对拉力杆产生了一个突变的应力。

② 扭力杆支座处的缓冲块时间长会老化，渐渐失去缓冲作用。

③ 由于振动和磨损使扭力杆与拉力杆位置偏移，不仅使扭力杆失去了保护作用，而且会对拉力杆形成扭弯作用，对拉力杆产生扭矩。

拉力杆断裂是以上综合作用的结果。

（2）处理方法

① 加大拉力杆直径。

② 更换扭力杆支座处老化的缓冲块。

③ 调整（偏移的）拉力杆位置，使之与扭力杆保持垂直。

### 4.13.4 莱歇磨磨辊液压缸活塞杆与连杆螺纹处断裂的分析与修复实例

参照图 4-66，莱歇磨在粉磨物料时，磨辊对物料的压碾力来自于液压缸产生的拉力通过活塞杆和连杆头作用在摇臂上，整个摇臂作为一个杠杆，支点在中轴处，把液压缸产生的拉力传递给磨辊。液压缸的活塞杆与连杆头的联接是通过两个半圆的外套来实现的。两个半圆外套由螺栓联接成圆筒套，内筒有螺纹，活塞杆与连杆的外表面有外螺纹。莱歇磨在运行时磨辊在物料的影响下频繁作上下运动，因此使活塞杆和连杆头在长期突变应力的作用下，所产生的应力容易集中在螺纹处，长期作用会发生疲劳断裂。某厂一台 LM35.4 型的莱歇磨投入运行 5 年内，就曾分别在两个磨辊的液压缸活塞杆和连杆头的联接螺纹处发生断裂。此时必须更换活塞杆和连杆头。

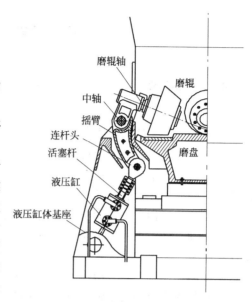

图 4-66 莱歇磨与液压缸连接结构

## 复习思考题

4-68 怎样保持立磨液压系统和减速机泵站的正常工作？

4-69 怎样修理 ATOX 磨辊漏油？

4-70 简述 ATOX 磨辊拉力杆断裂的处理。

# 5 生料均化

## 5.1 概述

### 5.1.1 生料均化的意义

均化是水泥干法生产中很重要的工艺环节，也是生料制备过程中的最后一个环节，生料均化进行得好，不仅可以提高熟料的质量，而且对稳定窑的热工制度、提高窑的运转率、提高产量、降低能耗大有好处。

生料的均齐性（颗粒大小和级配）和稳定性（$CaO$、$SiO_2$、$Al_2O_3$、$Fe_2O_3$ 的化学成分的波动范围）会对下一道工序——熟料煅烧质量产生重大影响，所以必须要在生料制备这道工序中把好入窑生料质量这一关。尽管原料在破碎后、粉磨前已经做过预均化处理，使化学成分的波动缩小许多，可即使预均化得十分到位，在入磨前的配料过程中，也可能由于设备误差、操作因素及物料在输送过程中某些离析因素的影响，使得出磨生料的化学成分有较大的波动，它的均齐性和稳定性是远远满足不了入窑生料控制指标要求的，因此出磨生料必须要均化。目前均化技术在水泥生产中得到了迅速发展和广泛的应用，已形成了一个与生料粉磨并存的生料均化系统。

### 5.1.2 均化过程的基本参数

我国水泥企业中一般是用 $CaCO_3$ 滴定值合格率来衡量样品质量及均齐性的。合格率的含义是指若干个样品在规定质量标准上下限之内的百分率。例如当要求生料的滴定值为 $(78\pm0.3)\%$ 时，即滴定值在 $77.7\%\sim78.3\%$ 之间均为合格。如果 10 个样品中有 7 个在此范围内，则合格率为 $70\%$。不过只有合格率达到标准并不能保证生料质量满足要求，因为 10 个试样的平均值并不一定是 $78\%$。如果 7 个样品都大于 $78\%$，但小于 $78.3\%$，其合格率仍为 $70\%$，这时当其他 3 个不合格试样偏离平均值很多时，则全部试样的平均值将远离目标值，因此需用其他方法来衡量均化程度。

（1）标准偏差

标准偏差也叫均方差，是数理统计中的一个概念。用来表示数据波动的幅度，计算公式为：

$$S = \sqrt{\frac{1}{n-1}\sum_{i=1}^{n}(x_i-\overline{x})^2} \tag{5-1}$$

式中 $S$——标准偏差；

$n$——试样个数；

$x_i$——单个样品的测定值；

$\overline{x}$——$n$ 个 $x_i$ 值的算术平均值。

求标准偏差，首先要计算平均值，然后计算偏离平均值的差值。

【例 5-1】 有两组石灰石试样，其 $CaCO_3$ 含量测定结果见表 5-1。

**解**：假设测定值在 $90\%\sim94\%$ 之间为合格，此时两组试样的合格率均为 $60\%$，现考察这两组试样的平均值：第一组 $\overline{x}_1 = \frac{1}{n}\sum_{i=1}^{n} x_i = 92.58\%$；第二组 $\overline{x}_2 = \frac{1}{n}\sum_{i=1}^{n} x_i = 92.03\%$

表 5-1　两组石灰石试样 $CaCO_3$ 含量测定结果

| 样品编号 | 1 | 2 | 3 | 4 | 5 | 6 | 7 | 8 | 9 | 10 |
|---|---|---|---|---|---|---|---|---|---|---|
| 第一组 | 99.5 | 93.8 | 94.0 | 90.2 | 93.5 | 86.2 | 94.0 | 90.3 | 98.9 | 85.4 |
| 第二组 | 94.1 | 93.9 | 92.5 | 93.5 | 90.2 | 94.8 | 90.5 | 89.5 | 91.5 | 89.9 |

虽然两组试样的合格率相同，平均值也接近，但波动幅度相差很大。第一组的波动幅度在平均值的 ±7% 左右，各个测定值即使合格，不是接近上限就是接近下限；第二组的波动幅度要小得多，比较这两组生料，其质量大不相同。

如果用标准偏差去衡量它们的波动幅度，将 $\overline{x}_1 = 92.58\%$、$\overline{x}_2 = 92.03\%$ 代入式(5-1)，得：

$$S_1 = 4.68 \qquad S_2 = 1.96$$

标准偏差不仅反映数据围绕平均值的波动情况，而且便于比较若干个数据的不同分散程度。$S$ 越大，分散度越高，$S$ 越小，成分越均匀。同时标准偏差和算术平均值一起，可以表示物料成分的波动范围及分布规律，通过多次对等量试样的测定结果表明，成分波动在标准偏差范围之内的物料，在总量中大约占 70% 左右，其余的物料成分的波动要比标准偏差大。

(2) 均化倍数

均化倍数是物料均化前后标准偏差之比：

$$H = \frac{S_1}{S_2} \tag{5-2}$$

式中　$H$——均化倍数；

　　　$S_1$——均化前物料的标准偏差；

　　　$S_2$——均化后物料的标准偏差。均化倍数越大，均化效果越好。

## 5.2　生料均化库

均化库的外表看似一个光秃秃的构筑物，但库顶、库底却布满了很多附属设备，它们"忠实地"为均化库"效劳"，图 5-1 是一连续式空气搅拌均化库（圆柱形混合室，还有锥形混合室的均化库），库底结构还是很复杂的：有充气箱、卸料器、罗茨风机、回转式空气分配阀、螺旋输送机、储气罐，还有密密麻麻的送气管道等。

### 5.2.1　混合室

既然库的容量很大，使库内的全部物料剧烈翻腾起来而均化困难且电耗巨大不经济，那么可以在均化库内设置一个小的搅拌室，专门给物料提供一个充分搅拌的"单间"，让库内下部的生料在产生充气料层后，沿着库底斜坡流进（粉状物料是有一定的流动性的）库底中心处的搅拌室，在这里会受到强烈的交替充气，使料层流态化，充分搅拌趋于均匀。

混合室内装有一高位出料管，一般高出充气箱 3~4m，经过空气搅拌均化后的生料从高位管溢流而出，由库底卸料器卸出。低位出料管比充气箱约高 40mm，用于库底检修卸空物料之用。

### 5.2.2　充气箱

充气箱带有块状孔眼，它由箱体和透气性材料组成，铺设在均化库的库底和混合室的顶部。充气箱的形状有条形、矩形、方形、环形或阶梯形等，用得最多的是矩形充气箱，其箱

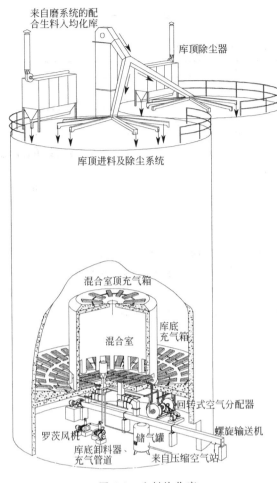

图 5-1 生料均化库

体用钢板、铸铁或混凝土浇制而成,透气层采用陶瓷多孔板、水泥多孔板或化学纤维过滤布(工业亚麻、帆布),由罗茨风机产生的低压空气的一部分沿库内周边进入充气箱,透过透气层,对已进入库内的生料在库的下部充气形成充气料层,可以具备良好的流动性。不过库的容量很大,不要认为整个一个大库都能使全部的物料在这里剧烈"折腾"起来,也就是说在此是不能完全均化的,如图 5-2 所示。

### 5.2.3 充气装置

连续式空气均化库的工作特点是局部充气、连续操作,所需空气压力一般不超过 5000mmH$_2$O,空气消耗量较大,可达 45m$^3$/min 以上。均化库的气源来自罗茨风机(通过库底若干条充气管路分别送给库底卸料器和各个充气箱,在库底环形充气区和混合室底部平面充气区对应分区充气),经回转式空气分配阀分配,通过库底若干条充气管路分别送给搅拌室和环形充气箱,进入隧道区充气箱及混合室充气箱。在库底环形充气区(倾斜度为 13%)和混合室底部平面充气区是对应分区充气的,回转式空气分配阀与均化库相匹配,有四嘴和八嘴两种,由一组传动装置驱动,转动时向库底充气区轮流供气,如图 5-3 所示。

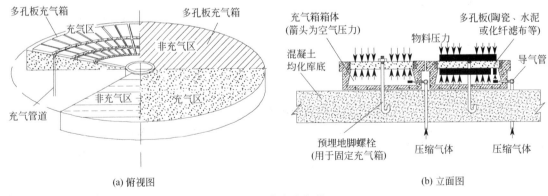

图 5-2 库底充气箱

### 5.2.4 罗茨风机

罗茨风机属于容积式风机,它所输送的风量取决于转子的转数,与风机的压力关系甚小,压力选择范围广,可承担各种高压力状态下的送风任务,在水泥生产中,多用于气力提升泵、气力输送、气力清灰、生料及水泥库内的均化搅拌等,见图 5-8 "生料均化库(MF

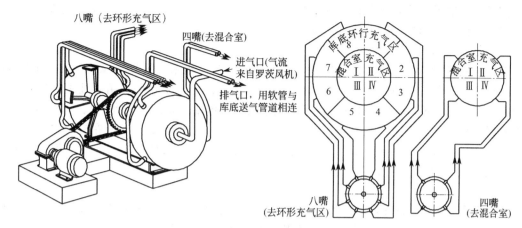

图 5-3 回转式空气分配阀

库）工艺流程"中的 7、8、9、20。

(1) 构造及工作原理

罗茨风机有卧式和立式两种形式，卧式罗茨风机的两根转子在同一水平面内 [见图 5-4(a)]，立式罗茨风机的两根转子在同一垂直平面内 [见图 5-4(b)]，两种风机都采用弹性联轴器与电机相连直接传动。主要部件基本相同，由转子、传动系统、密封系统、润滑系统和机壳等部件组成，其中用于输送气流的主要工作部件是两只渐开线腰形的转子（叶轮和轴组成），依靠主轴上的齿轮，带动从动轴上的齿轮使两平行的转子作等速相对转动，完成吸排气（空气从下部或一侧吸入）并通过回转式空气分配阀向库底充气箱充气（上部或另一侧排气）过程。两转子之间及转子与壳体之间均有一极小间隙（0.25~0.4mm），保证吸排气效

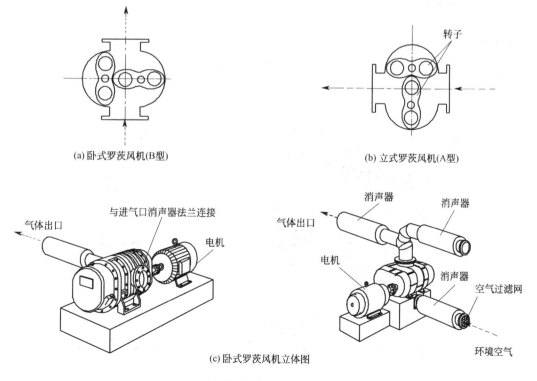

图 5-4 罗茨风机

率。部件中只有叶轮为运动部件,而叶轮与轴承为整体结构,叶轮本身在转动中磨损极小,所以可长时间连续运转,性能稳定、安全性高。

(2) 轴承及密封

罗茨风机的轴承一般采用滚动轴承(较大型的罗茨风机采用滑动轴承),和联轴器端轴承采用调心滚子轴承(以解决轴向定位),自由端轴承、齿轮端轴承选用圆柱滚子轴承(解决热膨胀问题)。密封方式有机械密封式(效果较好,但结构复杂,成本高)、骨架油封(密封圈容易老化,需定期更换)、填料式(效果不是太好,需经常更换,新更换的填料不宜压得过紧,运转一段时间后再逐渐压紧)、涨圈式和迷宫式(这两种属于非接触式密封,寿命长,但泄漏量较大),各厂根据情况选用密封装置。

(3) 润滑系统

小型罗茨风机轴承和同步齿轮润滑采用润滑脂润滑;大型的罗茨风机采用稀油润滑装置,分主、副油箱,在主油箱内安装有冷却器和一定容量的润滑油,用作同步齿轮和自由端轴承润滑之用,同步齿轮浸入油池,通过齿轮的旋转带动甩油盘形成飞溅润滑。副油箱通过飞溅作用为定位轴承提供润滑。

(4) 型号规格

罗茨风机型号的含意如下:

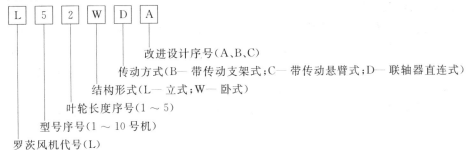

### 5.2.5 卸料装置

均化后合格的生料可以入窑,它们可以从库底和库侧分别卸出,用刚性叶轮卸料器(见图 5-5)或气动控制卸料装置(见图 5-6),出口接输送设备。

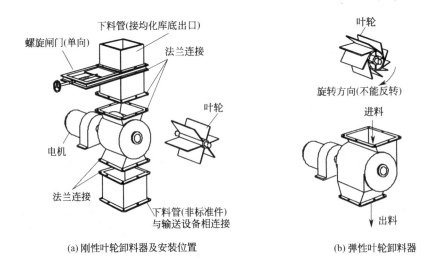

(a) 刚性叶轮卸料器及安装位置    (b) 弹性叶轮卸料器

图 5-5 刚性叶轮卸料器

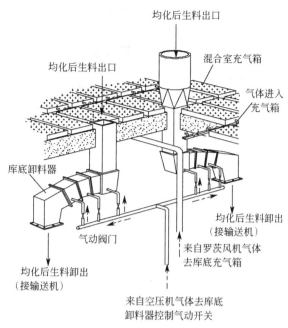

图 5-6 气动控制卸料器

### 5.2.6 库顶加料与除尘装置

物料是从库顶喂入的，由于均化库的高度约 60m，物料由库顶落到库内会从库顶孔口冒出粉尘，也就是生料的微细粉。特别是在库内存料量少时，落差就更大，冒出粉尘也就更多，所以库顶要加除尘器，见图 5-1 生料均化库的库顶部分。

#### 复习思考题

5-1 简述生料均化库在水泥制造过程的作用。
5-2 均化库混合室的构造及作用是什么？
5-3 均化库库底及充气箱的构造是怎样的？充气箱是怎样工作的？
5-4 简述罗茨风机的构造及工作原理。在生料均化过程中它发挥怎样的作用？

## 5.3 生料均化工艺

### 5.3.1 均化过程

生料均化库的位置设在生料磨系统与窑煅烧系统之间，均化过程在封闭的圆库里完成。生料均化的方式有机械搅拌（多库搭配和机械倒库，多用于中小型厂特别是立窑厂）和空气搅拌（间歇式均化库和连续式均化库，多用于大型水泥厂）两种，现代化干法水泥采用连续式空气搅拌均化库，生料从均化库的库顶进料→库内均化→库底或库侧卸料进出料及均化动作在同一时间内进行，也就是说把进料储存、搅拌和出料进行更加合理的贯通，其均化过程如图 5-7 所示。

### 5.3.2 均化系统配置

均化库的库顶、库底配有很多附属设备，它们各自有自己的任务，共同构成生料均化系统。对照图 5-8，把这些附属设备配置进行整理，如表 5-2 所示。在这里还要说明一点，MF 库也称伯力鸠斯多点流生料均化库。

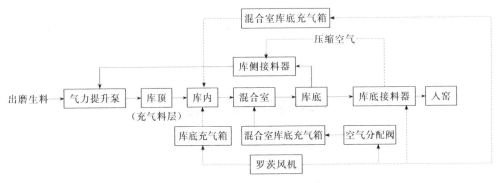

图 5-7 生料均化过程

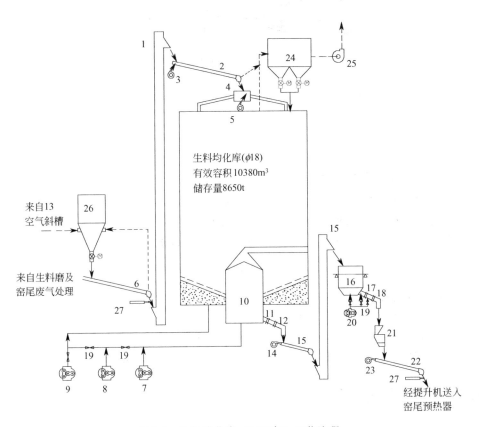

图 5-8 生料均化库（MF库）工艺流程

1，15—提升机；2，13，22—空气斜槽；3，5，14，23，25—风机；4—生料分配器；6—均化库环行区充气系统；7～9，20—罗茨风机；10—均化库中心室充气系统；11—充气螺旋闸门；12，18—气动开关阀；16—喂料仓；17—充气螺旋阀；19—流量控制阀；21—冲板式流量计；24，26—袋式除尘器；27—取样器

表 5-2 生料均化库（MF库）及其入喂料窑系统主要设备

| 序号 | 设备名称 | 规格及技术参数 |
| --- | --- | --- |
| 01 | 斗式提升机 | 型号：N-TGD630-55.150-左　能力：310t/h |
| 01M₁ | 电机 | 型号：Y280S-4　功率：75kW |
| 01P | 减速机 | 型号：B3DH9-50 |
| 01M₁ | 输传电机 | 型号：KF100-A100-L4　功率：4kW |
| 02 | 空气输送斜槽 | 规格：B500×9100mm　能力：330m³/h　角度：8° |

续表

| 序号 | 设备名称 | 规格及技术参数 |
|---|---|---|
| 03 | 风机 | 型号:XQⅡ №4.7A 逆 90　风量:908m³/h　风压:5416Pa |
|  | 电机 | 功率:3kW |
| 04 | 生料分配器 | 型号:φ1600mm　能力:330m³/h |
| 04a | 空气输送斜槽 | 规格 B200×5360mm　角度:8° |
| 04b | 空气输送斜槽 | 规格 B200×3340mm　角度:8° |
| 05 | 风机 | 型号:XQⅡ №5.4A 逆 0　风量:1125m³/h　风压:6432Pa |
| 05M | 电机 | 功率:4kW |
| 06 | 均化库环行区充气系统 | 每套含:(a)充气系统;(b)中心室充气管路系统;(c)气力搅拌电控系统 |
| 07 | 罗茨风机<br>罗茨风机(备用一台) | 风量:23.68m³/min　风压:58.8kPa　转速:1730r/min<br>用水量:10L/min |
| 07M | 电动机 | 型号:Y225S-4　功率:30kW |
| 08 | 罗茨风机 | 风量:14.76 m³/min　风压:58.8kPa　转速:1450r/min<br>用水量:8~10L/min |
| 08M | 电动机 | 型号:Y200L-4　功率:30kW |
| 09 | 均化库中心室充气系统 | 每套含:(a)中心室充气系统;(b)中心室充气管路系统;(c)卸料充气装置 |
| 10 | 充气螺旋闸门 | 规格 B500mm　能力:50~320m³/h |
| 11 | 气动开关 | 规格 B500mm　能力:50~320m³/h　气缸型号:QGB-E100×160-L1 |
| 12 | 流量控制阀 | 规格 B500mm　能力:50~320m³/h　型号:DKJ-3100 |
| 12M | 电动执行器 | 信号电流:4~20mA　功率:0.1kW |
| 13 | 空气输送斜槽 | 规格 B500×8500mm　能力:330m³/h　角度:8° |
| 14 | 风机 | 型号:XQⅡ №4.7A 顺 90　风量:1392m³/h　风压:535Pa |
| 14M | 电机 | 功率:5.5kW |
| 15 | 斗式提升机 | 型号:N-TGD630-67.6150-左　能力:260t/h |
| 15M₁ | 电机 | 型号:Y280M-4　功率:90kW |
| 15P | 减速机 | 型号:B3DH9-50 |
| 15M₂ | 输传电机 | 型号:KF100-A100-L4　功率:3kW |
| 16 | 喂料仓 | 规格:φ5000×7000　有效仓容 120m³ |
| 16a | 荷重传感器 | 称重范围:0~70t |
| 17 | 充气螺旋闸门 | 规格 B500mm　能力:50~320m³/h |
| 18 | 气动开关 | 规格 B500mm　能力:50~320m³/h　气缸型号:QGB-E100×160-L1 |
| 19 | 流量控制阀 | 规格 B500mm　能力:50~320m³/h　型号:DKJ-3100 |
| 19M | 电动执行器 | 信号电流:4~20mA　功率:0.1kW |
| 20 | 罗茨风机 | 风量:11.8 m³/min　风压:58.8kPa　转速:980r/min<br>用水量:8~10L/min |
| 20M | 电动机 | 型号:Y200L2-6　功率:22kW |
| 21 | 冲板式流量计 | 能力:30~280t/h　精度:±(0.5~1.0)% |
| 22 | 空气输送斜槽 | 规格 B500×20000mm　能力:320m³/h　角度:8° |
| 23 | 风机 | 型号:9-19 №57A 逆 90　风量:1986m³/h　风压:5980Pa |
|  | 电机 | 功率:7.5kW |
| 24 | 袋式除尘器<br>脉冲阀<br>提升阀 | 型号:PPCS64-4 处理风量:11160 m³/h 压损:1470~1770Pa 过滤风速:1.0m/min<br>净过滤面积:186 m² 耗气量(标准状态):1.2m³/min 气压:(5~7)×10⁵MPa 入口含尘浓度(标准状态):<60g/m³　出口含尘浓度(标准状态):<100mg/m³　规格 φ65mm |
| 24M | 回转锁风阀<br>电机 | 提升阀阀板直径规格:φ595mm　气缸直径规格:φ100mm<br>功率:1.1kW |
| 25 | 风机 | 型号:9-19 №11.2D 风量:115973m³/h 风压:2800Pa<br>转速:960r/min　型号:Y225M-6 |
| 25M | 电机 | 功率:30kW |

续表

| 序号 | 设备名称 | 规格及技术参数 |
|---|---|---|
| 26 | 袋式除尘器 | 处理风量:8500m³/h 压损:<1200Pa 过滤风速:1.4m/min 净过滤面积:816m² 耗气量:0.35m³/min 气压:(4~5)×10⁵MPa 入口含尘浓度(标准状态):<200g/m³ 出口含尘浓度(标准状态):<50mg/m³ 规格:φ65mm |
| 27 | 风机电机 | 型号:Y132S2-2 功率:7.5kW |
| 28 | 压力平衡阀 | 规格:φ450mm×450mm |
| 29 | 量仓孔盖 | 规格:φ250mm |
| 30 | 库顶人孔门 | 规格:700mm×800mm |
| 31 | 库侧人孔门 | 规格:600mm×800mm |
| 32 | 斗式提升机 | 根据预热气提升高度确定 |

注：以上所配设备数量各为一台。

### 5.3.3 生料均化库应用实例

以冀东发展集团有限公司某厂生料均化工艺为例：该厂一期是引进日本的日产熟料4000t的大型干法水泥厂，混合室连续式生料均化库采用的是德国彼得斯公司设计制造的，是我国从国外引进的第一套连续式生料均化库，于1983年底投入使用，混合室库的工艺流

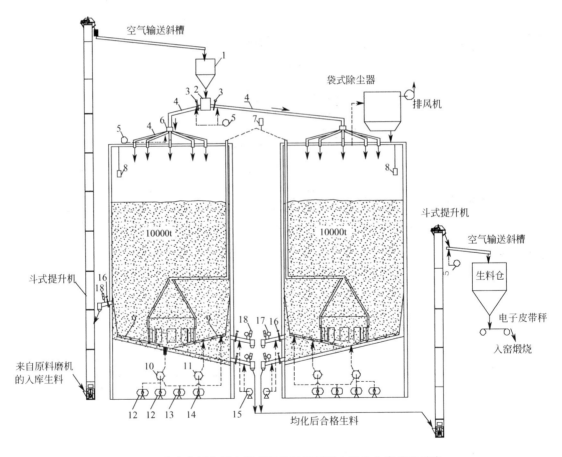

图5-9 冀东发展集团有限责任公司某厂混合室均化库流程示意

1—膨胀仓；2—二嘴生料分配器；3—电动闸板；4—空气输送斜槽；5—斜槽用鼓风机；6—八嘴空气分配阀；7—负压安全阀；8—重锤式连续料位计；9—充气箱；10—四嘴空气分配阀；11—八嘴空气分配器；12—罗茨鼓风机（强气，一台备用）；13—罗茨鼓风机（环形区给气）；14—罗茨鼓风机（弱气）；15—卸料用鼓风机；16—卸料闸板；17—电动流量控制阀；18—气动流量控制阀

程如图 5-9 所示。

生料由石灰石、砂土、煤矸石和铁粉四种原料配料，各种原料和熟料烧成用煤都分别设有预均化堆场（室内），入磨原料的化学成分比较稳定，磨头配料采用在线 X 射线荧光分析仪和电子计算机自动控制，可以使出库生料标准偏差达 $T_c\pm 0.3\%$。出磨生料和电收尘器收下的窑灰经混合后用斗式提升机送至库顶，经生料分配器和放射状布置的小斜槽送入两个库中（也可以用电动闸板控制生料只进入一个库）。库底部为向中心倾斜的圆锥体，上面均匀地铺满充气箱。在库底中心处有一圆锥形混合室，其底部分为 4 个充气区。混合室外面的环形区分为 12 个小充气区。在混合室和库壁之间由一隧道接通。每个库底空间装有三台空气分配阀。每个库底安装约 220 个条形充气箱，都向库中心倾斜，采用涤纶布透气层。混合室内经过搅拌后的生料入隧道，并在隧道空间中进一步均化。在隧道末端库壁处有高、低两个出料口。低位出料口紧贴充气箱，可用来卸空混合室和隧道内的生料。高位卸料口离隧道底部约 3.5m，一般情况下使用高位卸料口出料。在每个出料口外面顺序装有手动闸板、电动流量控制阀和气动流量控制阀。手动闸板供检修流量控制阀时使用；电动流量控制阀用于调节生料流量；气动流量控制阀可快速打开或关闭，控制生料流出。另外有一个库设有一个单独的库侧高位卸料口，当生料磨停车而窑继续生产时，可通过这一卸料口直接从库内卸出生料，并与电收尘器收的窑灰混合后再用提升泵送入库中。这样可避免因只向库内送窑灰而造成出库生料的化学成分波动超过规定值。冀东水泥厂均化系统突出的优点是结构简单、基建投资和生料均化电耗较低、操作使用可靠，而且均化效果也较好。

复习思考题

5-5 简述生料的均化过程。
5-6 生料均化库库底有哪些配置？每一个设备有哪些用途？

## 5.4 生料均化库的操作

### 5.4.1 均化库的充气制度

对于均化库来讲，要有稳定的充气制度来保证生料的均化质量。不同的水泥厂或不同类型的均化库，都有自己严格的充气制度。如某一交叉调配的生料均化工艺系统，设有 4 个 $\phi 6.5m\times 15m$ 均化库、4 个 $\phi 10m\times 15m$ 的储存库和一个回灰库。耗气量 $30m^3/min$；生料流态化区充气压力和弱气区充气压力为 $1\sim 1.2kg/cm^2$；流态化时间和强、弱气区轮换时间分别为 20min 和 10min（总均化时间 60min）。供气采用强弱气流中的"二二对吹"法（手动操作或自动操作），充气区进气轮换采用继电器程序电路控制，来自压缩空气站的压缩空气经净化后分成以下几条支路：

① 均化用气支路（压力分别为 $1.2kg/cm^2$ 和 $2.0kg/cm^2$）；
② 卸料用气支路（压力 $1.2kg/cm^2$）；
③ 仓式输送泵用气支路（压力 $7kg/cm^2$）；
④ 仪表用气支路（此气源经二次干燥净化）。

若均化库设有专用的压缩空气站，一般供气量或供气压力是很稳定的。但若是全厂多个供气点共用一个压缩空气站时，往往会出现均化空气量不足或均化压力低的现象，这将影响到均化效果。例如均化库正常工作时用气量 $30m^3/min$，受其他供气点的影响，有时只有 $20m^3/min$ 的压缩空气送过来。经过 1h 的均化后，$T_c$ 最大波动值为（+0.49%，-0.53%），$Fe_2O_3$ 最大波动值为（+0.15%，-0.12%），超出规定范围。因此，对于多个供气点共用一个压缩空气站的均化库，必须全厂统一协调，按设计程序进行计划供气，并经常检查各阀门的开启是否灵活、严密，以保证供气稳定、充足。

### 5.4.2 开机前的准备

均化系统的主要设备有：螺旋输送机或输送斜槽、斗式提升机或气力提升泵、卸料机、除尘器及各种仪表，气力搅拌库还要有回转鼓风机、回转式空气分配阀，开机前要做好下列准备工作。

① 在现场检查确认所有阀门是否能灵活开启和关闭，电动阀门要确认中控与现场的开闭方向是否一致，开度和指示是否准确，对于有上下限位开关的阀门，要与中控室核对限位信号是否返回。

② 检查各润滑部位、轴承、联轴器的油位是否满足要求。

③ 检查库顶、库侧人孔门、检修门是否关闭、密封。

④ 对设备的传动连杆、地角螺栓等易松动部件要严格检查紧固。

⑤ 罗茨风机冷却水水管连接部分不得有渗漏、能对水量合理控制。

⑥ 检查核对系统内压力及料位仪表的联系信号是否准确。

⑦ 检查库顶、喂料仓送料斜槽的透气层是否完好，杂物是否清除。

⑧ 检查压缩空气系统管路是否畅通，气管连接部分是否有漏气，各用气点的压缩空气是否正常供气，压力是否达到供气要求，管路内是否有铁锈或其他杂物，若有要清除。

### 5.4.3 开停车操作

（1）开停机顺序

库顶除尘器系统→生料分配器→生料斗式提升机或气力提升泵→回转式空气分配阀→回转鼓风机→库底螺旋输送机或输送斜槽→叶轮卸料器。

停机顺序与开机相反。

（2）停车前后的注意事项

系统停机后，要定期开动库底充气机组，松动物料，每次运行时间以 1h 为宜，以防生料在库内结块。

### 5.4.4 库底充气操作

① 检查罗茨风机转子转向是否与转向牌一致。

② 操作时必须戴橡胶绝缘手套，先开动油泵润滑系统，然后站在绝缘垫上，闭合空气开关，再启动电动机按钮使鼓风机开始工作。

③ 罗茨风机启动时禁止将进、出风调节阀门全部关闭，启动后应逐步关闭放风阀门至规定的静压值，不允许超负荷运转。

④ 在运行过程中，如发现不正常的撞击声或摩擦声要立即停机检查。

⑤ 罗茨风机在额定工况下运行时，各滚动轴承的温度不得超过 55℃，表温不超过 95℃，油箱内润滑油温度不超过 65℃。

### 5.4.5 均化库的操作控制

（1）控制适宜装料量

搅拌库的生料粉经充气后，体积膨胀，在装料时要注意留有一定的膨胀空间。如果装得太满，既影响均化效果，又恶化库顶操作环境。搅拌时物料膨胀系数为 15% 左右，所以装料高度一般为库净高的 70%～80%。

（2）入库生料水分控制

当环形区充气时,库内上部生料能均匀下落,积极活动区范围较大,不积极活动区(料面下降到这一区域时,该区生料才向下移动)范围较小。

当生料水分较高时,生料颗粒的黏附力增强,流动性变差。因此,向环形区充气时,积极活动区范围缩小,不积极活动区和死料区范围扩大,其结果是生料的重力混合作用降低。另外,水分高的生料易团聚在一起,从而使搅拌室内的气力均化效果也明显变差。为确保生料水分低于0.5%(最大不宜超过1%),生产中要严格控制烘干原料和出磨生料的水分。

(3) 库内最低料面高度的控制

当混合室库内料位太低时,大部分生料进库后很快出库,其结果是重力混合作用明显减弱,均化效果降低。当库内料面低于搅拌室料面时,由于部分空气经环形区短路排出,故室内气力均化作用又将受到干扰。为保证混合室库有良好的均化效果,一般要求库内最低料位不低于库有效直径的0.7倍,或库内最少存料量约为窑的一天需要量。

虽然较高的料面对均化效果有利,但是为了使库壁处生料有更多的活动机会,可以限定库内料面在一定高度范围内波动。

(4) 稳定搅拌室内料面高度

搅拌室内料面愈高,均化效果愈好。但要求供气设备有较高的出口静压,否则,风机的传动电机将因超负荷而跳闸。如搅拌室内料面太低,气力均化作用将减弱,均化效果不理想。当搅拌时的实际料面低于溢流管高度时,溢流管停止出料。

如果室内料位过高时,应减少或短时间内停止环形区供风;当室内料位太低时,应增加环形区的供风量。

(5) 混合室下料量控制

均化效率与混合室下料量成反比。库设计均化效率是指在给定下料量时应能达到的最低均化效率。因此,操作时应保持在不大于设计下料量的条件下,连续稳定地向窑供料,而不宜采用向窑尾小仓间歇式供料的方法,因为这种供料方式往往使卸料能力增加1~2倍。

对于设有两座混合室库的水泥厂,如欲提高均化效率,可以采用两库同时进出料的工艺流程,并最好使两库内的料面保持一定的高度差。

### 5.4.6 均化过程中不正常情况的分析及处理

(1) 库顶加料装置堵塞

均化库顶上可设有生料分配器,如冀东水泥厂的生料均化库。"5.2.6 库顶加料与除尘装置"一节和"图5-1 生料均化库"表明,如果入库生料水分大或夹杂有石渣、铁器等较大颗粒的物料,或小斜槽风机进口过滤网被纸屑等环境中的杂物糊住,致使出口风压太低,都可能导致加料装置的堵塞。另外斜槽及分配器密封不严、透气层损坏、所配风机的风量或风压太小等也会导致它们堵塞。堵塞的症状是入库生料提升机大量回料、冒灰,电机跳闸。所以要经常检查斜槽内物料的流动情况,还要经常检查透气层及密封情况,发现问题及时解决。除此之外,更重要的是从原料的烘干粉磨着手,磨机操作工要严格控制出磨生料水分,最大不超过1%。

(2) 库内物料下落不均或塌方

入库生料水分大还会造成下落不均或塌方。此时库顶部生料层没有按环行区充气顺序均匀地分区塌落,而是个别小区向搅拌室集中供料,并在库内环行区上部出现几个大漏斗,入库生料通过漏斗很快到达库底,这样均化库只起了一个通道的作用,物料并没有真正搅拌起来,因而均化效率明显下降。如果此时只出料不进料,漏斗会越来越大,会导致库壁处大片生料塌落,最终填满漏斗。处理的办法是控制入库生料的水分,将这种情况告之前一道工序

(烘干粉磨系统)。如有可能,将库内原有生料放空,再喂入较干的生料。

导致物料下落不均或塌方的另一个原因是均化库停运数天后再重新使用,比如窑检修期间,均化库就得停用。要避免物料下落不均或塌方,可以让均化库自身循环倒料,如图5-10所示。

图 5-10 均化库自身循环倒料

(3) 入库生料物理性能发生变化

入库生料含水分过大时颗粒间的黏附力增强。流动性变差,此时从库底向库内充气时积极活动区变小,惰性活动区或死料区变大,使生料重力混合作用降低,如图5-11所示。

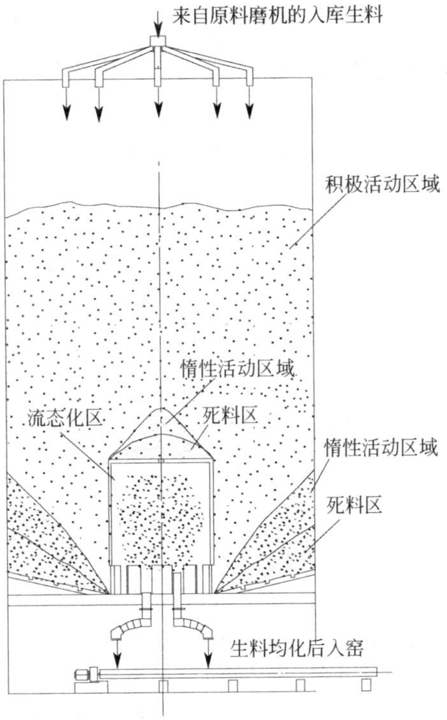

(4) 均化库底卸料装置堵料或漏料

在库底生料出料口下端装有刚性叶轮卸料器或气动控制卸料器。

如果刚性叶轮卸料器在运行中卸料阀叶片被塞住则会导致堵料,如果卸料阀叶片损坏则会出现卸料不均或漏料。如果气动控制卸料器的开关失灵或供气管路漏气,也会出现堵料、卸料不均或漏料。如果卸料器工作正常,但连接卸料器的螺旋输送机或空气输送斜槽堵塞,均化后的生料同样卸不出去,所以要做好巡检,早发现问题、早做出处理。

(5) 均化库搅拌室内生料流态化不完全

有些情况是表观操作正常,但均化效果差,说明搅拌室内的生料流态化不完全,产生这种现象的原因可能如下。

① 搅拌室充气箱进气量不够。

② 由于水分大或停库时间长,致使搅拌时产生严重的沟流现象。

图 5-11 均化库内生料活动区域

③ 搅拌室充气箱透气层受损,或管道严重漏气,致使空气在这些地方集中穿孔逸出。

如果经检查、测定、分析确认搅拌室发生故障,需等停窑检修时再清库检查清理。

(6) 回转空气分配阀振动或窜气

均化库底是受到轮流供气的。回转空气分配阀就是把来自罗茨风机的气体向库底充气箱轮流供气,分别送至混合室和它周边的环形充气箱中。分配阀在供气中如果出现较严重的振动时,应把阀芯卸下检查一下它的磨损情况,若磨损不大,可用煤油清洗一下再装上,或涂上一层黏度较小的黄油;若磨损严重且不均匀,不但振动而且在阀芯和阀体之间还会窜气(即某一环形小区充气时,前后两个小区也会有少量的进气),这就得更换阀芯。

### 5.4.7 罗茨风机转子出现的问题及解决办法

罗茨风机的任务是向均化库底的环形室和中心室提供强空气，让生料"沸腾"起来完成气力均化，两转子长期运转会出现局部摩擦、转子与前后墙板摩擦等现象，那么是什么原因导致它们之间的摩擦？是否有相应的处理措施？表5-3已经把一般故障产生的原因列在其中，现场操作时要多多留意。

表 5-3 罗茨风机常见故障产生的原因及处理办法

| 设备故障 | 故障原因 | 处理方法 |
| --- | --- | --- |
| 两转子之间的局部撞击 | 传动齿轮键松动 | 更换齿轮键 |
| | 转子键松动 | 更换轮子键 |
| | 齿轮轮毂和主轴的配合不良 | 检查配合面是否有碰伤、键槽是否有损伤、轴端螺母销松紧情况和放松垫圈的可靠性 |
| | 两转子间的间隙配合不良 | 调整两转子间的空隙 |
| | 滚动轴承超过使用期限 | 更换滚动轴承 |
| | 主轴和从动轴弯曲 | 调直或更换轴 |
| | 齿轮使用过久 | 更换磨损的齿轮 |
| 两转子与前后墙板发生摩擦 | 两转子与两端墙板轴向间隙不当 | 调整转子与前后墙板的间隙，可以加纸垫调整 |

## 复习思考题

5-7 生料均化库的充气制度是怎样的？
5-8 生料均化库开机前需要做哪些准备？
5-9 怎样操作控制生料均化库？
5-10 怎样处理库内物料下落不均或塌方事故？
5-11 罗茨风机转子可能会出现什么问题？原因是什么？怎样解决？

## 5.5 均化系统设备的维护和检修

### 5.5.1 运行中的维护和保养

均化库启动后，操作人员要随时检查均化库的进出料是否正常、各种阀门活动部件动作灵活程度、各润滑部位的油质和油位、各检修门的密闭情况、冷却水系统的水压和水量及有无渗漏、各仪表的信号、供气是否畅通、气压是否符合要求等，发现问题要及时处理。

### 5.5.2 回转式空气分配阀的使用和维护

① 设备运转前，要在阀体上的黄油杯内充满钙基润滑脂，每班注油1~2次，以便加强密封的效果。

② 半轴的滑动轴承的油杯应经常充满机械油，也是每班注油1~2次。

③ 检查半轴两个油浸石棉密封圈是否漏风，必要时要拧紧螺钉，但太紧又会增大功率消耗，所以要掌握好这个"紧"度。

④ 对轴挡圈与铜滑动轴承端面要求有0.3~0.5mm的间隙，超出这个范围时要调整过来。

⑤ 链条运转时上面应为紧边，并在运转中加注稀机油润滑。

⑥ 减速箱内的机械油要经常保持在要求的油位高度，在设备运行期间，若发现有不正常声音时，要立即停止运行。

⑦ 要对设备定期进行保养调整，3~6个月换洗一次减速机内的机油，保持稀机油杯油

路的畅通。

### 5.5.3 均化库底叶轮下料器的保养

① 设备运转前，所有黄油杯内要填充满钙基润滑脂。

② 设备运行中每班注油1~2次，使减速箱内的机械油保持在要求的油面高度上，两端轴承要经常注满油脂。

③ 采用橡胶密闭的叶轮，每季度更换橡胶板一次，所有封闭件的螺栓不得松动。

④ 停机检查各回转件之间的间隙是否达到密封要求，如未达到要进行调整，要求回转灵活。

### 5.5.4 罗茨风机的维护

① 经常检查各通油管路是否畅通，油箱油位是否正常。

② 保持机组清洁，避免油路系统有漏油现象。

③ 每月检查一次储油箱内润滑油的清洁度，要及时更换污油。

④ 如果排除的气体中有大量的机油时，应立即更换密封。

⑤ 停止运转时，还要用电动油泵供油20min，直到机器完全停止。

## 复习思考题

5-12 怎样维护回转式空气分配阀？

5-13 叶轮下料器怎样保养？

5-14 如何维护罗茨风机？

# 第二篇 水泥制成

水泥制成是将水泥熟料、石膏以及混合材料等进行合理配比,经粉磨后成为符合质量要求的产品——水泥。包括矿渣烘干、水泥粉磨、储存、均化、水泥发运,其中水泥粉磨是水泥制成中的重要工艺过程,见图6-1。

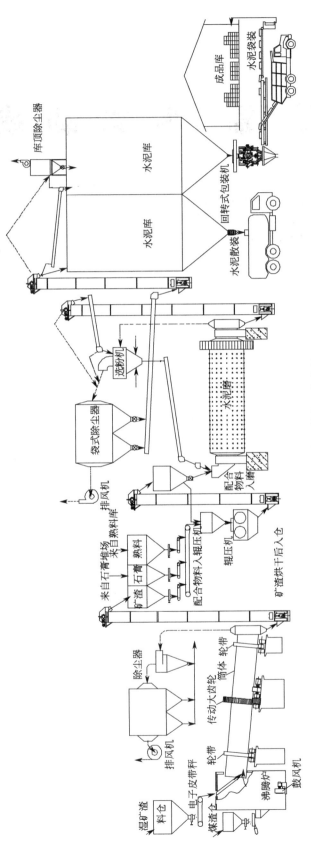

图 6-1 水泥制成工艺流程

# 6 水泥材料组成及要求

**【本章摘要】** 本章主要介绍水泥组成中的熟料、石膏、混合材及其配比；水泥细度要求和水泥助磨剂等，它们是水泥制成中的基本知识内容，为了解和掌握水泥粉磨知识和技能做铺垫。

## 6.1 概述

水泥粉磨所处理的物料是熟料、石膏及混合材料，水泥组分材料及要求、配比、水泥粉磨细度与颗粒级配决定着水泥质量。水泥熟料是一种由主要含 CaO（氧化钙）、$SiO_2$（二氧化硅）、$Al_2O_3$（三氧化二铝）和 $Fe_2O_3$（三氧化二铁）的原料按适当比例配合磨成细粉（水泥生料），经过高温煅烧至部分熔融所得到的以硅酸钙为主要成分的水硬性胶凝材料，是各种硅酸盐水泥的主要组分材料；石膏是调节水泥凝结时间的组分，并能提高和平衡水泥的各个龄期的强度；混合材料是指在水泥磨制时，与熟料、石膏一起入磨（或分别粉磨后掺和在一起）以改善水泥性能、调节水泥强度等级、提高水泥产量的矿物质材料，如粒化高炉矿渣、粉煤灰、煤矸石、火山灰、石灰石等。

在水泥熟料中加入适量的石膏及一定量的混合材料，粉磨到一定细度，才能成为水泥。水泥细度反映水泥颗粒级配的组成情况，对水泥的水化及硬化速率、水泥强度、混凝土的需水量及性能、磨机产量等都有一定影响，所以应根据水泥粉磨工艺及设备、品种及强度要求控制在合理的范围之内。

## 6.2 水泥主要组分及配比

### 6.2.1 水泥熟料

水泥在加水拌和后能从浆体变成石状体，并能胶结其他物质而具有一定的机械强度，它既能在空气中硬化，又能在水中继续硬化，是一种水硬性胶凝材料。水泥具有水硬性是因为水泥熟料（硅酸盐水泥熟料）中含有水硬性矿物，水泥的性质在极大程度上决定于熟料的矿物组成。

水泥熟料中主要含有硅酸三钙（$3CaO \cdot SiO_2$，简写成 $C_3S$）、硅酸二钙（$2CaO \cdot SiO_2$，简写成 $C_2S$）、铝酸三钙（$3CaO \cdot Al_2O_3$，简写成 $C_3A$）和铁铝酸四钙（$4CaO \cdot Al_2O_3 \cdot Fe_2O_3$，简写成 $C_4AF$）四种矿物所组成的，它们的总和占 95% 以上。

以上四种主要矿物是由生料中的 CaO、$SiO_2$、$Al_2O_3$ 和 $Fe_2O_3$ 经过高温煅烧化合而成，使得这四种氧化物不是以单独的氧化物存在，而是以两种或两种以上的氧化物反应生成的多种矿物集合体，各品种和强度等级的熟料是决定生产水泥品种、性能和质量的主要组分。

熟料刚出窑时的温度约 1000℃ 左右，即使进行冷却处理，温度也在 100～300℃ 之间，这么高的温度是不能立即入水泥磨的，需要把它放在堆场或储库里存放一段时间，让它们再继续自然冷却一段时间后再去粉磨，其目的如下。

（1）降低熟料温度，保证磨机的正常操作

一般从冷却机中出来的熟料温度大约在 85～300℃ 之间。过热的熟料加入磨中一是会降低磨机产量；二是会使磨机筒体因热膨胀而伸长，对轴承产生压力，过热还会影响磨机的润滑，对磨机的安全运转不利；三是磨内温度过高，使石膏脱水过多，将导致水泥凝结时间不正常。

(2) 改善熟料质量，提高易磨性

出窑熟料中含有少量的 $f\text{-}CaO$，即煅烧熟料时没有被吸收的以游离状态存在的氧化钙，它会造成水泥的安定性不良，水泥国家标准对水泥的安定性有严格规定（一般回转窑生产 $f\text{-}CaO$ 的量控制在 1% 以下，立窑控制在 2.5% 以下）。熟料储存时能吸收空气中部分水汽，使部分 $f\text{-}CaO$ 消解为 $Ca(OH)_2$，其反应式为：

$$CaO + H_2O(汽) \Longrightarrow Ca(OH)_2 \tag{6-1}$$

这个反应的结果是减少熟料中 $f\text{-}CaO$ 的含量（越少越好），使熟料内部产生膨胀应力，提高了易磨性，并改善了水泥的安定性。

(3) 保证窑磨生产的平衡

生产中备有一定储量的熟料，在窑出现短时间内的停产情况下，可满足磨机生产需要的熟料量，保证磨机连续工作。

熟料储存处理可根据出窑熟料质量等次不同，分别存放，以便搭配使用，保持水泥质量的稳定。

### 6.2.2 石膏

在水泥磨中加入适量的石膏（通常使用的是天然二水石膏 $CaSO_4 \cdot 2H_2O$，也可将天然无水石膏与天然二水石膏混合使用，或采用脱硫石膏），能延缓水泥的凝结时间。这是因为熟料中的 $C_3A$ 矿物与水作用后，生成大量的薄片状的水化铝酸钙长在水泥颗粒上，互相粘连成桥，形成松散多孔结构（用电子显微镜可以观察到），使水泥快凝。如果在水泥中加入石膏，加水后铝酸钙与之生成难溶于水的水化硫铝酸钙，在一定时间段内阻碍水与未水化熟料矿物的继续反应，这样水泥就不会快凝，可以满足建筑工程进度（混凝土搅拌、运输、振捣、砌筑等工序）的要求。

对矿渣水泥来说，石膏还有激发强度的作用。但石膏的掺入也不能过多，否则会影响到水泥的安定性，这是因为石膏中的 $SO_3$ 同水化铝酸钙作用而形成的硫铝酸钙，它会使体积显著增加，从而导致建筑物的崩裂。通用硅酸盐水泥国家标准规定，除矿渣硅酸盐水泥石膏掺加量以 $SO_3$ 计允许不超过 4.0%，其他品种均不得超过 3.5%。一般说来，熟料中的 $C_3A$ 含量较多时，应多加些石膏。各厂应根据熟料成分、混合材料掺加量来确定石膏掺加量，以 $SO_3$ 计 (2.5%～6%)，2.3%～2.8% 是比较合适的。

### 6.2.3 混合材

在磨制水泥时，按照国家标准规定，对于某些品种水泥允许掺入一定数量的不需经过煅烧的混合材料（如矿渣、火山灰、粉煤灰、石灰石等）。这样既可以提高产量、降低成本，又能改善和调节水泥的某些性质，而且综合利用工业废渣，减少环境污染。混合材料按其性质分为活性和非活性两大类。

(1) 活性混合材

凡天然或人工制成的矿物质材料磨成细粉，加水后其本身不硬化（或者硬化得十分缓慢），但与石灰混合，加水调和成胶泥状态，不仅能在空气中硬化，并能继续在水中硬化，这类材料称为活性混合材料或水硬性混合材料，简称混合材。用于水泥工业的活性混合材料主要有三大类：即粒化高炉矿渣、火山灰质混合材料和粉煤灰。

(2) 非活性混合材

非活性混合材不具备（或具有微弱的）水硬性，它的质量活性指标不符合标准要求的潜在水硬性或火山灰性的水泥混合材料，实际上是一种填充性混合材料，掺入水泥中主要起调节水泥强度等级、节约熟料用量的作用。这类混合材有石英砂、石灰石、白云石、砂岩、未水淬的高炉矿渣和低活性的炉渣等。

混合材的掺入量在国家标准中规定有一定的范围。对于某一品种水泥的具体品种来讲，具体掺入量要由熟料和混合材的质量及水泥的强度等级来确定。一般来说，掺入混合材后，水泥中的 $C_3S$、$C_3A$ 等各种矿物就相对减少了，早期强度会降低。为了确定适当的混合材掺加量，应在不同的掺入比例下做水泥性能试验，确定出合理用量。

### 6.2.4 水泥组成材料的配比

在磨制水泥时，其相应的组成材料要按照比例配合入磨。不同品种的水泥，组成材料的配比不同；同一品种的水泥，采用不同组成材料的配比，其质量也有区别。在设计和探索配比方案时，应考虑下列因素。

（1）水泥品种

首先必须符合国家标准对不同品种水泥组成材料的种类和比例的明确规定。

（2）水泥强度等级

同品种同强度等级的水泥，质量好的熟料可适当多配混合材，以减少熟料比例，降低成本。

（3）水泥组成材料的种类

在符合国家标准规定的前提下，水泥中随粒化高炉矿渣掺量的增加，三氧化硫含量控制指标可适当提高。

（4）水泥控制指标要求

在通用硅酸盐水泥国家标准（GB 175—2007）中，对通用硅酸盐水泥（硅酸盐水泥、普通硅酸盐水泥、矿渣硅酸盐水泥、火山灰质硅酸盐水泥、粉煤灰硅酸盐水泥、复合硅酸盐水泥）的组分、材料等控制指标提出了具体要求。

综合考虑上述因素，设计几个不同的方案，在实验室进行小磨试验，获取对比数据，确定最优配比方案，用于实际生产，并在实际生产控制中不断总结，调整配比，达到最佳配合比。

### 复习思考题

6-1 水泥熟料的主要矿物组成是什么？这几种主要矿物是由生料中的哪些氧化物经过高温煅烧化合而成？

6-2 熟料在出窑后、入磨前要进行储存处理的目的是什么？

6-3 石膏在水泥中起什么作用？掺入量多少比较合适？

6-4 活性混合材与非活性混合材有何不同？掺加在水泥中起什么作用？

6-5 水泥组成材料的配比如何确定？

## 6.3 水泥粉磨细度

水泥细度是表示水泥被磨细的程度或水泥分散度的指标，水泥是由诸多级配的水泥颗粒组成的，水泥颗粒级配的结构对水泥的水化硬化速率、需水量、和易性、放热速率，特别是对强度有很大的影响。在一般条件下，水泥颗粒在 $0\sim10\mu m$ 时，水化最快；在 $3\sim30\mu m$ 时，水泥的活性最大；大于 $60\mu m$ 时，活性较小，水化缓慢；大于 $90\mu m$ 时，只能进行表面水化，只起到微集料的作用。所以水泥颗粒越细，加水拌和时与水发生反应的表面积越大，因而水化反应速率较快，而且较完全，早期强度也越高，但在空气中硬化收缩性较大，粉磨成本也较高。水泥颗粒过粗则不利于水泥活性的发挥，一般认为水泥颗粒小于 $40\mu m$（0.04mm）时，才具有较高的活性，大于 $100\mu m$（0.1mm）活性就很小。所以，生产中必须合理控制水泥细度，使水泥具有合理的颗粒级配。

一般地硅酸盐水泥和普通硅酸盐水泥细度用比表面积表示。比表面积是水泥单位质量的总表面积（$m^2/kg$）。国家标准，GB 175—2007 规定，硅酸盐水泥比表面积应大于 $300m^2/kg$；矿渣硅酸盐水泥、火山灰质硅酸盐水泥、粉煤灰硅酸盐水泥和复合硅酸盐水泥的细度以筛余表示，其 $80\mu m$ 方孔筛筛余不大于 10% 或 $45\mu m$ 方孔筛筛余不大于 30%。

水泥中混合材的种类和掺量也会影响水泥的颗粒级配，掺石灰石、火山灰类易磨性好的混合材的水泥中细颗粒含量会增加。掺矿渣、磷渣等易磨性差的混合材的水泥中细颗粒含量较少。对掺不同种类混合材和掺量的水泥，所要求的颗粒级配也不相同。对于矿渣水泥，由于易磨性差，再加上提高粉磨细度可以显著提高水泥强度，因此，通常要求磨细些，尽量提高微粉含量。对于掺火山灰质混合材和石灰石的水泥，很容易产生微粉，使水泥比表面积提高，水泥需水量增加，而对水泥强度的提高又不明显，所以，可以适当减少微粉含量。水泥颗粒级配到底应控制在什么范围内最好，应该根据具体厂家的工艺情况和水泥性能要求决定。

## 复习思考题

6-6 水泥颗粒细度与水发生反应及混凝土强度的关系是怎样的？
6-7 水泥颗粒级配对水泥哪些方面产生影响？
6-8 水泥中混合材的种类和掺量对水泥的颗粒级配会产生怎样的影响？

## 6.4 水泥助磨剂

在水泥熟料的粉磨过程中，加入少量的外加物质（液体或固体的物质），能够显著提高粉磨效率或降低能耗，而又不损害水泥性能的这种化学添加剂，就是水泥助磨剂，是一种改善水泥粉磨效果和性能的化学添加剂。

### 6.4.1 水泥助磨剂的组成及原理

(1) 水泥助磨剂的种类

按水泥助磨剂化学结构可以分为三种：
① 聚合有机盐助磨剂。
② 聚合无机盐助磨剂。
③ 复合化合物助磨剂。

目前使用的水泥助磨剂产品大都属于有机物表面活性物质。由于单组分助磨剂价格较高，使用效果也不十分理想，近年来，复合化合物助磨剂应用较为广泛。

常见的水泥助磨剂有液体和粉体（固体）两种，都能显著地提高磨机产量，或提高产品质量，或降低粉磨电耗。

(2) 水泥助磨剂的组成

① 粉体（固体）水泥助磨剂组分。粉体（固体）水泥助磨剂的组分常有：元明粉、工业盐、粉煤灰、三乙醇胺、粉体助磨剂母液等。

② 液体水泥助磨剂组分。液体水泥助磨剂的组分常有：液体助磨剂母液、三乙醇胺、

聚合多元醇、聚合醇胺、三异丙醇胺、乙二醇、丙二醇、丙三醇、脂肪酸钠、氯化钙、氯化钠、醋酸钠、硫酸铝、甲酸钙、木钙、木钠等。

(3) 水泥助磨剂的原理

助磨剂分子在颗粒上的吸附降低了颗粒表面能或引起近表面层晶体的错位迁移，产生点或者线的缺陷，从而降低颗粒的强度和硬度，促进裂纹的产生和扩展；助磨剂还能够调节颗粒的表面电性，降低矿料的黏度，促进颗粒的分散。

### 6.4.2 水泥助磨剂的作用及掺加量的要求

(1) 作用

① 能大幅度降低粉磨过程中形成的静电吸附包球现象，并可以降低粉磨过程中形成的超细颗粒的再次聚结趋势，显著提高水泥磨台时产量。

② 能改善水泥颗粒的分散性，提高磨机的研磨效果和选粉机的选粉效率，从而降低粉磨能耗，使用助磨剂生产的水泥具有较低的压实聚结趋势，从而有利于水泥的装卸，并可减少水泥库的挂壁现象。

③ 能改善水泥颗粒分布并激发水化动力，从而提高水泥早期强度和后期强度。

(2) 对掺加量的要求

水泥助磨剂的质量，应当满足国家标准《通用硅酸盐水泥》（GB 175—2007）中规定的品质指标的要求。国家标准《通用硅酸盐水泥》中规定，水泥粉磨时允许加入助磨剂，其加入量应不超过水泥质量的0.5%；新的国家标准中还增加了氯离子限量的要求，即：水泥中氯离子含量应不大于0.06%。

## 复习思考题

6-9 什么是水泥助磨剂？它对提高水泥粉磨效率的机理是怎样的？

6-10 水泥粉磨时对水泥助磨剂的掺加量有何要求？

# 7 矿渣烘干

**【本章摘要】** 本章主要介绍用于湿矿渣烘干的回转式烘干机及沸腾燃烧室的构造、烘干工艺及操作；对故障分析处理及日常维护也做一定的介绍。

## 7.1 概述

把熟料磨制成水泥，要加入适量石膏，除硅酸盐水泥Ⅰ型（代号 P·Ⅰ，不掺加混合材）以外的其他通用水泥，要加一定量的混合材，如矿渣水泥（代号 P·S，粒化高炉矿渣掺加量 20%～70%），是将烘干后的粒化高炉矿渣作为混合材，与熟料、石膏按照一定比例送入到磨内去磨制水泥，或与熟料分别粉磨后再掺入到一起制成水泥，这不仅能增加水泥产量，而且掺加适量矿渣还能改善水泥性能，提高水泥的后期强度。

高炉矿渣是冶炼生铁时的废渣，用高炉炼铁时除铁矿石和焦炭（燃料）之外，为降低冶炼温度，需要加入相当数量的石灰石和白云石作为助熔剂，它们在高炉内分解所得的氧化钙、氧化镁与铁矿石中的废石及焦炭中的灰分相熔化，生成主要成分是硅酸钙（镁）与铝酸钙（镁）的矿渣，其密度比铁水轻，浮在铁水上面，定期从排渣口排出后，经急冷处理便呈粒状颗粒。矿渣的水分很高，掺加量多时必须先单独烘干。在磨制水泥时，对石膏、矿渣的水分有严格的限制，否则会出现"糊磨"、"包球"等现象，导致磨机产量下降。所以要对水分较高且掺加量较多的矿渣进行单独烘干后，再与熟料、石膏一同入磨。烘干不像粉磨、均化、煅烧那样连续运行、相互依存，特别是现代化新型干法生产更是如此。它可以自身供热、间歇生产，只需把湿物料的表面水分带走，储存足够的干料供水泥粉磨即可。

## 7.2 回转烘干机

### 7.2.1 构造及烘干原理

目前常用的烘干设备是顺流式回转烘干机，工艺流程见图 7-1，图 7-2 是其立面图，图 7-3 是矿渣烘干工艺实际流程立体图。它是一个倾斜安装的金属圆筒，转速一般为 2～7r/min（快速烘干机可达 8～10r/min）。托轮与筒体轴线有一微小角度，以控制筒体沿倾斜方向向下的滑动，同时轮带两侧一对挡轮，限制了筒体沿其中心线方向窜动的极限。大齿轮连接安装在钢板筒体上，通过电机、减速机、小齿轮带动筒体上的大齿轮，筒体回转起来。由于筒体具有一定的斜度且不断回转，物料则随筒体内壁安装的扬料板带起、落下，在重力作用下由筒体较高的一端向较低的一端移动，同时接受来自燃烧室的热气体的传热而不断得到干燥，干料从低端卸出，由输送设备送至储库，废气经除尘处理后排入大气。

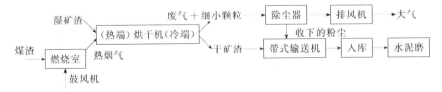

图 7-1 烘干工艺流程（回转烘干机）

7 矿渣烘干 159

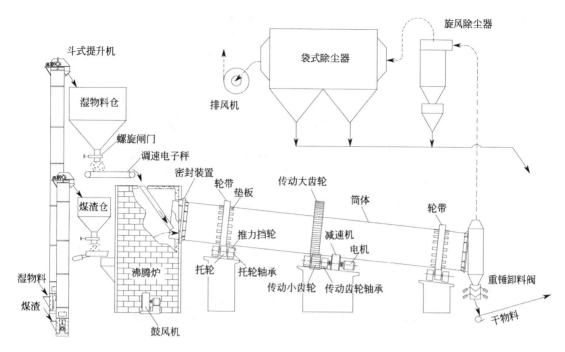

图 7-2 顺流式回转烘干机工艺流程立面图

向烘干机提供烘干用热气体的炉子被称为燃烧室，现多采用沸腾燃烧室，也叫沸腾炉（见图 7-5），炉膛里设置有风帽，鼓入的高压空气从风帽的小孔中喷出，让喂进来的（破碎后的）煤渣悬浮起来，与氧接触的面积更大，燃烧得会更完全，热效率也就越高。

### 7.2.2 主要部件

回转式烘干机的主要部件有：筒体（内装有扬料装置）、轮带（两道）、托轮及轴承（两组）、挡轮和传动装置，见图 7-4。

(1) 筒体

筒体是回转烘干机的主要组成部分，由 10～15mm 的钢板焊接而成，转筒直径 1.0～3.0m，长度 5～20m，$L/D$ 为 5～7，倾斜放置。由于回转烘干机是以热烟气作干燥介质的，为增加干燥介质与湿物料在筒体内的接触面积（加快传热速率，也是为了更好地阻止出烘干机废气中的粉尘），因此在筒体内装有扬料装置。筒体外圈还装有两条轮带（也叫辊圈）和传动大齿轮（也叫大牙轮），借助于轮带支撑在两对托轮上，在传动装置带动下转动，将物料从较高的一端喂入运动到较低的一端卸出，完成物料的烘干。

(2) 轮带

轮带是圆形钢圈，套装在筒体上随烘干机一起回转。轮带在托轮上滚动，因此烘干机的重量是靠轮带传给托轮，由托轮支撑，见图 7-4(a)。

(3) 托轮与轴承

筒体按一定斜度由两组托轮支撑，每组包括一对托轮、四个轴承和一个底座，对称地支撑着筒体上的轮带，起着定位作用，见图 7-4(a)。每对托轮的间距用装在底座上的活动顶丝来调节（使托轮承受压力均匀）。为使筒体平稳的运转，各组托轮的中心线必须与筒体中心线平行。为了防止传动大小齿轮因筒体过度轴向窜动而影响啮合，在其中一条轮带两侧设置

**160** 第二篇 水泥制成

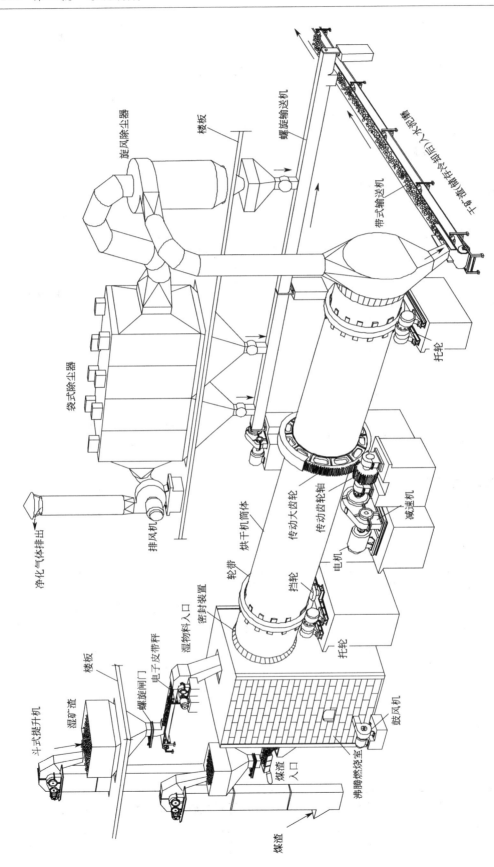

图 7-3 矿渣烘干工艺流程

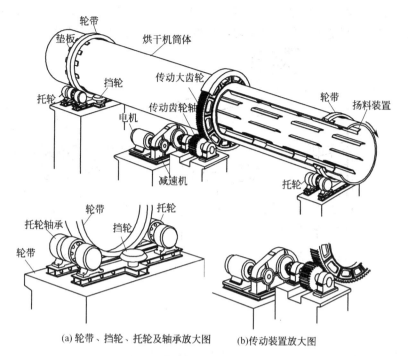

(a) 轮带、挡轮、托轮及轴承放大图　　(b) 传动装置放大图

图 7-4　回转烘干机的主要部件

有挡轮。

（4）挡轮

挡轮系统主要由挡轮系统、液压系统两部分组成，其任务是用来控制回转窑窑体的轴向窜动，使轮带和托轮在全宽上能够均匀磨损，同时又能够保证窑体中心线的直线性，使大小齿轮啮合良好，减少功率消耗。挡轮按作用可以分为两种：一种作为信号装置，用来指示窑体的轴向窜动；另一种是液压挡轮，用来控制窑体的轴向窜动。挡轮和轮带侧面的距离由筒体允许轴向窜动距离而定（20～40mm），这样保证轮带的边缘不会离开托轮，传动大小齿轮牙齿也不会离开啮合的范围，筒体两端密封装置不会失去作用，见图 7-4(a)。

（5）传动装置

回转烘干机是一个慢速转动的设备，传动装置由电机、减速机、大小齿轮所组成，见图 7-4(b)，套在窑体上的大齿轮的中心线与筒体的中心线重合。

### 复习思考题

7-1　简述回转式烘干机的构造及工作原理。

7-2　回转式烘干机的挡轮起什么作用？

## 7.3　沸腾燃烧室

用于矿渣烘干的回转烘干机普遍采用沸腾燃烧室（见图 7-5），二者共同组成烘干系统。沸腾燃烧室又称沸腾床燃烧室或沸腾炉，它是用高压鼓风机通过布风板鼓入足够的空气使炉膛内的细煤颗粒形成沸腾料层，沸腾床温度（950±100）℃，将产生的热烟气送入烘干机内，与湿物料发生热交换，具有强化燃烧和强化传热的特点，达到烘干的目的。碎煤（煤渣）在沸腾燃烧室内燃烧时，若没有足够的氧，煤里的炭不能把热量全部释放出来，需要更多的空气量。在正常情况下，烟煤煤层厚100～200mm，无烟煤煤层厚60～150mm，过剩空气系数 α 为1.3～1.7，燃烧就很完全。煤渣颗粒较小且均匀，有利于完全燃烧。将热量传给被烘干湿矿渣。

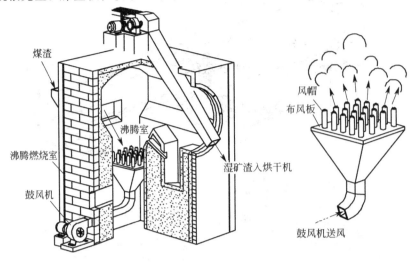

图7-5 沸腾燃烧室

过剩空气系数 α，它是燃料完全燃烧时所需要的实际空气量，与理论计算完全燃烧时所需要的空气量（理论空气量）之比，实际空气消耗量要比根据燃烧反应方程式计算的理论空气量大一些。

## 复习思考题

7-3 简述沸腾燃烧室的构造及工作原理。
7-4 什么是过剩空气系数？对煤的燃烧有什么影响？

# 7.4 烘干机的操作控制

### 7.4.1 安全操作规程

烘干机的转速不如磨机转动得快（2～7r/min）、电耗也较低（4.5～30kW/h），声音也不强烈，但生产安全决不能放松，以下几个问题必须注意。

① 每次开动烘干机之前要穿好工作服，除对设备做例行检查确认无误外，还要清查烘干机内外是否有异物后，方能开车。

② 正在运行时，回转机件的附近决不能用抹布或棉纱擦拭机器，更不准用手探入减速机、大齿轮罩、联轴器或皮带轮安全罩内去检查、调整、维修。不准拆除安全防护罩。

③ 检查工具及零件严禁放在回转机件上，更不能放在转动的托轮上。

④ 检修必须在停机后进行，一定在电闸开关处挂上"正在检修"或"严禁开动"等醒目标志。

### 7.4.2 开停车操作

（1）开车
① 开启通风设备与收尘器的卸料分格轮卸料器。
② 点火操作：以木柴及油棉纱点燃燃煤，人工送煤或喷入少量煤粉，形成低温火焰。
③ 用燃烧室产生的热烟气预热烘干机筒体，根据需要逐步调节排风机节流闸板，让烘

干机内温度逐渐上升且均匀分布。

④ 启动烘干机与喂料设备，喂料量由少逐渐增多至正常值。

这里有一点要说明的是，如设电除尘时，可在煤确保燃烧后再开启电收尘器，以防产生CO引起事故。

(2) 停车

① 停机前半小时先闭火或压火。

② 打开燃烧室冷风门。

③ 逐渐停止喂料，直到卸空为止。

④ 关停出料设备。

⑤ 关闭排风机和除尘设备。

⑥ 烘干机继续运转（防止筒体弯曲），直至筒体冷却（一般废气温度降至50℃以下即可）。

### 7.4.3 烘干机运行操作

(1) 风、煤、料（湿矿渣）的加入量控制

在烘干湿矿渣时，其水分会有波动。如果喂入时水分过大，就需要提高烘干温度，也就是说增加燃烧室的喂煤量，否则出烘干机物料中的水分会超出规定数值，达不到烘干要求。所以烘干机操作时要随着入、出烘干机物料水分变化来调整加煤量和送风量，使炉膛温度适应被烘干物料初水分和终水分的要求，让二者处于动态平衡，保持炉内温度相对稳定。在不影响被干燥物料的性质和设备正常运转的情况下，应尽量提高烘干气体温度和气流速率，以提高烘干效率。出烘干机气体温度，必须保证废气中的水汽在通过除尘器、排风机排入大气时不会冷凝出来。但废气温度又不宜过高，因为那样会增加热耗。

(2) 干燥介质的温度控制

干燥介质就是煤在燃烧室或沸腾炉燃烧产生出来的热烟气。它的温度越高（可达1000℃以上），对物料的烘干速率越快，但温度过高会对烘干机筒体和物料的结构起到破坏作用。所以需设有混合室（其实就是燃烧室或沸腾炉离回转烘干机接口处的那部分空间），让一部分冷空气也就是环境空气在这里与燃烧产生的热烟气混合。湿矿渣烘干温度一般控制如下。

① 进烘干机热烟气温度：湿矿渣烘干后的水分当然是越低越好，如果在运行中烟气温度低于所要求的数值时，必须加大燃煤燃烧量，特别是在刚启动时温度要高一些，但让物料绝对干燥是不可能的，况且烘干筒体也承受不了过高的温度，一般控制在700～800℃。

② 出烘干机废气温度：出口废气温度越低，热损失会越小。但废气体是含着一定量的水蒸气和干燥后的细小颗粒物料经排风管道进入收尘器、由排风机排放掉的。温度过低，这些水汽会冷凝成一个个的小水珠（即结露），它们会腐蚀管道、堵塞除尘。所以操作时一定要控制好出口废气在露点温度以上。一般控制在120～125℃较合适。

③ 出烘干机物料温度：烘干机操作控制的质量参数主要就是烘干后的物料的最终水分。但这个水分不易连续测定，往往用出料温度来表示它的多少。出烘干机物料温度越低，所含终水分也就越高，需提高烘干气体温度，热耗增加。但温度又不能过高，因为那样会造成不必要的热量损失，而且对于煤的烘干需控制好它们的出料温度，一般控制在80～120℃。

(3) 烘干机筒体内的气体流速控制

从传热和传质的角度来看，筒体内的热烟气流速越快，换热系数和传质系数也越大。不过流速过快，与湿物料接触的时间就越短，传热和传质来不及进行，烘干不充分，会白白浪费很多热量（烘干机出口热气体温度高），同时流速快、动能大，会带走一部分已烘干的小颗粒物料，收尘增加了负担。综合考虑，不管烘干什么物料、用什么煤作燃料，烘干机出口气体流速在1.5～3m/s范围内最合适。

(4) 燃烧室的操作

燃烧室就是一个炉子。鼓风机从风帽的下面送去更多的空气中的氧，让煤粉燃烧得更完全一些，产生的热烟气去烘干湿物料。操作中要控制好空气用量和煤层厚度，做到勤观察，勤加煤，不偷懒。不管是人工加煤还是机械喂煤，每次加煤量不能太多，而且要撒播均匀，炉门开启时间要短，加煤拨火动作要快。

(5) 烘干机紧急停车时应采取的对策

紧急停车是因为烘干机运行时发生了意外事故，不得已而为之。此时应立即闭火或压火，然后至少每隔10~15min转动筒体一次，这样做是为了避免筒体变形。

### 7.4.4 烘干机运行中不正常情况的处理

(1) 轴承温度过高

轴承指的是传动轴承和托轮轴承，轴温过高意味着润滑剂脏污，这时要清理并加足润滑剂；也可能卡轴，这需调整轴承的轴向。

(2) 烘干机运行时筒体振动过大

烘干机运行时托轮与筒体接触摩擦的声音出现异常或感觉振动时，肯定是托轮装置与底座发生了松动，此时要尽快把螺栓拧紧，否则托轮位置会偏离得越来越远。

(3) 筒体摇动和与轮带相对移动的排除

正常运行的烘干机应是平稳的，如果出现了轮带与筒体有摇动和相对移动，有可能是垫板侧面没有夹紧，或轮带与垫板间隙过大而没在一个回转主线上（同心度不够），此时需将烘干机停下，拧紧固定螺栓使垫板侧面夹紧，加垫把过大的间隙调小，但不要调得过小，要考虑烘干机运行时的热涨。

### 7.4.5 烘干机的维护

(1) 运行时的维护

① 每班次要仔细检查一次传动底座和支撑部分地底角螺栓有无松动，如有要及时拧紧。

② 要经常检查出口废气温度及出料温度，温度过热时除在仪表盘上显示外，筒体也会感觉到烫手，这就要适量减少喂煤量或增加喂料量，决不允许发生筒体局部烧红的现象。

③ 注意检查筒体两端密封装置的磨损情况。

④ 注意检查筒体是否有上下窜动现象。正常运转时，辊圈端面不应该常与上下挡轮接触，或只允许稍有接触。如果发现筒体上下窜动，在高级工操作部分"怎样校正托轮的位置"中讲述如何进行调整。

⑤ 润滑油与润滑脂不能混合使用。要按规定及时更换或添加润滑剂，如有漏油要做密封处理。

(2) 扬料板的更换

回转式烘干机筒体的扬料板大多数是采用焊接法固定在筒体内壁上的，如果它磨损严重，就要进行更换。要给焊工师傅提出安装要求并确定出位置。

① 沿筒体长度方向相邻的扬料板要相互错开，这样可以使物料与热气流有更多的接触机会。

② 扬料板不宜安装太密，否则大块物料容易卡在两个扬料板之间。

③ 在干燥区内不必安装扬料板，否则会灰尘飞扬，加重环境污染。

(3) 传动装置的润滑

烘干机的传动装置包括套在筒体上的大齿圈和传动轴上的小齿轮，润滑可以采用以下方法。

① 开式齿轮油 1#、2#、3#、4#。这种润滑油由矿物油、沥青、裂解聚丙烯环烷酸铅及其他一些成分调和而成。它的优点是黏附性能好，具有防锈、抗磨、润滑等作用。

7 矿渣烘干  165

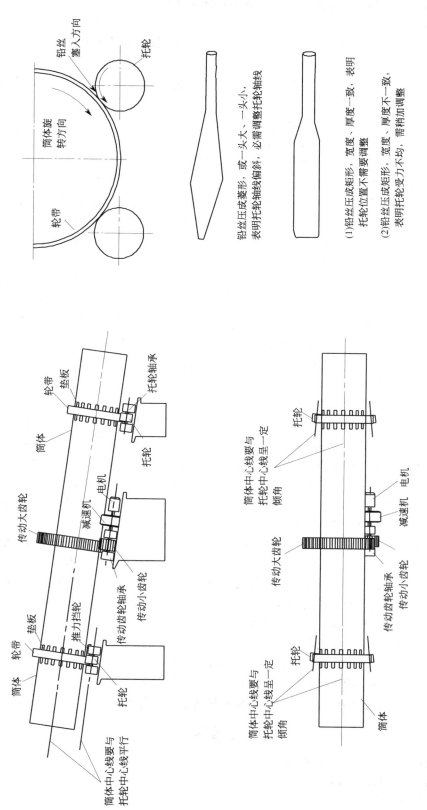

图 7-6 回转烘干机的托轮的位置关系及调整

② 2#二硫化钼齿轮润滑油膏。这种润滑油膏针入度高、抗水性强，有良好的机械安定性和胶体安定性。

③ 9#二硫化钼润滑油膏。这种润滑油膏具有较强的金属附着性和胶体安定性。

（4）其他部位的润滑

① 挡轮、托轮与轮带间接触面润滑。这个部位的接触面属低速、重载且温度较高的，一般选用黏度大、耐高温的润滑剂，推荐 HJ90。

② 托轮轴承润滑。一般推荐 $MoS_2$ 复合钙基脂。

（5）确保轮带与垫板之间的间隙合理

回转烘干机有两条轮带分别套在筒体的头部和尾部，分别搭在两组托轮上。由于烘干机运行时会产生窜动，所以轮带与托轮不可能做到完全接触，只要有轮带宽度的 75% 以上与托轮接触即可。挡轮与轮带的接触受力应该是均匀的。烘干机筒体与轮带之间有垫板，由于烘干物料时筒体受热会产生体积膨胀，所以轮带与垫板之间留有一点间隙。间隙过大或垫板侧面没有夹紧，都会导致轮带与筒体有摇动和相对位移，此时应拧紧固定螺栓，加垫调整间隙。

（6）降低燃烧室耐火砖的消耗

烘干机燃烧室的墙壁耐火砖在高温作用下是要消耗的，为了降低消耗，内衬可以抹一层耐火黏土，以保护耐火砖。一般是以低钙铝酸盐水泥熟料为胶结材料，以煅烧矾土或高铝矾土熟料为集料，加水拌和即可。除有这一层保护层以外，在烘干操作时要求稳不求急。做到勤观察、勤加煤，每次加煤量要少，煤层薄而均匀，尽量减少燃烧层的波动，倘若烘干物料的终水分没有达到控制指标，需提高烘干温度时，煤的增加量要与鼓风机的送风阀门调节相适应，稳步提升烘干温度。

（7）托轮轴线与筒体中心线位置的校正

烘干机放置的斜度为 3%～6%。为防止下滑，筒体中心线与托轮中心线需有一个合适的夹角，也就是说从上往下看时筒体与托轮的中心线并不是平行的。实际上烘干机运转时并不完全依赖于推力挡轮，只是偶尔轮带与它蹭一下，但筒体下滑量过大时，它就会"报警"。烘干机筒体 3%～6% 的斜度指的是在水平方向上，一头高、一头低，那么托轮的放置也应该与筒体有相同的斜度，也就是说站在烘干机的侧面看去，筒体与托轮的轴线是平行的。由于烘干机运转时会产生一些振动，当然只要振动不是很大应该容忍它，但即使不大的振动也会使筒体和托轮的轴线发生偏移，而且用眼睛是不太好判断的，这时要采用压铅丝（保险丝）法来进行分析。把一根 3～5mm 保险丝拉直，伸进转动的轮带与托轮之间，在同一挡内压出的铅丝为矩形且宽度、厚度分别相等时，说明托轮的位置达到与筒体中心线平行并等距，若铅丝虽为矩形但宽度或厚度不等，表明托轮受力不均，需稍加调整。若压出的铅丝为菱形或一头大、一头小时，说明托轮轴线偏斜，此时要用扳手、垫片等，以顶丝的旋转角度来控制托轮的移动量来调整托轮轴线，一次不能调整过多，要逐步使其达到与筒体中心线平行并等距，在这个基础上，再考虑调整托轮中心线与筒体中心线之间合适的夹角。需要注意的是，调整要在筒体转动的情况下进行。回转烘干机筒体与托轮的位置关系及调整、压铅丝法测定烘干机筒体与托轮轴线是否平行、保险丝压挤后的几种形态等如图 7-6 所示。

## 复习思考题

7-5 怎样控制风、煤和湿矿渣的加入量？

7-6 怎样控制烘干机筒体内的气体流速？

7-7 燃烧室怎样操作？

7-8 托轮轴线与筒体中心线位置如何校正？

# 8 水 泥 粉 磨

**【本章摘要】** 本章介绍了水泥粉磨工艺技术及设备的现状及发展趋势;几种典型的工艺流程、粉磨设备及分级设备的构造、工作原理;技术参数;粉磨系统操作及设备的维护及检修等,文中附有设备的形象逼真的立体图和局部剖视图、实际工艺流程图,读者可直接感受到水泥粉磨工艺的全过程,较容易地理解和掌握系统操作与控制、故障分析与排除、设备维护与检修等知识,并运用于实际生产过程当中。

## 8.1 概述

水泥粉磨是决定水泥质量的最后一道环节,是保证水泥成品质量的最终工艺过程。以细度为标志,粉磨作用就是最大程度地满足水泥适宜的粒度分布,从而达到最佳的强度指标。水泥的水化研究表明,水泥强度主要取决于 $3\sim30\mu m$ 颗粒的含量,$>60\mu m$ 特别是达到 $90\mu m$ 的颗粒仅起微集料的作用,实际上大部分 $60\mu m$ 的颗粒造成资源和能源的浪费,若在粉磨操作中将这部分颗粒含量控制到最低,水泥强度将会得到很好的发挥。

水泥也不能光靠降低筛余(水泥磨得越细,筛余值越低)来提高其强度,这样会使得粉磨效率也随之下降。对多家水泥企业的球磨机统计结果表明,产品细度在 $80\mu m$ 筛余 $5\%\sim10\%$ 的范围内,每降低筛余 $2\%$,磨机产量会降低 $5\%$,当粉磨细度 $<5\%$ 时,产量会急剧下降,这可以从表 8-1 中看出。

表 8-1 水泥粉磨细度与磨机产量之间的关系

| 物 料 | $80\mu m$ 筛余/% | 磨机产量/% |
|---|---|---|
| 水泥 | 10 | 100 |
| | 5 | 74 |
| | 1.2~2.0 | 52 |

表中数据显示:若以筛余 $10\%$ 的磨机产量为 $100\%$,而粉磨细度筛余达到 $5\%$ 的产量降低幅度可达 $26\%$,磨至更细($1.2\%\sim2.0\%$)时,产量降低幅度为 $48\%$,可见水泥细度与粉磨效率之间的关系是十分密切的。

近十几年来,随着新型干法水泥生产技术的发展,水泥粉磨工艺技术与装备也在升级,为提高粉磨效率、降低生产成本提供广阔的空间。

(1) 设备大型化

水泥生产规模越来越大,传统的工艺及设备已不相适应,需要的是更大规格的粉磨设备。这不仅在于占地面积小,设备钢耗和能耗可以相对降低,并通过减少辅助设备来简化工艺流程,降低生产成本,更重要的是粉磨效率得到很大提高,完全可以做到单机粉磨能力与设计规模相配套。

(2) 新工艺新设备的广泛应用

以增产节能效益显著的辊压机、高细高产磨、高效选粉机等粉磨分级设备及立磨在新型干法水泥厂中得到广泛应用,各种新型设备组合成为优势互补的新工艺等,都从技术和特点上带来水泥粉磨效率的提高。

## 8.2 水泥粉磨工艺流程

水泥磨所处理的物料是熟料、石膏及混合材，粉磨流程与前面讲过的生料粉磨基本一致，但不能采用烘干磨，因为熟料出窑时是不含水分的，因此也就谈不上边烘干边粉磨。石膏的掺加量视品位大约为2.5%~6%（不算多），含一些水分不会影响到粉磨，反而对防止或者减少磨内高温造成的水泥假凝现象发生有利。若加矿渣，量不大（如Ⅱ型硅酸盐水泥，代号P·Ⅱ）时也不必烘干。但掺加量较大时（如生产矿渣水泥，代号P·S，矿渣掺加量20%~70%），必须要对矿渣单独烘干，因为它的水分含量太高。因此水泥的粉磨就不像磨制生料那样需向磨内通入热气体，反而还可能要向磨内喷入少量的雾状水，以降低粉磨时的磨内温度。

目前我国除了单机开路和闭路粉磨系统外，还出现了辊压机-球磨机联合粉磨工艺、辊压机-高细高产粉磨及高效选粉机系统、立磨-球磨联合粉磨系统、立磨粉磨系统等，见图8-1~图8-10，此外还有半终粉磨、终粉磨、分别粉磨和串联粉磨等水泥粉磨工艺系统等。

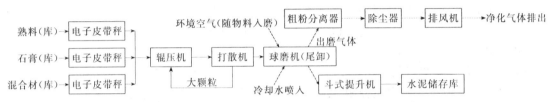

图 8-1　辊压机-球磨机水泥开路（高细）粉磨工艺流程

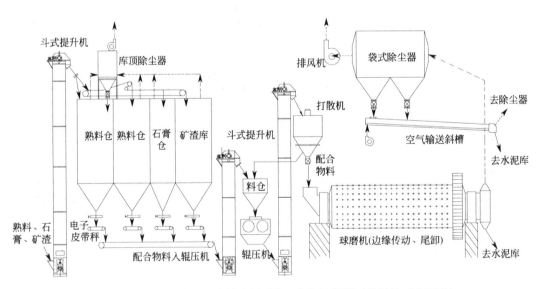

图 8-2　辊压机-球磨机组成的水泥开路（高细）粉磨工艺系统（立面图）

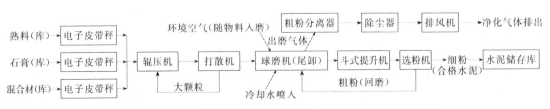

图 8-3　辊压机-球磨机组成的水泥闭路（高细）粉磨工艺流程

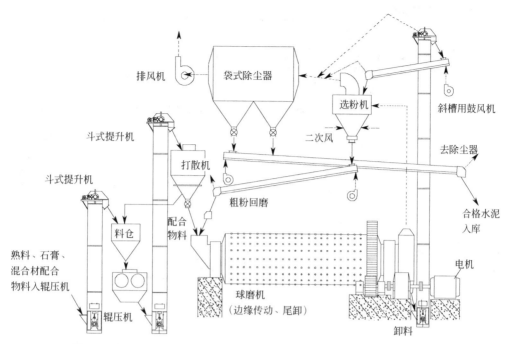

图 8-4 辊压机-球磨机组成的水泥闭路（高细）粉磨工艺系统（立面图）

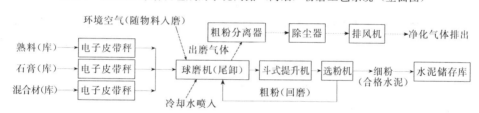

图 8-5 球磨机水泥闭路粉磨工艺流程

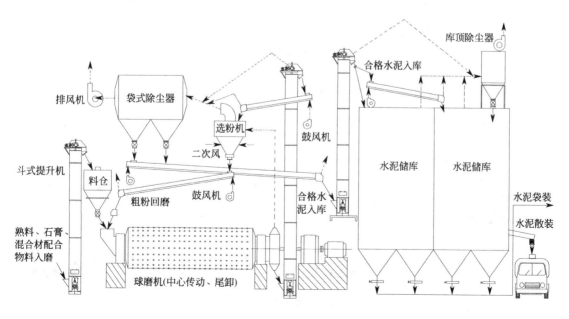

图 8-6 球磨机水泥闭路粉磨工艺系统（立面图）

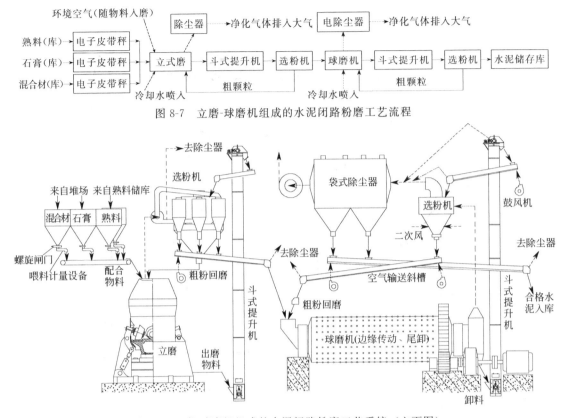

图 8-7 立磨-球磨机组成的水泥闭路粉磨工艺流程

图 8-8 立磨-球磨机组成的水泥闭路粉磨工艺系统（立面图）

图 8-9 立磨水泥闭路粉磨工艺流程

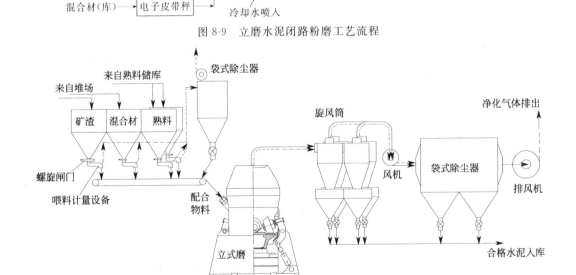

图 8-10 立磨水泥闭路粉磨工艺系统（立面图）

## 复习思考题

8-1 简述水泥粉磨细度与产量之间的关系。
8-2 简述辊压机-球磨机组成的水泥闭路粉磨工艺流程。
8-3 简述立磨-球磨机组成的水泥闭路粉磨工艺流程。

## 8.3 辊压机

辊压机又名挤压磨、辊压磨,是 20 世纪 80 年代中期发展起来的新型水泥节能粉磨设备,替代(或者协同)能耗高、效率低球磨机配置成终粉磨系统,并且具有降低钢材消耗及噪声的功能,适用于粉磨水泥熟料、粒状高炉矿渣、水泥原料(石灰石、砂岩、页岩等)、石膏、煤、石英砂、铁矿石等。目前新建新型干法水泥厂,大多采用辊压机-球磨机组成的水泥预粉磨系统完成水泥粉磨过程。

### 8.3.1 结构和工作原理

辊压机与立式磨的粉磨原理类似,都有料床挤压粉碎特征。但二者又有明显差别,立式磨是借助于磨辊和磨盘的相对运动碾碎物料,属非完全限制性料床挤压物料;辊压机是指两磨辊(两个速率相同,相向转动)对物料实施的是纯压力,被粉碎的物料受挤压形成密实的料床,颗粒内部产生强大的应力,使之产生裂纹而粉碎。出辊压机后的物料形成强度很低的料饼(见图 8-11),经打散机打碎后,产品中的粒度在 2mm 以下的颗粒占 80%~90%。辊压机在与球磨机共同组成联合粉磨系统(见图 8-4)中,起到的是预粉碎作用。另外,辊压机还可以独立组成终粉磨系统,完成水泥(或生料)的最终粉磨任务。

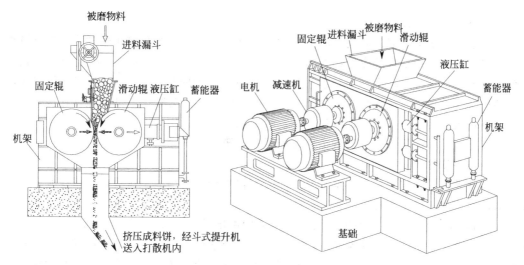

图 8-11 辊压机的构造及挤压破碎过程

### 8.3.2 主要部件

(1)挤压辊

磨辊是辊压机的关键部件。它主要由装有耐磨材料辊面的挤压辊、双列向心球面轴承、可以水平移动的轴承座等组成。它有两种结构形式:镶套压辊和整体压辊。辊面有光滑和沟槽两种,光滑辊面在制造或维修方面的成本都比较低,辊面一旦腐蚀也容易修复。它的主要问题是:当喂料不稳定时,出料流量也随之波动,容易引起压辊负荷波动超限,产生振动和冲击,进而影响辊压机的安全稳定运转;光滑辊面咬合角小,挤压后的料饼较薄,与相同规格的沟槽辊压机相比,其产量较低。

为克服上述缺点,辊面采用多种形式的带有一定沟槽的纹棱辊面(见图 8-12),既提高对物料的挤压效率,同时也延长使用寿命。

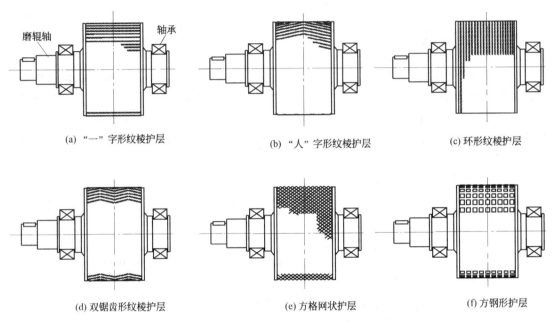

图 8-12　辊压机的磨辊护层形状

(2) 挤压辊的支撑

磨辊轴支撑在重型双列自动调心滚子轴承上(也有的辊压机其挤压辊轴采用多列圆柱滚子轴承与推力轴承相结合的支撑结构),一个挤压辊的两个轴承分别装入用优质合金钢铸成的轴承箱内,作为固定轴承(即轴承在其轴承箱内不可轴向移动)。由于温度变化引起的挤压辊轴长度变化,是通过轴承箱在框架内的移动得以补偿。为减小滑动摩擦,在机架导轨面上固结有聚四氟乙烯面层。在轴承设计时,辊子轴向力按总压力的 4% 考虑,并允许一侧的轴承箱留有轴向移动量。通过这些措施确保了轴承箱的精确导向。

(3) 传动装置

为了既满足活动辊的水平移动,又要保持两辊平行,常用的辊压机传动系统有两种:一种是双传动;另一种是单传动。

图 8-11 所示的是双传动系统,两挤压辊分别由电动机经多级行星齿轮减速机带动,两端采用端面键(扁销键)连接起来。有的电动机与减速机间的转矩是经万向轴来传递的,在这种情况下,为了防止传动系统过载,特装有安全联轴器。在驱动功率较小的装置中,也成功地采用三角带传动。只要没有特殊要求,辊压机就可采用鼠笼式电动机,作恒转速驱动。

把两挤压辊由一台电动机经一双路圆柱齿轮减速机及中间轴和圆弧齿轮联轴器驱动,它是单传动,目前采用得很少。

(4) 液压系统

辊压机所需压力由液压系统提供,并保持两辊之间有一定的间隙,保证物料在高压下通过。当辊缝中进入铁件类异物时,在 PLC 控制下的辊能自动后退,当异物掉下去后,两辊重新保持原来的间隙,辊压机可继续工作,保护辊面,延长其使用寿命。

液压系统由油泵装置、电磁球阀、安全球阀、单向阀、油缸、蓄能器、压力传感器、耐振压力表及回油单向节流阀等液压元件组成整个系统。

液压系统采用四个液压缸（小型辊压机采用两个液压缸），操作压力为 17～25MPa，试验压力为 32MPa。活动辊的两端各设两个液压缸，上下毗邻。虽然由一个液压站供油，但分两个系统驱动，当喂料的物理性能不均齐而使活动辊发生偏移时，它能使其尽快恢复到与固定辊保持平行的状态。液压系统的显著特点是采用两个大的及两个小的充氮蓄能器。小蓄能器承受活动辊因物料硬度不同而产生的压力变化；若在磨辊间有异物，工作压力骤增至很大值时，则大的蓄能器工作，避免了频繁开启，也克服单一蓄能器突然关闭时产生的巨大峰值压力。

(5) 喂料装置

喂料装置内衬采用耐磨材料。它是弹性浮动的料斗结构，料斗围板（辊子两端面挡板）用碟形弹簧机构使其随辊滑动面浮动。用一丝杆机构随料斗围板上下滑动，可使辊压机产品料饼厚度发生变化，适应不同物料的挤压。

(6) 主机架

主机架采用焊接结构，由上下横梁及立柱组成，相互之间用螺栓连接。固定辊的轴承座与底架端部之间有橡皮起缓冲作用，活动辊的轴承底部衬以聚四氟乙烯，支撑活动辊轴承座处铆有光环镍板。

### 8.3.3 主要参数

(1) 辊的直径和宽度

$$D = K_d d_{max} \text{(mm)} \tag{8-1}$$

式中 $D$——辊的直径，mm；

$d_{max}$——喂料最大粒度，mm；

$K_d$——系数，由统计所得，$K_d$ 为 10～24。

辊压机的辊直径和长度之比 $D/L=1$～2.5，$D/L$ 大时，容易咬住大块物料，向上弹的可能性不大，压力区高度大，物料受压过程较长，运转平稳。不过运转时会出现边缘效应。但 $D/L$ 小时，情况与上述相反。

(2) 辊隙

辊隙即辊压机两辊之间的空隙，在两辊中心线连线上的辊隙最小：

$$S_{min} = K_S D \text{ (mm)} \tag{8-2}$$

式中 $S_{min}$——两辊中心线连线上的最小辊隙；

$K_S$——最小辊隙系数，水泥原料取 0.020～0.030，水泥熟料取 0.016～0.024；

$D$——辊外直径，mm。

(3) 辊压

对于石灰石和熟料，工作压力控制着辊的间隙和物料的压实度，一般控制在 140～180MPa 之间，设计最大压力为 200MPa。辊压机出料中的细粉含量随着辊压力的增加而增加，但增加速度在不同的压力范围内是不同的。到临界压力时细粉急剧增加，超过临界压力后，细粉含量则无明显增加。

(4) 辊速

辊压机的转速用圆周速率 $v$ 和转速 $n$ 表示，转速与辊压机的生产能力、功率消耗、运行稳定性有关。转速高，生产能力大，不过辊与物料之间的相对滑动也增加，咬合不良，辊面磨损加剧，对产量和细度也会产生不利影响，转速确定公式为：

$$n=\sqrt{\frac{K}{D}}(\text{r/min}) \tag{8-3}$$

式中　$n$——辊的转速，r/min；

$K$——因物料不同的系数，实验得出，如回转窑熟料 $K=660$；

$D$——辊的外直径，m。

生产实践表明，辊的圆周速率在 $1.0\sim1.75\text{m/s}$ 为宜。

（5）生产能力

$$Q=3600Lsv\rho(\text{t/h}) \tag{8-4}$$

式中　$Q$——辊压机的生产能力，t/h；

$L$——辊的长度，也是辊宽，m；

$s$——料饼厚度，也是辊间的间隙，m；

$v$——辊的圆周速率，m/s；

$\rho$——产品（料饼）堆积密度，$\text{t/m}^3$。实验得出，生料为 $2.3\text{t/m}^3$，熟料为 $2.5\text{t/m}^3$。

（6）功率

$$N=\mu F v(\text{kW})$$

式中　$N$——辊压机功率，kW；

$F$——辊压，kN；

$\mu$——辊的动摩擦系数，实验得出，回转窑熟料 $\mu$ 为 $0.05\sim0.1$。

电机功率可实测单位电耗来确定，一般辊压熟料为 $3.5\sim4.0\text{kW}\cdot\text{h/t}$；辊压石灰石为 $3.0\sim3.5\text{kW}\cdot\text{h/t}$。

辊压机的规格表示方法：辊压机的规格一般以磨辊直径和宽度表示。例如，HFC1000/300 代号含意："HFC" 代表合肥水泥研究设计院，辊压机的磨辊直径为：1000mm，磨辊宽度为：300mm；RPV 辊压机中 RP 是英文辊压机 Roller Press 的缩写，表 8-2 是我国引进德国 KHD 公司制造技术研制的第三代 HFC 系列辊压机及引进 RPV 辊压机为日产熟料 500t、700t、1000t、2000t、4000t 配套的部分辊压机的技术性能。

表 8-2　辊压机的技术性能

| 项　目 | 型号（国内开发） | | | 型号（国外引进） | | |
|---|---|---|---|---|---|---|
| | HFCK800/200 | HFC1000/300 | HFCK1000/300 | RPV100-40 | RPV100-63 | RPV115-100 |
| 配套规格熟料/(t/d) | 500 | 700 | 900 | 1000 | 2000 | 4000 |
| 辊压机规格/mm | $\phi800\times200$ | $\phi1000\times300$ | | $\phi1000\times400$ | $\phi1000\times630$ | $\phi1150\times1000$ |
| 压辊直径/mm | 800 | 1000 | | 1000 | 1000 | 1150 |
| 压辊宽度/mm | 200 | 300 | | 400 | 630 | 1000 |
| 压辊长径比(R/D) | 0.25 | 0.30 | | 0.40 | 0.63 | 0.87 |
| 压辊圆周速率/(m/s) | 1.25 | 1.24 | 1.40 | 1.20 | 1.30 | 1.30 |
| 最小辊隙/mm | 16～21 | 16～23 | | 18～23 | 18～23 | 20～26 |
| 粉磨力/kN | 1600 | 3000 | | 4000 | 6300 | 10000 |
| 单位辊宽粉磨力/(kN/cm) | 80 | 100 | | 100 | 100 | 100 |
| 压辊压力/MPa | 140 | 150 | | 150 | 150 | 150 |
| 辊压系统压力/MPa | 9.0 | 16.0 | | 18.5 | 16.5 | 16.0 |
| 喂料粒度/mm | ≤40 | ≤60 | | ≤60 | ≤60 | ≤60 |
| 通过量保证值 | 25～32 | 40～60 | 45～70 | 60 | 120 | 240 |
| 电机功率/kW | 2×90=180 | 2×132=264 | 2×160=320 | 2×200=400 | 2×300=600 | 2×500=1000 |
| 单产装机功耗/(kW·h/t) | 5.00～6.00 | 5.00～6.00 | | 6.67 | 5.00 | 4.17 |
| 外形尺寸(长×宽×高)/m | 3.94×3.46×1.46 | 4.6×3.84×1.8 | | 4.1×4.6×2.4 | 4.6×5.2×3.1 | 5.6×6.7×3.6 |

## 复习思考题

8-4 简述辊压机的构造挤压粉磨原理。
8-5 简述辊压机液压系统构造及充氮蓄能器的作用。

## 8.4 打散机

打散机（也称打散分级机）是与辊压机配套使用的新型料饼打散分选设备，见图 8-13。从辊压机卸出的物料已经挤压成料饼，打散机集料饼打散与颗粒分级于一体，与辊压机闭路，构成独立的挤压打散回路。由于辊压机在挤压物料时具有选择性粉碎的倾向，所以在经挤压后产生的料饼中仍有少量未挤压好的物料，加之辊压机固有的磨辊边缘漏料的弊端和因开停机产生的未被充分挤压的大颗粒物料将对承担下一阶段粉磨工艺的球磨系统产生不利影响，制约系统产量的进一步提高。打散分级机介入挤压粉磨工艺系统后与辊压机构成的挤压打散配置可以消除上述不利因素，将未经有效挤压、粒度和易磨性未得到明显改善的物料返回辊压机重新挤压，这样可以将更多的粗粉移至磨外由高效率的挤压打散回路承担，使入磨物料的粒度和易磨性均获得显著改善。

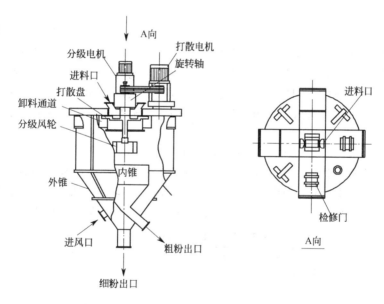

图 8-13 打散机

### 8.4.1 结构和工作原理

打散分级机主要由回转部件、顶部盖板及机架、内外筒体、传动系统、润滑系统、冷却及检测系统等组成。主轴（旋转轴）通过轴套固定在外筒体的顶部盖板上，并有外加驱动力驱动旋转。主轴吊挂起分级风轮，中空轴吊挂打散盘，在打散盘和风轮之间通过外筒体固定有挡料板，打散盘四周有反击板固定在筒体上，粗粉通过内筒体从粗粉卸料口排出，细粉通过外筒体从细粉卸料口排出，来自辊压机的料饼从进料口喂入。其打散方式采用离心冲击粉碎的原理，经辊压机挤压后的物料呈较密实的饼状，连续均匀地喂入打散机内，落在带有锤形凸棱衬板的打散盘上，主轴带动打散盘高速旋转，使得落在打散盘上的料饼在衬板锤形凸棱部分的作用下得以加速并脱离打散盘，料饼沿打散盘切线方向高速甩出后撞击到反击衬板上后被粉碎。经过打散粉碎后的物料在挡料锥的导向作用下通过挡料锥外围的环形通道进入在风轮周向分布的风力分选区内。物料分级应用的是惯性原理和空气动力学原理，粗颗粒物料由于其运动惯性大，在通过风力分选区的沉降过程中，运动状态改变较小而落入内锥筒体被收集，由粗粉卸料口卸出返回，同配料系统的新鲜物料一起进入辊压机上方的称重仓。细粉由于其运动惯性小，在通过风力分选区的沉降过程中，运动状态改变较大而产生较大的偏移，落入内锥筒体与外锥筒体之间被收集，由细粉卸料口卸出送入球磨机继续粉磨或入选粉机直接分选出成品。

### 8.4.2 主要部件

（1）回转部分

回转部分主要由主轴、中空轴、打散盘、风轮、轴承、轴承座、密封圈等组成，由中空轴带动打散盘回转，产生动力来打散挤压过的物料，主轴带动风轮旋转产生强大有力的风力场用来分选打散过的物料。打散盘上安装带有锤形凸轮的耐磨衬板，在衬板严重磨损后需要换新的衬板。风轮在易磨损部位堆焊有耐磨材料以提高风轮的使用寿命。随着使用期的加长及密封圈的磨损，润滑油的溢漏是难免的，所以在该系统中还设有加油口，通过润滑系统自动加油或手动加油，以使各轴承在良好的润滑状态下运转。系统中还设有轴承温度检测口，用于安装端面热电阻，保证连续检测温度并报警。

（2）传动部分

传动部分由主电机、调速电机、大小皮带轮、联轴器、传动皮带等组成，采用双传动方式，主电机通过一级皮带减速带动中空轴旋转，调速电机通过联轴器直接驱动主轴旋转，具有结构简单、体积小、安装制作方便的优点。双传动系统满足打散物料和分级物料需消耗不同能量和不同转速的要求，调速电机可简捷灵活地调节风轮的转速，从而实现分级不同粒径物料的要求，同时也可以有效地调节进球磨机和回挤压机的物料量，对生产系统的平衡控制具有重要意义。

打散分级机的规格一般以外锥体圆柱筒体的直径/打散盘直径（cm）表示。"S"和"F"是打散的"散"字和分级的"分"字汉语拼音的开头字母。例如：SF500/100 表示打散分级机外筒体直径为：5000mm，打散盘的直径为：1000mm。该打散分级机的处理能力为：110t/h，打散电机功率为：45kW，分级电机功率为：30kW，规格性能见表 8-3。

表 8-3　SF 打散分级机的规格性能

| 设备规格 | 处理量/(t/h) | 装机功率/kW | 调速电动机功率/kW | 设备质量/t |
| --- | --- | --- | --- | --- |
| SF400/100 | 40~70 | 30 | 22 | 约18 |
| SF450/100 | 50~90 | 37 | 22 | 约22 |
| SF500/100 | 60~110 | 45 | 30 | 约25 |
| SF550/120 | 90~150 | 45 | 30 | 30 |
| SF600/120 | 120~200 | 55 | 37 | 37 |
| SF650/140 | 180~280 | 75 | 45 | 45 |

### 复习思考题

8-6　简述打散机的构造及工作原理。

8-7　简述打散机回转部分的构造及各部件的作用。

## 8.5　辊压机系统的操作

辊压机与打散分级机及计量喂料、输送和除尘设备构成辊压机系统，如图 8-14 所示，实际是水泥粉磨系统中的一部分,也可以称之为水泥预粉磨系统。

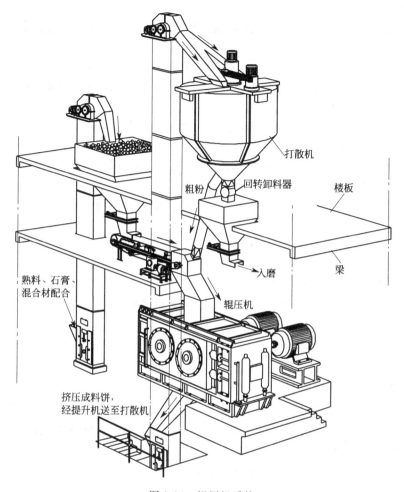

图 8-14 辊压机系统

## 8.5.1 辊压机的开停机操作

(1) 启动前需具备的条件和检查项目

① 所有地脚螺栓及连接螺栓均已按要求拧紧。

② 冷却循环水系统工作正常。

③ 活动辊水平移动自如,无任何可能妨碍其运动的杂物;辊轴转动灵活,无卡擦现象。

④ 主电机及控制柜联锁可靠。

⑤ 液压油箱内液压油量合适,泵站油脂过滤网清洗干净。

⑥ 蓄能器充气压力合适。

⑦ 位移传感器反应、检测灵敏,指示满足启动要求。

⑧ 温度指示正确,压力传感器及二次显示仪表正常检测。

⑨ 减速机内已加入工作用油,且油标指示到位。

(2) 启动顺序

① 启动主机控制柜。

② 启动集中润滑系统。

③ 启动液压泵电机。

④ 启动主电动机。

(3) 辊压机的开机运行

① 正常开机运行。系统中的其他设备运行正常，辊压机满足加载运行各项条件，即可开机运行。

② 跳停后的开机运行。跳停后的辊压机辊间可能残留有物料，辊间残留物料会导致辊压机的主电机不能正常启动，跳停后重新开机前，应手动盘减速机高速轴端，直至辊间残留物料全部排出，方可重新开机运行。

③ 在经过较长停机时间后的开机运行。经过较长时间的停机后，应对辊压机进行各项检查满足加载运行条件后方可运行。若辊压机的稳流仓中没有物料时，可直接进料后开启辊压机运行。若辊压机的稳流仓中有物料时，由于长期的存放可能会引起物料的板结导致下料不畅，因此应在开机前敲打稳流仓及下料溜子使物料松散以利于下料，若开机过程中辊压机由于下料不畅导致辊间隙变化异常，辊压机跳停后，应将仓中物料排空后重新送入物料方可开启辊压机运行。

④ 短暂停机后的开机运行。短暂停机后可按正常开机方式启机运行。

(4) 停机操作顺序

① 降低物料的喂料量，直到停止新料供应。

② 当承重仓中的物料料位降至 5t 左右时，关闭气动闸阀。

③ 停辊压机主电机。

④ 停出料输送设备。

⑤ 停油站。

### 8.5.2 辊压机的操作控制

水泥粉磨系统的产能能否得到有效发挥、能耗能否得到有效控制，辊压机系统的调整控制起到决定性的作用。辊压机的作用是要求物料在辊压机两辊间实现层压粉碎后形成高粉碎和内部布满微裂纹的料饼，能否形成料饼、料饼比例及质量是辊压机控制的关键，辊压机运行时可通过以下几方面的调整来达到稳定控制的目的。

(1) 稳定小仓料位

稳定小仓料位能确保在辊压机两辊间形成稳定的料层，为辊压机工作过程的物料密实、层压粉碎提供连续料流，充分发挥物料间应力的传递作用以保证物料的高粉碎率。

(2) 辊压间隙控制

磨辊间隙是影响料饼外形、数目以及辊压机功率能否得到发挥的主要参数。辊间隙过小，物料呈粉状，无法形成料饼，辊压机功率低，物料间未产生微裂纹，只是简单地预破碎，没有真正发挥辊压机的节能功效；辊间隙过大，料饼密实性差，内部微裂纹少，而且轻易造成冲料，辊压机的运行效果得不到保证；各厂可根据实际情况反复摸索调整，使其功效得到充分发挥。

(3) 料饼厚度的调节控制

料饼厚度反应的是物料的处理量（调节时必须使用辊压机进料装置的调节插板，其他方式的调节都将破坏辊压机的料层粉碎机理）。辊压机具有选择性粉碎的特征，即在同一横截面积上的料饼中，强度低的物料将首先被破碎，强度高的物料则不易被破碎，这种现象随着料饼厚度的增加表现得会愈加明显，因而在追求料饼中成品含量时，料饼厚度又不易过厚。但是由于物料在被挤压成料饼的过程中，是处于两辊压之间的缓冲物体，增大料饼厚度，就增厚缓冲层，可以减小辊压机传动系统的冲击负荷，使其运行平稳。考虑到这些相互关系，对于料饼厚度的调节原则是：在满足工艺要求的前提下，适当加大料饼厚度，特别是喂入的物料粒度较大时，不但要加大进料插板的开度，而且还要增加料饼回料或选粉粗料的回料量，以提高入辊压机的密实度，这样可以降低设备的负荷波动，有利于设备的安全运转。

（4）料饼回料量的控制

在辊压机与球磨机所构成的水泥粉磨系统中，辊压机的能量利用率高，它的物料喂入量大于球磨机的产量，因而既要保持球磨机处于良好的运行状态，又要使辊压机能连续运转，辊压机就必须有加料量可调节的料饼回料回路。一般来讲，当新入料颗粒分布一定时，辊压机在没有回料时的最佳运行状态所输出的物料量并非为系统所需的料量。为使系统料流平衡，同时又能使辊压机处于良好的运行状态，可以通过调整料饼回料来调整辊压机入料粒度分布，改变辊压机运行状态，达到与整个系统相适应的程度。如当入料粒度偏大，冲击负荷大，辊压机活动辊水平移动幅度大时，增加料饼回料量，同时加大料饼厚度。若主电机电流偏高，则可适当降低液压压力，就可使辊压机运行平稳。物料适当的循环挤压次数，有助于降低单位产量的系统电耗。但循环的次数受到未挤压物料颗粒组成、辊压机液压系统反传动系统弹性特性的限制，不可能循环过多，料饼循环必须根据不同工艺和具体情况加以控制。

（5）磨辊压力控制

辊压机液压系统向磨辊提供的高压用于挤压物料。正确的力传递过程应该是：液压缸→活动辊→料饼→固定辊→固定辊轴承座，最后液压缸的作用力在机架上得到平衡。某些现场使用的辊压机其液压缸的压力仅仅是由活动辊轴承座传递到固定辊轴承座，并未完全通过物料，此时虽然两磨辊在转动，液压系统压力也不低，但物料未受到充分挤压，整个粉磨系统未产生增产节能的效果。因此辊压机的运行状态不仅取决于液压系统的压力，更重要的是作用于物料上的压力大小。操作时可从以下两方面观察确认。

① 辊压机活动辊脱离中间架挡块作规则的水平往复移动，这标志液压压力完全通过物料传递。

② 两台主电动机电流大于空载电流，在额定电流范围内作小幅度的摆动，这标志辊压机对物料输入了粉碎所需的能量。

### 8.5.3 辊压机运行中的调整

为使挤压粉磨系统安全、稳定的运行，必须经常观察各测量、指示、记录值的变化情况，及时判断辊压机、磨机的运行情况，同时采取适当的措施进行操作调整。在辊压机投入正常生产后，主要检查调整的项目如下。

（1）辊缝过大

操作与调整：适当减小辊压机进料装置开度，从而使辊缝减小至设定值。

（2）辊缝过小

① 适当加大辊压机进料装置开度，若辊缝无变化，停机时进行以下两项检查；

② 检查侧挡板是否磨损，若已磨损，则更换侧挡板；

③ 检查辊面磨损情况。

（3）辊缝变化频繁

① 检查辊面是否局部出现损伤，若已损伤应修复。同时检查除铁器及金属探测器是否工作正常。

② 观察辊压机进料是否出现时断时续，若进料不顺畅，检查进料溜子及稳流仓是否下料不畅。

（4）辊缝偏斜

① 观察辊压机进料是否偏斜，进料沿辊面是否粗细不均，及时对进料溜子进行整改。

② 检查侧挡板是否磨损，若已磨损则更换侧挡板。
③ 观察左右侧压力是否补压频繁，检查液压阀件。
(5) 轴承温度高
① 倾听轴承运转是否正常，若声响较大，检查轴承是否加入足够干油保证轴承润滑。
② 检查冷却水系统，管路阀是否打开。
③ 若不是4个轴承温度都高，应检查润滑管路是否堵塞。
(6) 蓄能器气压显著下降
操作与调整：停机，对蓄能器进行检查和补充氮气。
(7) 主电机电流过小
① 检查辊压机工作压力是否较小，若压力偏低，可适当提高工作压力。
② 检查侧挡板是否磨损，若已磨损，则更换侧挡板。
(8) 主电机电流过大
① 检查辊压机工作压力是否较高，若压力偏高，应降低工作压力。
② 检查辊面是否出现损伤，若已局部损伤，则应检查金属探测器是否工作不正常使金属铁件进入辊间导致辊面损坏；若辊面无损伤，检查辊压机喂料粒度是否过大。

## 复习思考题

8-8 从哪几方面对辊压机进行操作控制？
8-9 辊压机在运行中辊缝会出现哪些不正常现象？怎样解决？

# 8.6 辊压机故障处理及维护

### 8.6.1 常见故障分析及处理方法

(1) 机体运行时振动大

故障表现：运行时辊压机机体振动，有时并伴有强烈的撞击声，这主要与入料粒度过粗或过细、料压不稳或连续性差、挤压力偏高等有关。处理办法：若进料粒度过细，应减少回料量以增大入料平均粒径，反之增大回料量以填充大颗粒间的空隙。同时保持配料的连续性和料仓料层的稳定，还有要保持合适的挤压力。

(2) 油缸漏油

① 油缸漏油分为内泄漏和外泄漏。内泄漏：油缸内密封圈破损或油路中的脏物在油缸下部沉积，并随缸内活塞来回移动产生摩擦，导致油缸内壁产生沟槽所致。若是这样，应立即对缸壁进行补镀，再机加工处理。外泄漏：指活塞杆与端盖结合处的泄漏，由活塞杆的来回移动不能与端盖内孔保持很好的同心度所致，使活塞杆和端盖磨损造成漏油。解决的方法是在活塞杆外壁补镀一层后，再进行外圆磨加工。

② 油缸的上表面及活塞杆的下表面部位都是易磨损处，对它们的处理均采用镀层后再机加工。这里需要说清楚的是：在辊压机的安装调试时，就要考虑足够的空间来适应轴承中心的下沉，使各运动部件达到同心状态。

(3) 轴承损坏

辊压机进口轴承只要平常加强设备润滑保养，都不会有问题。还有辊压机因生产厂家不同，其挤压方式和传动结构有所不同，如中信重工生产的辊压机是恒辊缝的，它的辊缝恒定不变，压力随着物料而改变；而合肥院辊压机是恒压力的，它的压力恒定不变，辊缝随着物料而改变。在生产时，料仓要保持一定的仓重，运行时喂料要形成料柱，不得空仓（空仓车间扬尘很大），尽量让辊压机多做功，两辊压机的电流要达到额定电流的 70% 以上，以提高整个系统的粉磨效率。

（4）辊压机发生振动、跳停的主要原因

① 物料粒度超标。按照辊压机规格不同，对入辊压机物料平均粒度有不同的要求。当入辊压机粒度超过要求时，会造成辊压机振动增大，系统跳停。解决的措施是缩小入辊压机熟料的平均粒度（对出窑头冷却机熟料把好破碎关）；其次，改变氮气囊（又叫液压蓄能器）预充压力，以增强辊压机适应大块物料的能力。

② 安全销故障。为保证电机的安全运转和防止辊面的损坏，一般在电机和减速机之间安装一种机械式安全销。电机和减速机之间的联轴节由安全销的凸形块和凹形块连接，当辊压机内进入铁器或大块坚硬物料时，从辊子传递给减速机、电机的扭矩将会急剧上升，安全销内凹形块和凸形块间的作用力和反作用力也随之增大。当凸形块受到的反作用力大于碟形弹簧设定的弹力时，安全销就会向后运动，直至脱离凹形块，使主电机空转。监测定辊转动的速度监测器马上报警，使整个辊压机系统跳停。安全销损坏或碟形弹簧失效，会造成安全销频繁脱出，系统跳停。

③ 液压系统故障。液压系统中的部件如氮气囊、安全阀、卸压阀等出现故障或损坏都会造成辊压机振动、跳停。处理办法是调节改变氮气囊预充压力，以增强辊压机适应大块物料的能力；修理或更换安全阀、卸压阀，使辊压机恢复正常运行。

④ 辊面磨损。辊压机辊面磨损后，辊面产生裂纹，辊面凹坑或辊面硬质耐磨层剥落，对物料形不成有效的挤压，出料中颗粒料多、料饼少，磨机产量下降，辊压机系统内的循环量大大增加，粉料越来越多，造成称重仓频繁"冲料"，回料皮带及入称重斗提压死，系统跳停。因此在粉碎物料时，千万不要把硬质铁器掉进辊压机，在打散机回料粗粉处加装除铁器，防止铁器在辊压机中循环挤压，辊面损坏后，应及时由专业人员现场堆焊修复。

### 8.6.2 辊压机的维护

辊压机的承载能力大，各回转件及滑动件的磨损较大，因此日常工作中做好这些可动部件的润滑显得非常重要。表 8-4 是辊压机的润滑部位、润滑方式、所选用的润滑油种类和参考加油量。

表 8-4 辊压机的润滑

| 润滑部位 | 润滑方式 | 润滑剂牌号 | 首次加油量 | 补充周期 | 补充量 | 换油周期 |
|---|---|---|---|---|---|---|
| 主轴承 | 油腔 | | 36×1000g | | 15g/h | |
| 主轴承迷宫密封 | | | 7×1000g | | 5g/h | |
| 滑动导轨 | | | 4g | | 4g/h | |
| 扭矩支撑球面关节轴承 | | 辊压机轴承油脂 | 2g | 2 个月 | 2g/h | |
| 抗扭轴球面关节轴承 | | | 2g | | 2g/h | |
| 干油站油箱 | | | 30×1000g | | 30×1000g | |
| 旋转密封 | | | 20g | 0.5 月 | 20g | |
| 侧壁上止推螺杆 | | | 20g | | 20g | |
| 行星齿轮减速器 | 油浴 | L-CKC320 | 180L | 1 个月 | | 3 个月 |
| 干油站电机 | | L-CKC220 | 2mL | | | 0.5 年 |
| 液压控制 | 油箱 | L-HM32 | 33L | 按需 | 按需补充 | |

## 复习思考题

8-10 什么情况下可能会造成辊压机油缸漏油？怎样处理？

8-11 辊压机发生振动、跳停的主要原因是什么？怎样处理？

## 8.7　打散分级机故障处理及维护

打散分级机在使用一段时间以后，在其他操作参数未变的情况下，发现系统细粉产量降低，回料增多，原生产系统平衡被破坏，或打散分级机成品粒度状况明显异常，有较多粒度较粗的物料以成品物料的形式进入球磨系统，使球磨机小规格的研磨体难以适应这样的物料粒度，造成磨机产量的明显下滑。

（1）打散盘衬板磨损

打散盘衬板的锤形凸棱部分磨损后会影响对物料的加速效果，物料在盘面打滑，离心力不足，物料脱离打散盘后撞击反击板力度偏弱，粉碎效果差，部分未被打散的料饼以粗料形式返回称重仓。建议停机维修，更换打散盘衬板。

（2）电机传动皮带打滑

因传动皮带松动打滑会造成打散盘转速降低，影响对物料的加速效果，离心力不足，物料脱离打散盘后撞击反击板力度偏弱，粉碎效果差，部分未被打散的料饼以粗料形式返回称重仓。此时需停机维修，张紧传动皮带。

（3）入辊压机物料水分偏高

水分偏高的物料被挤压后形成的料饼较密实坚硬，不易打散，大量未经打散的料饼在通过风力分级区后以粗料的形式被内锥筒体收集返回称重仓，回料明显偏多，应将湿物料入机之前先晾晒，蒸发掉更多的水分。

（4）风轮驱动电机与转子连接失效

传递动力的联轴器尼龙销断裂，风轮失去动力，打散分级机失去分级功能，未经打散后的物料在风力分级区内自由沉降，大量合格物料无法在分级区进入成品区而落入收集粗料的内锥筒体，造成回料偏多。此时要停机修复，更换联轴器尼龙销。

（5）环形通道堵塞

各类不易通过的杂物在打散分级机打散盘下方的环形通道内堵塞，影响了打散分级机的物料通过能力，同时也会造成系统回料偏多。建议停机清理造成堵塞的杂物，疏通环形通道，并严格杜绝上述杂物进入打散分级机。

（6）内锥筒体破损

内筒体的锥体部分过度磨损后，经分级后收集在内锥筒体的不合格物料会在通过卸料管返回辊压机之前从内锥筒体破损处泻出混入收集细料的外锥筒体进入球磨机，造成入磨物料粒度偏粗，粉磨效率降低，产量下降。这时要停机补焊内锥板或更换内锥板。

（7）内锥筒体物料淤积

打散分级机内锥筒体物料因排料不畅造成的物料淤积会导致不合格粗料从内锥筒体的导风叶片处溢出混入收集细料的外锥筒体与成品物料一起。进入球磨机，造成入磨物料粒度偏粗，此时物料中 0.08mm 以下细粉含量明显不足，导致球磨系统粉磨效率降低，产量下降。建议疏通粗料卸料管，并保持粗料排料管的通畅。

（8）风轮磨损

打散分级机的风轮在使用一段时间后由于含尘气流的冲刷，磨损是难免的，所以在使用过程中应定期检查，一般半月检查一次，在磨损部位，特别是叶片与顶板的焊缝如有磨损应及时补焊，以延长风轮的使用期，经长期使用后风轮无法修复，则应及时更换，以防风轮脱落损坏设备。

## 复习思考题

8-12 打散机环形通道堵塞会带来什么样的后果，怎样处理？

8-13 打散机的内锥筒体物料淤积会带来什么样的后果，怎样处理？

## 8.8 球磨机

### 8.8.1 球磨机的类型

从"8.2 水泥粉磨工艺流程"中列出几种普遍采用的粉磨流程可以看出，球磨机占有十分重要的地位，它的结构与用于原料粉磨的球磨机很相似，但还是有所区别的，如不需要在喂料端设置烘干仓，出磨物料从磨尾卸出等，下面是几种较典型的用于水泥粉磨的球磨机。

（1）中心传动水泥磨（尾卸）

水泥磨与原料磨不同的是去掉了烘干仓。磨内设 2~4 个粉磨仓，第一、第二仓采用阶梯衬板，两仓之间用双层隔仓板分开，第二、第三和第三、第四仓之间采用单层隔仓板，安装小波纹无螺栓衬板，被磨物料从远离传动的那一端喂入，从靠近传动的那一端卸出。为降低水泥粉磨时的磨内温度，在磨尾装有喷水管（有的水泥磨各仓均设有喷水管及喷头），如图 8-15 所示。

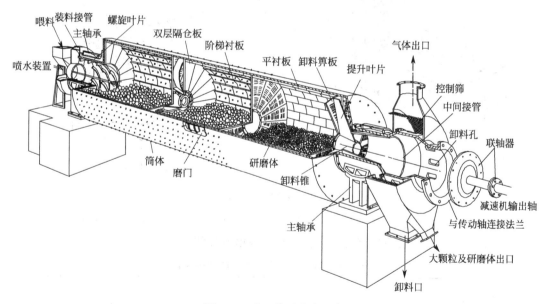

图 8-15 中心传动的水泥磨

（2）中心传动双滑履水泥磨（尾卸）

这种磨机从机械设计方面来看，既简化了结构，又减轻了重量。由于粉磨水泥使磨内产生高温，这种磨机可以充分利用其两端的进、出料口的最大截面积来通风散热，而且降低气流出口风速，避免较大颗粒的水泥被气流带走，见图 8-16。

（3）边缘传动水泥磨（尾卸）

与同规格原料磨的结构基本相同，但不设烘干仓，有的增加磨内喷水装置，对粉磨水泥时产生的高温进行降温，见图 8-17。

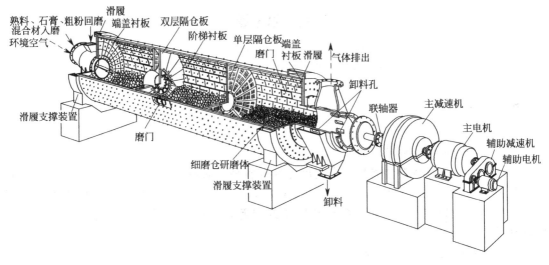

图 8-16 中心传动双滑履水泥磨

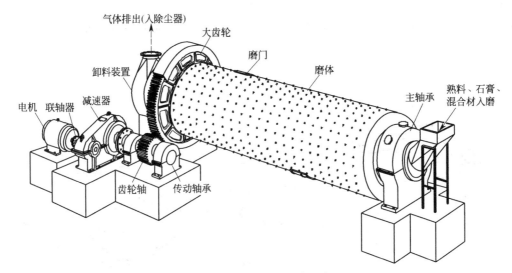

图 8-17 边缘传动的水泥磨

关于球磨机的主要部件，可参照"4 生料粉磨"中的"4.3 球磨机"一节内容，有很多部件及结构是相同的。部分球磨机（水泥磨）的规格及性能列于表 8-5。

表 8-5 部分球磨机（水泥磨）的规格及性能

| 磨机规格 | φ3m×9m | φ3m×11m | φ3.5m×11m | φ2.6m×13m | φ4m×13m | φ4.2m×13m 双滑履 | φ3.8m×13m 双滑履 |
|---|---|---|---|---|---|---|---|
| 粉磨系统 | 闭路 | 闭路 | 闭路 | 开路 | 闭路 | 闭路 | 闭路 |
| 转速/(r/min) | 17.6 | 17.7 | 16.5 | 19.5 | 15.95 | 15.6 | 16.6 |
| 装球量/t | 70~80 | 100 | 152 | 78~81 | 191 | 210 | 180 |
| 有效容积/m³ | 50 | 69 | 93.8 | 60.5 | | | |
| 产品（0.08mm 细度方孔筛筛余）/% | 7~8,4~6 | 5~8 | 5~8 | 5~8 | | | |
| 设计标定产量/(t/h) | 36.5,28 | 47 | 65~70 | 30 | 65 | 85 | 70~75 |
| 传动方式 | 中心 | 中心 | 中心 | 中心 | 中心 | 中心 | 中心 |

续表

| 减速机 | 型号 | 2×1250 | ZL314 | ZL370 | 3310 侧出轴 | JS130-B-FMFY280 | MFY320 | JS130-A-FMFY250 |
|---|---|---|---|---|---|---|---|---|
| | 速比 | 42.163 | 42.39 | 36.239 | | 46.7 | 47.8 | 44.9 |
| | 质量/kg | 36947 | 50500 | 79500 | | | | |
| 电动机 | 型号 | YR118/61-8 | YR118/74-8 | TYD143/49-8 | YR118/61-8 | YRKK900-8 | YRKK900-8 | YRKK800-8 |
| | 功率/kW | 1000 | 1250 | 2-1000 | 1000 | 2800 | 3150 | 2500 |
| | 转速/(r/min) | 742 | 742 | 600 | 742 | | | |
| | 质量/kg | 7340 | 8060 | | 7340 | | | |
| 设备质量/t | | 121.13 | 169 | 138.3 | 182.2 | 264 | 250 | 203 |

### 8.8.2 磨内喷水系统

熟料是干燥的，尽管在堆场或圆库内存放一段时间吸收了一些水蒸气，但这些水蒸气会与熟料中的游离氧化钙发生反应，生成氢氧化钙，熟料的体积增加，水泥安定性有所提高，但水分并没有增加多少。在粉磨硅酸盐水泥或普通硅酸盐水泥时，石膏及混合材的掺加量不多，其自身的水分对粉磨不会带来较大的影响。水泥在粉磨过程中由于研磨体、物料、衬板之间的冲击、碰撞、研磨而产生高温，如果入磨熟料温度过高，出磨水泥的温度超过允许值时就必须加以控制，否则会导致如下不良后果。

① 石膏脱水、水泥加水拌和后的假凝，影响水泥的施工性能。

② 易使水泥因静电吸引而聚结，严重的会黏附到研磨体和衬板上，产生包球，降低粉磨效率及磨机产量。

③ 出磨物料进入选粉机的物料温度增高，选粉机的内壁及风叶等处的黏附加大，物料颗粒间的静电引力更强，影响到撒料后的物料分散性，直接降低选粉效率，加大粉磨系统循环负荷率，降低水泥磨台时产量。

④ 对磨机本身也不利，如使轴承温度升高、润滑作用降低，还会使筒体产生一定的热应力，引起衬板螺丝折断；有时磨机甚至不能连续运行，从而危及设备安全。

为此，要对水泥磨进行冷却。冷却的方法可以在磨内第一仓和第二仓均设喷水管，喷入少量的雾状水分，在磨内高温（100℃以上）下很快被汽化，安装在磨机系统除尘器后边的排风机随时把它抽走，这样降低了磨内温度，如图 8-18 所示。

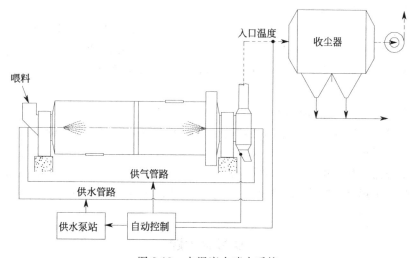

图 8-18 水泥磨内喷水系统

磨内喷水系统采用 PLC 有级可调的控制方式，根据出磨物料温度，自动调节喷水量，并将收尘器入口温度也作为控制参数,避免了温度太低造成收尘器结露。整套系统采用全自动控制,操作简单、运行稳定、故障率低,一般不需要人工干预,非常情况下也可人工操作。

### 8.8.3 磨内喷水的作用

(1) 降低出磨水泥的温度

物料在磨机内的粉磨过程中要产生大量的热量,使粉磨物料的温度升高超过100℃。如果入磨的熟料温度过高,则水泥的温度就会更高,经常会达到140～160℃,有时在特殊情况下可达200℃之多,磨内温度过高会带来一系列的不良后果,所以必须降低磨内的温度。向磨机内部物料温度最高的地方喷入一定的"毛毛雨",使之雾化立即蒸发,通过加强通风带走热量,可以达到冷却的目的。对提高粉磨效率起到很好的作用。

(2) 保证水泥质量

在水泥的粉磨中,当磨内温度过高时,其中的生石膏,即二水硫酸钙($CaSO_4 \cdot 2H_2O$)就会脱水,生成半水石膏。其化学反应式为:

$$2CaSO_4 \cdot 2H_2O = 2CaSO_4 \cdot H_2O + 3H_2O \tag{8-5}$$

本来二水石膏在105℃时就开始脱水,但由于压力较低,反应并不明显。当温度达到140℃以上时,效果就比较明显。半水石膏在水泥水化过程中首先结合水恢复为二水石膏,晶体结晶连成网,使水泥出现假凝现象,干扰建筑施工进程。采用磨内喷水后,磨内温度降低,制止了二水石膏脱水,可以保证水泥的质量。

(3) 提高磨机产量

在水泥的粉磨过程中,产生许多细小的颗粒,尤其在细磨仓,微小颗粒就更多。这些细小的颗粒会产生一种凝聚现象、黏附在研磨体和衬板表面上。把这种现象称为"糊球现象",也有的叫"包球"或"物料包层"。这样形成的细小颗粒层,实际上是一个衬垫,对研磨体的冲击和研磨起缓冲作用,使粉磨效率降低,电耗增高。

糊球现象与温度有关,温度愈高,糊球现象愈严重,如当磨内温度达到121℃时,物料被磨到比表面积为1200～1500cm²/g之际,就会产生糊球现象。这说明当磨内温度过高时,甚至较大颗粒的物料也会产生糊球现象。

(4) 改善熟料的易磨性

一般来说,熟料块的表面都有许许多多的小气孔,当有雾状水滴浸入后,内应力增大,分裂所需的外力减小,易磨性提高。因此,磨内喷水后,水泥磨的产量就会提高。

由于上述两种原因,水泥磨内采用喷水后增产效果都比较明显,而且水泥磨的规格越大,效果就会越明显。

(5) 提高设备的运转率和使用寿命

磨内温度过高,筒体的温度也随之增高,极易产生氧化腐蚀,磨内的研磨体和衬板,由于温度较高,磨耗也会相应增大。如果磨后装有袖袋收尘器,由于出磨水泥温度较高,会降低袖袋的使用寿命。如果磨后装有电收尘器,由于出磨水泥温度较高,比电阻增大,影响收尘效率。因此,采用磨内喷水后会提设备的运转率和使用寿命。另外,磨内温度过高,危及主轴承球面瓦的安全。

## 复习思考题

8-14 简述中心传动水泥磨与双滑履磨构造及工作原理的相同点和不同点。

8-15 磨内喷水系统是怎样的?作用是什么?

## 8.9 水泥粉磨工艺操作

### 8.9.1 操作要求

水泥粉磨对入磨物料物理性能、研磨体、喂料、通风等是有要求的，其目的在于优质（水泥细度、$SO_3$ 含量、混合材掺加量达到控制指标要求）、高产（产量高）、低消耗（电耗、机械损耗低）。

① 刚刚出窑冷却的熟料温度还仍然较高，超过 80℃ 不允许入磨，最好冷却到 50℃ 以下再去粉磨。而且入磨熟料、混合材和石膏必须符合质量（钠钾类氧化物成分、$f$-CaO、$SO_3$ 含量等）要求，粒度不得大于 30mm，混合材水分不大于 2%。

② 入磨物料喂料计量控制系统不论设在库底还是设在磨头仓下，均由计算机控制，其配料精度应在 ±1% 以下。

③ 将不同尺寸的钢球、钢段根据入磨物料粒度、硬度及出磨水泥细度等条件进行合理级配填入磨内，使对入磨物料的冲击和研磨能力保持平衡。根据研磨体的磨损情况定期清仓补球。

④ 衬板掉角、压条磨平时要及时更换，隔仓板、出料箅板的箅孔堵塞时要清除，磨损过大要更换，防止研磨体窜仓导致比例失调。

⑤ 闭路粉磨系统要控制好选粉机粗粉回料量与产量的比例，其循环负荷率控制在 80%～250% 范围内，选粉效率在 50%～80% 范围以内，这样能更好地发挥磨机和选粉机的作用。

⑥ 调节好粉磨系统排风机的排风量（由阀门开启度的大小来控制），风量的大小是按磨内有效断面风速（开路磨为 0.5～0.9m/s；闭路磨为 0.3～0.7m/s）来确定的。要密闭堵漏，尽量避免漏风，系统处于负压状态。

⑦ 粉磨水泥时由于研磨体对物料的冲击、研磨，研磨体之间及研磨体与衬板和隔仓板的碰撞、研磨要产生一定的热量，使磨内温度上升，因此需采用磨身淋水或磨内喷（雾状）水来降低磨内温度，出磨水泥温度控制在 120℃ 以下。

⑧ 磨机系统要每年进行一次技术标定，对磨机操作参数、作业状况和技术指标进行全面的测定和分析，以改进操作方法，确定最佳操作方案。

### 8.9.2 磨机喂料量的控制依据

在磨机启动时，喂料量应该是由少到多逐渐增加的。若喂料不当，会发生满磨堵塞。磨机启动后将它的负荷值（电机功率）用计算机按一定模型运算处理，参考喂料调节器送出喂料量的目标值，使之逐步增加喂料量，到磨机进入正常状态为止。磨机在正常运转时，要尽量做到喂料均匀。但影响磨机操作的因素非常多，所以还要根据各种情况的变化来及时调整喂料量。

① 根据水泥磨的计划产量和细度要求。在确保水泥细度和比表面积的前提下，要提高产量，需加大几种物料总量的喂料量。磨机运行时要经常查看物料的粒度以及料仓压力等变化，并根据其变化情况及时调整喂料量，当发现入磨物料的粒度增大时，需要减少喂料量；反之，可适当增大喂料量。

② 根据三氧化硫（$SO_3$）波动范围的变化量。若 $SO_3$ 值增加，表明入磨石膏增多。过高的 $SO_3$ 如超过国标规定，则水泥成为不合格品，如未超过国标规定，也可能会导致混凝土的膨胀，对硬化水泥石结构产生破坏作用。这时应减少石膏的喂入量；反之就要增加石膏

的喂入量。一般化验室对出磨水泥每隔 1h 取样一次，用静态离子交换法来测 $SO_3$ 的含量，并及时将测定结果反馈给磨机操作系统，以便对入磨各种物料配比及时做出调整。

③ 各种混合材的掺加量也是要根据化验室的测定数据进行调整的。通常矿渣和沸腾炉渣是采用测定水泥中酸不溶物法确定其加入量，磨机操作人员根据给定指标来调整混合材的喂料量。

④ 根据入磨物料的物理参数。粒度大、易磨性差，应减少混合物料的喂入量，否则磨机不容易"嚼烂"，容易糊磨。

⑤ 根据出磨水泥细度调整喂料量。有时入磨物料的粒度、易磨性等都未发生变化，而产品变粗，可能冲击、研磨能力下降，在还未达到补充研磨体的条件时，需减少喂料量；若出磨生料细度变细，说明喂料量太少，应适当增加，还有提高产量的余地。开路粉磨系统要保持出磨生料细度在 0.08mm 方孔筛筛余在 10% 以下；闭路系统一般控制出磨物料细度在 0.08mm 方孔筛筛余在 30%～40%，回料细度在 65%～70% 以上，当出磨物料细度符合所控制的指标，而产品细度不符合要求时，就应及时调整选粉机的隔风板（旋风式的为风管调节阀）或小风叶。

出磨水泥细度可通过定时抽样检测结果得到，其特点是细度结果准确，但由于间隔时间长，使调整控制滞后。也可以凭经验用手捏摸判断生料细度，方法是在取样点采取少许水泥试样，用大拇指和食指夹住一部分，在两指间反复搓捏，使用力度不需太大，能感觉到水泥颗粒大小、多少即可。然后，根据平时积累的经验判定出磨水泥的细度。这种方法判断细度，结果准确性还不够且因人而异，但往往能及时发现磨内粉磨情况的异常变化并及时予以调整。为使手感准确，避免错判导致喂料量的调整错误，需要操作工平时多摸、多进行对比练习，提高对结果判断的准确性，这对生产质量控制是有利的。根据细度调整喂料时，若入磨物料粒度、水分等无变化，而生料细度变粗，说明喂料量过多，研磨能力不足，应适当减小喂料量；反之则适当增加喂料量。

⑥ 闭路磨机的回料量及循环负荷率、工艺管理规程和操作规程的控制指标，也是调整控制喂料量的依据，不过这一问题要到中级工去解决。

磨机的喂料主要是控制石膏和混合材的掺加量，不同品种、不同强度的水泥，国家标准有具体的规定：普通水泥（代号 P·O）的混合材掺加量在 15% 以下，而矿渣硅酸盐水泥（代号 P·S）、火山灰质硅酸盐水泥（代号 P·P）、粉煤灰硅酸盐水泥（代号 P·F）的矿渣、火山灰、粉煤灰掺加量都在 20% 以上。在这个规定范围内，水泥厂（包括水泥粉磨站）通常是首先通过实验室小磨试验的水泥强度以及其他物理性能符合国家标准的情况下，确定一个合适的混合材掺加量作为指导依据，生产中再根据熟料质量以及其他实际情况作适当调整。通用水泥国标规定水泥中 $SO_3$ 含量在 3.5% 以下（矿渣硅酸盐水泥在 4.0% 以下）。工厂首先要实际测定所用物料的 $SO_3$ 的含量，一般来讲，天然二水石膏的 $SO_3$ 含量在 40% 左右、熟料中的 $SO_3$ 含量旋窑熟料在 1% 以下，立窑熟料在 2%～3%，如控制水泥中的 $SO_3$ 的含量在 2.5%，计算如下：

$$aA + bB + xX = 2.5\% \tag{8-6}$$

式中　$A$——熟料加入量；

　　　$a$——熟料的 $SO_3$ 含量，%；

　　　$B$——混合材加入量；

　　　$b$——混合材的 $SO_3$ 含量，%；

　　　$X$——石膏加入量；

　　　$x$——石膏的 $SO_3$ 含量，%。

依此确定石膏加入量,生产中再根据化验室定时检测的水泥中 $SO_3$ 的含量调整石膏加入量。

### 8.9.3 磨机喂料情况的判断

(1) 喂料量过多

① 产量较高,细度粗;
② 磨音低沉,电耳记录值下降;
③ 提升机功率(电流)上升,粗粉回料量增加;
④ 磨机出口负压增加,粗磨仓压差增加;
⑤ 出磨气体温度降低;
⑥ 满磨时磨机主电机电流下降;
⑦ 立磨磨辊较高,振动较大。

通过对以上现象进行综合分析比较确认喂料过量是否过多,及时平衡地减小喂料量,尽量避免停喂,只有严重堵磨时才停止喂料。

(2) 喂料不足

① 产量较低,细度细;
② 磨音清脆响亮,有电耳监控的磨机则电耳音响上升;
③ 提升机电流下降,选粉机回料量减少;
④ 磨机出口负压下降,粗磨仓压下降;
⑤ 出磨气体温度上升;
⑥ 立磨磨辊较低,振动较大,压降小。

此时,应及时增加喂料。同时还应注意磨机排风机进口阀门开启度的调节,调节是依据磨机出口气体温度及水泥出磨温度应保持在设定的目标值范围内进行的。

### 8.9.4 磨机喂料操作应注意的问题

① 按质量要求控制入磨物料量的多少。
② 严格控制各种物料的配合比率,尽量做到均匀喂料,不准单一物料入磨,每小时要抽查 1~2 次喂料量,做到心中有数。
③ 经常观察喂料机电流值的变化量,勤听磨音,掌握入磨物料情况。
④ 根据操作情况及时调整喂料量,防止磨内物料忽空忽满,出磨物料忽粗忽细。
⑤ 注意观察各种物料料流,尽量做到稳定。

还有要稳定磨音,防止磨音过高或过低,严格控制出磨水泥质量。当然要做到这一点比较难,但到中级工时要能把握这一点。

### 8.9.5 水泥粉磨细度控制

控制出磨水泥的细度,一是为了使水泥具有一定的颗粒组成,使水泥的质量符合国家标准,满足工程施工要求;二是为了经济合理。细度细的水泥拌和水后,水化反应快,凝结硬化快,早期强度高;但磨得过细时,磨机的产量猛减,粉磨电耗急增,研磨体和衬板消耗也显著上升。同时对水泥性能也有不利影响。拌和水量增加,后期强度可能下降。水泥细度指标应根据熟料质量、配比、粉磨条件、水泥的品种和强度等级,以及混合材的类型、性能和掺加量等实际情况,通过试验确定。根据我国多家水泥厂多年的生产经验,42.5 强度等级水泥细度 0.08mm 方孔筛筛余 1%~3%、比表面积控制在 350~380m²/kg 之间为宜,32.5 等级水泥细度 0.08mm 方孔筛筛余 3%~6%、比表面积控制在 300~350m²/kg 之间为宜(闭路粉磨比开路粉磨小些)。在一般情况下水泥的比表面积每增加 10m²/kg,其早期的抗压强度增加 0.4~0.8MPa，28 天抗压强度增加 1MPa 左右，但比表面积增加到一定限度（如 500m²/kg）以后，强度无明显提高，根据大量研究认为水泥细度的最佳控制范围为 350~400m²/kg。

#### 8.9.6 以出磨水泥安定性为目标的磨机控制

$f$-CaO 含量要是超标，将影响水泥的安定性，安定性不合格的水泥就是不合格水泥。水泥的安定性要从煅烧熟料、出磨水泥和出厂水泥三个环节来控制。如果第一个环节即煅烧熟料时 $f$-CaO 出现波动，那么从第二个环节即水泥粉磨来控制水泥的安定性，就显得非常重要。要确保水泥安定性达到目标值，需通过生产实践找出出磨水泥 $f$-CaO 含量与安定性的相关性，再根据它们之间的关系确定控制 $f$-CaO 的操作方案。

(1) 出磨水泥 $f$-CaO 含量与安定性的相关性

① $f$-CaO 的生成方式。$f$-CaO 在高温煅烧（1450℃）条件下产生的 $f$-CaO 结构致密，水化速率缓慢，出磨水泥的 $f$-CaO 含量值控制要偏下线；而在低温煅烧（1350℃）条件下产生的 $f$-CaO，水化速率较快，对安定性影响较小，控制可适当放宽。

② 混合材品种和掺加量。不同品种、不同掺加量的混合材对 $f$-CaO 的消解作用不同，活性高（如矿渣）或掺加量较多的混合材磨制水泥，$f$-CaO 含量控制值可适当放宽；活性差（如煤矸石等）或掺加量较少的混合材磨制水泥，$f$-CaO 含量的控制必须要严格。

③ 随季节变化。春夏季温度高、湿度大，$f$-CaO 消解较快，控制值可适当放宽；秋冬季节温度较低、湿度小，$f$-CaO 消解缓慢，控制值要严格。据此，$f$-CaO 与安定性的相关性可在每年的 4 月和 10 月进行两次检验结果来确定 $f$-CaO 的控制值，检验数据最好在 100 个以上。

④ 水泥细度指标。出磨水泥的比表面积对 $f$-CaO 消解速率有很大影响。水泥细度细、比面积值大时，$f$-CaO 的控制值可放宽。

表 8-6 是某厂通过试验找出的出磨水泥 $f$-CaO 含量与安定性的相关性之间的关系。

表 8-6　出磨水泥 $f$-CaO 含量与安定性的相关性检验结果

| 出磨水泥 $f$-CaO 含量/% | 1.0~1.3 | 1.3~1.6 | 1.6~1.9 | 1.9~2.1 | 2.1~2.3 | 2.3~2.4 | >2.4 |
|---|---|---|---|---|---|---|---|
| 安定性合格率/% | 100 | 100 | 100 | 93 | 47 | 5 | 0 |
| 样品数/个 | 100 | 280 | 170 | 109 | 57 | 29 | 10 |

从表中可以看出，控制出磨水泥 $f$-CaO 含量小于 1.9% 时，安定性全部合格；随着 $f$-CaO 含量增加，安定性合格率呈明显下降趋势，特别是当 $f$-CaO 含量超过 2.4% 时，合格率降为零。

(2) 出磨水泥 $f$-CaO 含量的控制

① 根据掌握的熟料库存质量情况，及时调整熟料用库及搭配比例。对熟料安定性不合格或 $f$-CaO 含量高的库，要适当减少熟料用量。待出磨水泥 $f$-CaO 含量低于控制值时，再酌情适量使用。

② 降低出磨水泥筛余值，提高比表面积，适当提高混合材掺加量，以加快 $f$-CaO 的消解。某厂将筛余下调 0.5%~1.5%，比表面积增加 20~40m²/kg，混合材掺加量提高 1%~3%，测得 $f$-CaO 含量下降了，同时也因 $f$-CaO 消解加快，其 $f$-CaO 控制含量还可适当放宽至<2.0%，安定性仍能保证合格。

③ 出磨水泥 $f$-CaO 含量较高，或熟料 $f$-CaO 含量较高，安定性不合格程度严重时，第①、②种方法可同时使用。

### 8.9.7 磨机运转情况的判断

勤检查机械设备的运转情况，并做好设备的维护工作。在磨机运转过程中，应经常检查磨头、衬板、隔仓板、磨门的螺栓，各主辅机的地脚螺栓是否松动；大小齿轮是否有振动，啮合是否正常；各轴瓦、齿轮、减速机系统内的润滑油是否充足，有无异常的振动声音。轴承瓦是否过热和冷却水是否畅通，水量是否适当。

在操作中，应经常检查并记录电动机的电流，电压表的读数。磨机电流及磨尾提升机电流变化除可以反映设备运行情况外，也可以作为磨内物料粉磨是否正常的判断依据，例如当磨机主电机电流下降、磨尾提升机电流也下降时，说明喂料量过少或磨机隔仓板、出料箅板堵塞、"饱磨"等不正常情况，此时再结合其他情况（如磨音等）加以分析判断，就可以找出问题并予以解决。

操作工还应经常检查了解磨头仓（或储库）内的存料情况，并主动与供料、输送岗位联系，保证磨机运转过程中正常的物料供应。

运转中的检查同样适用于交接班的检查。对于检查中发现的问题存在的隐患处理的结果，都应详细记录，使下一班人员心中有数，以利于进一步加强磨机系统的保养和维护。

### 8.9.8 降低磨内温度的操作

(1) 磨内通风冷却

在一般情况下，单仓磨机的单位动力抽风量约为 $0.2m^3/(min \cdot kW)$，多仓机约为 $0.12 \sim 0.16m^3/(min \cdot kW)$。多仓磨的单位通风量应为 $300m^3/(h \cdot t)$，采用单位产量的通风量为 $400 \sim 1200m^3/tc$（c 表示水泥，下同）。磨机的通风量，如果以其容积作基数，每分钟调换的空气容积应为磨机容积的 3～4 倍。在磨机通风的一般情况下，应控制粉尘浓度在 $50 \sim 100g/m^3$ 以下。

对闭路磨而言，采用加强磨机内通风的冷却方法降低出磨水泥温度比较适用，而开路磨就受到一定限制。因为开路磨的磨内风速不宜超过 $1m/s$，否则粉磨成本就会提高。

为使水泥出磨温度保持在 120℃，当入磨物料温度为 100℃时，计算出的需用风量为 $2100m^3/min$ 或 $750kg/kgc$，此时的磨内风速为 $3.5m/s$。这样，风机电耗超过 $3kW \cdot h/tc$。入磨物料温度更高时，所需的冷却风量就更大。实际工作中，如此大的风量通过磨机是不可能的。

采用风冷方法，耗能很大，所以不宜单独使用。如果采用磨内喷水，则风量可大大降低，它可以在低得多的风速下获得必要的冷却，从而降低风机电耗，而且使用较小的收尘设备就够用。

水分蒸发使出磨气体的露点降低。因此，在一般情况下不宜采用袋式收尘器，但对采用电收尘有利，因为具有一定湿度可以大大改善电收尘器的效率。露点一般保持在 60～70℃之间。当入磨熟料温度为 100℃，出磨水泥温度保持在 115℃时，就需要喷入 $4.3t/h$ 的水，通过 $500m^3/min$ 的风量，露点为 65℃这样的水量，相当于 $30kg/tc$ 的水，即 3% 的水。

风冷这种冷却方法，一是需要增大收尘设备，使动力消耗增大，投资和维修工作量增加；二是效果不如水冷，故现在已很少采用。

(2) 磨内喷水冷却

润滑水泵应在磨机启动之前启动，以避免损坏填料盒密封件。特别是冬季，由于环境温度低，入磨物料温度相应也低，喷水系统水泵及管路要防冻，并注意润滑用水的充足，以保证橡胶密封件不致高温老化。磨内喷水量由磨机出口气体温度来控制开或关，当出磨气体温度达到某一设定值时，采用手动或自动控制系统先在第二仓喷水，若温度继续上升，第一仓也开始喷水，喷水装置的开或停的设置，各厂由操作人员设定后就可自动控制。一般磨内最大喷水量控制在入磨物料量的3.5%以下，使出磨水泥温度控制在95~130℃范围即可。

### 8.9.9 采用磨内喷水应注意的几个问题

(1) 要加强磨内通风

喷入磨内的小水滴受热后就要蒸发，此时会吸收大量的热变成水蒸气。这种温度较高的水蒸气必须从磨内迅速排出，才能达到降温的良好目的。如华新水泥厂的 $\phi2.7m\times4m$ 二级水泥磨，未喷水时的磨内通风为 $2000\sim2500m^2/h$。采用磨内喷水后发现管道和袖袋收尘器都有少量水蒸气凝结粗粉现象，后来将通风量加大到 $4000m^2/h$，磨尾负压为 $300\sim400Pa$，粘灰现象消失。

(2) 加强通风管道的保温

磨内喷水冷却产生大量的水蒸气，它们随磨机通风排出磨外进入除尘器里，由于温度下降会冷凝成水珠，这叫"结露"，会降低旋风或袋式除尘器的效率，特别是袋式除尘器，露珠粘满滤袋，所以出磨气体管道和收尘器均需保温，防止水蒸气冷凝。

(3) 喷水量不能过大

喷水量过大会使物料黏附在研磨体（冲击力减弱）或隔仓板箅孔上（通风阻力增加、物料流通不畅）。

(4) 粉磨下列水泥时不宜采用磨内喷水

① 矿渣硅酸盐水泥。

② 复合硅酸盐水泥。

③ 火山灰硅酸盐水泥。

### 8.9.10 磨内球料比和物料流速的控制

球料比即磨内研磨体质量与瞬时存料量之比，它可大致反映仓内研磨体的装载量和级配是否与磨机的结构和粉磨操作相适应。控制好合适的球料比和适当的磨内物料流速，是保持磨机粉磨效率高的重要条件。球料比太小，则仓内的研磨体量过少（损耗的太多），相对存料量过多，以致仓内缓冲作用大，粉磨效率低；球料比太大，表明存料量太少，研磨体间及研磨体与衬板间的无用功过剩，不仅产量低，而且单位电耗和金属磨耗高，机械故障也多。只有合适的球料比，才能使研磨体的冲击研磨作用充分发挥，粉磨效率才高。

根据生产经验，开路磨适当的球料比为：两仓磨，第一仓4~6，第二仓7~8；三仓磨：第一仓4~5，第二仓5~6，第三仓7~8；四仓磨：第一仓4~5，第二仓5~6，第三仓6~7，第四仓7~8。闭路磨由于是循环粉磨，所以各仓的球料比均比开路磨小些。

### 复习思考题

8-16 磨机喂料量的控制依据是什么？

8-17 怎样判断磨机的喂料情况？

8-18 怎样控制水泥的粉磨细度？

8-19 怎样降低磨内温度？

## 8.10 O-Sepa 选粉机

O-Sepa 选粉机是日本小野田公司1979年开发的，如图8-19所示。它不仅保留了旋风式选粉机外部循环风的特点，而且采用笼式转子，改变了选粉原理，大幅度提高了选粉效率。在此基础上该公司还推出了不少选粉机，如 SD 选粉机、Sepol 选粉机、SKS-Z 选粉机、Sepax 等类似的笼式选粉机，以 O-Sepa 选粉机为代表的笼式选粉机称为高效选粉机，称它为第三代选粉机，目前我国多用于水泥闭路粉磨上（生料闭路粉磨也将在新建扩建改造中得到广泛应用）。

### 8.10.1 结构和主要部件

O-Sepa 选粉机主要由传动装置、回转体、壳体、润滑站和电器控制柜组成。

(1) 壳体

壳体是一个双蜗壳形的旋风筒，由灰斗、进料斗、弯管等组成。在壳体内装有导向叶片、缓冲板、空气密封圈。壳体侧面及顶盖开设有检查门。壳体的一、二次风入口及弯管出口处内粘贴有陶瓷片；进料斗、导向叶片、缓冲板各处均堆焊耐磨材料，灰斗内加装耐磨衬板防止磨损。壳体上部承受选粉机主轴所连接的电动机、减速器、支座等重量。

(2) 回转部分

由笼形转子、主轴和支撑轴承等组成。笼形转子的上部固定有空气密封圈，表面焊有带辐射筋并喷涂耐磨材料的撒料盘。一周焊有许多均匀分布的竖向窄而长的导向风叶，几块圆环形上下均布的水平隔板通过几个连接板与转子轴套相连，形成一个笼形转子。转子用键固定在主轴上并带动整个笼形转子转动。笼形转子与壳体内的立式导向叶片之间所构成的窄而长的空间是选粉区。

(3) 传动装置

由立式电动机、立式减速器和梅花型弹性联轴器等组成。通过这个联轴器与立式主轴相接，并带动其转动。整个传动装置由固定在壳体上部的支座支撑。

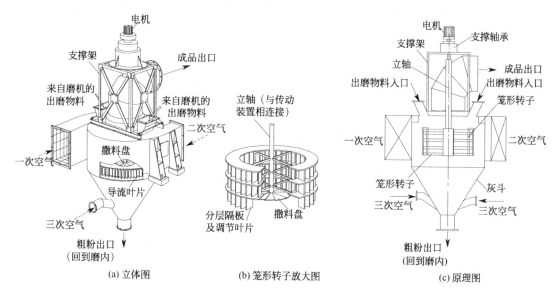

图 8-19 O-Sepa 选粉机

### 8.10.2 工作原理及选粉过程

分级过程可参对照图 8-19：物料经入口落到撒料盘上后被撞击、分散后沿圆周方向飞行，再与缓冲板碰撞后引入选粉室，在选粉室内被气流分散的粉粒经过导流叶片和转子作涡流调整，由离心力与内向气流间产生平衡实现分级。细粉与一、二进风口所送来的分级空气（空气或含尘空气）一起被送到选粉室中心部，再进入出风管。另一方面受离心力作用的粗粉被引到外围的导流叶片处，沿着叶片的内侧流动，把所在粗粉表面的微粉用一、二次风口所流入的空气加以洗涤，实现粗粉的二次分级。粗粉则落入下部灰斗内收集。

### 8.10.3 O-Sepa 选粉机的性能优点

（1）特点

与普通选粉机相比具有以下不同的特点。

① 空气是水平方向引进，依切线方向进入选粉室。

② 撒料盘位于转子上方选粉机顶部，迫使粗粉贯穿空气选粉的全过程。

③ 转子有短的笼式竖向叶片（静叶片），角度可以根据需要调整，转子高度较高，选粉机体积可以缩小。

④ 转子周围的导向叶片改善了空气分布和物料在空气中的分散状态。

（2）优良性能

与普通选粉机相比具有以下优良性能。

① 提高了粉磨系统的选粉效率，可达74%以上，粗粉中残留的细粉少，使磨机产量较离心式选粉机时提高约19%～24%，节约电耗8%～20%。

② 成品粒度分布 3～30μm 的细粉占百分比较高，水泥颗粒组成合理，有利提高水泥强度。

③ 由于出磨气体作选粉空气用，磨内通风量可以增大，物料在选粉机内停留时间长，与空气热交换充分，因而能有效降低水泥温度，提高水泥质量。

④ 操作简单，维修工作量小，仅需调节转子转速就可方便地改变产品细度。

⑤ 设备体积小，重量轻，所占空间仅为离心式选粉机的1/2或旋风式选粉机的1/6，减少基建投资。

其不足之处是通风量大、含尘浓度高，使内部磨损量大，需镶砌陶瓷耐磨块；此外，由于通过的风量大，收尘器的处理能力也相应增大。

O-Sepa 选粉机的规格用选粉机的通风量来表示。如 N-500、N-1000 分别表示该选粉机的通风量为 500m³/min、1000m³/min，如表8-7所示。

表8-7 O-Sepa 选粉机的规格性能

| 型号 | 外径/mm | 转速/(r/min) | 电机功率/kW | 通风量/(m³/min) | 喂料能力/(t/h) | 水泥产量/(t/h) |
|---|---|---|---|---|---|---|
| N-500 | 1970 | 190～420 | 15～50 | 500 | 75 | 24～25 |
| N-1000 | 2660 | 140～320 | 20～100 | 1000 | 150 | 48～50 |
| N-1500 | 3200 | 120～260 | 30～150 | 1500 | 225 | 72～75 |
| N-2000 | 3650 | 105～230 | 40～200 | 2000 | 300 | 96～100 |
| N-2500 | 4050 | 95～205 | 60～250 | 2500 | 375 | 112～125 |
| N-3000 | 4410 | 85～205 | 80～300 | 3000 | 450 | 144～150 |
| N-3500 | 4740 | 80～175 | 100～350 | 3500 | 525 | 168～175 |
| N-4000 | 5050 | 75～170 | 120～400 | 4000 | 600 | 192～200 |
| N-4500 | 5410 | 70～165 | 140～450 | 4500 | 675 | 216～225 |

### 8.10.4 O-Sepa 选粉机的操作控制

（1）开车前的检查

① 转子旋转无卡滞现象。

② 减速机的油位是否在限定范围内。
③ 主轴套内是否充满足够量的油。
④ 主电机的转向。
⑤ 润滑系统的仪表齐全，管路畅通。
⑥ 检查拧紧各连接螺栓。

(2) 开车顺序。
① 开启收尘器及其系统风机（注意风机调节板应逐渐开大）。
② 启动 O-Sepa 选粉机。
③ 启动磨机系统的输送设备。
④ 启动磨机。
⑤ 启动磨机的喂料设备。

停车顺序与开车顺序相反。

(3) 细度的调节

① 比表面积的控制。O-Sepa 选粉机水泥比表面积的控制可以通过改变选粉风量来实现，当通过选粉机的风量小于其设定值时，产量由于选粉效率偏低而减少，当通过选粉机的风量大于设定值时，则很难获得设定的比表面积。同时，由于颗粒分布变窄，对水泥的早期强度不利。因此，一般情况下单独使用改变风量来控制水泥比表面积的方法较少，主要采用调整 O-Sepa 转速来控制。转速和产品比表面积之间的关系可用下式确定。

转笼圆周速率 VR 每增加或减小 0.65m/s，比表面积增加或减小 $100cm^2/g$，筛余减小或增加 1.2%～1.4%。其中：

$$VR = D \times 3.14R/60 \tag{8-7}$$

式中　VR——转笼圆周速率，m/s；
　　　 D——转笼直径，m；
　　　 R——转速，r/s。

由上式可见，转笼直径对比表面积有较大影响，转笼速率加快，比表面积将增大。

② 成品细度的控制。生产中，通过调整系统风机阀门来实现，产品粗时应关小系统风机风门，降低风量；否则相反。

③ 比表面积与细度的调整。在生产过程中，要想同时获得满意的比表面积与细度，仅靠调整选粉机转速是不够的。均匀性系数 n 值（水泥颗粒分布情况）越大，物料颗粒分布范围越窄，颗粒越均匀，则比表面积 S 越小。对 O-Sepa 选粉机来说，在转速一定的情况下，加大系统风量，较多的粗颗粒进入成品，成品细度变粗，n 值减小；在风量不变的情况下，加快转笼速率，成品将变细，n 值变大。在实际操作中，表现为有时当细度细时，比表面积并不高，而有时在细度粗时，比表面积反而高，水泥比表面积与细度不一定呈线性关系。以 P·O42.5 强度等级水泥比表面积调整为例，一般认为细度细，比表面积一定高，一味提高转速，降低风量，但结果却是回料增大，导致投料量减少；同时，由于投料量少，风速慢，物料在磨内停留时间长，出磨颗粒相对较均匀，而不能有效提高比表面积。由此可见，选粉机转速的调节，要结合实际情况，在磨机工况、选粉风量的配合下，适当控制转笼转速，才能达到满意的效果。

O-Sepa 选粉机比表面积和细度的调整方法见表 8-8。由表中可以看出，采用上述两种方法，在生产实践中，可以达到控制比表面积和细度的目的。

表 8-8　O-Sepa 选粉机成品比表面积和细度的调整方法

| 比表面积 | 细度 | 调节方法 | 比表面积 | 细度 | 调节方法 |
| --- | --- | --- | --- | --- | --- |
| 过小 | 过粗 | 提高转速,降低风量 | 正常 | 过细 | 增加风量 |
| 过小 | 正常 | 提高转速 | 过大 | 过粗 | 降低转速,降低风量 |
| 过小 | 过细 | 提高转速,增加风量 | 过大 | 正常 | 降低转速 |
| 正常 | 过粗 | 降低风量 | 过大 | 过细 | 降低转速,增加风量 |
| 正常 | 正常 |  |  |  |  |

④ O-Sepa 选粉机风量的调整。通过 O-Sepa 高效选粉机的风量主要来自一次风（水泥磨含尘气体，占总风量的 70% 左右），二次风（提升机等含尘气体，占总风量的 20% 左右），一次风、二次风从上部蜗壳切向进入，三次风（清洁空气，占总风量的 10% 左右）从下部锥体进入。在生产过程中，控制粗粉回料量，调整选粉效率、循环负荷，除靠调整选粉机转速、风机阀门外，还要合理调节一次风、二次风、三次风。一般情况下，在其他条件不变的情况下，一次风开大，磨内通风增强，物料流速加快，磨尾负压绝对值升高。二次风、三次风开大，磨内通风量减少，磨尾负压绝对值降低，但二次风、三次风起微调作用。选粉机各次风量调整对磨机系统工况的影响见表 8-9。

表 8-9　选粉机各次风量调整对磨机系统工况的影响

| 风门 | 磨内流量 | 出磨负压 | 出选粉机负压 | 粗粉回料量 | 成品细度 |
| --- | --- | --- | --- | --- | --- |
| 一次风加大 | 增加 | 上升 | 上升 | 增加 | 变粗 |
| 二次风加大 | 下降 | 下降 | 下降 | 减少 | 变细 |
| 三次风加大 | 下降 | 下降 | 下降 | 减少 | 变细 |

(4) 水泥粉磨系统操作控制

以 $\phi 4m \times 13m$ 球磨机加 N-2500 型 O-Sepa 选粉机和袋式除尘器组成的水泥磨系统为例，如果出现产量降低、细度偏粗的情况，经过调整处理，使生产恢复正常，水泥产品质量得到很大提高。

① 稳定压缩空气的压力。如果袋式收尘器所用压缩空气与其他设备（如向生料粉煤灰库和水泥粉煤灰库的送灰）共用一台空压机供气，会造成整个压缩空气管网的压力波动，供袋式收尘器清灰所用的空气压力会从正常值下降许多（从正常的 0.55MPa 左右突然降低到 0.45MPa 左右），使清灰效果下降、工作阻力增大、整个磨机系统通风受到很大影响，导致磨机产品质量的较大波动。因此应采取中控统一调度指挥。根据中控监视的空压机压力，在保证袋式收尘压缩空气用量的前提下，由中控协调生料和水泥粉煤灰库的输送工作，这样就能避免因为压缩空气压力波动对磨机产品质量的影响。

② 稳定粉煤灰流量。粉煤灰既可以用作生料的配料，又可掺入熟料中磨制水泥。在喂入磨内时有时会出现冲料现象，造成磨况不稳定，台时产量大幅度波动，使出磨水泥细度难以控制。出磨提升机电流从正常值急剧上升，只有大幅减少喂料量才能保证提升机的安全运转。

粉煤灰的计量、输送难以稳定是很多厂家"头疼"的事。当粉煤灰冲料时造成了大量泄漏，这对电子皮带秤的运行、水泥质量都造成很大影响。因此可以将电子皮带秤改造成"双管螺旋喂料机加转子秤"，能有效地减少粉煤灰的冲料现象，同时也要力求粉煤灰库内的料位稳定，因为冲料现象的增多可能与库内的料位低有关。

③ 控制矿渣水分。如果出窑熟料冷却不是很好，粉磨水泥又急等用它，那么这种熟料的入磨温度会比较高，致使粉磨时磨内温度高（导致石膏脱水、主轴承润滑性能下降）。如果采用湿矿渣配料，虽然可以降低磨内温度，但可能会造成糊球、隔仓板堵塞，影响磨机产量。为此应得到窑系统的支持，稳定窑的产量、提高熟料冷却效果，控制入磨矿渣水分不要

太高（2%左右为宜）。

④ 调整操作参数。根据粉磨情况，重点对磨机系统的主排风机、一次风冷风和选粉机二、三次风的阀门开度作适当调整，使系统各项参数进一步优化：将主风机阀门开度 70% 减至 65%，将选粉机一次风冷风阀门开度由 40% 增至 50%，将选粉机二次风冷风阀门开度由 80% 增至 100%，将选粉机三次风冷风阀门开度由 60% 增至 80%。通过这些调整，延长物料在磨内的停留时间，增加选粉风量，使选粉效率由原来的 55% 提高到 60%。

### 8.10.5 O-Sepa 选粉机的维护维修

（1）日常维护

① 注意选粉机运行的平稳性，如发现异常的振动和噪声，应及时停机，检查排除。如有该类现象发生，其原因可能是由于回转部分不均匀的磨损、不均匀的撒料冲击、轴承及各不正常的润滑等原因所引起的。

② 轴承温度不得超过 65℃。

③ 注意各轴承及润滑系统油流量、压力、冷却水的温度、过滤器的入出口压力等，发现不正常现象应及时排除。

④ 轴承及各连接处的密封（包括油封）若有磨损，应立即更换。

⑤ 各风管、管道定期清灰，防止粉尘积累。

⑥ 各风管处要防止雨水渗透，以防粉尘结块。

⑦ 第一次加入的润滑油经过运转一个月之后，必须更换新油。若长期停止运转时，周围温度在 10℃ 以下时，应将机内润滑油排出。

（2）立轴下部轴承漏油的处理

O-Sepa 选粉机的立轴下部轴承有上下两个油封密封，通过端盖固定，轴承采用稀油循环润滑。转子旋转时在离心力的作用下产生一定的旋转风，通过排风机的抽力，加快旋转风的流速，在选粉机的转子下部空腔形成强大的负压区。油封为橡胶制品，与轴形成软密封。在没有外力的情况下，密封效果很好，但由于受到强负压风的影响，油封受到抽力而产生变形，进而与轴之间产生间隙。稀油受到强负压风力的抽力而沿着轴与油封的间隙向上流出甩向转子外周，顺壳体溅到地面。

解决的办法可以在上端盖上再做一个密封压盖，密封腔内充填油浸盘根。为增加油流阻力，减少负压的影响，尽量将密封盖的厚度加大，以多加盘根。新增压盖中加两层盘根。另外考虑到不能大拆大卸原零件，将新增压盖用手锯从中心位置锯成两半，分体安装。将两层盘根缠在轴上，再将两半压盖压紧盘根拧上螺栓，并在两半压盖的锯断间隙内填满液态密封胶，这样就可以防止漏油。

### 复习思考题

8-20 简述 O-Sepa 选粉机的构造与离心、旋风式选粉机的差异及选粉过程的不同点。
8-21 操作中怎样控制细度和比表面积？
8-22 怎样调整 O-Sepa 选粉机的风量？
8-23 分析立轴下部轴承漏油的原因，并采取怎样的方法处理？

## 8.11 球磨机系统

### 8.11.1 水泥闭路粉磨系统

球磨机系统流程与生料粉磨基本相似（见图 8-20），但不采用烘干磨，因为它所处理的物料是熟料、石膏及混合材，而熟料出窑时是不含水分的，因此也就不会边烘干边粉磨。石膏视品位调整掺加量（3%~6%），含少许水分不影响粉磨过程。若加矿渣，量不大时也不必烘干。但掺加量大时（如生产矿渣水泥），必须要单独烘干，这样水泥的粉磨就不像磨制生料那样需向磨内通入热气体，反而还要向磨内喷入少量的雾状水，以降低粉磨时的磨内温度。

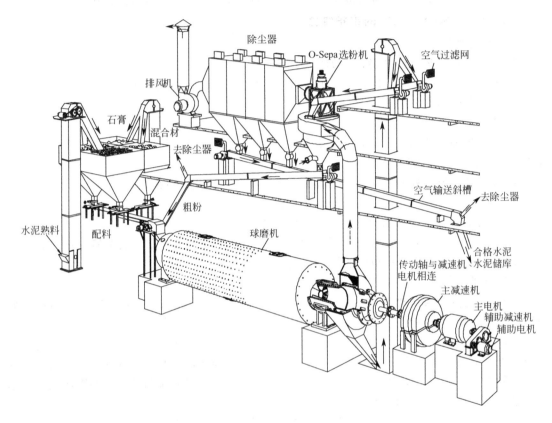

图 8-20　中心传动水泥闭路粉磨工艺流程系统

### 8.11.2　辊压机与球磨机匹配的水泥粉磨系统

图 8-21 是开流高细高产磨技术在辊压机与球磨机组成的联合粉磨工艺系统上的应用，其显著特点就是有效解决了开路粉磨系统的水泥粉磨工艺中普遍存在并长期产生困扰的过粉磨问题。在磨机的粉磨作业中，过粉磨现象逐仓恶化，严重影响水泥粉磨系统的生产能力和节能指标。运用开流高细高产磨技术对管磨机实施技术优化改造，可有效提高磨机的台时产量，降低电耗，这对提高企业生产能力，降低生产运行成本都曾起到积极作用。粉磨过程中辊压机和球磨机各自承担的粉碎功能界限比较明确，辊压机对入磨机前的物料努力挤压，尽量缩小粒径，将挤压后的物料（含料饼）经打散分级机打散分选，将大于 3mm 以上的粗颗粒返回挤压机再次挤压，小于一定粒径（0.5~3mm）的半成品，送入球磨机粉磨。

### 8.11.3　球磨机工艺系统配置

参照图 8-20 和图 8-21，主要配置见表 8-10。

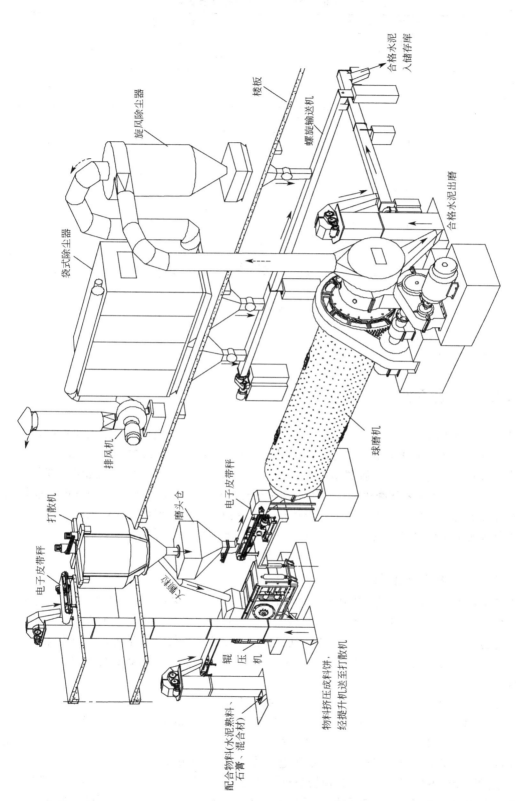

图 8-21 辊压机与球磨机组成的水泥粉磨系统

表 8-10  5000t/d 水泥粉磨系统主要配置实例

| 系 统 | 球磨机闭路粉磨系统 | 挤压联合粉磨系统 | |
|---|---|---|---|
| 水泥品种 | P·O42.5 | P·O42.5 | |
| 比表面积/(m²/kg) | 350 | 330~350 | 340 |
| 产量/(t/h) | 150 | 230 | |
| 电耗/(kW·h/t) | 35 | ≤38.0 | |
| 主机配置 | 球磨机(中心传动 2 台)：$\phi$3.8m×12m 功率：2500kW/台 选粉机(2 台)：O-Sepa N-2000 功率：132kW/台 | 辊压机(2 台)：RP120-8 功率：2×500kW/台 球磨机(2 台)：$\phi$4.2m×11m 功率：2800kW/台 选粉机(2 台)：DS(O)-2500 功率：132kW/台 气箱脉冲袋式收尘器(2 台)：PPW128-2×9 风机(2 台)：2360SIBB50 | 辊压机(2 台)：HFCG140-65 功率：2×500kW/台 打散分级机(2 台)：SF600/140 球磨机(2 台)：$\phi$3.8m×13m 功率：2500kW/台 气箱脉冲袋式收尘器(2 台)：PPW96-9 风量：46000m³/h |
| 生产厂 | 海螺集团宁国水泥厂 | 无锡天山集团粉磨站 | 山水集团青岛分公司 |

## 复习思考题

8-24 绘出水泥闭路粉磨工艺流程简图，并简述粉磨过程。

8-25 绘出辊压机与球磨机共同的水泥粉磨工艺流程简图，并简述粉磨过程。

# 8.12 立磨系统

目前，国内粉磨水泥熟料仍然以球磨机为主。球磨机的粉碎机理是对于大块物料，靠球的冲击，一定要被一个球击中才能有破碎作用；对于细小物料，靠球的剪切，颗粒必须夹在两个球之间的作用点上才能起研磨作用。在整个磨机中这样的概率很小，因此绝大部分的钢球做无用功。100 多年来球磨机的结构和工艺系统有了很大改变，但粉碎机理依旧，能量利用率没有大幅度的变化。虽然人们一直想从根本上取消球磨机，但由于它结构简单、实用可靠、适合水泥工业粉磨要求的粒度，所以长期处于主导地位。但近几年来，随着水泥工艺技术的发展，以立磨为代表的新一代水泥粉磨技术也得到广泛应用。

### 8.12.1 立磨预粉磨系统

立磨预粉磨机较典型的是 CKP 磨，是由日本秩父小野田株式会社与川崎重工合作开发的。此外还有日本宇部的 UVP 磨、石川岛播磨重工的 IS-mill 和三菱重工的 VR-mill 等，这些磨的运转率较高，作为预粉磨机与球磨机组成的水泥粉磨系统，产量可达到原有球磨机的 150% 以上，电耗比单独球磨机降低 20%~30%。图 8-22 是立磨与球磨机组成的联合粉磨工艺系统。

(1) 4000t/d 熟料的水泥粉磨采用立磨-球磨机系统配置

① 采用 CKP-240 立磨作为预粉磨机，磨盘直径 $\phi$2400mm，磨辊为 3 个 $\phi$1640mm×640mm，通过能力 450t/h，功率 2100kW，配 $\phi$4.8m×8m 球磨机 (2500kW)，粉磨系统能力为 180t/h，比表面积 325m²/kg，水泥电耗约为 23kW·h/t。

② 选用 2 台 CKP-170 立磨作为预粉磨机和 2 台 $\phi$3.9m×12m 球磨机，配旋风式选粉机，预粉磨部分成自身闭路系统，利用振筛机将半径小于 2mm 的细粒物料喂入球磨机中，水泥粉磨系统产量为 2×120t/h。

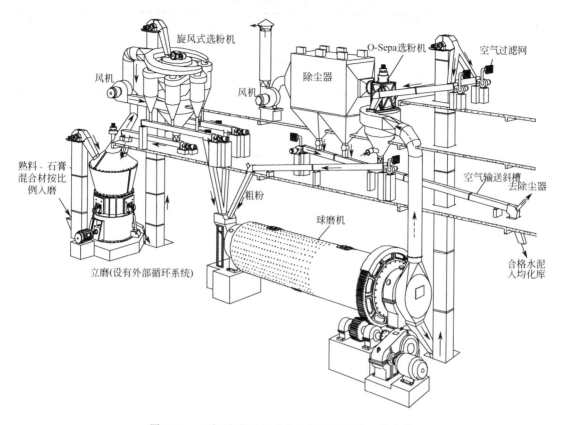

图 8-22 立磨-球磨机组成的水泥闭路粉磨工艺系统

③ 采用 CKP-180 立磨作为预粉磨机和 $\phi 4.2m \times 11.5m$ 球磨机，配 O-Sepa N-2500 型高效选粉机。

(2) 10000t/d 熟料的水泥粉磨采用立磨-球磨机系统配置

采用 TRMK36.4 立磨（2800kW）作为预粉磨机和 $\phi 4.4m \times 12.5m$ 球磨机（3550kW），V 型选粉机 V4000（风量：240000$m^3$/h，处理量：1000t/h），分级机风机（功率：350kW），O-Sepa 选粉机 N-4000（风量：240000$m^3$/h，功率：160kW）。

### 8.12.2 立磨终粉磨系统

立磨也可以独立完成水泥粉磨。日本的秩父小野田（Onoda）和神户制钢（Kobesteel）合作在 20 世纪 80 年代开发了 OK Roller mill（OK 磨的含意是 Onoda 和 Kobesteel 的缩写），粉磨熟料时产量为 55~165t/h，磨内配 OKS 高效选粉机，有磨辊反转装置。之后的秩父小野田与川崎重工开发了 CK Roller、三菱重工的 VR-mill、宇部兴产的 Loesch mill，德国莱歇公司（Loesche）、丹麦史密斯公司（L. L. Smidth）等都相继开发了粉磨水泥的立式磨，在工艺流程、动力消耗、粉磨效率等方面与球磨机相比有很大的优越性。目前水泥立磨终粉磨技术在国际上已经得到推广应用，我国天津水泥设计研究院自主研发的国产大型水泥立磨 TRMK4541 已正式投入使用，磨机运行平稳，各项技术指标已达到设计值，水泥立磨成品的颗粒分布、标准稠度需水量与圈流球磨系统的产品相当，用其配制的混凝土具有良好的工作性能。水泥立磨终粉磨工艺系统可参照生料制备"4.11.1 立式磨工艺系统"中的图 4-63。表 8-11 是 OK 磨终粉磨与球磨机粉磨水泥的比较。

表 8-11  OK 磨终粉磨与球磨机粉磨水泥的比较

| 水泥品种 | 磨机种类功率 | 比表面积/($m^2$/kg) | 产量/(t/h) | 水泥电耗/(kW·h/t) |
|---|---|---|---|---|
| 普通水泥 | OK 立磨  3000kW | 321 | 135.5 | 27.8 |
|  | 球磨  3000kW | 328 | 99.2 | 38.8 |
| 早强水泥 | OK 立磨  2800kW | 439 | 103.3 | 32.8 |
|  | 球磨  2800kW | 435 | 21.0 | 52.7 |

## 复习思考题

8-26 绘制出立磨与球磨机组成的联合粉磨工艺流程简图，并简述粉磨过程。

8-27 绘制出立磨中粉磨工艺流程简图，并简述粉磨过程。

# 9 水泥储存与装运

**【本章摘要】** 本章主要介绍了水泥储库及包装系统和散装系统的主要设备及工艺；固定式包装机、散装机的构造、工作原理；水泥袋装系统及散装系统的操作、维护及常见故障分析处理方法等，确保水泥的装运出厂。

## 9.1 概述

水泥生产的最后一道工序是水泥的储存、均化、包装或散装出厂。刚刚磨出的水泥质量还不是很稳定（这里指安定性、细度、凝结时间、有害化学成分等），有时甚至波动较大，导致水泥的质量下降，因此不能直接出厂，必须送入库内储存一段时间并均化后，经检验合格才能装车（散装或袋装）出厂，见图8-1和图8-2。

近十几年来，水泥装运系统得到很大发展，主要表现在以下各方面。

（1）发展水泥散装

发展散装水泥不仅是对水泥传统流通方式的改革，有利于建筑施工的高效化和现代化，而且也具有明显的经济效益。中国的散装水泥产业始于20世纪50年代，目前已逐步形成散装水泥、预拌混凝土、预拌砂浆"三位一体"的散装水泥发展格局。

散装水泥具有以下特征。

① 散装水泥是指水泥从工厂生产出来之后，不用任何小包装，直接通过专用运输工具，如散装水泥专用车（火车、汽车）、船或集装箱、集装袋，直接运输到建设工地或中转站，并且以水泥的自然状态进行储存。

② 散装水泥从工厂库内出料、计量、装车、卸车等全过程都可以实现机械化或自动化操作，不需要大量的人工劳动。

③ 散装水泥从出厂到使用，在流通环节中无论经过多少次倒运，水泥始终都在密闭的容器中，不易受到大气环境（如刮风下雨）的影响，因而水泥的质量有保证，与同期生产出来的袋装水泥相比，其储存时间长，有利于水泥厂进行均衡销售。

④ 散装水泥的生产成本比袋装水泥低，同等标号的水泥，散装比袋装可降低成本20%左右。

⑤ 发展散装水泥可为国家节约木材，减少不必要的浪费和损失。据测算，每生产$1\times 10^4$t散装水泥可节省包装纸60t，折合木材330m³，生产60t纸需要电$7.2\times 10^4$kW·h，煤78t，烧碱22t；另外，每运输$1\times 10^4$t散装水泥，比运输袋装水泥可减少水泥损失4%。

（2）发展水泥中转站及粉磨站

① 随着散装水泥的发展，在城市中设置散装水泥中转站，出厂散装水泥运至中转站，用气力输送设备卸到中转库中，然后再供给各个用户。

② 目前我国部分大、中型水泥厂主要是熟料生产基地，生产的熟料用运输工具运到分布合理的水泥熟料粉磨站，粉磨成水泥，然后再供应给附近用户，可降低运输成本，方便用户。

(3) 发展散装水泥集装箱

散装水泥一般用火车、汽车、船舶等专用运输工具运输。近些年来发展了用弹性集装箱来散装水泥。弹性集装箱由橡皮或塑料制成，卸空后的体积仅为装满时的 1/10，使用次数可达几百次到 2000 次。它可用通用运输工具运输，而当水泥卸完后，车船还可装运其他货物，避免了专用车船的空程，从而提高了运输工具的利用率和降低了运费。

(4) 发展水泥库库底散装装车

大型水泥厂设置散装水泥库。将火车、汽车等专用运输工具直接开到水泥库底，通过库底卸料器进行装车。

(5) 发展自动化包装机

近几年来，已出现操作全盘自动化的包装机，它能自动插袋、装包和卸包。

(6) 加大发运动力，缩减或不设成品库

有些现代化大型水泥厂，将水泥的发运能力（包装及散装）加大到工厂生产能力的 3 倍。由于包装能力大，水泥包装后，通过装运设备直接送入运输车船内。从而可缩减或不设占地面积很大的成品库，并减免了袋装水泥的堆垛和卸堆，提高了装卸劳动生产率。

## 9.2 储存及均化

### 9.2.1 水泥储存的目的

储存是平衡水泥粉磨与发运两道工序的重要手段，圆库是存放和均化水泥的最好场所，水泥储存采用的是类似生料均化那样的混凝土圆库，库内设有卸料减压锥形室及充气装置，充气所需气源由罗茨鼓风机提供（参照图 5-1～图 5-6）。水泥经库底卸料箱、电控气动开关阀、电动流量控制阀、拉链机（或空气输送斜槽、螺旋输送机）送至水泥包装车间的斗式提升机中。储存与均化的目的如下。

(1) 改善水泥的质量

出磨水泥的温度约 100℃左右，储存几天可以自然降温并吸收空气中的水蒸气，继续消解 $f\text{-}CaO$，把水泥的安定性不良降到最低点。

(2) 进行质量检验

水泥必须检验合格后才能出厂。但是水泥的强度等质量鉴定工作是按规定龄期进行的，如 3 天、28 天强度。在水泥销售旺季时，可能等不到三天就出厂了，这时一般要做一天的水泥快速强度检测，用来预测 3 天的强度（这也是一种质量控制手段），另外就是留有一定量的样品，把 3 天、28 天强度检验结果补送给用户。

(3) 均化调配

出磨水泥仍然存在着成分波动问题，储存的同时也必须均化。大中型水泥厂多采用像生料均化库那样的气力搅拌均化库（小型水泥厂一般采用机械倒库或多库搭配对水泥进行均化）。同品种不同强度等级的水泥存放于不同的水泥库内，可以根据要求互相调配。

### 9.2.2 袋装水泥的发运

袋装水泥是用包装机将水泥装袋，每袋水泥质量规定为 $(50\pm1)$ kg，每 20 袋水泥质量要大于 1000kg，按袋数计量装运出厂，水泥包装机可设在水泥库旁边的包装车间（见图 9-1），也可以把包装车间设在水泥库的库底（见图 9-2），使工艺流程更加简化。

图 9-1 的右侧部分是水泥库旁边的袋装水泥工艺流程，由供料设备、筛分设备、包装设

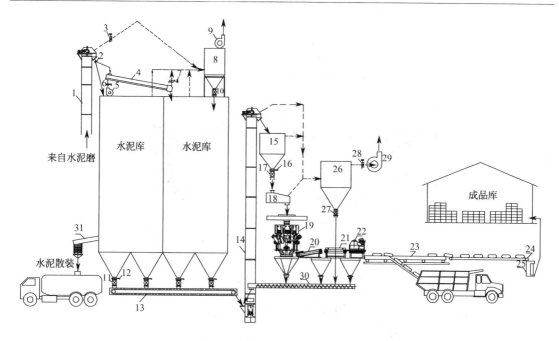

图 9-1 水泥散装、包装工艺流程

1,14—斗式提升机；2—物料分配阀；3,6,7,28—碟阀；4—空气输送斜槽；5—空气输送斜槽用风机；
8,26—袋式除尘器；9,29—袋式除尘器用风机；10,11,17,27—回转卸料器；12,16—螺旋闸门；13—拉链机；
15—料仓；18—振动筛；19—回转式包装机；20—接包机；21—正包机；22—清包机；
23—装车机；24—胶带输送机；25—叠包机；30—螺旋输送机；31—散装头

备、叠包、码包及装车等设备组成。从水泥库底出来的水泥，通过库底拉链机 13、斗式提升机 14，输送到包装机顶部的料仓 15，再进入振动筛 18，将杂物从排渣口排出，筛析的水泥进入包装机 19 进行包装，再经由接包机 20、正包机 21、清包机 22、装车机 23，一部分可直接装车发运，另一部分经胶带输送机 24 送至叠包机 25，叠成每堆 10 包，然后运到成品库储存，待发运。

在包装过程中的漏灰及破包的水泥，通过回灰料斗流入回螺旋输送机，送到提升机，再进行筛析和包装。

图 9-2 是将水泥包装机直接设在水泥库的下面，没有另外设置专门的包装车间，简化了包装工艺流程，但水泥储存库底的空间高度需要增加。

袋装水泥的优点：每袋体积小，便于装运、堆放和计量，对分散的小批量用户使用方便。其缺点是：需包装袋包装，生产成本高，储运时包装袋容易破损，水泥损失高达 3%~5%，对环境也造成污染，储运过程中会受潮，降低水泥质量。

### 9.2.3 散装水泥的发运

随着建筑市场的发展需求，预拌混凝土和预拌砂浆产业的遍地崛起，水泥散装发运也得到广泛的普及。不用纸袋、直接通过专用装备（散装水泥火车、汽车、船）将水泥运送到混凝土搅拌站或建筑施工工地，是建筑业和水泥工业现代化的具体体现。近些年来，我国水泥的散装量增长较快，散装率逐步提高。

散装水泥有很多优点：简化装卸程序，节约大量包装材料，生产成本低，便于机械化、大规模施工，劳动生产率高，水泥损失量少，一般只有 0.5%，储运过程中不易受潮，确保水泥质量，保护环境。其缺点是：需要专门的运输及储存设备，不适应小批量用户使用。

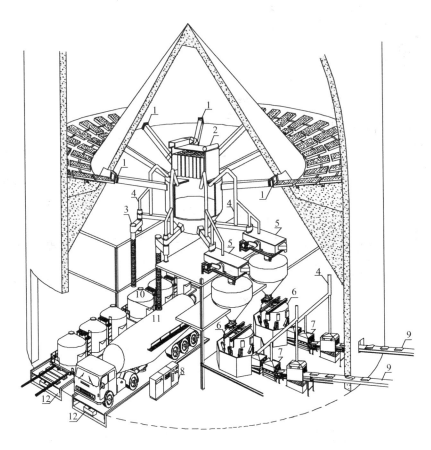

图 9-2 水泥库内袋装及散装发运

1—装有流量控制闸阀的出料口；2—袋式除尘器；3—装载机；4—除尘管道；5—振动筛；6—包装机；
7—清包机；8—控制柜；9—袋装水泥发运；10—火车散装水泥发运；11—汽车散装水泥发运；12—散装车磅桥

散装水泥可由库侧卸料、库侧装车（图 9-1 中的左侧部分），也可以从水泥库的库底卸料、库底装车（图 9-2 中的左侧部分）后发运。

### 复习思考题

9-1 简述散装水泥的特征。
9-2 水泥储存的意义是什么？
9-3 简述袋装水泥发运的流程。
9-4 简述散装水泥发运的流程。

## 9.3 回转式水泥包装机

水泥包装机有固定式和回转式两种，我国中小型水泥厂一般采用固定式包装机，大型现代化水泥厂采用回转式水泥包装机。随着水泥工业发展和工艺技术的现代化，回转式包装机将占据主导地位，见图 9-3。

### 9.3.1 类型

回转式包装机在灌装水泥的过程中，包装袋跟随包装机回转，每回转一周，每个嘴完成一袋水泥的包装。在操作过程中，除人工插袋外，其他如灌装、计量、掉袋等均可自动连续完成。

回转式包装机的规格，是以它的嘴数区分的，一般每嘴的生产能力约 10~12t/h，有 6 嘴、8 嘴、10 嘴、12 嘴、14 嘴五种规格。其充料方式有充气流态化灌装、多叶轮强制灌装、单叶轮强制灌装三种类型。

(1) 充气流态化灌装水泥的回转式包装机

在包装作业时，必须向包装机筒体底部充以压缩空气，使其中水泥流态化，在料位势能作用下，带气水泥灌入包装袋内。这种包装机有以下特点：由于水泥中带空气，因此工作粉尘大；包装袋内含气要排放后才能灌满水泥；包装袋规格要稍大，而且最好是缝制袋，便于排气；包装效率较低，不及同规格的叶轮式包装机。这种包装机结构比较简单，装机容量也小（见图 9-3）。

丹麦史密斯的 RA-8、RA-12 的自动式 8 嘴和 12 嘴，RM-8 的人工插袋 8 嘴，捷克普雷洛夫的 8 嘴、10 嘴以及我国的 14 嘴回转式都属于此类。

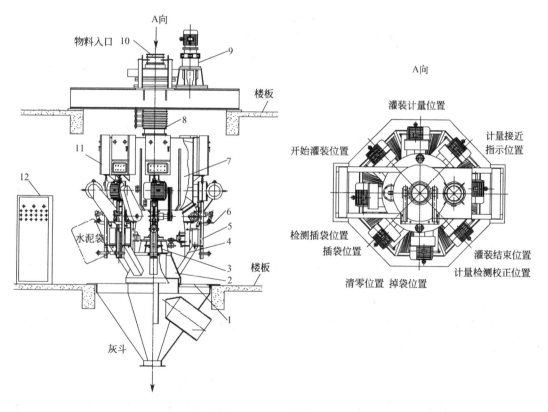

图 9-3 回转式包装机
1—积灰收集盘；2—锥体中间仓；3—下轴承；4—闸板控制机构；5—吊挂；6—出料机构；7—回转料仓；8—供电滑环；9—主传动装置；10—入料装置；11—称量机构；12—电控柜

(2) 多叶轮强迫灌装水泥的回转式包装机

这种包装机每个出灰嘴都带有一个叶轮，由一台单独电动机带动水泥灌入包装袋，每个嘴连同传动、称量机构都自成一个独立单元。因为灌装时不需要充气，扬尘较小，包装袋规格无需扩大，也不用包装袋排气，所以包装速度较快，生产能力比充气流态化灌装的包装机为大。

联邦德国哈韦尔和伯克尔公司与我国的 6、8、10、12 嘴回转式包装机是该类包装机的典型代表。

(3) 单叶轮强迫灌装水泥的回转式包装机

这种包装机虽然不需要充气并由叶轮强迫灌入,但是它只有一个叶轮。叶轮安装在包装机筒体底部呈水平状态,由一个电动机带动,结构简单。出灰嘴沿包装机筒体周围切向安装,在叶轮转动时便于向各出灰嘴灌送水泥。

联邦德国彼得斯公司(Claudius Peters,简称 C. P. 公司)所生产的 Turbo 包装机就是这种类型,我国冀东水泥厂购入的包装机就是这家公司的产品。

三种类型包装机的优缺点比较见表 9-1。

表 9-1　三种类型包装机的优缺点比较

| 类　型 | 缺　　点 | 优　　点 |
|---|---|---|
| 充气流态化灌装式 | (1) 要用压缩空气充气;<br>(2) 水泥中有空气,进入袋内要排气,因而装袋速度较慢;<br>(3) 包装袋规格较大,耗费材料较多;<br>(4) 作业粉尘较大,不仅要作罩抽吸,而且要有较大的除尘器 | (1) 结构简单;<br>(2) 电动机少,电机容量小;<br>(3) 磨损件少 |
| 多叶轮强迫灌装式 | (1) 磨损件或备件较多;<br>(2) 电机容量较大 | (1) 不需充气,外形尺寸较小,布置紧凑;<br>(2) 扬尘少,收尘器也小;<br>(3) 每个嘴连同称量传动独立自成单元,可以在有故障时,整体拆换;<br>(4) 可以用每组单元,任意改装为各种规格和形式的包装机,通用性大,便于维修;<br>(5) 单位能力设备重量和装机重量比国产充气式轻;<br>(6) 装机容量虽大,但实际用电量与充气式相当 |
| 单叶轮强迫灌装式 | (1) 全部靠一个叶轮灌水泥,叶轮磨损较大;<br>(2) 可靠性不及多叶轮式;<br>(3) 运转率相对较低 | (1) 不需充气,外形尺寸最小,布置紧凑;<br>(2) 扬尘少,收尘器也小;<br>(3) 结构比多叶轮式简单,维修简单方便;<br>(4) 相对比较,同样机体,能力最大 |

### 9.3.2　结构和工作原理

各种规格的回转式包装机结构基本类似,只是充料方式有区别,下面以 8 嘴回转式包装机为例介绍它们的结构和工作原理。

(1) 结构

回转式水泥包装机主要由入料装置、主传动装置、供电系统、回转料仓、称量机构、吊挂、闸板控制机构、锥体中间盘、下轴承、集灰收尘盘、电控系统等部分组成,图 9-4 是电子称量系统和电控气动出料控制机构示意。

① 入料装置。包装机采用筒体中心入料。水泥物料在包装机上部经中间仓、螺旋闸门、给料机到包装机顶部,经进料器软连接进入包装机回转料仓。

② 主传动装置。主传动装置由上横梁、轴承座、空心主轴、传动齿轮和带电机的立式行星摆线减速机所组成。回转速率采用变频调速,调速范围 0~6r/min。齿轮传动为开式,无需润滑;大齿轮有护罩,一为防尘,二为安全。空心主轴由圆锥滚子轴承承受轴向载荷,承载能力大。

③ 供电系统。包装机的供电系统分两大部分:一路是整机主传动回转驱动系统及辅机

供电；二路是各出料机构灌装电机及各执行元器件和微机系统的电源供电。

④ 回转料仓。回转料仓为金属结构件，筒体为圆柱形，与空心主轴回转。料仓顶部有入料口，中心是空心轴，同时也是料仓的溢流管。筒体底部为圆锥形，按灌装嘴的个数在其上开有出料口。筒体顶部设有检查维修孔和上下料位计。料位计采用UZK-2型音叉料位发讯器，上、下料位各一个，给料机的工作由料位计控制。

当水泥物料低于限位时，给料机开始供料。物料堆集高度到上限位时，给料机供料停止，多余水泥物料从溢流管排出，以保证仓压正常。

⑤ 称量机构。本产品称量机构采用称重传感器与微型计算机组成微机称量机构。

⑥ 出料机构。出料机构由出料斗壳体、压盖、叶轮、主轴、轴承座、轴承、皮带轮等组成。

由回转料仓流入出料壳体内的水泥物料，在高速旋转的叶轮作用下，经出料嘴喷射到水泥包装袋内，完成水泥灌装。回转式水泥包装机的电子称量系统和电控气动出料控制机构如图9-4所示。

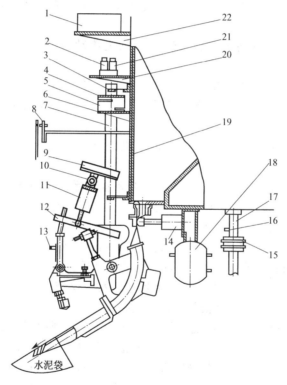

图9-4　回转式水泥包装机的电子称量系统和电控气动出料控制机构
1—微电脑控制器；2—掉袋气缸电磁阀；3—簧片；4—荷重支撑板；5—荷重传感器；6,20,22—托板；
7—左右连杆；8—掉袋开关；9—支座；10—关节轴承；11—掉袋气缸；12—叉子；13—控灰开关；
14—控灰气缸；15—滑环；16—气管接头；17—导气管；18—小气罐；19—回转筒体；21—控灰电磁阀

⑦ 吊挂。在每个出料口的前面安装吊挂（又称装袋称重架），在其上固定有压袋和掉袋机构。压袋架上的橡胶压袋轮以一定角度压在出料嘴的上部，其角度可调，掉袋机构由掉袋架、调节拉杆和电磁铁组成。吊挂顶部与称重传感器连接，整个吊挂装置通过四个弹簧片与机体安装固定。

⑧ 闸板控制机构。每个出料机构的下方设一套独立机电式出料口闸板控制机构。该机

构由闸板、闸板杠杆、闸板弹簧、支架、卡轮、卡销、电磁铁等零部件所组成。

当包装机旋转到一定位置，内撞块与闸板控制机构撞块相碰，出料闸板打开，水泥物料开始灌装；当重量达标时，微机系统发出信号使电磁铁吸合，卡轮卡销脱离，出料闸板迅速关闭，停止灌装，完成一次灌装循环。

⑨ 锥体中间盘。锥体中间盘由回料管和回转锥组成。在每个出料口的下边有一个回料管，各个回料管倾斜安装在回转锥上。同时还与闸板控制机构、吊挂总成相连接，以形成一个收尘、回料系统，改善工作条件，降低粉尘污染。

⑩ 下轴承。包装机下部有下轴承，下轴承的作用主要是保证整机的同轴度，承受一定的轴向力和径向力。

⑪ 集灰收尘盘。包装机底部为集灰收尘盘，是静止的金属结构件。其作用是将包装机各溢流管的回料、每个出料嘴喷射的回料、掉包、甩包的物料集中在一起，经回料螺旋输送机送回斗式提升机，以便再次灌装。侧面的法兰连接除尘设备，提供负压，以保证工作现场清洁，降低粉尘含量。

⑫ 电控系统。电气控制系统主要包括：主控制柜一台；单嘴控制箱八台；操作箱一台。

(2) 工作原理

水泥通过中间仓给料机均匀下料，经包装机主传动空心主轴进入包装机回转料仓；料仓内有料钟均匀布料，仓内料位由料位器控制给料机开停来实现，插入包装袋后，闸板自动打开，在高速旋转的叶轮作用下，强制连续灌装，当水泥袋质量达50kg，微机控制闸板关闭，到掉袋位置时，水泥袋自动掉袋，完成一个灌装循环。灌装过程分以下四种情况。

① 正常灌装。当袋质量大于0.8kg时，微机控制系统视为已插袋，闸板打开，开始灌袋。

当袋质量达到设定目标值（如50kg）时，微机控制系统通过继电器控制电气元件，使电磁铁1吸合，闸板关闭。到掉袋位置时，接近开关感应，使电磁铁2吸合，滚轮和卡块脱开，水泥袋自动掉袋，完成一个灌装循环。

② 不插袋或无料时，不灌装。当未插袋或无料时，袋质量达不到0.8kg时，微机控制系统视为未插袋，电磁铁1吸合，闸板关闭，防止出灰管溢料。

③ 灌装过程发生掉袋时，停止灌装。灌装过程发生掉袋时，微机控制系统通过继电器控制电气元件，使磁铁1吸合，闸板关闭，停止灌装。

④ 二次灌装。当灌装未达到设定目标值（如50kg），到掉袋位置时，接近开关感应，电磁铁1吸合，闸板关闭，但电磁铁2断路，滚轮、卡块不脱开，此时不掉袋。

通过掉袋位置后，内撞块强制打开闸板，进行二次灌装。当达到设定目标值时，继电器控制电气元件，使电磁铁1吸合，闸板关闭。到掉袋位置时，接近开关感应，电磁铁2吸合，滚轮、卡块脱开，水泥袋自动掉袋，完成灌装全过程。

灌装过程中压袋、掉袋及闸板启闭均可调整，保证灌袋正常进行。灌装掉袋后的水泥袋经接包机接收、正包机顺袋、清包机清理浮灰后，由胶带输送机运至成品库存放，也可与袋装水泥装车机配套，直接装运。表9-2是国产回转式水包装机的特性参数，各代号含意如下。

表 9-2 回转式包装机特性参数

| 参数名称 | | 单位 | 型号 | | | | |
|---|---|---|---|---|---|---|---|
| | | | BHYW-6 | BHYW-8 | BHYW-10 | BHYW-12 | BHYW-14 |
| | | | 数值 | | | | |
| 出料嘴数 | | 个 | 6 | 8 | 10 | 12 | 14 |
| 装袋能力 | | t/h | 60～80 | 80～100 | 100～120 | 120～140 | 140～160 |
| 称量精度 | 单袋重量 | kg | 大于49.8kg 小于50.6kg | | | | |
| | 袋重合格率 | % | 大于95 | | | 大于99 | |
| | 20袋总重 | kg | 大于1000 | | | | |
| 旋转筒外径 | | mm | 1560 | 1560 | 1750 | 2090 | |
| 最大旋转直径 | | mm | 2200 | 2200 | 2400 | 2740 | |
| 出料嘴距地高 | | mm | 1180 | | | | |
| 旋转筒速率 | | r/min | 0.548～5.48 | | | 0.34～3.4 | |
| 旋转方向 | | 俯视 | 顺时针 | | | | |
| 电源电压 | | V | 380±10% | | | | |
| 出料机构动力头电机 | 型号 | | Y112M-4 | | | | 无 |
| | 功率/kW | | 4 | 4 | 4 | 4 | 无 |
| | 转速/(r/min) | | 1440 | | | | 无 |
| 旋转筒驱动 | 变频调速电机型号 | | 8LD5-59-21.2 | | | | |
| | 星型摆线功率/kW | | 1.5 | 2.2 | 2.2 | 2.2 | 4.0 |
| | 针轮转速/(r/min) | | 125～1250 | | | | 120～1200 |
| | 减速机实际速比 | | 1:59 | | | | |
| 收尘风量 | | m³/h | 15000 | | | 18000 | 21000 |
| 整机重量 | | t | 5 | 6 | 7.5 | 9 | 12.10 |
| 生产厂家 | | | 唐山翔云自动化机械厂、唐山忠义机械厂 | | | | 湖北水泥机械厂 |

### 9.3.3 操作与维护

(1) 安全操作规程

① 回转式包装机的操作者应身穿工作服，戴防尘口罩，禁止戴手套。

② 包装时，在开机之前要观察工作场地及机器四周，清除影响工作的障碍物。包装机顶部不准留有异物，开机时除插袋工外，围板内严禁站人。

③ 开机前观察变频调速装置的变频数值，并缓慢开机。包装机旋转方向必须按规定方向旋转，一般为俯视顺时针。工作中若发现异常，应立即停车检查。停车排除故障时必须切断电源，并挂牌警告或专人监护，以防机器突然转动，发生人身事故。

④ 插袋时人体不能距机器过近，以防刮伤碰伤。

⑤ 包装袋尺寸必须符合 GB 9774—1996 的规定，工作中不准手按脚踢包装袋及称量机构，以免造成袋重不准。微机静态标定应定期进行。

⑥ 在交接班时应检查每个出料口的动力系统、控制机构是否有异常情况，如有问题必须即时维修，禁止"带病"运行。

⑦ 电器接地线保护要安全可靠，并经常用兆欧表检查电器绝缘情况，发现异常及时处理。

(2) 日常维护保养

① 经常检查称量机构，如有称量精度误差，应即时调整。

② 经常清扫装袋机构，不应有擦、靠、托、卡等现象。每班应将电机及其他部位的落

③ 灌装系统的油杯应经常检查，并加满润滑脂。主轴叶轮的内侧若采用聚四氟乙烯石棉盘要密封，不需加任何润滑油，如发现漏料，应及时调整或更换盘根。

④ 拆装一次袋架上的弹簧片，必须重新进行静态、动态称量标定。

⑤ 闸板密封填料不要压得过紧，以免影响闸板开关的灵活性。如发现闸板有卡紧现象，要及时调整或更换新填料。

（3）润滑

① 每班在开车工作以前，必须对有润滑脂油杯和油孔的部位，用黄油枪加注润滑脂。

② 新投入使用的包装机在运转一周后应清洗减速器并更换新油。每运转 1000h，更换一次。在日常生产中应随时观察油位高低，及时补充加注新油，加油量不应低于或高于油标孔基线。

③ 各油封或密封若有渗漏，应及时检修。包装机正常工作 18～24 个月应大修保养一次。

④ 出料机构动力头主轴用钙基润滑脂润滑，每周至少加润滑脂两次。

⑤ 主传动装置两端的滚动轴承座在中修、大修时要换一次润滑脂。

⑥ 主传动装置所采用的减速器应按生产厂家的说明书润滑。

⑦ 润滑部位、润滑油种类及润滑周期按生产厂家的说明书设备润滑表。

### 9.3.4 常见故障分析及处理方法

回转式水泥包装机在运行中可能会出现主轴不运转或不能调速；出灰管跑灰；水泥袋压不紧或插不上袋、不掉袋、袋重不达标；给料机不正常等的故障，其故障诊断及处理方法见表 9-3。

表 9-3 回转式包装机故障诊断及处理方法

| 故障现象 | 原 因 | 处 理 方 法 |
|---|---|---|
| 包装机主轴不运转 | (1)减速机配套电机无电源；<br>(2)减速机配套电机损坏；<br>(3)减速机损坏；<br>(4)包装机是否有卡阻现象 | (1)检查主控柜供电电源及接线；<br>(2)检查电机，必要时进行更换；<br>(3)检查减速机，必要时进行更换；<br>(4)检查齿轮传动及其他部位 |
| 包装机主轴不能调速 | (1)机旁操作箱出故障；<br>(2)变频调速器损坏 | (1)检查并排除；<br>(2)检查，必要时更换 |
| 出料电机(叶轮电机)不运转 | (1)供电滑环碳刷损坏；<br>(2)单嘴控制箱出故障；<br>(3)出料壳体内有卡阻 | (1)更换碳刷；<br>(2)检查单嘴控制箱；<br>(3)打开壳体侧盖，检查壳体内是否有异物卡阻，如有进行排除 |
| 出灰管跑灰 | (1)闸板磨损；<br>(2)闸板控制机构出故障开、闭不到位 | (1)更换闸板；<br>(2)按使用说明书重新调整闸板控制机构，使闸板开、闭到位 |
| 水泥袋压不紧，插不上袋 | (1)压袋机构出故障；<br>(2)压袋滚轮磨损 | (1)按使用说明书重新调整压袋机构；<br>(2)更换压袋滚轮 |
| 水泥不掉袋 | (1)接近开关出故障；<br>(2)掉袋电磁铁失灵；<br>(3)调节拉杆位置变化；<br>(4)滚轮与卡块啮合不当 | (1)检查接近开关和感应片位置，必要时更换接近开关；<br>(2)检查电磁铁工作情况，必要时更换；<br>(3)重新调整调节拉杆长度，满足掉袋要求；<br>(4)重新调整滚轮、卡块啮合位置，如磨损严重，予以更换 |
| 回转料仓仓压不稳；给料机料不正常 | (1)料位发讯器安装位置不当；<br>(2)料位发讯器出故障；<br>(3)料位发讯器无电源 | (1)重新检查、调整料位发讯器安装位置；<br>(2)检查料位发讯器，必要时予以更换；<br>(3)检查供电滑环，必要时更换碳刷 |
| 水泥袋重不达标 | (1)回转料仓供料不足；<br>(2)掉挂拉杆变化；<br>(3)吊挂弹簧片位置变化 | (1)检查料位发讯器工作状况<br>(2)(3)按《微机控制系统使用说明书》重新标定 |

### 9.3.5 包装机系统配置

（1）输送设备

将水泥从水泥库输送至包装系统的输送设备常用空气输送斜槽或螺旋输送机，将水泥提升到包装机顶上筛分设备常用提升机或空气输送泵，远距离输送采用空气输送泵，近距离输送采用提升机。

（2）筛分设备

为防止水泥上混入的铁件等杂物损坏包装机，水泥在入包装机之前必须通过筛分设备进行筛析，筛分设备有回转筛和振动筛两种（见表9-4和表9-5），筛分设备一般布置在包装机前的中间仓上方。

表 9-4  回转筛规格及技术参数

| 规格/mm | $\phi 600 \times 2900$ | $\phi 1000 \times 2500$ | $\phi 1100 \times 4400$ |
|---|---|---|---|
| 生产能力/(t/h) | 45 | 30 | 60 |
| 筛筒转速/(r/min) | 31 | 31/18 | 10.5 |
| 电机型号 | YTC752 | YTC752 | YTC902 |
| 电机功率/kW | 5.2 | 3.8 | 9.5 |
| 外型尺寸/mm | 6277×1600×1308 | 3387×1526×1405 | 7422×1630×1500 |
| 重量(不包括电机)/kg | 2600 | 2200 | 3300 |

表 9-5  振动筛规格及技术参数

| 型号 | DZS-30 | DZS-60 | DZS-90 | DZS-120 | DZS-200 |
|---|---|---|---|---|---|
| 产量/(t/h) | 30 | 60 | 90 | 120 | 200 |
| 频率/Hz | 16 | | | | |
| 激振力/N | 0~10000 | | | 0~3000 | |
| 功率/kW | 0.75 | | | 2.2 | |
| 振幅/mm | 1~2.5 | | | | |
| 机重/t | 0.38 | 0.55 | 0.65 | 0.75 | 1.25 |

（3）中间仓

包装机和筛分设备之间必须设置中间仓，主要不是为了储存物料，而是起稳定料流、稳定物料压力的作用。仓的容量不宜太大，一般按包装机半小时产量设置，可采用圆筒形或方形。

为稳定中间仓的仓压，有利于袋装水泥的准确灌装，包装小仓应设置料位仪和溢流管，以缩小仓内料面的波动范围。

（4）袋装水泥输送设备

包装好的袋装水泥，先经过一段倾斜的清灰辊床后，溜入B800平型胶带输送机，然后被送入成品库。

（5）叠包机

叠包机的作用是将包装好的袋装水泥自动叠包，以减轻工人劳动强度，提高劳动生产率。叠包机有回转式和固定式两种。回转式叠包机设有四个叠包装置，四个叠包装置依次叠包；固定式叠包机设有两个叠包装置，并排布置，交替使用。叠好10包水泥后，可用电瓶叉车或手推车运到成品库存放或装车出厂。回转式包装机配套设备如表9-6所示。

表 9-6　回转式包装机配套设备

| 名　称 | 型　号 | | | | |
|---|---|---|---|---|---|
| 包装机 | 6 嘴 | 8 嘴 | 10 嘴 | 12 嘴 | 14 嘴 |
| 生产能力/(t/h) | 60~80 | 80~120 | 100~120 | 120~140 | 140~160 |
| 振动筛型号 | YDS-120 | YDS-120 | YDS-200 | YDS-200 | YDS-200 |
| 中间仓 规格/mm | 2500×2500 | | | | |
| 中间仓 容积/m³ | 17.5 | 23 | 28 | 35 | 42 |
| 手动螺旋闸门/mm | 400×400 | | | | |

## 复习思考题

9-5　简述回转式包装机的构造及工作原理。

9-6　包装机系统有哪些配置？

9-7　包装机主轴发生不运转的原因是什么？怎样处理？

9-8　包装机运转中出现水泥不掉袋的故障原因是什么？怎样处理？

## 9.4　水泥散装系统主要设备

散装库库侧或库底装有卸料器，水泥通过卸料器出料后，经水泥散装机进入散装车，水泥散装系统的主要设备有卸料器（库侧卸料器、库底卸料器）、散装机（固定式散装机：库侧散装机、库底散装机）和库侧移动式散装机。

库侧卸料和库底卸料所需的空气由罗茨鼓风机或空气压缩机供给。

表 9-7　国内库底卸料器与库侧卸料器的主要技术性能

| 项　目 | 库侧卸料器 | | | 库底卸料器 | | |
|---|---|---|---|---|---|---|
| 出口橡胶圈内孔径/mm | 60 | 80 | 110 | 60 | 80 | 110 |
| 公称卸料量/(t/h) | 20 | 50 | 50~150 | 20 | 35 | 100 |
| 压缩空气压力/kPa | 200~300 | | | 200~300 | | |
| 卸料管口内径/mm | 100 | | | 100 | | |
| 空气耗用量/(m³/t 水泥) | 1 | | | 1 | | |

### 9.4.1　库侧卸料器

库侧卸料器安装于库的外侧，从库内卸出的水泥量通过锥形阀门来控制，闸门的启闭用气力操作，必要时也可用人工启闭。库侧卸料器本身没有充气系统，水泥库底带有充气装置，向它供气，如图 9-5 所示。

通过安装在水泥库壁上的库侧卸料器，用压缩空气进行卸料，通过库侧固定式散装机将水泥直接送入散装车。也可以用压缩空气卸料通过移动式散装机将水泥装车。装料口可在水平方向作直线运动，适用于散装火车，大型多料口散装汽车和散装船的装料。装料口最大水平移动距离可达 6.5m。

### 9.4.2　库底卸料器

火车或汽车可直接开到水泥库底直接装车。库底卸料器如图 9-6 所示。当螺旋闸门开启时，水泥由锥形漏斗进入受料室，压缩空气吹入，使受料室内的水泥流态化，在压缩空气压力的推动下，水泥经连接管推开圆锥形闸门卸入运输车内。为了加快卸料速率和增大卸料距

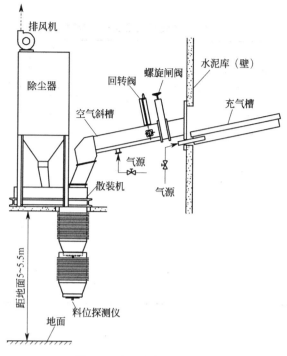

图 9-5 水泥库侧固定装料

离,可通过辅助空气喷管吹入部分压缩空气。水泥的卸料量可通过锥形闸门来控制,闸门的开度由刻度反映出来。橡皮垫圈的内径根据所要求的卸料能力而定。库底卸料器通过橡皮软管也可将水泥送到船中,见图 9-7。

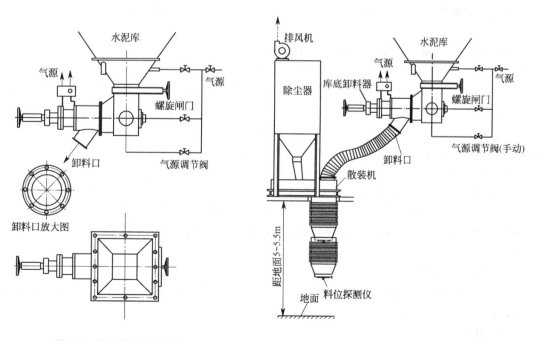

图 9-6 水泥库底卸料器    图 9-7 水泥库底移动装料

表 9-8 列出了正常用的固定式散装机(库底、库侧)和移动式散装机(库底、库侧)的

规格及性能,供应用时参考。

表 9-8 散装机规格及技术参数

| 参数名称 | 单位 | 产品型号 | | | | | |
|---|---|---|---|---|---|---|---|
| | | 库底固定式散装机 | | 库侧固定式散装机 | | 移动式散装机 | |
| | | ZSG150-KD | ZSG250-KD | ZSG150-KC | ZSG250-KC | ZSY150-KC | ZSY250-KC |
| 散装能力 | t/h | 150 | 250 | 150 | 250 | 150 | 250 |
| 空气输送斜槽宽度 | mm | — | — | 315 | 400 | 315 | 400 |
| 伸缩落料管升降高度 | m | 1.5~5 | | | | | |
| 伸缩落料管升降速率 | m/s | 0.19 | | | | | |
| 行走机移动行程 | m | — | | — | | 0.6 | |
| 行走机移动速率 | m/s | — | | — | | 0.17 | |
| 料仓出料口至落料管理中心距离 | m | 根据用户需要制造 | | | | | |
| 整机电功率(不包括配套设备功率) | kW | 1.5 | | 1.5 | | 3 | |
| 整机重量(不包括配套设备重量) | kg | 450 | 450 | 450 | 450 | 1800 | 1800 |

### 9.4.3 运行与操作

(1) 定位

散装车开至固定式水泥散装机下方,使储料罐进料口位于散装头的正下方,开启升降装置,使与双层伸缩软管相连的散装头下落储料罐进料口后,由行程控制机构自动切断电源,完成定位。若散装头不在储料灌进料口内,即不是灌装位置时,按动其他装料按钮不起作用,拒绝灌装卸料。

移动式水泥散装机有水平行程,可通过水泥散装机的移动进行定位。

(2) 卸料

散装头降至灌装位置后,按顺序启动散装机全部设备:库内取料的罗茨风机、空气输送斜槽风机、气动开关阀、除尘器和料满控制系统,开始灌装。

库内给料器向库内充气后,水泥在库中以流态化卸出,使卸料流量稳定,并兼有库内混料和破拱的综合作用。

松动流化的水泥物料经螺旋闸门、气动开关阀、空气输送斜槽、连接接头进入散装机,通过散装头流入散装车储料罐内(库底卸料直通式无空气输送斜槽)。

(3) 料位控制

当储料罐内的水泥物料达到灌装高度时,与压力控制器相连并安装在散装头顶端的风管被水泥埋入,风压增加,压力控制器动作,同时发出料满控制信号,关闭气动开关阀切断料源,停止供料,使灌装过程立即停止。与此同时,延时继电器,除尘器继续收尘。

(4) 伸缩袋的提升

当延时时间到后,控制柜内的电铃接通,表示已完成一次灌装循环,提升伸缩袋,让散装车开走。

(5) 计量

散装水泥的计量方法有以下几种。

① 采用微机计量装置,实现自动控制,定量给料装车。

② 采用轨道衡或地中衡：火车运输采用100~200t的轨道衡；汽车运输视汽车载重量而定，一般采用20~30t地中衡。

③ 散装仓下面设置冲量或流量计，用于控制和计量散装水泥装车量。

④ 采用电子秤，通过支撑料仓的感应元件所承受压力的变化，从指示仪表反映仓内水泥的减少量，即装入车船的水泥量。

### 9.4.4 调试与维护

（1）散装设备的调试、运转

① 空载调试。

a. 调试工作应在库内无料情况下进行。

b. 进行通电、通气试验。各设备应运转正常，如发现局部漏气，应及时修整。

c. 手动螺旋闸门应正常开、闭，不得有卡死现象。

d. 充分阀、气动开关阀气缸工作正常，应保证阀门开、闭。

e. 如安装电动流量控制阀，通电试验应保证正常开、闭和流量调节。如有问题，应按其使用说明书规定，调整角行程位置，使之达到应用要求。

f. 散装机通电试验，驱动装置工作正常；升降装置达到规定的高度；行程控制机构能在满足升降位置时，及时断电停机，否则应及时调整。

g. 检查料位控制机构能否及时切断供料系统。如不能，应检查线路及压力控制器。

h. 机组外壳应牢固接地，其接地线截面积不应小于$4mm^2$。

② 装料调试。

a. 在空载检查调试完成之后，进行有物料的运行试验。打开手动螺旋闸门，按顺序启动各设备，进行放料运行试验。检查各部分运行是否正常。

b. 待设备的全部调试合格正常运行后，进行灌装。灌装中检查设备能否满足生产要求，如装卸能力、装卸高度调整范围、升降速率等主要技术参数是否能达到规定要求。

c. 机组工作时，电机风机等部位应正常工作，轴承温升不应超过25℃，各部分应与基础紧固，防止松动。

（2）运行中的维护

① 使用前必须给减速器加油至规定位置，运行一个月后更换新油，以后每年换油一次。

② 压力控制器的风量、风压出厂前均已调节好，其动作值设定在1500Pa左右。

③ 松绳开关装置、上限限位装置的行程开关应常检查，一旦失灵时要及时更换，以免造成设备损坏。

④ 滑轮装置及钢丝绳注意定期检查，若有损坏要马上更换。

⑤ 伸缩套管会因老化或尖锐物品的碰挂而损坏，需定期更换，破损处应及时补牢以免影响收尘效果。

⑥ 散装系统在装料过程应处于负压状态工作，故应保证除尘设备的正常运转和维护。

⑦ 空气输送斜槽内要定期检查，清除槽内残留的异物，透气层两年左右更换一次。装料完毕后切勿使槽内残留水泥，以免因潮解板结而影响输送能力。

⑧ 气动开关阀气路控制电磁阀应注意防尘。

### 9.4.5 常见故障分析及处理方法

散装设备工作时可能会出现卷扬电机不动作；下料锥斗无法上升下降或到位后装料操作不能进行；压力控制器开机后马上报警；料未满时报警或料满时不报警；斜槽送料能力不足或不能送料等，出现这些故障的原因及处理方法见表9-9。

**表 9-9　散装设备常见故障原因及处理方法**

| 现　象 | 故　障　原　因 | 处　理　方　法 |
|---|---|---|
| 卷扬电机不动作 | 线路故障 | 排除线路故障 |
| 下料锥斗到位后装料操作不能进行 | (1)线路故障；<br>(2)松绳开关装置凸轮位置不正确 | (1)排除线路及行程开关内部故障；<br>(2)调整凸轮位置 |
| 下料锥斗无法上升下降；电机工作正常 | 钢丝绳绕轴或卡死在滑轮之间 | 重新调整钢丝绳位置 |
| 压力控制器开机后马上报警 | 风嘴堵死 | 清除堵塞管路和风嘴的异物、粉尘 |
| 料未满时报警 | 除尘系统负压不足或处理风量偏小 | 检修或更换除尘设备 |
| 料满时不报警 | (1)管路漏气；<br>(2)微压风机损坏；<br>(3)气电转换元件损坏 | 从风机的风嘴处堵住风口，若报警正常则表明是管路漏气应予重新处理。若仍无报警声，则需更换风机或气电元件 |
| 斜槽送料能力不足或不能送料 | (1)除尘系统故障；<br>(2)离心风机故障；<br>(3)斜槽透气布破损；<br>(4)斜槽内块状物堆积过多 | (1)检查除尘风机和振打装置；<br>(2)检查离心风机；<br>(3)检查斜槽内堆积块状物和透气布状况 |

# 复习思考题

9-9　简述库侧卸料器和库底卸料器的构造。

9-10　简述库侧卸料器和库底卸料器的装料过程。

9-11　怎样维护好库侧卸料器和库底卸料器？

# 第三篇 辅 助 设 备

  辅助设备是指输送、除尘及供气设备。在水泥生产过程中，原料的破碎及预均化、生料粉磨及均化、熟料煅烧及冷却、矿渣烘干、水泥制成及发运等，都需要有这些辅助设备的参与，它们与窑、磨、烘干等主机共同构成了一条完整的水泥生产线。

# 10 机械输送设备

**【本章摘要】** 本章主要介绍水泥生产过程中常用的机械输送设备，带式输送机、斗式提升机、螺旋输送机、链式输送机的结构、工作原理、类型、性能及应用，以及操作、维护、常见故障及产生故障的原因分析及处理方法等，结合在"第一篇 水泥生料制备"及"第二篇 水泥制成"中已学过的知识内容及原料破碎及预均化、生料粉磨及均化、水泥粉磨及储存、发运等典型工艺流程来理解掌握它们的应用及操作。

## 10.1 概述

水泥生产过程的工艺性和连续性较强，各种原料、燃料、混合材、半成品（生料、熟料）和成品（水泥）需要经输送设备的多次输送才能完成水泥制造的全过程，可以说输送设备是连接各主机设备（破碎机、原料磨、均化库、水泥窑、烘干机、辊压机、水泥磨、水泥储库、包装机等）的"桥梁和纽带"。输送设备按类型分类，有机械输送（斗式提升机、螺旋输送机、带式输送机、链式输送机等）和气力输送（空气输送斜槽、仓式气力输送泵、螺旋气力输送泵和气力提升泵等）两类。按输送方式分类，有间歇输送机械（供分批输送物料之用）和连续输送机械（供连续输送物料之用），间歇输送机械是间断性进行物料输送，其装载和卸载是在输送过程停顿的情况下进行的，如原、燃材料的进厂和成品的出厂；连续输送机械是使物料沿一定路线、以一定速率、在装载和卸载点之间进行连续输送令物料到达接收地点的设备，例如在生料闭路粉磨系统中，出磨生料要用提升机（竖直向上送料）、螺旋输送机或空气输送斜槽（略向下倾斜送料）送到选粉机里，将粗粉和细粉筛选出来，粗粉返回磨机重新粉磨，合格的生料送至均化库去搅拌、均化、储存，以满足入窑煅烧的要求，因此，输送设备在水泥制造过程中起着非常重要的作用。

## 10.2 带式输送机

带式输送机是一种有牵引构件的典型连续运输机械，在水泥生产中主要用于石灰石、粉砂岩、钢渣、湿粉煤灰、碎煤、熟料、石膏、各种混合材和袋装水泥的输送。

### 10.2.1 结构和工作原理

带式输送机主要由两个端点滚筒和紧套其上的闭合输送带组成，如图10-1所示。起牵引作用的主动转动的滚筒称为驱动滚筒；目的在于改变输送带运动方向的滚筒称为改向滚筒。驱动滚筒由电动机通过减速器驱动，输送带依靠驱动滚筒与输送带之间的摩擦力拖动。一般情况下，驱动滚筒都装置在卸料端，以增大牵引力，有利于拖动。为了避免输送带在驱动滚筒上打滑，用拉紧装置将输送带拉紧。物料由喂料端喂入，落在转动的输送带上，依靠输送带运送到卸料端卸出。为了防止输送带负重下垂，输送带支在托辊上。输送带分为上下两支。上支为载重边，托辊要装配多些，下支为回程边，托辊可装配少些。

### 10.2.2 主要部件

从图10-1中可看出带式输送机的主要部件有输送带、托辊、滚筒、传动装置、拉紧装置、装料装置、卸料装置等，每个部件都有自己的职责，互相配合，共同完成物料的输送任务。

(1) 输送带

① 对输送带的要求。输送带既是承载构件又是牵引构件。对输送带的要求是：具有足够的强度，能承受最大的牵引力；有较好的纵向挠性，容易通过滚筒；横向挠性要适当，通过槽形托辊时既易成槽，离开托辊后又不致塌边撒料；相对伸长要小而弹性高，对于多次重复弯折产生的变化负载的抵抗力良好，吸水性小；带面应具有一定的厚度和耐冲击、耐磨损、防腐蚀等性能。

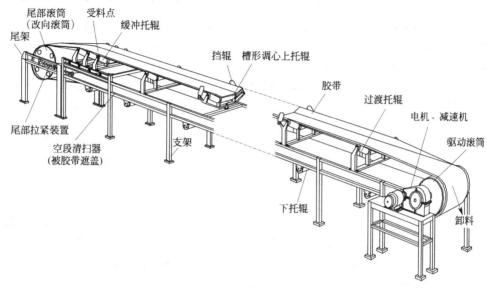

图 10-1 带式输送机

② 输送带的构成。输送带主要有织物芯胶带和钢绳芯胶带两大类。织物芯衬垫材料通常采用化纤织物衬垫，如人造棉、人造丝、尼龙、聚胺物和聚酯物等。水泥生产中对一些块状或颗粒状物料的输送采用的橡胶输送带就是织物芯胶带，见图 10-2，它是由若干层帆布组成，帆布层之间用硫化方法浇

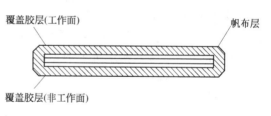

图 10-2 橡胶输送带断面图

上一层薄的橡胶，带的上下以及左右两侧都覆以橡胶保护层。橡胶层的作用是保护帆布不致受潮腐蚀、防止物料对帆布的磨损。橡胶层的厚度对于工作面（与物料接触的面）和非工作面（不与物料接触的面）是不同的。工作面橡胶层的厚度为 1.0mm、1.5mm、3.0mm、4.5mm、6.0mm 共五种；非工作面的橡胶层厚度为 1.0mm、1.5mm 和 3.0mm 三种。橡胶层厚度要根据带速、输送机长度、物料粒度等情况选择。一般带速愈高、机身愈短、物料粒度愈大，则胶面厚度应愈厚。橡胶输送带覆盖胶的推荐厚度见表 10-1。

表 10-1 输送带覆盖胶的推荐厚度

| 物料性质 | 物料名称 | 覆盖胶厚度/mm | |
|---|---|---|---|
| | | 上胶层 | 下胶层 |
| $\rho_s<9t/m^3$、中小粒度或磨蚀性小的物料 | 焦炭、煤、石灰石、白云石、烧结混合料、砂等 | 3.0 | 1.5 |
| $\rho_s>2t/m^3$、块度≤200mm、磨蚀性较大的物料 | 破碎后的矿石、各种岩石、油页岩等 | 4.5 | 1.5 |
| $\rho_s>2t/m^3$、磨蚀性大、大块的物料 | 大块铁矿石、油页岩等 | 6.0 | 1.5 |

注：表中 $\rho_s$ 为物料堆积密度。

帆布层是承受拉力的主要部分，胶带愈宽，则帆布层也愈宽，承受的总拉力也愈大。帆布的层数愈多，可承受的总拉力亦愈大；但帆布层愈多，胶带的横向柔韧性愈小，胶带就不能与支撑它的托辊平服地接触，容易造成胶带跑偏。常用橡胶输送带的帆布层数如表10-2所示。

表 10-2　常用橡胶输送带的帆布层数

| 带宽/mm | 300 | 400 | 500 | 650 | 800 | 1000 | 1200 | 1400 | 1500 |
|---|---|---|---|---|---|---|---|---|---|
| 层数 $I$ | 3～4 | 3～5 | 3～6 | 3～7 | 4～8 | 5～10 | 6～12 | 7～12 | 8～13 |

③ 橡胶输送带的类型。橡胶输送带按用途分为普通型、强力型及耐热型三种。普通型橡胶带其帆布每层径向扯断强度为56kN/(m·层)。强力型橡胶带其帆布每层径向扯断强度为96kN/(m·层)。耐热型橡胶带适用于输送120℃以下的物料或物品。这种带在工作面上覆有石棉保护层。普通橡胶输送带的最大倾斜角可达16°左右。为了增大输送倾斜角，又出现了各种形式的花纹橡胶覆面输送带，其输送倾斜角可达40°。花纹橡胶带的缺点是容易被磨损。

夹钢丝芯橡胶输送带是以平行排列在同一平面上的许多条钢绳芯层代替多层织物芯层的输送带。钢绳由很细的钢丝捻成，直径在2.0～10.3mm。钢丝经淬火处理后表面镀铜，以提高橡胶与钢绳的黏着力。经处理后的钢丝再冷拉至直径为0.25mm的细丝。夹钢丝芯橡胶输送带的主要优点：抗拉强度高（达5MN/m），适用于长距离和陡坡输送；伸长率小（约为普通胶带的1/5～1/10），因而可缩短拉紧行程；带芯较薄，纵向挠曲性能好，易于成槽（槽角可达35°），这不仅可增大输送量，也可防止胶带跑偏。横向挠曲性能好，滚筒直径可以较小；动态性能好，耐冲击、耐弯曲疲劳，破损后修补容易，因而可提高作业速度；接头强度高，安全性较高，使用寿命长（可达6～10年，比普通胶带寿命长2～3倍）。其缺点是：当覆盖胶损坏后，钢丝易腐蚀，使用时要防止物料卡入滚筒与胶带之间，因其延伸率小而容易使钢绳芯拉断。带式输送机已向长距离、大输送量、高速度方向发展。目前各国使用的长距离、大容量输送机上多数采用夹钢绳芯橡胶输送带。

④ 胶带闭合连接。输送机上的输送带要连接成无端的闭合件。对于长距离的输送机，输送带太长不便运输，一般做成100～200m一段，运到目的地后再连接起来，这里都有输送的接头问题。

胶带连接方法可分为机械连接和硫化胶接两种。机械连接的方法很多，常用的有钢卡连接、合页连接、板卡连接和塔头铆接等类型，但机械连接的接头强度只有胶带本身强度的35%～40%，使用寿命短，而且接头通过滚筒时对滚筒有损害。硫化胶接法可以显著延长橡胶输送带的使用寿命，硫化接头的强度可达胶带本身强度的85%～90%，因此在条件许可的情况下，应尽可能采用硫化胶接法。

硫化胶接法如图10-3所示，将胶带两端切开成阶梯形斜头，然后胶合起来，结合处的厚度不应超过胶带厚。两端胶合前，应先将接触面用汽油洗净，再涂一层胶水，然后将两端搭合，并在一定温度下将其压合，经过硫化反应，使生橡胶变成硫化橡胶，使接合部位获得较高的粘接强度。硫化反应温度一般为140℃左右，硫化时间（指硫化温度从100℃升高到143℃所需时间）约为45min。

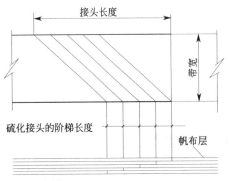

图 10-3　胶带端头的硫化胶接法

对于钢绳芯胶带，钢丝绳之间一定的间距可以容纳另一端的钢绳端头排列其间，相互间留有不少于2mm的间隙，以便中间有足够的橡胶来传递剪力。接头的长度应能保证张力从一端的钢绳通过周围的芯胶传递给另一端的钢绳，钢绳芯胶带接头的动载强度大约为胶带强度的40%～60%。

(2) 托辊

托辊是输送带和物料的支撑与约束装置，对输送带的运行情况和使用寿命有很大影响。对托辊的基本要求是：工作可靠，回转阻力小；表面光滑，径向跳动小；制造成本低，便于安装与维修。

根据托辊装设部位和作用的不同，托辊可分为：平行托辊（支撑输送带的承载段和空载段）、槽形托辊（用于支撑承载边的输送带和物料，角度30°～45°）、调心托辊（除支撑输送带和物料外，还能调整跑偏的输送带，使之复位）和缓冲托辊（在装载处减小物料对输送带的冲击作用），见图10-4。

① 平行托辊。平行托辊见图10-4(a)，平行上托辊用于支撑承载边的输送带和物料（横断面为水平方向）；平行下托辊用于支撑空载边的输送带，可用于袋装水泥的输送。

② 槽形托辊。槽形托辊的构造形式如图10-4(b)所示，一般由三节辊子组成，用于支撑承载段的输送带和物料，使输送带的横断面成为槽形，这样增大承载物料的横断面积、提高输送能力，适用于输送散粒物料。槽形托辊的槽角一般为30°～45°。

③ 调心托辊。带式输送机的输送带在运行中有时会发生跑偏，这时需要调心托辊使之复位，此外调心托辊也承载输送带和物料重量，在承载边一般每隔若干组托辊处安装一对调心托辊，图10-4(c)是平行调心托辊，图10-4(b)是槽形调心托辊。在托辊支架上装有可自由转动的两个立辊，托辊支架由立轴支持，立轴装在机架上的推力轴承中，可自由转动。

调心托辊的调心作用原理如图10-4(e)所示。当输送带出现如图所示的跑偏现象时，带边触及到立辊时，支架和托辊便按图示的方向转动一定的角度，使托辊的轴线与带的纵向中心线不相垂直，造成带速 $v_{带}$ 与托辊圆周速率 $v_{辊}$ 方向不一致。由于输送带与托辊之间的摩擦作用，托辊便牵制输送带以 $v_{移}$ 向正常位置移动，使其复位。与此同时，输送带又带动托辊支架转回原来的正常位置。

④ 缓冲托辊。在带式输送机的装载处，为了减小物料对输送带的冲击作用，装有数道间距较小的缓冲托辊。图10-4(f)为弹簧板式缓冲托辊，托辊的支架用弹簧板制造；图10-4(g)为橡胶圈式缓冲托辊，在托辊的外面包有一定间距的橡胶圈，增加了缓冲弹性。

⑤ 托辊的辊子。辊子是托辊的主要部件，如图10-5所示。辊子由外筒、轴承座、轴承、芯轴和密封装置构成。外筒多用无缝钢管制成，也可用增强尼龙代用，轴承座用铸铁车制或钢板冲压制成。辊子轴承的润滑和密封效果对减小回转阻力、延长轴承使用寿命等有重要作用。图10-5(a)为钢板冲压密封装置，这种方式构造简单，便于装拆和修理，但密封效果和可靠性较差；图10-5(b)为采用双道迷宫式塑料密封装置，这种密封方式的密封效果和可靠性较好，为了防止外筒内壁脱落的氧化物等进入轴承内，防止润滑脂流出，装设了内密封圈。辊子轴承应采用滴点较高的不易流失和变质的锂基润滑脂作润滑剂。

(3) 滚筒及驱动装置

驱动装置是传递动力的主要部件，通过驱动滚筒和输送带之间的摩擦作用牵引输送带运动。轻型滚筒采用单辐板焊接而成。中、重型滚筒采用胀紧连接套连接，铸焊组合

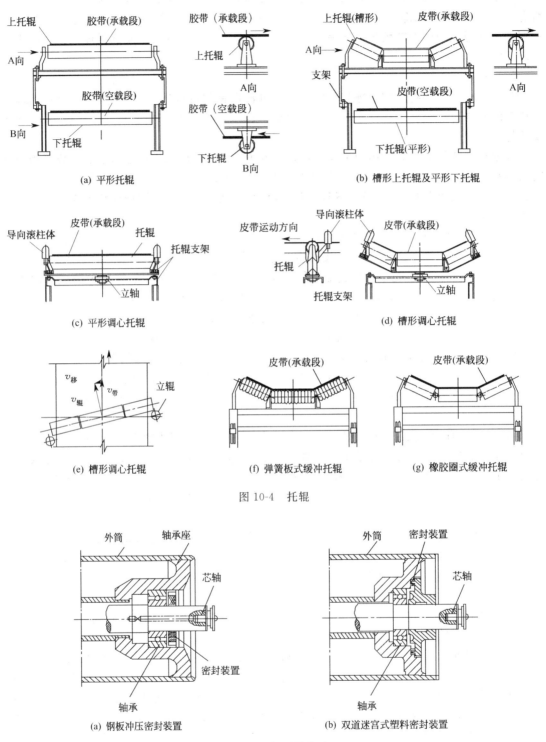

图 10-4　托辊

图 10-5　辊子的构造

结构。驱动滚筒有两种，图 10-1 中是一种用途较广泛的普通滚筒，采用钢板焊接结构。另一种是电动滚筒（见图 10-6），它是将电机、减速齿轮装入滚筒内的驱动滚筒，电动机与减速器的连接通常采用弹性联轴器，减速器与滚筒的连接采用十字滑块联轴器。驱动滚筒由电动机经减速器驱动。对于倾斜布置的输送机，驱动装置中还设有制动装置，以防止突然停机时，由于物料质量的作用而产生输送带下滑运动。

滚筒支撑一般采用滑动轴承，由轴承座、轴承盖、轴瓦三部分组成，轴瓦有圆筒式和剖分式两种。轴瓦上开有油沟，用来储存润滑油。这种滚筒轴承结构简单、承载能力强；在重载低速时应用最为广泛。

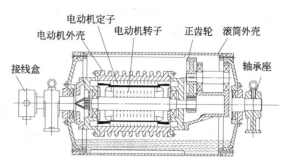

图 10-6　油冷式电动滚筒

(4) 改向装置

改向装置是为改变输送带运动的方向而设置的，有改向滚筒和改向托辊组两种，见图 10-7。

带式输送机在垂直平面内的改向一般采用改向滚筒。改向滚筒的结构与驱动滚筒基本相同，但其直径比驱动滚筒略小一些。用于 180°改向时一般用作尾部滚筒或垂直拉紧滚筒；用于 90°改向时一般用作垂直拉紧装置上方的改向轮；用在小于 45°改向者一般用作增面轮。

输送带由倾斜方向转为水平（或减小倾斜角），可用一系列的托辊改向，其支撑间距取上托辊间距的一半，此时输送机的曲线部分是向上凸起的。

(5) 拉紧装置

输送机运行一段时间后会变得松弛，拉紧装置的作用就是张紧带式输送机的输送带，限制带在各支撑托辊间的垂度和保证带中有必要的张力，使带与驱动滚筒之间产生足够的摩擦牵引力，以保证正常工作。拉紧装置有螺杆式、小车坠重式和垂直坠重式三种。其位置一般安装在包角等于 180°、张力较小的改向滚筒处。

① 螺杆式拉紧装置。螺杆式拉紧装置如图 10-7(a) 所示，由调节螺杆和导架等组成。旋转螺杆即可移动轴承座沿导向架滑动，以调节带的张力。螺杆应能自锁，以防松动。这种装置的行程一般按输送机长度的 1% 选取，这种装置紧凑轻巧，但不能自动调节器，须经常由人工调节。它适用于长度较短 (<80m) 的输送机上。

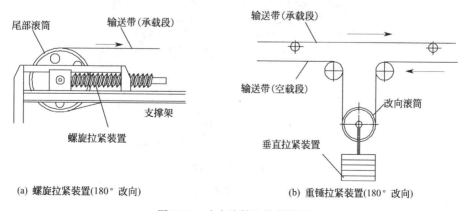

图 10-7　改向滚筒和拉紧装置

② 垂直坠重式拉紧装置。垂直坠重式拉紧装置如图 10-7(b) 所示，通常装在靠近驱动滚筒绕出边外，优点是利用了输送机走廊的空间位置，便于布置。缺点是改向滚筒多，而且

物料容易掉入输送带与拉紧滚筒之间而损坏输送带,特别是输送潮湿或黏性较大的物料时,由于清扫不净,磨损会更严重。

(6) 装料装置

带式输送机可以设若干个受料点,有的受料点是固定的,如料仓下料口对着带式输送机的尾部,这个位置是不变的,在接料处采用装料漏斗,见图 10-8(a)。如果装料位置需要沿输送机纵向移动时(如在石灰石预均化库内,取料机是移动的,取下的石灰石落到皮带机上的落点也是移动的),则应采用装料小车,它可沿输送机架上的轨道移动,见图 10-8(b)。

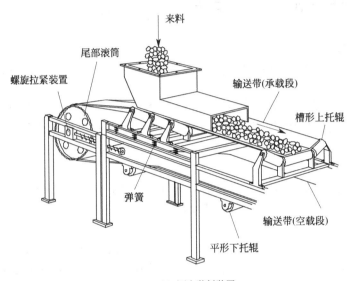

(a) 固定装料装置

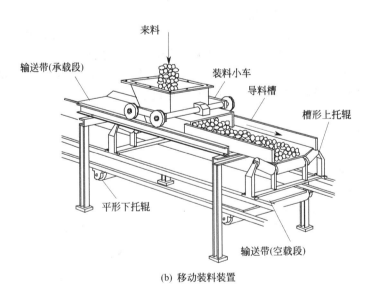

(b) 移动装料装置

图 10-8 装料装置

装料装置应对准输送带中心均匀加料,落差要小,且物料落到输送带上时的料流方向和速率尽量与输送带运行的方向和速率一致。在装料点不允许有物料撒漏和堆积。加料若为冲击式加料(如石灰石、碎煤、矿渣、石膏等采用铲车加料),应先经漏斗或料仓的缓冲,然后使物料能均匀地流到输送带上。当输送物料种类或使用条件改变时，要尽可能调节料流速率，使之适应新的输送要求。

成件物品如袋装水泥，通常用斜槽、滑板或直接落在输送带上送走。

(7) 卸料装置

卸料装置将输送带上物料卸下，有端部卸料和中途卸料两种形式。端部卸料从端部滚筒卸出，适合于卸料点固定的场合，如一条带式输送机将矿渣送入一台水泥磨的磨头仓内，卸料点固定，在卸料滚筒处装卸料罩和卸料漏斗来收拢物料，如图 10-9 所示。

中途卸料从带式输送机的某一段将物料卸出，如一条带式输送机有两个中途卸料点，可以用一台移动卸料车来完成，分别将矿渣送进两台水泥磨的磨头仓内，见图 10-10(a)；也可以采用两台犁式卸料器分别对准两个磨头仓卸料。

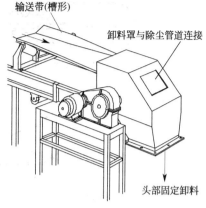

图 10-9 端部卸料装置

犁式卸料器为一与输送带运动方向安装成一定角度的卸料挡板，当运行的物料碰到挡板时，就被挡板推向输送带的边侧卸下。犁式卸料器有电磁气动和手动两种形式，可以从两侧卸料［见图 10-10(b)］，也可以从一侧卸料［见图 10-10(c)］，适用于平形输送带卸料。若为槽形输送带，在卸料处应装设平形托辊或卸料板。犁式卸料器除了可用来卸散粒物料外，还可以卸成件物品如袋装水泥。

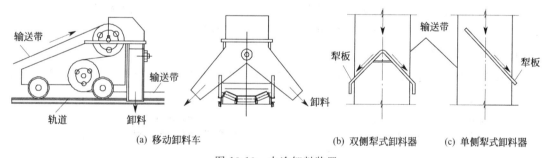

图 10-10 中途卸料装置

(8) 清扫装置

带式输送机在输送物料时，带面会被撒落或黏附上一些物料，需要用清扫装置把它们清除掉，以免带和滚筒及托辊磨损过快，避免因粘料造成输送带跑偏。

常用的清扫装置如图 10-11 所示。

① V 形清扫器。V 形清扫器的构造如图 10-11(a) 所示，橡胶刮板装在形架上，形架活动铰接在机架上，使橡胶刮板与带面紧密接触。这种清扫器适用于清除撒落在输送带空载边上的物料，使物料不致被带入滚筒。

② 清扫刮板。清扫刮板的构造如图 10-11(b) 所示，由橡胶刮板、弹簧（重锤）压紧装置等部分构成。这种清扫装置多用于消除黏附在输送带工作面上的物料，适用于清扫干燥的物料，一般装设在卸料滚筒的下部。

③ 清扫刷。清扫刷的构造如图 10-11(c) 所示，由滚筒或单设的电机带动尼龙刷旋转，清除带面上的物料。这种清扫装置适用于清除潮湿或有黏性的物料。为了提高清刷效果，尼龙刷的转向应与带的运动方向相反。

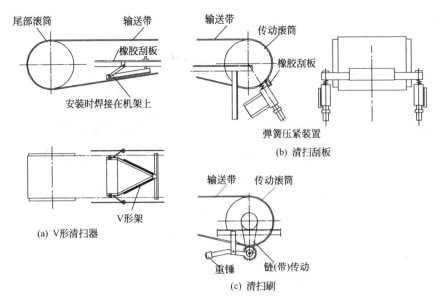

图 10-11 清扫装置

**(9) 制动装置**

对于倾斜放置、正在向上输送物料的带式输送机，如果突然出现停电，可能会出现输送带反向运动（承载段上物料的自重作用），这是绝不能允许的。为了避免发生反向运动，在驱动装置处设置了逆止装置，常用的有带式逆止器、辊柱逆止器和电磁闸瓦逆止器，防止输送带下滑。为了防止输送带由于某种原因而被纵向撕裂，一般输送距离超过 30m 时，沿着输送机全长间隔一定距离（如 25~30m）安装一个停机按钮。

### 10.2.3 工艺布置及要求

带式输送机的运送量大、动力消耗低、受地形、路线条件限制较小、应用范围广，除了生料、水泥等粉状物料不宜输送外，从原料预均化库到袋装水泥出厂，到处都能见到它。常用的有通用带式输送机、钢绳芯带式输送机、钢绳牵引胶带输送机三种。

① 通用带式输送机（即 TD 型带式输送机）所用输送带的带芯材料为棉帆布或化纤织物，外包橡胶或塑料。

② 钢绳芯带式输送机（即 DX 型带式输送机）所用输送带的带芯为高强度的钢丝绳，输送量较大，输送距离较远。

③ 钢绳牵引胶带输送机（即 GD 型胶带输送机）的输送带只作承载构件，用钢丝绳作牵引构件，多用于矿山上大输送量和长距离输送。

根据输送路线不同，带式输送机的工艺布置有如图 10-12 所示的五种基本布置形式，对于长距离的复杂路线输送，可由这五种基本形式组合而成。

对于倾斜向上输送物料的带式输送机，为了防止物料下滑，不同物料所允许的最大倾角值见表 10-3。当倾斜向下输送物料时，允许的最大倾角值是表 10-3 中的 80%。

表 10-3 向上输送不同物料允许的最大倾角值

| 物料名称 | 最大倾角/(°) | 物料名称 | 最大倾角/(°) | 物料名称 | 最大倾角/(°) |
| --- | --- | --- | --- | --- | --- |
| 0~350mm 矿石 | 16 | 块状干黏土 | 15~18 | 原煤 | 20 |
| 0~120mm 矿石 | 18 | 粉状干黏土 | 22 | 块煤 | 18 |
| 0~60mm 矿石 | 20 | 粉砂岩 | 15 | 水泥熟料 | 14 |
| 筛分后的石灰石 | 12 | 湿粉煤 | 21 | 袋装水泥 | 20 |

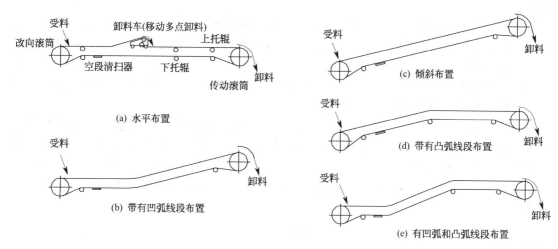

图 10-12　带式输送机的基本形式

### 10.2.4　操作与维护

（1）开机操作

启动前要检查轴瓦、辊轮是否松动，胶带上有无工具杂物，安全防护设备是否牢固，各润滑部位是否有足够的油量，能否保证安全运行。在确保无误后在空载的条件下启动。

（2）运行中的检查

运行中要随时观察运输机的工作情况，定期检查每一个部件，如发现异常要会同有关专业人员及时处理。

① 电机、减速机、头部滚筒（传动滚筒）和尾部滚筒（改向滚筒）、轴承、逆止器是否有振动、异音（耳听）、发热（手摸）。

② 各润滑部位是否有足够的油量，减速机油位是否正常。

③ 检查减速机箱体上的油面指示器，判断润滑油是否达到油标要求，缺油要及时补加，以保证减速机齿轮轴承良好的润滑。

④ 皮带接口是否有开裂，带面是否有破损、划伤、严重磨损，皮带密封罩或防雨罩是否完好。

⑤ 缓冲托辊、上托辊、下托辊是否转动，磨损是否严重，确认是否更换。

⑥ 入料溜子是否漏料，挡板是否完好；导料槽有无歪斜、下料是否畅通；皮带运行中是否打滑及有无滑料。

⑦ 张紧装置工作状态是否合适，配重是否上下滑动。

⑧ 滚筒是否粘有异物，弹性刮料器是否正常刮料。

⑨ 机架是否有开焊现象、各连接点连接是否牢靠；各地脚螺栓是否松动。

（3）润滑

① 减速机齿轮轴承的润滑。减速机齿轮通常用飞溅润滑（通过齿轮传动，把润滑油带起，飞溅到各个齿轮工作面，使之始终保持一层油膜），要求润滑油必须有较高的黏度和较好的油性。对于二轮减速机，中间轴上的大齿轮的浸入深度等于1～2个齿高为宜；圆锥齿轮浸入油中的深度应达到齿轮的整个宽度。齿轮减速机润滑油量要适宜，油量过多会增加齿轮传动的阻力和增加润滑油的温升，润滑油的温升会加速油的氧化、降低润滑性能。油量过少起不到润滑齿轮轴承的作用，齿轮工作表面的油膜难以保持，从而会加速轴承和齿轮的

磨损。

② 滚筒滑动轴承的润滑。滑动轴承由于轴承与轴瓦的接触面积大，润滑不良时会产生极大的摩擦力，甚至发热，导致轴瓦烧坏。滚筒滑动轴承润滑常采用旋盖式油杯间歇润滑，这是一种应用广泛的脂润滑装置，上面有一个旋转的螺纹盖，润滑脂储存在杯体里，油杯下端与轴瓦油沟相连，拧动油杯盖，便可将润滑脂压入轴瓦油沟内，使轴与轴瓦之间形成一层油脂，减少轴与轴瓦的直接接触，降低磨损。

③ 托辊轴承的润滑。托辊支撑着输送带，托辊轴承大多数为滚动轴承，对其轴承润滑是为减少托辊转动的阻力，降低托辊和输送带之间的磨损，延长托辊的使用寿命。托辊轴承一般采用脂润滑，每两个月左右用油枪注油一次，注油量根据轴承的大小而定，或半年清洗换油一次。带式输送机各润滑点见图10-13，对应各润滑点所用润滑剂的种类见表10-4。

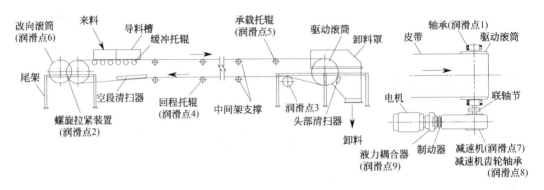

图 10-13　带式输送机的润滑点

表 10-4　带式输送机的润滑点所用润滑剂的种类（参照图 10-13）

| 润滑部位 | 润滑方式 | 润滑剂牌号 | 标准填充量 | 首次加油量 | 补充周期 | 换油周期 |
|---|---|---|---|---|---|---|
| 驱动滚筒轴承 | 压注 | 2#锂基脂 | 油枪每班2次 | | | |
| 改向滚筒轴承 | 压注 | 2#锂基脂 | 每班2次 | | | |
| 张紧滚筒轴承 | 压注 | 2#锂基脂 | 每0.5～2年清洗轴承并更换润滑脂一次 | | | |
| 承载托辊 | 压注 | 1#锂基脂 | | | | |
| 空载托辊 | 压注 | 1#锂基脂 | | | | |
| 张紧辊轴承 | 压注 | 1#锂基脂 | | | | |
| 减速机 | 油浴 | L-CKC150 | | 80kg | 1个月 | 一年 |
| 减速机齿轮轴承 | 飞溅 | 46#～48#机械润滑 | | | | 三年 |
| 液力耦合器 | 浸油 | 32#汽轮机油 | | 按游标 | 1个月 | 一年 |

（4）输送带跑偏的调整

带式输送机运行时输送带跑偏是最常见的故障之一，运行中要注意观察，发现偏移要及时调整。

① 有载运行调偏。

a. 检查托辊横向中心线与带式输送机纵向中心线的不重合度。如果不重合度值超过3mm，则应利用托辊组两侧的长形安装孔对其进行调整。具体方法是输送带偏向哪一侧，托辊组的哪一侧向输送带前进的方向前移，或另外一侧后移，见图10-14（a）和图10-14（b）。

b. 检查机头、尾机架安装轴承座的两个平面的偏差值。若两平面的偏差大于1mm，则应将两平面调整在同一平面内。头部滚筒的调整方法是：若输送带向滚筒的右侧跑偏，则滚筒右侧的轴承座应向前移动或左侧轴承座后移；若输送带向滚筒的左侧跑偏，则滚筒左侧的轴承座应向前移动或右侧轴承座后移。尾部滚筒的调整方法与头部滚筒刚好相反。

c. 检查物料在输送带上的位置。物料在输送带横断面上不居中，将导致输送带跑偏。如果物料偏到右侧，则皮带向左侧跑偏，反之亦然。在使用时应尽可能地让物料居中。为减少或避免此类输送带跑偏可增加挡料板，改变物料的方向和位置。

② 空载运行调偏。输送带跑偏多为空载时在空载段上出现，因此，一般应首先调整空载边上的下托辊。

a. 当输送带出现向前进方向的左方跑偏时，应将跑偏处一、二组下托辊沿顺时针方向加转 $\alpha$ 角。当不足以纠偏时，可再连续调整前后几组托辊。但每组托辊的偏转角度不宜过大，见图 10-14(a)（下托辊调偏方法）。

b. 若输送带在空载运行时承载段上跑偏，应按如图 10-14(b)（上托辊调偏方法）所示的方法调整上拖辊和尾部滚筒（改向滚筒），如图 10-14(c) 所示。每次调整量不宜过大，每调整一次，应使输送带运行一圈以上，再决定是否需要再次调整。托辊架每次调整前移或后退量可为 5～8mm，尾部滚筒为 3～5mm。

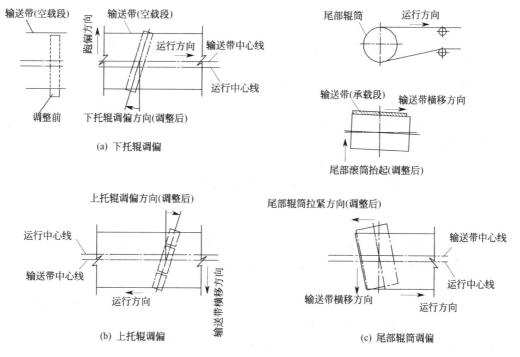

图 10-14　输送带机跑偏的调整

空载运行调整后，要进行有载运行观察。有载运行时，加料要均匀，避免物料偏载，使犁式卸料器和清扫器的刮板与带面接触均匀，避免产生偏移力。

如果有载运行时输送带仍有跑偏现象，应记下跑偏部位和方向，卸载后再次进行空载调整，直到输送带在空载和有载时的偏移量都在允许范围内为止。

若通过以上调整仍有跑偏现象，应从设备制造及安装质量、输送带质量和接头等方面进行检查分析，确定解决方法。

### 10.2.5 检修与调试

(1) 日常检修

① 检查输送带的接头部位是否有异常情况，如割伤、裂纹等及其他原因造成的损坏。

② 输送带的上下层胶是否有磨损处，输送带是否半边磨损。

③ 检查清扫装置及卸料器的橡胶刮板，是否严重磨损而与输送带不能紧密接触，如有则应调整或更换橡胶刮板。

④ 保持每个托辊转动灵活，及时更换不转或损坏的托辊。

⑤ 防止输送带跑偏，使输送带保持在中心线上运转，保证槽角。

(2) 定期检修

① 定期给每一个轴承、齿轮加油。

② 定期拆洗减速器，检查齿轮的磨损情况，磨损严重的应更换新齿轮。

③ 定期拆洗滚筒、托辊轴承，更换润滑油。

④ 所有地脚螺栓，横梁连接螺栓均重新紧固。

⑤ 检修或更换磨损的其他零件或部件。

⑥ 修补或更换输送带。

⑦ 输送带运行中常发生的主要故障是跑偏，由于跑偏不但迫使输送机停机处理，影响整个生产过程，而且会使带边缘磨损，降低寿命。因此规定，当跑偏量超过带宽的 5% 时，应停机调整。

对于新安装的或大修后的带式输送机都要进行调试，达到规定的标准后才能送料。

(3) 检修（或新安装）后应达到的要求

① 机架中心线对输送机纵向中心线的同轴误差不应超过 3mm。

② 中间架对地面的垂直误差不超过 0.3%，在铅垂面内的直线度误差不超过长度的 0.1%；接头处左右、高低偏移不超过 1mm，间距 $L$ 的偏差不应超过 ±1.5mm，相对标高差不应超过间距的 0.2%。

③ 对螺旋拉紧装置，往前松动行程不应小于 100mm。

④ 清扫装置的刮板清扫面应与输送带接触，其接触长度不应小于带宽的 85%。

⑤ 滚筒在机架上固定后，应转动灵活，允许用垫片调整。装配后滚筒对其轴线的径向圆跳动公差要求：当滚筒直径 $D<800mm$ 时，其公差为 0.60mm；当 $D>800mm$ 时，其公差为 1.00mm。滚筒在机架上固定后，其轴线同机架中心线垂直公差为 0.2%；滚筒横向对称中心平面同机架轴线应重合，其位置度公差为 6mm。

(4) 检修（或新安装）后调试

① 试车前的准备。在各滑动需润滑部位加注润滑脂、润滑油，检查各紧固件有否松动现象，检查各部件是否符合安装规范。

空载试车：接通电源，合上电闸，开动运转开关，检查传动滚筒、改向滚筒。驱动装置运转是否正常；上下托辊转动是否灵活；胶带有否严重跑偏；拉紧装置、清扫装置、逆止器等调节是否合适。如有不良现象，应停机加以调整，调整后重新进行空载试车。

② 载物试车。在空载试车各部位工作都正常的情况下进行载物试车，空载启动。根据额定输送量的 60%，进行半载试验，检查传动滚筒，改向滚筒，驱动装置，上、下托辊组有否严重杂音或不转动等，轴承部分是否发热温度过高，输送带有否跑偏现象，其他装置是否正常，如有不良现象应停机，找出问题所在，加以调整后重新试车。在以上半载试验均正常的情况下可以进行额定输送量的满载试验，依照半载试验检查过程，进行检验调整。

③ 调试中注意的问题。

a. 首先应检查输送机支架安装是否牢固，是否有遗漏的焊口，并逐个检查限位辊、紧位辊、导向辊的转动是否灵活，主动辊、从动辊内是否注油。

b. 以上确定无误后，采取点动的方式启动主动辊电动机，若逢电器跳闸，则切不可强行启动，应检查主动辊电动机内是否进入雨水造成短路。点动无误后，可正常启动主动辊电动机。

c. 正常运转时，若输送带跑偏，应调节尾部的可调螺母；如调整无效，则应检查导向辊的安装是否正确，必要时将导向辊一段支架割开、移位、焊接。如输送带过紧或过松，应调整张紧辊，使之松紧适宜。

d. 调试过程中，应由专业人员组成试运行小组，各个专业分工负责，以便随时处理可能出现的各种异常现象。若无异常现象，可连续运转 8h 后停机，准备参与整个系统的联合试运行。

### 10.2.6 常见故障分析及处理方法

带式输送机如果出现下料不畅、输送带破裂或接头脱胶，可在物料卸空后停车处理；如果轴承、减速机温度超过 75℃，应立即采取降温措施；输送带跑偏、松紧不当、各连接螺栓松动、滚筒机托辊损坏；电机及减速机运行不正常（电流过大、温度过高、声音异常、振动过大）、电机开关不灵或停机不灵或急停不到位；卸料溜筒内结大物料无法清通；卸料溜筒破裂；皮带划破；接头脱胶严重；输送带负荷大而造成皮带压死；减速机严重漏油等，应协助专业人员及时处理。常见故障处理方法见表 10-5。

表 10-5 带式输送机常见故障及处理方法

| 现　象 | 故障原因 | 处理方法 |
| --- | --- | --- |
| 输送带打滑 | (1)带的张力小；<br>(2)带的包角小；<br>(3)胶带、滚筒表面有水、结冰 | (1)适当增大拉紧力；<br>(2)用改性剂增大包角；<br>(3)清除水、冰 |
| 输送带在端部滚筒跑偏 | (1)滚筒安装不良；<br>(2)托辊表面粘料 | (1)调整滚筒；<br>(2)清除滚筒表面物料 |
| 输送带在中部跑偏 | (1)托辊安装不良；<br>(2)托辊表面粘料；<br>(3)带接头不直 | (1)调整托辊；<br>(2)清除托辊表面物料；<br>(3)重新按要求接头 |
| 输送带有载运行一段时间后跑偏 | (1)输送机的托辊、滚筒因紧固不良松动；<br>(2)输送带质量差，伸长率不均；<br>(3)物料在带上偏载或有偏移力 | (1)调整、紧固松动件；<br>(2)尽快解决输送带质量问题；<br>(3)调整装载装置，清卸料、消除偏力 |
| 输送带接头易开裂 | (1)接头质量差；<br>(2)拉紧力过大；<br>(3)滚筒直径过小，反复弯曲次数过多 | (1)提高接头质量；<br>(2)适当减小拉紧力；<br>(3)增大滚筒直径，改进布置形式，减少反复弯曲次数 |
| 输送带纵向撕裂 | (1)机件损伤脱落，被夹入带与滚筒或托辊之间；<br>(2)带严重跑偏，被机身等物碰刮；<br>(3)托辊的辊子断裂，不转动 | (1)修复或更换带子，处理好损伤的机件；<br>(2)解决带的跑偏问题；<br>(3)更换损坏的辊子 |
| 输送带龟裂 | (1)带反复弯曲次数过多，疲劳伤；<br>(2)输送带质量差 | (1)改进布置形式，减少反复弯曲次数；<br>(2)尽快解决输送带质量问题 |
| 滚筒、托辊粘料 | 清扫器损坏或工作不良 | 修理、调整清扫器 |
| 托辊的辊子转动不灵或不转 | 积垢太多、润滑不良或轴承损坏 | 清洗或更换轴承的密封件 |

续表

| 现　象 | 故障原因 | 处理方法 |
| --- | --- | --- |
| 输送机不运行或运行速率低 | (1)电气设备有故障；<br>(2)物料过载，超负荷；<br>(3)驱动力不足，输送带打滑；<br>(4)驱动装置发生故障 | (1)检查、排除电气设备故障；<br>(2)卸除物料启动，控制加料量；<br>(3)解决输送带打滑问题；<br>(4)检查、排除驱动装置的故障 |
| 轴承发热 | (1)轴承密封不良或密封件与轴接触；<br>(2)轴承缺油；<br>(3)轴承损坏 | (1)清洗、调整轴承和密封件；<br>(2)按润滑制度加油；<br>(3)更换轴承 |
| 机件振动 | (1)安装、找正不良；<br>(2)地脚和连接螺栓松动；<br>(3)轴承损坏；<br>(4)基础不实或下沉量不均 | (1)检查安装质量，重新安装找正；<br>(2)检查各部分连接螺栓的紧固情况，保证紧固程度；<br>(3)更换损坏的轴承；<br>(4)设法解决基础问题 |

## 复习思考题

10-1　简述带式输送机的组成。
10-2　简述带式输送机的主要特点。
10-3　带式输送机有哪几种基本布置形式？倾斜输送物料时怎样才能避免物料下滑？
10-4　输送带的作用功能和对其要求是什么？常用的输送带有哪几种类型？各有什么结构和应用特点？
10-5　托辊的作用功能和对其要求是什么？常用的托辊有哪几种类型？各有何应用和结构特点？
10-6　带式输送机有哪几种装卸料方式？各采用什么装置？对其有什么要求？
10-7　带式输送机为什么应设置拉紧装置？有哪些构造类型？各应装设在什么部位？
10-8　带式输送机的哪些部位需要清扫？为什么？各处应采用什么形式的清扫器？
10-9　绘出带式输送机在生料粉磨、水泥粉磨中的应用流程图。
10-10　阐述输送带跑偏的调整方法。

## 10.3　螺旋输送机

螺旋输送机在工厂里俗称绞刀，是一种无牵引构件的连续输送机械，适用于生料、水泥、煤粉、矿渣、小块状的石灰石、碎煤、熟料等黏性小的粉状、粒状及小块物料的输送，使用环境温度－20～50℃，物料温度＜200℃，一般情况下设计为水平输送，也可以在20°角度内倾斜向上或向下输送，输送距离在3～70m之间，以50m左右最适宜。

### 10.3.1　结构和工作原理

螺旋输送机主要由螺旋、悬挂轴承、端部轴承、驱动装置和机槽构成，如图10-15所示。当电机驱动螺旋轴旋转时，加入到槽内的物料由于自重作用不能随螺旋叶片旋转，但受螺旋的轴向推力作用，朝着一个方向被推到卸料口处，完成送料任务。

### 10.3.2　主要部件

（1）螺旋

螺旋是螺旋输送机的基本构件，由转轴和焊接在轴上的叶片构成。螺旋叶片固装在轴上，螺旋轴纵向装在料槽内。每节轴有一定长度，节与节之间连接处装有悬挂轴承。一般头节的螺旋轴与驱动装置连接，出料口设在头节的槽底，进料口设在尾节的盖上，如图10-16所示。螺旋每段长2～3m，自制螺旋可更长一些。螺旋轴一般是用圆钢或无缝钢管制造。实心轴与钢管轴相比，在强度相同的情况下，钢管轴比实心轴质量小得多，钢管轴相互之间的连接更加方便。为节约钢材，减少动力消耗，螺旋轴一般采用50～100m直径无缝钢管制造。

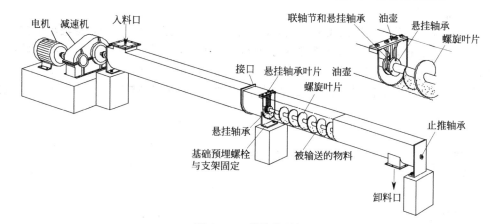

图 10-15　螺旋输送机

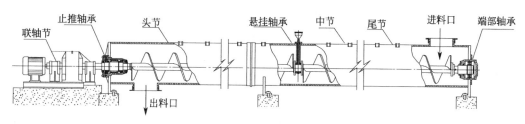

图 10-16　螺旋的构成及安装情况

(2) 螺旋叶片

螺旋叶片常用3～6mm厚的钢板按螺距制成单节，然后焊接起来。对输送磨琢性较强的物料的输送机，叶片可用扁钢焊接或用铸铁铸造成整体段节套在轴上。

螺旋的直径 $D$ 一般为100mm、120mm、200mm、250mm、300mm、400mm、500mm、600mm，最大可达1250mm。螺旋的螺距 $S$，根据输送机的布置、物料性质以及螺旋直径确定。对倾斜布置，输送流动性差和有磨琢性的物料，取 $S=0.8D$；对水平布置，输送流动性好和磨琢性小的物料，取 $S=D$；通常对"S"制法的螺旋取 $S=0.8D$；"D"制法的螺旋取 $S=D$，叶片式螺旋取 $S=1.2D$。

根据被输送物料种类及性质不同，螺旋叶片形状有实体螺旋（称"S"制法）、带式螺旋（称为"D"制法）和叶片式螺旋。如图10-17所示的是前两种常用的螺旋叶片。

螺旋叶片有左旋和右旋之分，确定旋向的方法如图10-18所示。物料被推送方向由叶片的方向和螺旋的转向所决定。在图10-18所示的螺旋中，当螺旋按 $n$ 方向旋转时，物料的推送方向向左；当螺旋按反方向旋转时，物料的推送方向向右。若采用左向螺旋，物料被推送

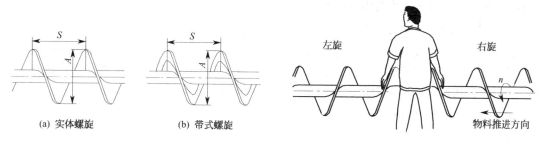

图 10-17　螺旋叶片形状　　　　　　图 10-18　确定螺旋旋向的方法

的方向则相反。

(3) 端部轴承

端部轴承分别安装在机槽的头端和尾端，头端位于物料运移前方，用止推轴承支撑，如图 10-19(a) 所示。止推轴承通常采用圆锥滚子轴承。止推轴承的作用是承受螺旋输送物料时所产生的轴向力。尾端轴承采用如图 10-19(c) 所示的双列向心球面轴承。螺旋因受工作环境和输送物料温度变化的影响，工作时长度发生变化。因此，轴承在轴承座内要有较大的轴向移动间隙。

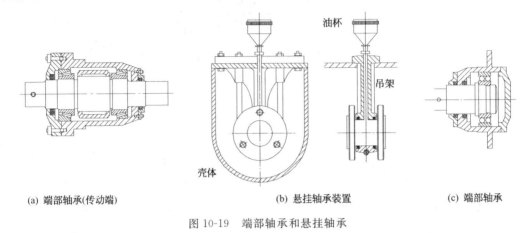

(a) 端部轴承(传动端)　　　(b) 悬挂轴承装置　　　(c) 端部轴承

图 10-19　端部轴承和悬挂轴承

(4) 悬挂轴承

装在两节螺旋的连接处，以保证各节螺旋的同轴度，并承受螺旋的重量和工作时所产生的力。悬挂轴承应结构紧凑，轴向和径向尺寸小，以免造成积料和阻力过大。悬挂轴承是易损件，为了防止物料进入轴承，减轻轴承磨损，悬挂轴承的轴衬通常采用铁或轴承合金材料等。轴承用铸铁铸造或钢板焊接，中部有加油孔。悬挂轴承采用钢板焊接，体积较小，便于制造。轴承上装有润滑和密封装置，轴承的润滑一般通过油杯挤入润滑脂，并在轴承内设有毡圈作密封［见图 10-19(b)］。

(5) 驱动装置

驱动装置系由电动机、减速器、联轴器及底座等组成。按装配方法不同，常有 JJ 型、S 型、JTC 型三种驱动装置，如图 10-20 所示。

(6) 机槽

机槽的结构参照图 10-15 及图 10-19(b)，下部呈半圆形，内直径应比螺旋叶片外径大 15～30mm。间隙大小要适当：间隙过大，降低螺旋输送效率；间隙过小，当轴承磨损或螺旋轴稍有弯曲时，螺旋叶片与机槽接触，产生磨损和异常响声。

螺旋输送机一般在输送距离不大、生产率不高的情况下用来输送磨琢性小的粉末状、颗粒状及小块状的散粒物料或成件物品。用于散粒物料的螺旋输送机，其输送长度一般为 30～40m，只有在少数情况下才达到 50～60m。

### 10.3.3　工艺布置及要求

螺旋输送机的主要特征是结构比较简单、紧凑；工作可靠、物料在封闭的壳体内输送，对环境污染较小。输送物料可以在线路任意一点装载，也可以在许多点卸载；且输送是可逆的，对一台输送机可以同时向两个方向输送物料（见图 10-21）。

### 10.3.4　操作与维护

(1) 开车操作

① 设备内有无异物，盖板是否紧固。

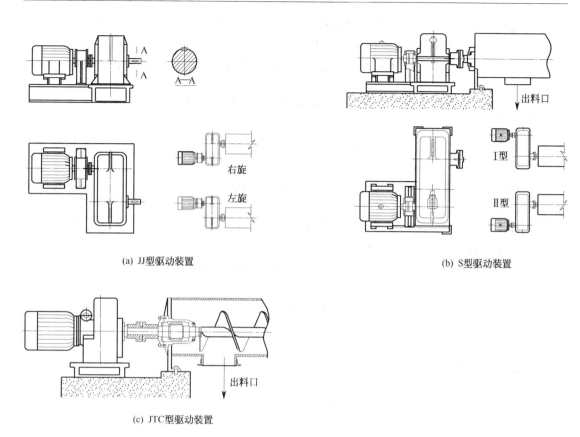

(a) JJ型驱动装置

(b) S型驱动装置

(c) JTC型驱动装置

图 10-20　螺旋输送机的驱动装置

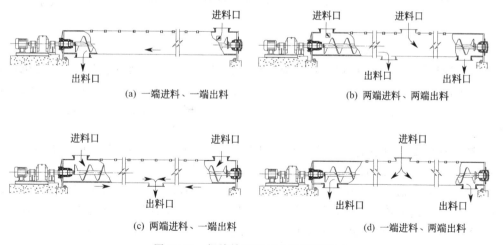

(a) 一端进料、一端出料

(b) 两端进料、两端出料

(c) 两端进料、一端出料

(d) 一端进料、两端出料

图 10-21　螺旋输送机的几种布置形式

② 减速机油位是否正常。

③ 电机、减速机、轴承等地脚螺栓是否松动、脱落。

④ 出料口是否有异物、积料等。

⑤ 接到启动信号后空载启动，然后打开料仓闸门徐徐下料。

⑥ 初始给料时，应逐步增加给料速率，直至达到额定输送能力，给料应均匀，以防物料积塞或驱动装置过载，螺旋轴、螺旋叶片及悬吊轴承等零件损坏。

⑦ 喂料量不能太多，填充率（输送机腔内流动物料的空间占有率）控制在40%为宜，从玻璃窗口用眼睛直接观察就可以判断出来。

⑧ 要特别注意碎铁块、螺栓、螺母之类的硬物混进来，它们容易卡在叶片与壳体之间，会造成停车事故。

⑨ 在停机前应先停止加料，待机壳内物料全部送出后才可停止运转。

(2) 运转中的检查维护

① 在使用中经常观察各个部件的工作状态，注意各紧固机件是否松动，如有松动，应立即拧紧螺栓。

② 螺旋叶片是否有振动、异音，如果螺旋轴与连接轴的螺钉松动或脱落，要立即停机紧固。

③ 轴承、吊瓦要定期加油润滑并注意密封，以降低磨损和粉尘进入侵蚀。

④ 壳体连接处，需加石棉绳密封，防止漏灰。

⑤ 电机、减速机、轴承是否振动、异音、发热，地脚螺栓是否松动、脱落。

⑥ 盖板是否紧固，有无漏灰、漏风。

⑦ 区别设备的品种、数量与保养周期要求，加好润滑油与润滑脂，保证设备润滑正常。

(3) 检修（或新安装）后的调试

① 轴承端面与连接法兰内表面间隙要求：螺旋直径 $\phi150\sim250$mm，间隙不小于1.5mm；螺旋直径 $\phi300\sim600$mm，间隙不小于2mm。

② 机壳内壁与螺旋面的两侧间隙需相等，允许误差±2mm，底部间隙误差±2mm。

③ 悬挂轴承应安装在连接轴中点，其端面距两螺旋管端面的间隙要求：螺旋轴 $\phi300\sim400$mm 时应大于10mm；螺旋轴 $\phi400\sim600$mm 时应大于20mm。

④ 空载试车时，如发现有漏油现象，应拆下轴承，调整密封圈内的弹簧松紧度，至不漏为止。

### 10.3.5 水平线和中心线的校正

螺旋输送机运行一段时间以后，轴或轴承中心线与输送机的纵向中心线、减速机低速轴与输送机主轴中心线、吊轴承与连接轴中心线会发生偏斜，症状是运转时刮壳、机身有抖动、电流摆动大、输送量下降，此时需按照不同规格螺旋输送机的具体要求，做必要的调整。

① 螺旋轴或轴承中心线与输送机的纵向中心线偏斜时，调整螺旋轴的两端轴承，使机壳内壁与螺旋面两侧的间隙等距离误差小于2mm，底部间隙允许误差±2mm。

② 减速机低速轴与输送机主轴中心线偏斜时，调整减速机底座或输送机底座。

③ 吊轴承与连接轴中心线发生偏斜时，调整吊轴承，其端面距两螺旋轴端面的间隙为：螺旋直径150～400mm时，要大于10mm；螺旋直径500～600mm时，要大于20mm。

### 10.3.6 常见故障分析及处理方法

螺旋输送机的日常维护主要是对外观进行目检，发现问题及时解决，如及时拧紧松动的地脚螺栓或联结螺栓；更换吊轴承座剪断的插销和损坏的油嘴，及时补充或更换润滑油；轴承、减速机温度超过75℃时采取降温措施等。如果发现电机、减速机运行不正常（电流过大、温度过高、声音异常、振动过大）、电机开关不灵敏；设备负荷过大而造成设备卡死；吊轴承磨损；短轴磨损严重；减速机漏油；螺旋叶片擦壳而需要调整中心线等，应配合专业检修人员及时处理。常见故障及处理方法见表10-6。

表 10-6　螺旋输送机常见故障及处理方法

| 现　象 | 故障原因 | 处理方法 |
|---|---|---|
| 螺旋突然不转动 | (1) 吊轴承损坏；<br>(2) 铁器或硬粒子卡在螺旋叶片与壳体之间，绞刀被塞住 | (1) 关掉电闸，松动连接上、下吊瓦螺栓，抽出上部轴瓦，将螺旋轴抬起，使下部轴瓦壳与轴之间空出间隙，抽出下部轴瓦进行更换；<br>(2) 停机取出 |
| 悬挂轴承磨损 | 密封和润滑 | 保证良好的密封和润滑 |
| 溢料 | (1) 物料中的杂物使螺旋吊轴承堵塞；<br>(2) 物料水分大，集结在螺旋吊轴承或螺旋叶片上并逐渐加厚，使料不宜通过；<br>(3) 传动装置失灵；<br>(4) 出料口堵塞；<br>(5) 入料量超过设计值 | (1) 停机清除体内杂物；<br>(2) 控制入料水分，及时清理结皮；<br>(3) 停机、修复传动装配；<br>(4) 检查出口及下游设备；<br>(5) 控制入料量 |
| 机壳晃动 | 安装时各螺旋节中心线不同心，运转时偏心擦壳，导致外壳晃动 | 重新安装时找正中心线 |
| 驱动电机过载 | (1) 输送物料中有坚硬块料或小铁段混入，卡死绞刀，电流剧增；<br>(2) 来料过大，电机超负荷；<br>(3) 出料口堵塞；<br>(4) 停机前存料太多 | (1) 防止小铁块进入；<br>(2) 调整绞刀和机壳保持一定间隙；<br>(3) 喂料均匀；<br>(4) 停机前将物料送完 |

## 复习思考题

10-11　简述螺旋输送机的构造、主要组成部分及工作原理。
10-12　螺旋段节有哪几种连接方式？各有什么特点？
10-13　一台左旋螺旋输送机或右旋螺旋输送机是否可以做到两端卸料、中间进料？
10-14　螺旋叶片通常有几种制法？各有何特点？
10-15　为什么螺旋输送机驱动端要装止推轴承，尾部安装平轴承？
10-16　螺旋输送机常见故障有哪些？各应如何处理解决？
10-17　怎样校正螺旋输送机的水平线和中心线？
10-18　绘出螺旋输送机在生料粉磨、均化、水泥粉磨、储存库中的应用流程图。

# 10.4　斗式提升机

前面讲到的带式输送机和螺旋输送机，都是用于物料的水平或倾斜向上（或向下）输送，倾斜向上输送物料时是受一定倾角限制的（输送不同种类的物料有不同的最大倾角，如带式输送机在表 10-3 中已列出），否则物料会往下滑动，降低输送效率或送不到目的地。斗式提升机（见图 10-22）是垂直向上的输送设备，无论是块状、颗粒状还是粉状物料，都可以输送，而且可以把物料送到很高的地方，如生料均化库、水泥储存库以及 90m 以上高度的窑尾预热器顶部的喂料口处都可以送到。

斗式提升机可以有多个受料点，但卸料点只有一个。整个送料过程是在封闭的机体内进行的，在受料点和卸料点会产生扬尘，需进行除尘处理。

### 10.4.1　结构和工作原理

斗式提升机的结构主要有驱动装置、牵引构件及料斗、张紧链轮（改向轮）、张紧装置、机壳等组成，如图 10-22 所示，在挠性牵引构件上每隔一定间距安装若干个钢质料斗，闭合的牵引构件卷绕过上部和下部的滚轮，由底座上的拉紧装置通过改向轮进行拉紧，由上部的

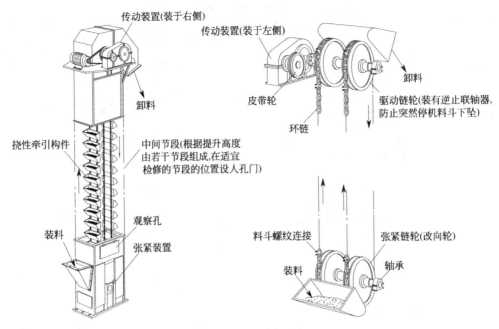

图 10-22 斗式提升机

驱动轮驱动。物料从下部供入，由料斗把物料提升到上部，当料斗绕过上部滚轮时，物料就在重力和离心力的作用下向外抛出，经过卸料斜槽送到料仓或其他设备中。提升机形成具有上升的有载分支和下降的无载回程分支的无端闭合环路。

### 10.4.2 主要部件

（1）驱动装置

驱动装置由电动机、圆柱齿轮减速器、联轴器、皮带或链传动和棘轮逆止器等五部分组成（见图 10-23 和图 10-24），整套驱动装置都安装在机壳上部区段的平台上。根据布置要求，可配置成右装或左装两种形式。由于驱动装置的体积和重量较大，机壳因此产生一定的弯曲和振动，对机壳和整机稳定性有一定的影响。因此，大型斗式提升机的驱动装置多采用机外安置，即将驱动装置安装在机壳外的土建基础上。

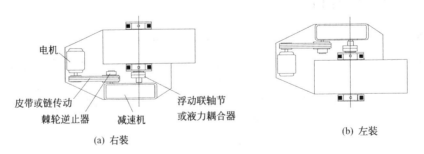

图 10-23 驱动装置

为了防止提升机因临时停电或偶然事故等迫使有载停机，引起牵引构件和载料料斗的逆行，造成下部区段内积料和堵塞，在驱动装置中要装设逆止器，常用的有棘轮逆止器（见图 10-25）、滚柱逆止器和凸轮逆止器等。

（2）牵引构件

斗式提升机牵引构件对提升机的工作性能和运行情况等具有决定性作用。对它的要求

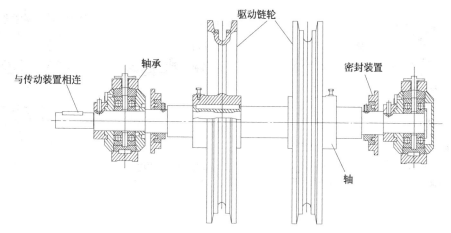

图 10-24 驱动链轮组（HL 型）

是：重量轻、成本低、承载能力大、运行平稳、挠性好、寿命长、与料斗连接牢固。常用的牵引构件有：橡胶带、锻造环链、板式套筒辊子链和铸造链，斗式提升机的类型常由所采用的牵引构件种类来确定。

① 橡胶带牵引构件（D 型斗式提升机）。采用橡胶带作牵引构件的提升机称为带式提升机，适用于输送粉状、粒状小块的磨损性小的物料，如煤、砂、水泥、碎石等。采用普通橡胶带，物料温度不得超过 60℃；采用耐热胶带，物料温度可达 120℃，料斗运行速率一般为 1～1.26m/s。常用带式提升机型号有：D160、D250、D350、D450。料斗在胶带上间断布置，连接如图 10-26(a) 所示。

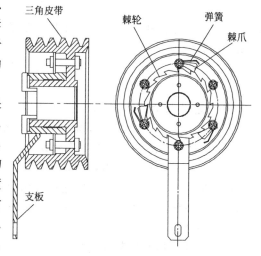

图 10-25 逆止联轴器

从图中可以看到在料斗后壁压出一定的凹坑，用特殊的埋头螺栓与胶带连接更加牢固，并使胶带能平滑通过滚筒。在料斗与胶带之间可垫上一层软衬垫，以避免料斗对胶带的磨损和减小冲击。

胶带作牵引构件的优点是成本低、自重小、挠性好、运行平稳、磨损小、运行速率和生产率较高，缺点是料斗与胶带连接不牢固，容易掉斗。

② 锻造环链牵引构件（HL 型斗式提升机）。用锻造环链作牵引构件的提升机称为环链提升机，适用于输送粉状、粒状、小块磨损性较小的物料，如煤、水泥、砂、矿渣、黏土、碎石等。可输送温度较高的物料。料斗运行速率为 1.25～1.4m/s。常用环链提升机型号有 HL300、HL400 两种。环链提升机的料斗在环链上间断布置，环链节距为 50mm 的标准环链，每段环链的环数有 9 环和 11 环两种，用链环钩与料斗后壁连接，如图 10-26(b) 所示。

用环链作牵引构件的优点是结构简单、料斗连接较牢固、便于制造和更换，缺点是自重较大、运行不够平稳、磨损快。

③ 板式套筒辊子链牵引构件（PL 型斗式提升机）。采用板式套筒辊子链作牵引构件的提升机称为板链提升机，适用于输送粉状、粒状和容重大、磨损性较强的块状物料，如：水泥、硬煤、碎石和易碎物料木炭等。物料温度不超过 250℃。料斗运行速率为 0.4～0.5m/s，

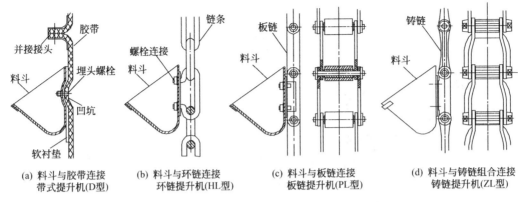

图 10-26 牵引构件及料斗

常用板链提升机型号有 PL250、PL350、PL450。板链提升机在板链上连续布置，连接如图 10-26(c) 所示。

板链由内外链板、套筒、辊子和销轴等构成，辊子活套在套筒上，当辊子与链轮啮合时，使辊子与套筒相对转动，而轮齿与辊子之间由于摩擦力作用不发生相对转动，从而减小了相互的磨损。

板链作牵引构件的优点是结构比较坚固、牵引力大、运行平稳、输送量较大，缺点是成本高、制造和维修较复杂。

④ 铸造链条牵引构件（ZL 型斗式提升机）。采用铸造链条作牵引构件的提升机称为铸链提升机。铸链提升机适用于输送温度不超过 300℃ 的块状、粉状物料，料斗运行速率为 0.58m/s。常用铸链提升机型号有：ZL25、ZL35、ZL60（数字单位为 cm）。铸链提升机的料斗在链条上连续布置，采用重力式卸料。

铸链提升机用的链条有全铸造链和组合链两种。图 10-26(d) 所示为组合链，链环与套筒用可锻铸铁铸成，各节链环用车制的钢轴连接，在链环上铸有斗座，用于固定料斗。

(3) 料斗

料斗是斗式提升机装载物料的容器，一般用厚度为 2~6mm 钢板焊制成，根据物料性质和装卸方式不同，料斗有深斗（"S"制法，容量大，适合生料、水泥、干砂、碎煤等物料的输送）、浅斗（"Q"制法，适合湿砂、黏土等物料的输送）、尖斗（"J"制法，适用于石灰石块等物料的输送）三种主要形式（参照图 10-27）。

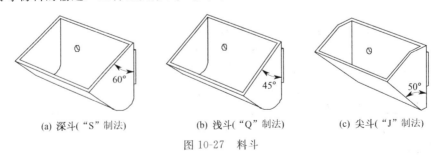

图 10-27 料斗

(4) 张紧装置

斗式提升机的下部滚筒或链轮需用张紧装置使牵引构件保持一定张力，防止因牵引构件张力不足造成驱动滚筒与胶带打滑、牵引构件运行波动、牵引构件脱轨等故障。螺杆式张紧装置最多见的一种如图 10-28 所示，张紧轮的轴承座固定在滑板上，滑板可连同轴承座在导板内上下滑动。滑板上焊有 U 形容槽，容槽内装有螺母，螺母在容槽内不能自由转动。张紧螺杆装在螺母中，上端由角钢顶持，阻止螺杆的轴向运动。当用扳手旋转螺杆时，通过螺母带动滑板和轴承座沿导板向下或向上移动，从而可调节牵引构件张力的大小。为了使张紧装置留有一定的调节行程，在安装或大修后应使螺母处于螺杆的中部，留有全调节行程50％左右的调节量。调节张紧力时，两侧轴承的调节量应均衡，使张紧轮轴保持水平。

螺杆式张紧装置结构简单、紧凑，但缓冲力很小，当牵引构件伸长时，不能自动保持一定的张力，当掏取物料阻力较大时，会出现掉斗、螺杆被顶弯等故障。

（5）机壳

斗式提升机的机壳由中间机壳、上部区段和下部区段组成，一般用2~3mm钢板制造。上部区段按卸料口形式分为带倾斜法兰盘卸料口和水平法兰盘卸料口两种。下部区段按进料口形式分为进料口的底面与水平面成45°和60°角两种。中间机壳根据提升高度由一定数目节段组成，用法兰盘互相连接，对口处要装密封垫。中间机壳有单通道和双通道两种形式。双通道机壳使牵引构件的有载边和空行边分别封闭在单独的通道内运行，多用于大型高速的提升机。

中间机壳的常见构造形式如图10-29所示，在适当的位置上留有检修门〔见图10-29(c)〕，

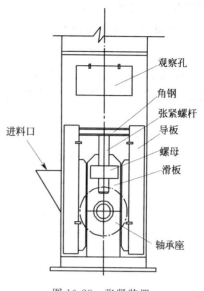

图10-28 张紧装置

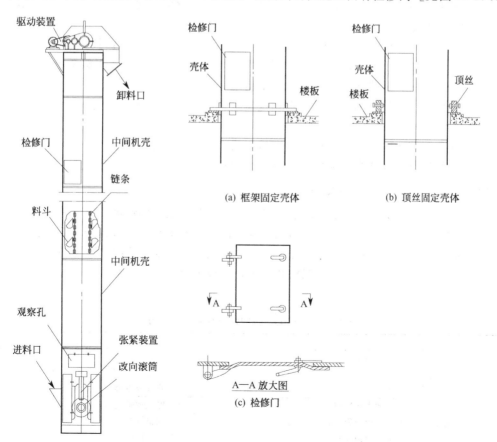

图10-29 中间机壳的固定

以便检修提升机之用。

### 10.4.3 操作与维护

斗式提升机的运行部件在工作过程中承受较大动载荷,且工作环境差、检修不便,零部件的磨损较快,容易发生事故,维修工作量较大。因此,除了需要对斗式提升机的技术性能、结构设计和零部件材质不断改进外,保证安装检修质量和加强日常维护也是一项十分重要的工作。

(1) 开停机操作

① 启动前要全面检查各部分的状况,加好润滑油,清除机壳内杂物,盘转传动系统,关闭人孔门。

② 空载启动,待运行正常后,再逐渐加料。

③ 停机前必须先停止加料,保证空载停车。

(2) 运行操作及维护

① 运行中要稳定加料量,不得过量加料,以防下部区段堵料而造成提升机超负荷、卡斗、掉斗等故障。

② 运行中料斗不得碰刮外壳,绝对禁止对运转部分的清扫和检修。

③ 经常检查和调整尾轮的张紧装置,要求牵引构件的松紧程度适中。当张紧装置的行程已达到下线位置时,要重新调整行程,以防止牵引构件过分松弛而发生脱轨或打滑现象。

④ 各部的轴承要定期加注润滑油,按时清除污垢和积尘,使各部位保持正常状况。

(3) 检修(或新安装)后调试

对于大修或新安装的斗式提升机,要做调试验收,在技术上要达到以下要求。

① 上部驱动轴和下部驱动轴在一垂直平面内,两轴中心线均与水平线平行。

② 中间机壳的法兰连接处严格密封,不得漏灰。

③ 机壳中心线在同一垂直线上,垂直度偏差1mm,长度不允许超过1mm,总高度累计偏差不超过8mm。

④ 料斗安装牢固可靠,运行中不应有偏斜或碰撞机壳现象发生。

⑤ 螺旋拉紧装置要适当,调整后的剩余拉紧行程不少于全程的50%。

### 10.4.4 常见故障分析及处理方法

斗式提升机的各部件在工作过程中承受较大动载荷,且工作环境较差、检查不便,零部件的磨损较快,容易发生事故。如电动机、减速机运行不正常;提升机链条开口销掉落或销轴、轴套断裂;料斗拉伤变形;电器开关失灵;喂料口堵塞或下料不畅;提升机负荷过大;防逆装置损坏等,要仔细分析事故现象和原因,积极采取相应措施处理。常见故障及处理方法见表10-7。

表10-7 斗式提升机的常见故障及排除方法

| 现象 | 故障原因 | 处理方法 |
| --- | --- | --- |
| 上、下轴承温度高 | (1)润滑油脂不足;<br>(2)润滑脂脏污;<br>(3)各部件制造、安装不良 | (1)补足润滑脂;<br>(2)清洗轴承、换注新的润滑脂;<br>(3)修理或更换,找正、调整 |
| 机体出现摩擦、碰撞声 | (1)硬质大块物料卡斗;<br>(2)导料板与料斗、链条接触;<br>(3)断链或掉斗;<br>(4)链条与链轮齿或槽咬合不良 | (1)停机清除硬料;<br>(2)调整导料板;<br>(3)更换链条,处理掉斗;<br>(4)换链条,修理轮齿,调整链轮位置 |

续表

| 现　象 | 故障原因 | 处理方法 |
|---|---|---|
| 链条脱轨,胶带跑偏 | (1)两链条磨损不均、节距、总长不等;<br>(2)上下轮中心不对中;<br>(3)张紧轮两侧张紧 | (1)调整或更换链条;<br>(2)调整上、下轮中心;<br>(3)调整张紧装置 |
| 上链轮发生链条打滑 | (1)上链轴主轴不水平;<br>(2)关节板链条和上链轮磨损严重,使二者节距不一 | (1)调整机首两侧主轴承,使上链轮主轴水平;<br>(2)更换磨损的链条和链轮 |
| 断链、掉斗、链条、料斗坠落 | (1)链条磨损过甚或质量差;<br>(2)斗环钩或链环断裂、开焊;<br>(3)下部集料阻卡 | (1)更换或修复链条、料斗;<br>(2)更换或修复斗环钩、链条、料斗;<br>(3)清除集料,修换链条、料斗 |
| 牵引构件运行起伏、波动 | (1)链轮键松动,链轮移位;<br>(2)牵引构件过长,张紧力不够;<br>(3)加料过多 | (1)修复、调整链轮;<br>(2)调整牵引构件长度和张紧力;<br>(3)调整加料量 |
| 传动装置振动 | (1)传动装置固定不牢、不水平、不对中;<br>(2)传动轴、传动轮制造、安装质量差;<br>(3)传动链轮与链条节距误差太大 | (1)找平、找正、紧固;<br>(2)修理或更换,找正、调整;<br>(3)修复或更换链轮、链条,调整链张紧力 |
| 输送能力低 | (1)喂料量不足;<br>(2)出料管磨损、粘料、倾角小;<br>(3)料斗粘料;<br>(4)料斗没有卸空 | (1)解决喂料设备问题;<br>(2)清料,更换或调整导料板;<br>(3)消料,必要时更换斗型;<br>(4)必要时进行料斗卸空校验,进行调整 |
| 物料回料 | (1)底部有物料堆积;<br>(2)料斗填装过多;<br>(3)卸料不尽 | (1)调整供料量;<br>(2)调整供料量;<br>(3)在卸料口增设可调接料板 |

## 复习思考题

10-19　简述斗式提升机的构造、主要部件的功能。
10-20　斗式提升机检修孔的位置应设在什么位置上？理由是什么？
10-21　斗式提升机的驱动装置是由哪些主要部分组成的？左装或右装是根据什么确定的？
10-22　斗式提升机为什么要装设逆止装置？用简图说明逆止装置的作用原则。
10-23　绘出斗式提升机在生料粉磨、生料均化、水泥粉磨、水泥包装车间的工艺流程图。

# 10.5　链式输送机

　　链式输送机是指用绕过若干链轮的无端链条作牵引构件、由驱动链轮通过轮齿与链节的啮合将圆周牵引力传递给链条,在链条上或固接着一定的工作构件上输送货物的机械设备,主要由牵引件、刮板或链斗或链板、轨道、驱动轮、改向轮、张紧装置、壳体及电机和传动链组成。链式输送机的类型很多,主要有埋刮板输送机(应用非常广泛,如水泥、砂石、小块状石灰石等)、刮板输送机及FU链式输送机(适合于输送收尘下来的水泥或生料、煤粉,或冷却机箅床漏下来的熟料)、链板输送机(适合于块状石灰石)、熟料链斗式输送机(适合于出冷却机熟料入熟料储存库的输送)等。

### 10.5.1　埋刮板输送机

（1）构造与工作原理

　　埋刮板输送机是一种在封闭的矩形断面的壳体中,借助于运动着的刮板链条输送粉状、小颗粒状、小块状等散料的连续输送设备。因为在输送物料时,刮板链条全埋在物料之中,故称为"埋刮板输送机"。在埋刮板输送机的机槽中,物料不是一堆一堆地被各个刮板刮运向前输送,而是以充满机槽整个断面或大部分断面的连续物料流形式进行输送。工作时,与链条固接的刮板全埋在物料之中。可在水平和垂直方向输送粉粒状物料,如图10-30所示。

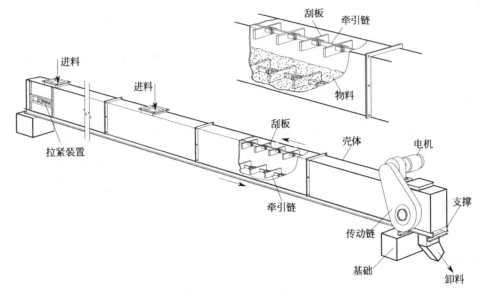

图10-30 埋刮板输送机

(2) 类型及工艺布置

常用的埋刮板输送机主要有三种:MS、MC、MZ型,其中MS型是水平输送型,最大倾斜角可达30°;MC型为垂直输送型,进料端仍为水平段;MZ型是"水平-垂直-水平"的混合型,形状似"Z"字,有"Z"形埋刮板之称。过去设计制造的埋刮板输送机型号:水平型埋刮板输送机的型号为SMS,垂直型为CMS,"Z"形为ZMS。

埋刮板输送机的工艺布置灵活[可高架、地面或地坑布置,可水平或倾斜(≤15°)安装],也可水平加爬坡安装,可多点进出。在水平输送时,物料受到刮板链条在运动方向的压力及物料自身重量的作用,在物料间产生了内摩擦力。这种摩擦力保证了料层之间的稳定状态,并足以克服物料在机槽中移动而产生的外摩擦力,使物料形成连续整体的料流而被输送到设定的目的地。

在垂直提升时,物料受到刮板链条在运动方向的压力,在物料中产生横方向的侧面压力,形成物料的内摩擦力。同时由于下水平段的不断给料,下部物料相继对上部物料产生推移力。这种摩擦力和推移力足以克服物料在机槽中移动而产生的外摩擦阻力和物料自身的重量,使物料形成连续整体的料流而被提升,如图10-31所示。

(3) 主要部件

① 链条。链条是埋刮板输送机的承载牵引构件,各种形式的刮板按一定节距焊接在链条上,由多个链节通过轴等零件顺序连接而成。链杆(板)、销轴均采用性能不低于45号钢的材料制造,并进行调质处理。套筒、辊子采用性能不低于15号钢的材料制造,并进行渗碳处理,埋刮板输送机的链条主要有模锻链、套筒辊子链和板链三种形式(见图10-31)。

a. 模锻链由链杆与销轴组成,具有强度高、结构简单、机加工量少及装拆方便等特点。

b. 套筒辊子链由内外链板、销轴、辊子和衬套组成。内外链板系冲压而成。链条铰接处比压较低,与机槽底部及导轨为滚动摩擦,阻力小,使用寿命较长,但更换链条时必须成对更换。

c. 板链由两块弯曲链板点焊而成的链杆与销轴组成。弯曲链板为冲压件。板链承载能力大,拆装方便。图10-32是链条的三种形式。

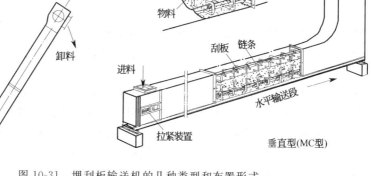

图 10-31　埋刮板输送机的几种类型和布置形式

② 刮板。刮板的形状很多，主要有 T、U、B、H、O、V 等形式（见图 10-33），其中 U 形应用较普遍，适用于水平、倾斜和垂直方向输送。U 形刮板有外向和内向两种布置方式，

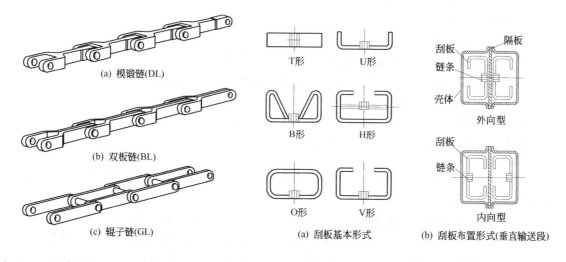

图 10-32　链条的三种形式　　　　　　图 10-33　刮板的基本形式

外向型刮板链条较为平稳，有利于倾斜，但输送机头部和尾部尺寸较大。

刮板通常用扁钢、圆钢、方钢、三角钢或角钢热弯成型。刮板材料一般为Q235A钢，特别重要的场合下使用45号钢。垂直输送时，刮板布置有内向和外向两种类型：外向型刮板运行平稳、噪声小，弯道处磨损较小，但头部机槽结构尺寸较大；内向型刮板噪声较大，刮板所受弯矩较大，但头部机槽结构尺寸较小。输送物料在机槽内大多是经过弯曲段时逐渐密实的，外向刮板从弯曲段向垂直段过渡时，刮板空间逐渐减小，对输送物料产生较大的压缩，有利于输送，但加大了输送阻力。对于易压结、易碎的物料不宜采用外向型刮板。

(4) 特殊用途（大倾角）埋刮板输送机

近年来设计制造的埋刮板输送机分通用型和特殊用途型两类，特殊用途（大倾角）型埋刮板输送机主要有MD系列和TGSS系列。

① MSR热料型埋刮板输送机。MSR热料型埋刮板输送机用于输送$\rho=0.8\sim1.2\text{t/m}^3$的粒度不大于30mm(最大粒度含量<20%)、粒状、粉状和小块状物料以及粉状物料。对于坚硬的物料（指不易压碎的物料），要求最大粒度（允许含有10%）不大于20mm，输送物料的温度为100~450℃，瞬时物料温度允许达到800℃。它可以用于水平或向上倾斜输送（0°~15°），不能作向下倾斜输送。对于流动性大的物料如矿渣等，推荐用水平输送形式。

② TGSS系列埋刮板输送机。TGSS系列埋刮板输送机，其链条采用高强度刮板链、优质耐磨导轨，可配防堵传感器，并可配套速度监控及轴温度感知器等安全装置，长度可以按需求制作。

③ MS型大倾角埋刮板输送机。MS型大倾角埋刮板输送机是由MZ型埋刮板输送机的下水平部分与上水平部分（中间加一过渡段）组合而成，适宜输送倾角$15°<\alpha<30°$。

④ MGBS-bxn型埋刮板输送机。MGBS-bxn型系列埋刮板输送机是一种在封闭的矩形断面的壳体内，借助于运动着的刮板链条连续输送散装物料的输送设备。它以单条高强度矿用圆环链拖动刮板，并选用凹齿形链轮进行驱动，链条能自动张紧，可保证链条在长时间内始终处于适度张紧状态下运行，省去了人工必须及时而频繁的张紧操作。进料方式采用两侧大尺寸通道分流进入，使回程链条及刮板与进料隔离，并以不变的料层厚度向前输送，断料报警能及时发现进料阻断故障。

(5) 操作与维护

① 运转前的检查。

a. 机头、机尾附近10m以内无杂物、支护完整牢固。

b. 各部轴承、减速器和液力耦合器中的油量符合规定，无漏油。

c. 各部螺栓紧固，联轴器间隙合理，防护装置齐全无损。

d. 牵引链无磨损或断裂，调整牵引链及传动链，使其松紧适宜。

e. 检查信号联络系统是否灵敏清晰可靠。

② 运行操作

a. 启动后，应先空载运转一定时间，待设备运转正常后方可加料，应保持加料均匀，不得大量突增或过载运行。

b. 如无特殊情况，不得负载停车。一般应在停止加料后，待机槽内物料基本卸空时再停车。如满载运输发生紧急停车后的启动，必须先点动几次或适量排除机槽内的物料。

c. 若有数台输送机组合成一条流水线，启动时应先开动最后一台，然后逐台往前开动，停车顺序相反，也可采取电器连锁控制。

d. 操作人员应经常检查机器各部件，特别是刮板链条和驱动装置应保证完好无缺的状态。一旦发现有残缺损伤的机件（如刮板严重变形或脱落、链条的开口销脱落、弯曲段中间导轨严重磨损等），应及时修复或更换。

e. 运行过程中应严防铁件、大块硬物、杂物等混入输送机内，以免损伤设备或造成其他事故。

③ 维护维修。

a. 运转中注意保持所有轴承和驱动部分良好润滑，埋刮板输送机各部位的润滑，可参见表10-8。但应注意刮板链条、支撑导轨及头轮、尾轮等部件不得涂抹润滑油或润滑脂。

表10-8 埋刮板输送机的润滑点所用润滑剂的种类

| 润滑部位名称 | 润滑材料 | 润滑周期（一般为） | 润滑方法 |
| --- | --- | --- | --- |
| 各转动轴承 | 耐水润滑脂 | 500h | 用注油器或涂抹 |
| 拉紧装置的导轨 | 石墨润滑脂 | 800h | 涂抹 |
| 拉紧装置调节螺杆 | 耐水润滑脂 | 800h | 涂抹 |
| 开式传动链 | 耐水润滑脂 | 1.5个月 | 涂抹 |
| 齿轮减速器 | 10#汽车机油 | 6个月 | 倾注 |
| 电动机 | 耐水润滑脂 | 6个月 | 涂抹 |

b. 在停机期间，应对其进行检修、保养。刮板链条销轴和链杆之间可滴入少许10#机油，以避免锈蚀后无法运转；若输送粮食类物料，可滴入食用油少许。

c. 在一般情况下，半年小修一次，一年中修一次，三年大修一次。大修时埋刮板输送机的全部零件都应拆除清理，更换磨损零件。电动机、减速机按各自产品的技术要求进行维护和修理。

(6) 故障分析及处理方法

埋刮板输送机运行中可能会出现链条跑偏、断链、冲击振动、刮板弯扭或断裂等故障，要根据具体现象分析故障原因，并采取相应措施处理，见表10-9。

表10-9 埋刮板输送机常见故障及处理方法

| 现　象 | 故障原因 | 处理方法 |
| --- | --- | --- |
| 刮板链条跑偏 | (1)输送机安装不良,全机直线度偏差过大；<br>(2)壳体可能变形；<br>(3)尾轮调节行程不一致,尾轮偏斜 | (1)检查安装质量并调整清除；<br>(2)校正壳体；<br>(3)均匀调节 |
| 刮板链条拉断 | (1)有硬物落入机槽内卡住链条；<br>(2)个别链条制造质量差；<br>(3)链条磨损严重；<br>(4)满载启动或突然大量加料；<br>(5)链条上的卡圈脱落,使销轴脱出 | (1)清除杂物；<br>(2)更换链节并检查试验；<br>(3)更换链节；<br>(4)人工排料后均匀加料；<br>(5)检查并坚固所有未装牢的卡圈 |
| 刮板弯扭或断裂 | (1)壳体不直,法兰或导轨错位；<br>(2)有硬物落入机槽；<br>(3)刮板与链杆未焊透；<br>(4)刮板链条与头轮啮合不良 | (1)重新校正；<br>(2)清除杂物；<br>(3)更换链节；<br>(4)检查调整 |
| 刮板链条突然冲击,发出声响 | (1)有硬物、铁件落入机槽；<br>(2)某个链节转动不灵活 | (1)清除杂物；<br>(2)卸下销轴修理 |
| 头轮和刮板链条啮合不良 | (1)头轮轴偏斜；<br>(2)头轮安装不对中；<br>(3)长期运行后链条节距增大 | (1)校正轴的水平并调整；<br>(2)校正头轮；<br>(3)更换刮板链条 |
| 浮链 | (1)链条张紧度不够；<br>(2)物料在机壳底板上形成压结料层 | (1)调整张紧装置；<br>(2)进行清理,必要时加压轨 |

### 10.5.2 FU 链式输送机

近年来在埋刮板输送机基础上又研制开发了 FU（MU）链式输送机（也称拉链机），它输送能力大，最高可达 $850m^3/h$，即可在较小的空间内输送大量物料（如冷却机箅床漏下来的熟料、除尘器收下的粉尘等），又可以把输送距离伸长到 60m 左右（如生料、水泥、煤粉及其他小颗粒状物料的水平、倾斜输送），单位电耗低（约螺旋输送机电耗的 40%～60%），使用寿命长，工艺布置灵活（可高架、地面或地坑布置，可水平或倾斜角≤15°安装），也可同机水平加爬坡安装，可多点进料、多点卸料，运行费用低，安装操作和维修也很方便，操作安全，运行可靠。

### 10.5.3 板式输送机

水泥厂矿山开采下来的大块石灰石，用翻斗汽车倾卸到钢筋混凝土的料仓内（料仓容积一般不小于破碎机连续运转 15～20min 的产量，或容纳 5 辆翻斗汽车的装载量）。料仓下安装板式输送机，将石灰石喂入破碎机内去破碎。

(1) 构造与工作原理

板式输送机利用固接在牵引链上的一系列板条在水平或倾斜方向输送物料，由驱动机构、张紧装置、牵引链、板条、驱动及改向链轮、机架等部分组成（见图 10-34）。牵引构件与承载构件组成链板组合装置，牵引链条可以通过链条附件与承载构件相连，也可以与承载构件直接相连。承载构件自身承载，并通过滚轮或固定在支架上的托辊来支撑。传动链轮通过联轴器与驱动装置连接。传动装置驱动链轮轴旋转，从而使传动链轮带动板式输送机的牵引链条和承载构件运行。

(2) 类型

板式输送机分轻型、中型和重型三类，分别用于不同粒度和密度物料的输送。

① 轻型板式输送机：适用于粒径尺寸小于 160mm、密度较小的物料的输送。

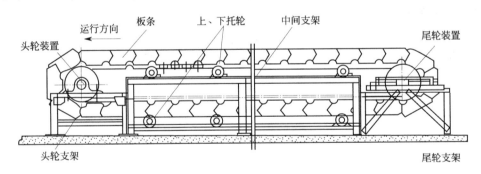

图 10-34 板式输送机

② 中型板式输送机：适用于粒径尺寸在 300～400mm 物料的输送。

③ 重型板式输送机：用来输送大块且密度较大的物料，不过最大粒度也不允许超过输送机宽度的 1/2。

板式输送机的规格用板条（也称底板）宽度和首尾链轮中心距（也称公称长度）来表示，例如：

(3) 主要部件

① 牵引链条及附件。牵引链条是板式输送机的关键部件，设计采用国家标准规定的通用输送链及有关附件。通常用于板式输送机的附件有下述四类。

a. K 型弯链板附件：在板式输送机牵引链条中是用得最多的一种附件。根据开孔情况，分为 K1、K2、K3 及 K8 等形式。

b. H 型加高链板附件：根据板上钻孔的多少又分为 H1、H2 型。

c. M 型链板附件：主要是与 S 型和 C 型钢制辊子链相配。

d. F 型链板附件：可以在安装板式输送机的承载构件。

上述四种类型的附件可在牵引链条的单侧安装，也可在双侧安装，既可以使链条的内、外链板均为链板附件；也允许只配置在内链节或外链节上，但应优先在外链节上配置。

当然，除以上常用的附件外，还可以根据板式输送机的具体用途，设计和选用特殊附件。

② 板条。板条是板式输送机的承载构件。板条与牵引构件大多采用螺栓和焊接连接。输送成件物品时采用平板条[见图 10-35(a)]；输送粒度较大的散状物料时采用带挡边的搭接板条[见图 10-35(b)]；输送粒度较小的物料时采用带挡边的槽形板条[见图 10-35(c)]。

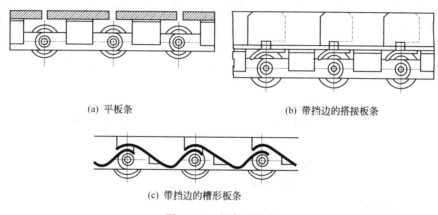

(a) 平板条　　　(b) 带挡边的搭接板条

(c) 带挡边的槽形板条

图 10-35　板条的种类

③ 传动与链轮装置。板式输送机的运行速率一般都较低，因此传动装置的减速比较大。设计传动装置时，常采用多级减速。在选用较大减速比的减速机基础上，还要配置带传动（或链传动）及齿轮传动。

传动系统由传动装置和传动链轮两大部分组成。链轮装置包括链轮、轮毂、链轮轴、轴承、轴承座及紧固件等零件，传动链轮装置一般还包括联轴器、安全销等。

④ 拉紧装置。板式输送机拉紧装置的结构形式有很多种，通常有螺旋拉紧装置和弹簧螺旋拉紧装置。

a. 螺旋拉紧装置：螺旋拉紧装置亦称刚性螺旋拉紧装置，其结构形式见图 10-36。它由一对带滑槽轴承座、拉紧螺杆及支座、紧固件等组成。其中，一个拉紧链轮通过连接链固定在链轮轴上，其他的拉紧链轮均空套在轴，以解决牵引链条的不同步问题。这种拉紧装置结构比较简单，而且造价很低。

b. 弹簧螺旋拉紧装置：如图 10-37 所示，弹簧螺旋拉紧装置由一对拉紧螺杆、压缩螺旋弹簧及支座、紧固件等组成。其中一个链轮用键固定在链轮轴上，另一个链轮则空套在轮轴上。这种结构可以解决由于制造误差所造成的链轮之间轮齿相位不同及链条的累积长度误差等问题。由于压缩弹簧的作用，牵引链条的张力可以自动调整，维持输送机的正常工作。

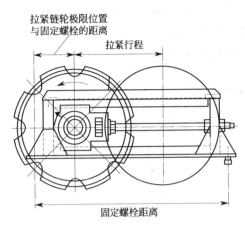 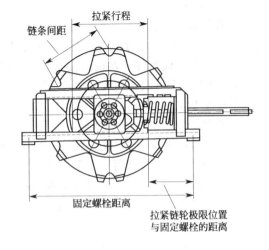

图 10-36　螺旋拉紧装置　　　　图 10-37　弹簧螺旋拉紧装置

⑤ 轨道及压轨。板式输送机的牵引链条在轨道上循环运行。根据不同的使用要求，轨道可以用轻轨、重轨、槽钢及角钢等型材制作。一般地，轻型板式输送机采用不等边角钢作为承载分支、回程分支的轨道。重型板式输送机采用轻轨承载分支轨道，回程分支轨道可采用轻轨或槽钢，重轨不常用。

压轨是在凹弧段支撑轨道的上方为防止行走滚轮转向时脱离轨道而设置的，通常用角钢制作。

⑥ 支架。板式输送机的支架包括头轮支架、传动支架、拉紧链轮支架、中间段支架、凹弧段支架及凸弧段支架等。对各种轨道支架，考虑到安装及调整方便，通常支架在高度方向上可以调整尺寸。

各种支架一般用角钢或槽钢等型材制作。对于重型板式输送机的头轮支架和传动支架，通常用钢板焊接而成或采用 H 形钢梁结构。

(4) 操作中的注意事项

① 空载启动，若因某种原因确有必要停机时，需将输送机上的物料卸空，否则会造成再次启动时启动电流过大而烧坏电机，且不能平稳启动。

② 启动阶段和运行过程中要随时注意观察电流表指示的电动机负载电流，正常运行时的电流值应稳定或稍有波动，若出现大的波动表明某台相关设备过载。

③ 发现异常振动和噪声时要立即停机，然后仔细检查各个零部件的情况，如有松动要拧紧，如有损坏要更换。

④ 防止和避免物料（特别是大块物料）直接冲击板条，尽管板条和链条有足够的强度能够承受住冲击，但连续冲击也可能造成输送机的损坏。此外大块物料还可能卡在加料口与输送机之间。

⑤ 运行中发现物料堆积在加料口时，要立即停机，打开料口清除积料后再恢复运行。

⑥ 要防止给料过量，以防后续设备过载。

⑦ 后续设备发生故障时应立即关闭板式输送机的加料装置，对于较长的输送机还要停机。

⑧ 张紧装置要定期调整，调整时要使两侧链条的行程均衡。

(5) 故障分析及处理方法

① 爬行现象的解决方法。爬行现象是指在滑动摩擦副中从动件在匀速驱动和一定摩擦

条件下产生的周期性时停时走或时慢时快的运动现象,是机械振动中自激振动的一种形式。由于链传动的多边形效应存在,板式输送机连续运行一段时间后,会出现爬行现象,可采取以下措施。

　　a. 补强:加强头架及尾架的刚性及强度。
　　b. 修磨:修正及打磨托轨的逆向台阶。
　　c. 调整:调整驱动轴与张紧轴的平行度。
　　d. 调节输送链舵张紧行程。
　　e. 调整传动链中心距,加装传动链张紧链轮,使其松边下垂直控制在中心距的 4.5% 范围内。
　　f. 给输送链及传动链同时加注润滑油。

　　如果结果仍不理想,可以从输送阻力上找原因。输送链条内套与销轴之间是固定的,而与滚轮之间相对滑动,装配链条时在内套与滚轮之间所加注的润滑油脂还能够满足使用初期的润滑需要,加之驱动装置的容量很大,不会出现爬行现象。输送机使用一段时间后,原有的润滑油逐渐干涸,摩擦状况由原来的半液体摩擦转变成半干摩擦,甚至干摩擦,这样原系统设计的电动机计算容量、减速机计算扭矩、传动链计算张力均要随着摩擦系数的增大而变大。此时电动机容量及加速机输出扭矩严重不足,无法满足设备满负荷运行,从而出现爬行现象。

　　为改善摩擦状况,应在内套与滚轮之间加油润滑,以减小摩擦系数。若在内套与滚轮之间加装轴承,将原来的滑动摩擦形式改为滚动摩擦,并在销轴上设计油脂加注点,这样系统阻力将会大幅降低。如受尺寸限制可加装无套式滚针轴承。

　　② 漏料问题的处理方法。由于链板结构存在着间隙,板式输送料机在送料时可能会从链板处漏料(漏到输送链板的封闭环内),可从以下几方面避免和解决漏料。

　　a. 在输送机下面设置漏料斗,漏料斗下装一带式输送机。干料在回程中脱离链板,沿着漏料斗漏到带式输送机上,同破碎的物料一起运走。

　　b. 在板式给料机下面悬挂一条刮板输送机,漏料通过刮板输送机的漏斗给到带式输送机上。

　　c. 将刮板输送机固定在板式输送机下面的水泥基础沟槽内,漏料通过漏斗进入刮板输送机内。

### 10.5.4　链斗式输送机

　　水泥生产过程除生料制备和水泥制成两个重要环节之外,还有一道重要环节——熟料煅烧。配合好的原料经粉磨和均化后,送到窑内去煅烧成水泥熟料,出窑后经冷却机冷却降温,然后再送入熟料库储存(等待下一步去磨制水泥),以消除生产的不均衡性及熟料温度、组分变化的影响。熟料温度虽经冷却仍有可能较高,而且具有较强的磨蚀性,要用以上讲过的带式输送机、斗式提升机、螺旋输送机等一般机械输送设备把刚刚出窑、冷却后的热熟料送到熟料库里去是不合适的,需采用适合于尖锐的、磨蚀性强的或者高温(≤250℃)的块粒状物料的输送机——链斗式输送机,如图 10-38 所示。

　　(1) 构造及工作原理

　　链斗式输送机又称为槽式输送机,是一种以沿轨道运行的料斗来水平或倾斜输送物料的设备,由传动装置、头部罩壳、头部装置、运行部分、尾部装置和进料装置等部分组成。由传动装置驱动头部装置中的链轮,牵引装有物料的输送斗沿轨道运行,物料从头部罩壳卸出,从而达到输送物料的目的。在运行中,被输送物料由进料口引入并盛放在料斗内,由板链(或链条)拖动料斗进行输送,到达头轮时改变方向物料从出料口卸出。

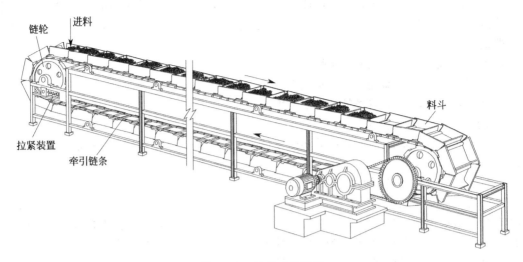

图 10-38 链斗式输送机

链斗式输送机的工艺布置灵活、输送能力大、使用寿命长、输送角度大,且输送速率慢,仅为 0.2~0.3m/s,熟料和料斗之间无相对错动,几乎不产生粉尘。把出冷却机的熟料送到熟料储存库,它们之间有一个很高的落差,因此链斗式输送机使用更多的场合是倾斜向上输送,如图 10-39 所示。

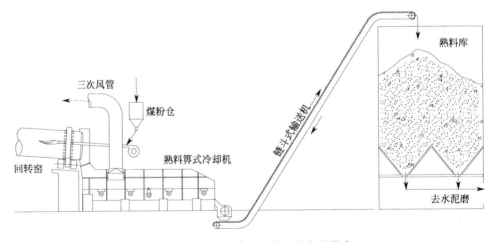

图 10-39 链斗式输送机的工艺布置形式

(2) 主要部件

① 链条。链条是牵引构件、耗损件,其寿命周期内要承受数以万计的中等载荷循环作用。链斗式输送机牵引链条一般为套筒辊子链或锻链,输送机规格超过 630mm 时,采用双链,630mm 以下,可采用单链。链条的参数主要是节距和破断载荷。由于链条节距大,在运行中易跳动,使其在运行时加大了链条与链轮、导轨及滚轮等部件的磨损,而且大节距链条挠度大,链条刚性较差,易疲劳,因此现在趋向于使用短节距链条。常用的链条节距为 250mm 和 315mm,根据链条实际所受的最大张力,再考虑一定的安全系数,选择破断载荷合适的链条。

② 链轮。输送机的头部和尾部装有链轮,对链轮(铸件)有严格的要求,即不得有裂纹和影响强度的砂眼、缩孔等铸造缺陷,齿面不得有影响使用性能的缺陷。链轮齿数一般采

用奇数齿，为提高链轮的寿命，常采用双切齿。链轮齿数与承受的载荷、输送速率、运动的平稳性等有关。在输送速率、节距不变的情况下，齿数愈多，链轮转速愈低，轮齿单位时间内的啮合次数愈少。轮齿愈厚，链轮寿命愈长，但链轮轴所受扭矩增大，必须选用较大速比的减速器。

③ 料斗。料斗是装载物料的容器，底部与链条固定在一起，由滚轮组承托。

④ 滚轮组。用于承托链条及料斗的部件，采用严格的密封润滑结构，灰尘不易进入滚轮中，滚轮内腔充满二硫化钼复合润滑油，滚轮踏面经高频淬火处理，增强滚轮表面的耐磨性。

⑤ 制动器与逆止器。制动器是为减速和保持停止状态而设置的。对制动器而言，只有当制动人工消除后，输送机方可继续运行。倾斜向上输送时，若由于突然停电或紧急停车，输送机可惯性停车，故一般不需设置制动器，逆止器是为防倒转而设置的。对逆止器而言，当系统重新启动后，逆止自动减除。倾斜向上输送时遭遇突然停电或紧急停车，此时由于承载段仍存有物料，输送机会逆转，导致飞车事故，故需设置逆止器。链式输送机的逆止器常用的有滚柱超越离合器和楔块超越离合器两种，其内圈旋转，外圈固定。逆止器的安装位置是：链轮轴（低速轴，≤150r/min）、减速器中间轴（中速轴，150~700r/min）以及与电动机轴相连的轴（高速轴，700~3000r/min）。从安全可靠性看，设置在低速轴上最安全，因为此时作用力系最短，可防止传动系其余轴系断轴时发生意外事故的可能性，但逆止力矩较大，需选用较大规格的逆止器；而当逆止器设置在中、高速轴上时，作用力系较长，逆止器轴至链轮轴之间的轴系均受力，安全性相对差一些，但所需逆止力矩较小，可选用较小规格的逆止器。此外，逆止器设置在低速轴上时，滚柱或楔块的滑动速率和滑动距离均较小，滚柱或楔块以及滚道的磨损相对较小，使用寿命较长。逆止器最好采用扭力架形式，以便于安装找正。

⑥ 机架及拉紧装置。链斗式输送机的机架和拉紧装置与"10.5.3 板式输送机"基本相同。

（3）维护与故障处理

上面提到链斗式输送机适用于出冷却机熟料（冷却后的熟料温度降至100~200℃，温度仍然较高）至储存库的输送，且输送量很大（对于5000t/d的水泥厂，输送量为5000t/24h=208.33t/h），如果维护不到位，一旦出现问题，它的前一道工序冷却机会堆满熟料无法送出，再前一道工序是窑烧成的熟料进入不了冷却机，致使煅烧系统瘫痪，因此确保熟料链斗输送机的正常运行显得非常重要。日常运行中要经常巡检地脚螺栓有无松动、张紧装置是否合适、传动部分的声音、振动、温度、润滑是否正常等，特别要注意传动部分、链轮、链条、滚轮组这些摩擦部位的润滑是否保持良好状况，润滑管理见表10-10，常见故障原因分析及处理方法见表10-11。

表10-10　某厂窑头链斗式输送机设备润滑情况一览表

| 润滑部位 | 润滑点数 | 干油润滑方式 | | | 稀油润滑方式 | | | 每年耗油量/L | |
|---|---|---|---|---|---|---|---|---|---|
| | | 第1次加油量/kg | 加油方式及周期 | 加油量/kg | 第1次加油量/L | 第1次更换周期/h | 以后更换周期/h | 第1年 | 以后各年 |
| 头部链轮轴承 | 2 | 每0.5~2年清洗滚动轴承并加入和第1次加油量一样多的新润滑脂 | | | | | | | |
| 尾部链轮轴承 | 2 | | | | | | | | |
| 滚柱逆止器 | 1 | | | | | | | | |
| 滚轮 | | | | | | | | | |
| 张紧装置丝杠 | 2 | 人工涂抹 | | 按需要 | | | | | |
| 减速机 25177-W | 1 | | | | 700 | 600 | 5000 | 1400 | 700 |

表 10-11　链斗式输送机常见故障原因分析及处理方法

| 现　象 | 故障分析 | 处理方法 |
| --- | --- | --- |
| 滚轮松动、脱落、爬轨、链斗跑偏或从轨道中间垮塌 | (1)设计安装不合理,造成滚轮与轨道之间的间隙较大;<br>(2)轨道磨损严重,使之与滚轮间的间隙增大;<br>(3)滚轮挡边磨损厉害,更换不及时;<br>(4)滚轮支架刚度不足,支架孔与滚轮小轴的配合也是间隙配合,运行一段时间后,支架孔磨大,滚轮摇晃,使链斗跑偏脱轨;<br>(5)销轴和套筒磨损严重;<br>(6)链斗刚度不足,运行一段时间后,带滚轮的链斗底部凹塌,使滚轮不水平,链斗跑偏脱轨 | (1)缩小轨距,将滚轮与轨道的间隙缩至单边 1.5mm;<br>(2)更换轨道,缩短轨距,减少运行时滚轮的左右窜动量;<br>(3)及时更换磨损的滚轮挡边,增加滚轮挡边高度和厚度;<br>(4)提高滚轮支架刚度,将用扁钢制作的滚轮支架改为方钢制作的滚轮插座,提高带滚轮斗子的使用寿命;<br>(5)适当增大销轴直径,提高其硬度,增加链板的厚度;<br>(6)将斗子的前斗上边用压模轧制成波浪形,并在带滚轮的斗子底部外侧加焊"旧"字形拉筋,底部内侧加焊角钢,以提高斗子的刚度 |
| 辊子变形卡死,加剧首尾链轮磨损 | 辊子与套筒的配合为间隙配合,但辊子在经过首尾链轮时受到挤压而变形 | 增大辊子与套筒的间隙,同时提高辊子和套筒的硬度 |
| 首链轮寿命短 | 首链轮的材质选用不当 | 改变其材质,提高硬度 |
| 头轮螺栓松动 | 没有拧紧或机器运转中因振动导致螺栓松动 | 停机紧固螺栓 |
| 弹性柱销切断或联轴器销孔磨大,寿命短 | 高速挡联轴器传递的力矩不足 | 重新选型,提高高速挡联轴器的安全系数,减少其振动,建议将弹性柱销联轴器改为梅花形弹性块联轴器 |
| 滚轮断轴,工作面磨损加快 | 主动链轮安装过低,造成要切入链轮的几个滚轮与轨道产生很大的压力,这个力会使滚轮断轴,滚轮工作面磨损加快 | (1)安装时要将主动链轮中心抬高,让切入链轮的滚轮有 3~4 个不与轨道接触,抬高高度 30~50mm;<br>(2)增加一台液压耦合器,避免突发事故造成设备损坏 |
| 滚轮与轨道在弯道处与下轨不接触 | 弯曲段曲率半径较小,造成弯曲段滚轮与轨道不接触,呈悬浮状态,上下轨不牢固 | 保留原支架、直轨道,增大弯曲轨道半径 |
| 下料处料斗漏料 | 两料斗衔接处有盲区,由于结构的限制,使物料溢出斗外 | 将原来斗式运行部分改为槽式运行,将冲压板链改为锻造链,小轴及轴套表面渗碳处理,重新核算头尾轴强度、电机、减速机功率能否满足使用要求 |
| 轨道与托轮接触不良 | 尾轮张紧装置工作不良 | 调节尾轮张紧装置 |

# 复习思考题

10-24　简述埋刮板输送机的构造、类型、各主要部件的作用。

10-25　埋刮板输送机运行中出现链条跑偏、断链、冲击振动、刮板弯扭或断裂等故障,分析这些故障产生的原因,怎样处理?

10-26　板式输送机适用于哪些物料的输送?

10-27　板式输送机的主要零部件有哪些结构形式?

10-28　怎样改善板式输送机的链条磨损现象?

10-29　怎样消除板式输送机的爬行现象?

10-30　链斗式输送机的优点是什么?对工艺布置有哪些要求?适用于哪种物料的输送?

10-31　链斗式输送有哪些主要部件所构成?

10-32　链斗式输送机运行中会出现哪些故障?原因是什么?应采取哪些措施进行及时处理?

# 11 气力输送设备

**【本章摘要】** 本章主要介绍水泥生产过程中常用的生料、水泥、煤粉等粉状物料所采用的空气输送斜槽、螺旋气力输送泵、仓式气力输送泵及输送管道、阀门的结构、工作原理、类型、性能与应用,以及操作、维护、常见故障及产生故障的原因分析及处理方法及与料仓与主机之间的工艺关系。

## 11.1 概述

生料、水泥、煤粉等这些粉状物料除可以用运输机械输送外,还可以采用气力输送。气力输送设备是以压力空气作为输送介质沿管道将粉状物料(细小颗粒)送至收料地点的输送设备,它是利用空气的动压和静压,使物料颗粒悬浮于气流中或成集团沿管道输送的,输送过程在密闭管道内运行,管道布置灵活,占地小,能耗低,噪声小,不扬尘,环境整洁;即可作水平的、垂直的或倾斜方向的输送。距离输送可达500m以上。

### 11.1.1 流态化技术与气力输送系统

在封闭的管道里,在一定的气流速率、一定的粉状物料与空气流配合比的条件下,气流是能够把这些物料送达到指定地点的。我们可以做实验来验证这一点:用一玻璃容器、能够透气的多孔板、压差计组成一个实验装置(见图 11-1),将松散的颗粒物料装在一个玻璃容器中,将具有一定压力的气体从玻璃容器的底部入口压入,使气体透过多孔板,从松散的颗粒层孔隙通过,经容器顶部排出。随着气流速率的变化,将会看到不同的现象发生。

① 实验开始。当气流速率 $W$ 较低时,气流产生的压力小于颗粒物料层形成的重力,气流穿过时,颗粒物料没有发生运动,随着气流速率的增大,通过物料层阻力也在增大(这一点可从压力计中看出),但还没有使料层高度发生变化,$H$ 仍然保持恒定,见图 11-1(a) 中的 AB 段,这一段叫做固定床。

② 当气流速率 $W$ 继续增加,超过 B 点时,气流产生的对颗粒层的压力等于颗粒物料层形成的重力并逐渐大于其重力时,颗粒之间开始出现松动,继而在一定距离内振动和翻滚,料层高度 $H$ 开始增加,料层开始膨胀,形成"膨胀床"。如果气流速率再增加,使颗粒物料刚好都处在悬浮状态时,这个状态叫做初始流化床。随着气流速率的继续增加,在颗粒层表面出现了类似水开始沸腾状态的鼓泡现象(由于气流在颗粒层中分布不均所致),这时称作鼓泡床(也称气体流化床),物料这时所处的状态叫做流态化。这时的气流速率 $W$ 虽然还在增加,但颗粒之间的空隙也在增大,气流通过物料层的阻力几乎不变,见图 11-1(b) 中的 BC 段,称作流态化阶段。

③ 气流速率 $W$ 继续增加到 C 点之后,颗粒物料的速率达到并超过悬浮速率时,颗粒就会同气流一起飞出容器。C 点以后的阶段称作气力输送阶段,见图 11-1(c)。

在流态化状态下,固体颗粒具有流动性,气力输送设备就是根据这个原理制造出来的。

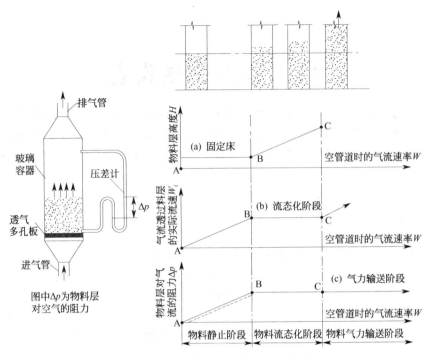

图 11-1 气体通过颗粒物料层的实验情况

## 11.1.2 气力输送物料的方式

根据被输送物料的受料点和送达地点与气源的位置关系，气力输送可分为吸送式、压送式、混合式和流送式四种形式。

(1) 吸送式气力输送

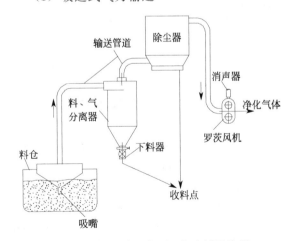

图 11-2 吸送式（负压）气力输送流程

当输送管道内气体压力低于大气压力时，称为吸送式气力输送（负压），如图 11-2 所示。它由鼓风机在管道中造成负压，使物料进行运动。当风机启动后，管道内达到一定的真空度时，大气中的空气便携带着物料由吸嘴进入管道，并沿管道被输送到卸料端的分离器。在分离器中，物料和空气分离，分离出的物料由分离器底部卸出，而空气通过除尘器除尘后经风机排放到大气中。

吸送式气力输送装置能同时从几处吸取物料，而且不受吸料场地空间大小和位置限制。但因为管道内的真空度有限，所以输送距离有限，装置的密封性要求很高。当通过风机的气体没有很好除尘时，将加速风机磨损。

(2) 压送式气力输送

当输送管路内气体压力大于大气压时，称为压送式气力输送（正压），如图 11-3 所示。在管道中由于压缩空气的作用，使物料在管道中进行运动，风机将压缩空气输入供料器内，使物料与气体混合，混合的气料经输送管道进入分离器。在分离器内，物料和气体分离，物料由分离器底部卸出，气体经除尘器除尘后排放到大气中。

压送式气力输送装置能较远距离输送物料，可同时把物料输送到几处。但供料器较复杂，只能同时由一处供料。

除了上述两种工艺流程以外，还有混合式气力输送流程（在装置中部分输送管道处于压送状态，而另一部分处于负压状态，或是物料在压力作用下向一个方向移动，而返回运动是靠管道中负压作用）、流送式气力输送流程（空气输送斜槽，下一节将出现）和集团输送流程等。

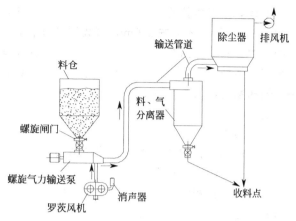

图 11-3 压送式（正压）气力输送流程

## 11.2 空气输送斜槽

### 11.2.1 结构和工作原理

空气输送斜槽是利用空气使固体颗粒在流态化的状态下沿着斜槽向下流动的输送设备。这种输送方式属于气-固密相输送，水泥厂在生料、水泥、煤粉等具有一定流动性的粉状物料出磨、入选粉机粗细粉分离后，粗粉返回磨机、合格生料（或水泥）入库过程中广泛应用，如图 11-4 所示。

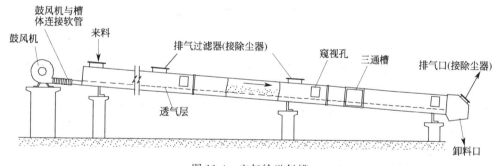

图 11-4 空气输送斜槽

从图 11-4 中可以看出，空气输送斜槽主要由上槽体和下槽体组成，中间用透气层隔开。送料时物料由斜槽高端连续加在斜槽的透气层上，由鼓风机提供气源，进入槽体下层，经过透气层微孔，使上层物料充气呈流态化（微悬浮流动起来），在其自重分力作用下在透气层上沿槽体向下流动，由卸料口卸出。逸出物料层的空气经过上槽顶部的过滤层通过除尘设备后排入大气。

空气输送斜槽的规格按斜槽的宽度（$B$）来表示，共有 250mm、400mm、500mm、630mm、800mm 五种，安装要求是倾斜向下：进料端高，出料端低，安装倾斜度大时可以提高物料的输送量。需注意输送距离不宜太长，否则输送效率就会大打折扣。

### 11.2.2 主要部件

（1）槽体

槽体（上槽、下槽）用厚 2～4mm 钢板制造。槽体的主要尺寸是：槽宽（$B$）、上槽高度（$H$）、下槽高度（$a$）、单节槽体长度（$L$）。上槽是物料和空气通路，下槽只通空气，所以上槽较高，下槽较矮，一般 $H=(0.5\sim0.8)B$，$a$ 为 50～100mm。每段槽体标准长度为 2000mm。此外，还可按 250mm 倍数制造非标准长槽体。各段槽体用法兰连接。为了满足输送路线和卸料点的要求，使斜槽进行改向输送和分支输送，在改向处可装弯槽，在分支处可装高三通槽或四通槽。为了便于观察物料流动情况，在上槽上开有窥视窗。有时只需斜槽一段输送物料，为了节省空气量，可在下槽内装设截风挡板，用于截止通往不输送物料部分槽体的空气。

(2) 透气层

透气层是承托物料、使空气均匀透过、流化物料的装置，因此要求透气层的孔隙应密布、均匀、连续，使物料流化均匀，避免发生涡流现象。透气层表面应平整，具有一定抗湿性、耐热性和机械强度。常用透气层有纤维织物和陶瓷多孔板、水泥多孔板等，目前多用化纤织物作透气层。化纤织物透气层与槽体的装配形式如图 11-5(a) 所示，陶瓷多孔板、水泥多孔板与槽体的装配形式如图 11-5(b) 所示。

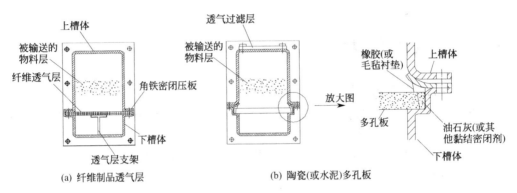

图 11-5　空气输送斜槽的槽体及透气层

### 11.2.3　操作与维护

① 开车时，先开风机，停车时先停止进料。长时间停车时，应将透气层上的物料清除干净。

② 运行中喂料力求均匀，及时清除透气层中沉积的杂质。尽可能地保证斜槽吸入干燥清洁的空气，这对保证斜槽长期安全运转十分重要，应及时清扫风机进风口过滤器。

③ 经常注意三通槽、四通槽的闸板是否关闭严密。

④ 如进料口处透气层磨损严重或有进料不通畅现象，应适当调整进料溜管的位置和大小。

⑤ 透气层使用一段时间后，如过于松弛，应重新拉紧，如有损坏可进行局部修补或更换。

⑥ 在斜槽使用中，如因某些原因透气层过分下凹，影响正常输送物料时，可在透气层下面托一层（$\phi$1mm×10mm×10mm）钢丝网。此时注意上下壳体法兰的密封。

⑦ 注意维护斜槽的排风收尘装置，便于流态化物料的空气畅通地排出，否则，上槽压力增高，会使输送量急剧降低甚至整个斜槽堵塞。

⑧ 对于电机、风机的轴承要注意润滑保养，见表 11-1。

表 11-1　空气输送斜槽的润滑点

| 润滑部位 | 润滑方式 | 润滑剂牌号 | 补充量 |
| --- | --- | --- | --- |
| 电机轴承 | 注入 | 2# 锂基脂 | 每班一次 |
| 风机轴承 | 注入 | 2# 锂基脂 | 每班一次 |

### 11.2.4 常见故障分析及处理方法

空气输送斜槽的构造看似很简单，实际要让它非常顺畅地送走物料也不是件很容易的事，在输送物料过程中常会出现管路漏风或漏料、管路堵塞、斜槽堵塞、风机运行不平稳等情况（见表11-2），要认真分析其原因并采取相应措施处理。

表11-2 空气输送斜槽常见故障分析及处理方法

| 现　　象 | 故障分析 | 处理方法 |
| --- | --- | --- |
| 堵料 | (1)负压风量不足；<br>(2)雨季斜槽进水；<br>(3)下部吹风压力不足；<br>(4)斜槽透气层破损；<br>(5)斜槽进入异物堵塞 | (1)查找收尘风管有无阻塞、漏风现象，密闭好壳体；<br>(2)查找吹风管路有无阻塞、漏风现象；<br>(3)查找斜槽风机有无故障，吹风口是否阻塞；<br>(4)更换透气层；<br>(5)取出异物 |
| 物料不能流态化 | (1)下槽体密闭不严、漏风，使透气层上下的压力差低，使物料不能流态化；<br>(2)物料水分较大，堵塞了透气层的孔隙，气流不能均匀分布；使物料不能流态化；<br>(3)物料中含有较多的粗颗粒或铁屑滞留在透气层上，积到一定厚度导致物料不能流态化 | (1)查找漏风点，增加卡子，或临时用石棉绳堵塞缝隙，严重时局部拆装，按要求垫好毛毡；<br>(2)更换被堵塞的透气层，严格控制物料水分；<br>(3)定时清理积留在槽内的粗颗粒或铁屑 |

## 复习思考题

11-1　简述空气输送斜槽的构造、输送原理、性能和特点。
11-2　空气输送斜槽透气层的作用和对其要求是什么？透气层有哪几种？在装置透气层时应注意什么？
11-3　空气输送斜槽在操作及维护中应注意什么？发生堵料、物料不能流态化的原因是什么？应怎样处理？

## 11.3　气力提升泵

### 11.3.1　结构和工作原理

空气输送斜槽的结构决定了它的输送距离短而且不能提升，如果要把出磨生料或水泥送到60m左右高的储库内，它却无能为力。不过气力提升泵可"助君一臂之力"，它能够把水泥提很高的储库内。气力提升泵相当于一台低压流态化仓罐，泵的上部为泵体，下部为流态化室，中间隔有多孔透气板，配有管道、顶部的膨胀仓和罗茨鼓风机等。粉状物料由泵体上部连续加入提升泵内，压缩空气由提升泵下部通入泵体内，使物料随同气流经管道进入膨胀仓和受料设备内。在膨胀仓中，物料与空气分离，物料由下部卸出，空气由上部排入除尘设备，如图11-6所示。

### 11.3.2　主要部件

(1) 泵体

用于接收来自上一级连续送来的物料的容器。物料在泵内要保持一定的料位高度（不超过泵体高度3/4），使送气喷嘴与输送管之间的周围物料受压，让较多的物料随气流带入输送管道，确保送料量的稳定。

(2) 主风管

用于向泵体下端的充气室输送压缩空气的主管道。作为压缩空气的一次风经主风管由喷嘴喷入输送管，由于气流喷射速率较高，使喷嘴与输送管之间形成低压区，物料便连续被气流带入输送管。

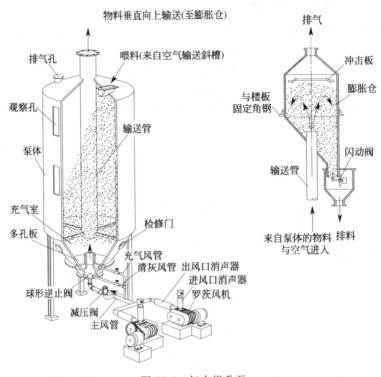

图 11-6 气力提升泵

(3) 充气管

充气管作为支管通入气体总量 5% 左右的二次空气，经充气室再通过多孔板充入物料中，来增大泵体下部物料的压力并使其流态化，便于输送。

(4) 输送管

指连接泵体与顶部的膨胀仓的垂直管道。物料随压缩空气经过输送管送至输送目的地——膨胀仓内，进行料、气分离。

(5) 止逆阀

止逆阀是一个防止气体和物料倒流的球阀，阀体的形式有金属空心球阀、锥阀和止逆瓣阀等，对它的要求是动作灵活、结构简单、经久耐用。

(6) 减压阀

为了防止因偶然事故带料停机使主风管堵塞，在主风管设置一个电控气动减压阀，停机时止逆阀迅速关闭主风管内存留的气体能由减压阀消散出去，使止逆阀下面气体的压力降低。

(7) 膨胀仓

来自泵体的物料与气流被送至膨胀仓内，物料与气流的速率降低和受冲击板的阻挡，物料便在重力和惯性力作用下从气流中分离出来，沉积在仓体下部，经闪动阀（重力沉降）卸出，气体由仓体上部排出，进入除尘器除尘。

### 11.3.3 操作与维护

① 开机顺序是先开提升机风机，再开喂料设备向泵内供料。停机顺序是先停止供料，再关闭风机。

② 如因偶然事故，迫使鼓风机紧急停机，造成输送管和喷嘴内积存物料时，再次启动

向泵体内供气应慢慢地逐渐增大气量，使积存的物料逐渐松散。

③ 气力提升泵只有在料面具有一定高度时才能正常工作，在运行中应保持喂料均匀，使泵体内料位高度和输送量稳定在要求的范围内。因此从操作工艺上来讲，需要调整输送量时，首先要改变入泵前喂料设备（空气输送斜槽、螺旋输送机或螺旋喂料机）的喂入量，即随着喂料量的改变，提升泵可以自行改变泵内的料位高度，泵内的料位高，输送量就大。如果喂料量突然增大，泵内的料面需要经过一段时间才能稳定在一个新的料面高度，一般需要滞后几分钟，但总体是喂入量与输送量动态平衡。当然各测点的压力也是随之改变的，可以从观测窗看到料面的高低，掌握输送情况，根据输送量的要求来调节向泵体的喂入量。

④ 日常要经常通过观察孔查看泵内的料位高度、各管路是否有堵塞、风管与阀门接口处是否漏灰等发现问题并要及时处理；做好罗茨风机的润滑保养，确保正常供气。

### 11.3.4 故障诊断及排除

气力提升泵可能会出现一些故障，致使不能正常送料，主要从以下两方面考虑。

(1) 气力提升泵的多孔板破损，气室积料

多孔板（或帆布层）破损后，喂入气力提升泵的生料得不到很好的气化，使泵的输送能力降低，当喂料量超过泵的输送能力时会发生堵料。此时罗茨风机电流值一般在80%左右，安全阀放气。

处理方法：无需立即停机更换，一般等到停机检修时再更换多孔板（或帆布层）。现场处理时不必打开泵体人孔门放料，只需开大生料（或水泥）库顶袋式除尘排风机入口阀门，加强抽排风同时选择开启罗茨风机即可将泵体内的物料送空。

(2) 来料潮湿结块

因物料的因素导致气力提升泵堵料主要是料潮湿引起，特别是（窑系统的）增湿塔湿底堵料后，清下的潮湿物料经螺旋输送机送入气力提升泵后，不能被气化送走。此时中控室显示罗茨风机电流值均在空载电流40%左右，安全阀不放气，但送料斜槽则漫料，敲击泵体，声音发闷。

处理方法：停掉生料磨（或水泥磨）系统，打开泵体人孔门，人工铲料，清除净帆布层后再重新开机。

(3) 罗茨风机出口安全阀压力值下降

罗茨风机安全阀压力值下降表明出口安全阀向外排气。此时可以看到管道上气压表读数未达到安全阀设定的排空压力值。处理办法：重新调节安全阀压紧丝杆后，由此造成的堵料现象即可排除。

### 复习思考题

11-4 简述气力提升泵的构造和送料过程。
11-5 气力提升泵的主要部件有哪些？各起什么作用？
11-6 气力提升泵适合于哪些种类物料的输送？

## 11.4 螺旋气力输送泵

11.2章节中提到的空气输送斜槽只能水平倾斜向下输送物料，而11.3章节中提到的气力提升泵只能竖直向上输送物料，要把物料送到既有一定距离又有一定高度的地方去，必须用这两种设备结合才能完成输送任务。而螺旋气力输送泵可以把空气输送斜槽和气力提升泵

合作共同完成的输送任务独自担当起来，适用于水泥、生料、煤粉等粉状物料的输送，属于压送气力输送设备中的高压输送设备。

### 11.4.1 结构和工作原理

螺旋气力输送泵（简称螺旋泵）的构造如图 11-7 所示。在螺旋轴上装有螺旋叶片，被套筒密闭在里面，左部装在轴承箱内，端部通过联轴节与电动机直连（转速为 900～1000r/min）。物料从料仓出口经由螺旋闸门喂入螺旋中，被推送到卸料口，卸入混合室内。在混合室下部装有两排喷嘴，压缩空气通过喷嘴喷入混合室，与物料混合并进入输送管道。

混合室内压缩空气压力较高，容易造成气料沿着螺旋与套筒向入料口倒流。为防止气料倒流，螺旋制造成变螺距螺旋，螺距向出料口方向逐渐减小，出料口螺距比入料口螺距小 30%，使物料在螺旋内被逐渐挤紧，在出料口形成密实的料栓，这样可阻止气料倒流。尽管出料口已形成具有一定密实性的料栓可阻止气料倒流，但如果出现供料不足或中断时，气料还是有可能倒流的。因此在出料口处装有带配重的阀门，并装有杠杆和重锤，使阀门对出料口保持一定的压力。当料栓被推挤到比较密实时，顶开阀门卸出，在供料不足或中断时，阀门则及时关闭。

螺旋气力输送泵所需要的压缩空气由空气压缩机提供气源，借助管道和阀门的支持，既能水平输送，又能倾斜向上和竖直向上输送物料，可谓两项全能。螺旋气力输送泵的规格用出料口管径表示，如 $\phi 100mm$、$\phi 135mm$、$\phi 150mm$、$\phi 180mm$、$\phi 200mm$ 等。

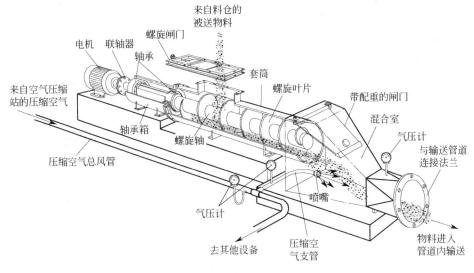

图 11-7 螺旋气力输送泵

### 11.4.2 主要部件

（1）螺旋

螺旋是输送物料的主要设备。螺旋轴上装有螺旋叶片，将喂入的粉粒状物料送到气、料混合室内，与喷入的压缩空气混合被送走。

（2）喷嘴

在混合室下部装有两排喷嘴，压缩空气通过喷嘴喷入混合室内，与物料混合并进入输送管道。

（3）配重阀门

配重的阀门安装在出料口处,对出料口保持一定的压力。当供料不足或中断时配重的阀门在重力作用下关闭;当料栓被推挤到比较密实时顶开阀门卸出。

### 11.4.3 操作与维护

① 启动前检查并上紧所有地角螺栓,检查测压仪表是否灵敏。可通过空载试车检查各接口密闭是否严密、供气管路是否畅通、电机与泵轴旋转是否同心。

② 开机时首先开通压缩空气,待混合室和管道内物料排空后,再启动电动机,当螺旋空转正常后,再向入料口加料。

③ 运行操作中注意观察电流表、气压表指示值是否在规定的范围之内,喷嘴处压力一般情况下应高于输送管道处的压力 2MPa。

④ 设备达到满载供料时,要通过总气管路上的压力计指示值来调节供气量,例如压力指示值低,表明空气量不足,应立即减少供料或停止供料,直到压力值恢复正常为止。如果输送管道中或喷嘴处压力高于正常压力时,说明供料量过大或管道发生堵塞,此时要立即停止供料,协助高一级操作人员消除堵塞。

⑤ 停机操作:先停止供料,吹净管路中的余料,关闭电机,最后依次关闭供气阀。

⑥ 运行操作中各部轴承的供油要得到保证。

### 11.4.4 常见故障分析及处理方法

螺旋气力输送泵在运行时可能会出现压缩空气供气不正常、回风量增大、泵送能力降低、轴承部位发热、料封破坏等故障,要注意观察各仪表的参数显示值的变化情况,分析故障原因并采取相应措施做出处理,见表 11-3。

**表 11-3 螺旋气力输送泵常见故障分析及处理方法**

| 现象 | 故障分析 | 处理方法 |
| --- | --- | --- |
| 压力表显示脉动 | (1)喂料量变化;<br>(2)压缩空气不正常;<br>(3)管道阻塞;<br>(4)换向阀安装不当 | (1)稳定喂料量;<br>(2)稳定供气压力和供风量;<br>(3)排除阻塞物;<br>(4)调整换向阀 |
| 泵送能力降低 | (1)来料细度发生变化;<br>(2)料斗通风状况发生变化;<br>(3)密封损坏回风量大;<br>(4)排料口压力发生变化 | (1)与前一岗位联系,调节细度;<br>(2)调节料斗通风量;<br>(3)维修或更换磨损件;<br>(4)调节排料口风量使其恢复正常 |
| 轴承部位发热 | (1)润滑油过量;<br>(2)润滑油不足;<br>(3)润滑油品位不合适;<br>(4)被输送的物料温度上升;<br>(5)轴承运行不平稳 | (1)适当减少润滑油量;<br>(2)适当增加润滑油量;<br>(3)更换润滑油品种;<br>(4)查明物料温度上升原因并采取降温措施;<br>(5)检查轴承及密封部位并清洗或更换 |
| 回风量增大 | (1)料封气体过量;<br>(2)料封破坏;<br>(3)料封不合适 | (1)检查压力和风量,进行调整;<br>(2)更换密封;<br>(3)检查料封情况,采取措施调整 |
| 电机超载 | (1)物料量过大;<br>(2)物料变粗;<br>(3)料封过紧;<br>(4)料封过量 | (1)控制来料,恢复正常;<br>(2)与前一岗位联系,调节细度;<br>(3)调整重锤位置,疏通过紧的料封;<br>(4)调整压缩空气量,使料封恢复正常 |
| 料封破坏 | (1)安装不妥;<br>(2)接触面损坏;<br>(3)润滑不当;<br>(4)物料温度过高 | (1)重新调整安装;<br>(2)修复或更换接触面;<br>(3)适当润滑;<br>(4)检查温度升高的原因,采取降温措施 |

## 复习思考题

11-7 简述螺旋气力输送泵的构造及送料过程。
11-8 简述螺旋气力输送泵运行中的操作要点。
11-9 分析压力表显示脉动的原因,采取怎样的方法解决?
11-10 哪些情况会使电机超载?怎样让电机恢复正常?

## 11.5 仓式气力输送泵

仓式气力输送泵(简称仓式泵)是在高压下(约 700kPa 以下)输送粉状物料的一种高压气力输送装置,按泵体个数分为单仓泵和双仓泵两种形式,按输送管道从泵体上引出的位置不同,又分为底部送料仓式泵(下引式)和顶部送料仓式泵(上引式)两种送料方式。仓式泵具有同螺旋气力输送泵一样的功能,可以完成对水泥、生料、煤粉等粉状物料及小的粒状物料的水平、倾斜向上或垂直向上输送的任务。图 11-8 是双仓、下引式气力输送泵。

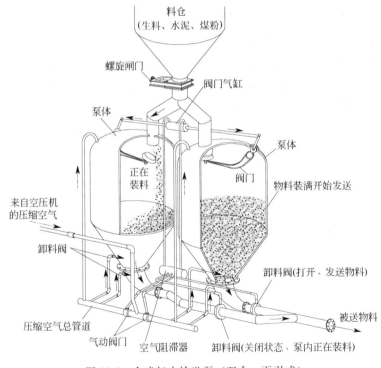

图 11-8 仓式气力输送泵(双仓、下引式)

### 11.5.1 结构和工作原理

仓式气力输送泵主要由进料阀、卸料阀和控制系统等组成。在向泵内装料之前,料仓内已装有被输送物料,进料和排料阀门都是关闭的。向输送管道送料时,进料阀气缸内的活塞被压缩空气推到下部,活塞杆带动短摇臂和长摇臂把锥阀推向上方,与橡胶圈压紧,使进料阀关闭,停止进料。此时打开卸料阀开始卸料,泵内物料卸空后,卸料阀自动关闭,打开进料阀,开始新一轮装料。进料与卸料阀门由控制系统采用气动控制。单仓泵只有一个泵体,装料时不能发送物料,发送物料时停止装料,进料和输送操作是间断进行的;双仓泵有两个泵体,一个泵体装料时,另一个泵体卸料(发送物料),进料和输送操作交替进行,所以可以连续送料。

## 11.5.2 主要部件

(1) 进料阀

进料阀安装在泵体的上端,其构造如图11-9所示,由锥阀、长摇臂、短摇臂和气缸等部分组成。当气缸内的活塞被压缩空气推到下部时,活塞杆带动短摇臂和长摇臂把锥阀推向上方,与橡胶圈压紧,使进料阀关闭,停止进料。当活塞处于气缸的上部位置时,锥阀则靠其自重下落,打开进料阀,开始进料。在活塞上下运动时,通过拨板拨动压缩空气换向机构,使之换向,控制泵体的进料和输送操作。

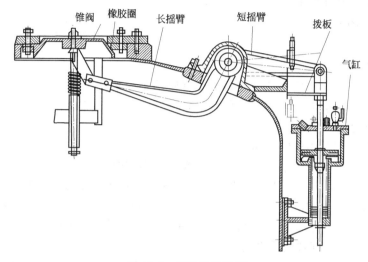

图 11-9 进料阀的构造

(2) 喷射及卸料部分

喷射及卸料部分的构造如图11-10所示,铸铁壳体上部与泵体连接,下部与喷嘴壳和喷嘴连接,喷嘴壳下部与铸铁管连接。输送时,由无缝钢管进入的压缩空气(一次空气)主要用于输送物料。由管孔进入的压缩空气(二次空气)用于增大物料速率和调节气料混合比,一次和二次空气量通过调节阀来控制。

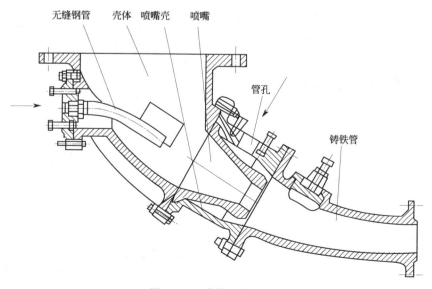

图 11-10 喷射及卸料部分

(3) 控制系统

控制系统的作用是控制仓式泵从进料到输送全部工作循环的动作程序。控制系统安装在泵体上，包括以下几部分。

① 仓空仓满指示机构，是仓式泵进料、输送工作循环的主要自动控制部分。
② 压缩空气换向机构，控制各路压缩空气的连接与关闭。
③ 放气阀，用作进料时放出泵体内的余气。
④ 气包及逆止阀，用于储存、滤清和控制输送。
⑤ 截止阀 A，用于开启和关闭通过气包的压缩空气。
⑥ 空气截止阀 B，用于控制通入中间仓内气化物料的压缩空气量。

此外，还有气动阀门、空气阻滞器等，都属于控制系统中的部件。

### 11.5.3 操作与维护

① 启动前检查：各连接件是否紧固，如有松动要拧紧。润滑部位如果缺油，按规定的润滑项目向指定的润滑点注油，各控制阀门动作要灵活。通过空载供气试探各接口处密闭是否良好，决不能漏气。
② 开动压缩空气站供气的总阀门供气。
③ 运行操作：启动送料系统后进行运行操作，操作时注意观察各压力表的指示值，特别是泵内压力变化是否在规定值范围之内（不同规格的仓式气力输送泵都有确定的压力值范围），如果压力值异常增高，且时间持续较长，很可能是管道中某一处发生堵塞，这时要立即停止向泵内供气，然后协助高一级操作人员由输送管道尾端用辅助气管向管道内吹送压缩空气，分段疏通，待全部吹通后再重新开车。
④ 停机操作：先停止向泵体上部的储料仓（中间仓）供料，把仓内物料全部加入泵内，把泵内物料输送空后，关闭总阀门，然后放出冷凝水。

### 11.5.4 常见故障分析及处理方法

仓式气力输送泵在运行时可能会出现泵体内压力异常、进料或输送阶段时间过长、底部送料仓式泵发生由泵体进料口向中间仓倒吹物料等故障，要注意观察各仪表的参数显示值的变化情况，分析故障原因并采取相应措施做出处理，见表11-4。

表 11-4　仓式泵常见故障分析及处理方法

| 现象 | 故障分析 | 处理方法 |
| --- | --- | --- |
| 泵体内压力异常升高 | 输送管道被物料堵塞 | (1) 用手动操作使仓空仓满指示机构在瞬间进行数次进料、输送动作，利用压缩空气松动管道内物料；<br>(2) 如果管道仍然堵塞应停机，检查堵塞部位，用辅助气管由输送尾端开始逐段疏通管道 |
| 进料阶段时间过长 | (1) 物料因气化不良流动性差；<br>(2) 因物料密实使仓底出料口减小 | (1) 增大通入中间仓气化物料气量；<br>(2) 在中间仓壁上开设充气孔 |
| 输送阶段时间过长 | (1) 泵体内充气盘管堵塞，物料气体不良；<br>(2) 压缩空气的压力、气量不足；<br>(3) 输送管道直径小，阻力大 | (1) 清理或更换充气盘管；<br>(2) 调节压缩空气压力、气量；<br>(3) 更换管道，适当增大管道直径 |
| 由泵体进料口向中间仓倒吹物料 | 进料口橡胶圈磨损，进料阀关闭不严 | (1) 更换进料口橡胶圈；<br>(2) 改进橡胶圈材质，可采用耐磨"氟胶圈"延长使用寿命 |

## 复习思考题

11-11 简述仓式气力输送泵的构造及送料过程。
11-12 仓式泵的操作维护要点是什么?
11-13 仓式气力输送泵运行中输送管道被物料堵塞,应怎样处理?
11-14 底部送料仓式泵的泵体内气体压力异常高和气料向中间仓倒吹时,应采取什么办法排除解决?

## 11.6 管道及阀门

在气力输送系统中,管道将供料器和卸料器连接起来,阀门是控制元件,其主要作用是隔离设备和管道系统、调节流量、防止回流、调节和排泄压力。管路布置的原则要求是:起始点与终点间的距离尽可能取最短距离,尽量减少弯路;考虑到被输送物料因季节变化而引起的温度变化,管道会产生热胀冷缩现象,所以应在一定的部位加装伸缩管,以适应管路沿长度方向上的变形;固定支撑管道的支架应考虑输送过程中的振动影响等。输送管道由直管、弯管、分支管、换向阀门、伸缩接头和卸料弯头等部分组成。

### 11.6.1 直管

直管一般选用标准无缝钢管或水、煤气管等,用于水泥生产过程中的气力输送系统的直管道,一般参考表 11-5 和表 11-6 选择确定。

表 11-5 管道材质的选择

| 管道名称 | 管道材料 | 管道名称 | 管道材料 |
| --- | --- | --- | --- |
| 泥、料浆管道 | 热轧无缝钢管、铸铁管、铸石管 | 压缩空气管道 | 热轧无缝钢管、水、煤气输送钢管 |
| 粉状物料管道 | 热轧无缝钢管、铸石管 | 输油管道 | 热轧无缝钢管、水、煤气输送钢管 |

表 11-6 钢管管壁的厚度

| 管道外径 /mm | 管道壁厚/mm | | | 管道外径 /mm | 管道壁厚/mm | | |
| --- | --- | --- | --- | --- | --- | --- | --- |
| | 泥、料浆管道 | 粉状物料管道 | 压缩空气管道 | | 泥、料浆管道 | 粉状物料管道 | 压缩空气管道 |
| 10~23 | | | 2.75 | 146~194 | 6 | 7 | 5 |
| 33~70 | 4.5 | 4.5 | 3.5 | 203~325 | 7 | 8 | 6 |
| 70~102 | 5 | 5 | 4 | 351~450 | 8 | 9 | 7 |
| 108~140 | 5.5 | 6 | 4.5 | | | | |

### 11.6.2 弯管

弯管是管道改向的连接件。当气料混合流通过弯管时,由于物料的冲击和摩擦,不但使弯管的内壁磨损加剧,而且也易造成堵塞。因此,弯管是维修工作量较大的易损件。

对于弯管在运行中容易堵塞磨损,为了减小弯管磨损,延长使用寿命,可采用如图 11-11 所示的瓷衬弯管或喷涂耐磨材料。也可按如图 11-12 所示,在弯管内壁的外侧焊接或用螺钉固定数道半圆形钢环,使物料积存在圆钢环之间,形成物料保护层。

弯管曲率半径($R$)与弯管直径($D$)的关系很重要,曲率半径不宜过小,过小会使气流通过弯管时,速率大小、方向急剧改变,物料对弯管冲刷激烈,造成弯管堵塞和加速磨损。但曲率半径也不宜过大,过大不但使弯管制造和布置复杂,而且会增大弯管的阻力损失。根据实验和实践对于输送水或空气的弯管,取 $R/D=6\sim7$ 为宜;对于输送物料的弯管,取 $R/D=6\sim10$ 为宜。铸铁弯管,曲率半径($R$)可适当减小。

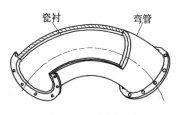 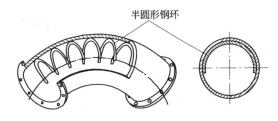

图 11-11　瓷衬弯管　　　　　图 11-12　带圆钢环弯管

### 11.6.3　换向阀门

当气力输送系统需要向几处卸料时，在管道分叉时要装设换向阀门，用来改变气料的流向。换向阀门按结构和用途分有：单路换向阀门、双路换向阀门和三路换向阀门三种；按操作方式分为手动和气动两种。图 11-13 为手动单路和双路换向阀门构造。在换向时，扳动手柄，转换阀盖位置，使一路管道接通，一路管道关闭。

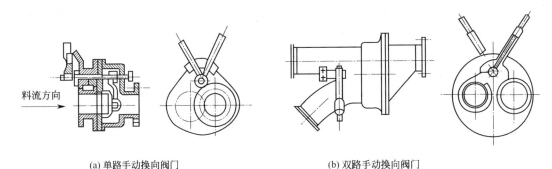

(a) 单路手动换向阀门　　　　(b) 双路手动换向阀门

图 11-13　手动换向阀门

### 11.6.4　伸缩接头

当气料温度较高、管道较长时，由于温度变化会使管道发生热变形，产生热应力，严重时会造成管道弯曲或破裂。因此，当温度超过 50℃ 时，应在管道的主要部位装设如图 11-14 所示的伸缩接头。伸缩接头由套管、插管、石棉填料和压管组成。插管用法兰分别与管道两端连接，插管的长度可在 $L_{min} \sim L_{max}$ 间自由伸缩。

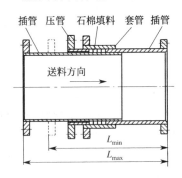

图 11-14　伸缩接头

### 11.6.5　卸料弯头

输送管道进入受料仓的形式有：在料仓上部切向进仓和在料仓顶部轴向进仓两种。管道与料仓应连接严密，防止气料冒出，并应有一定的移动量，使管道能够活动并消除振动。图

11-15 所示为顶部轴向进仓的卸料弯头与料仓连接形式。

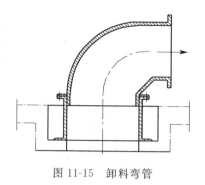

图 11-15　卸料弯管

### 复习思考题

11-15　简述伸缩接头在气力输送管道中的作用。

11-16　气力输送系统中弯管的作用及对弯管的要求有哪些？

## 11.7　气力输送工艺系统

### 11.7.1　仓式气力输送泵

若水泥磨离水泥储库的距离较远，采用仓式气力输送泵或螺旋气力输送泵把出磨水泥送至储库是最理想的。图 11-16 是较为典型的水泥气力输送工艺流程：三台水泥磨各备一台仓泵，合格水泥被送入仓泵顶部的料仓内，来自空气压缩机的压缩空气将水泥吹送至中间仓汇聚，再由另一台大型仓泵送至水泥库。

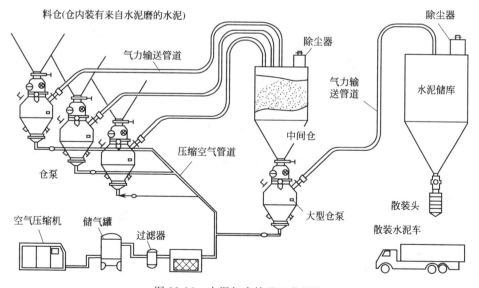

图 11-16　水泥气力输送工艺流程

### 11.7.2　螺旋气力输送泵

对于煤磨来讲，煤粉要送到回转窑的窑头和窑尾分解炉，既有一定的距离又有一定的高度，所以最适合于采用气力输送，图 11-17 是典型的螺旋气力输送泵的应用。

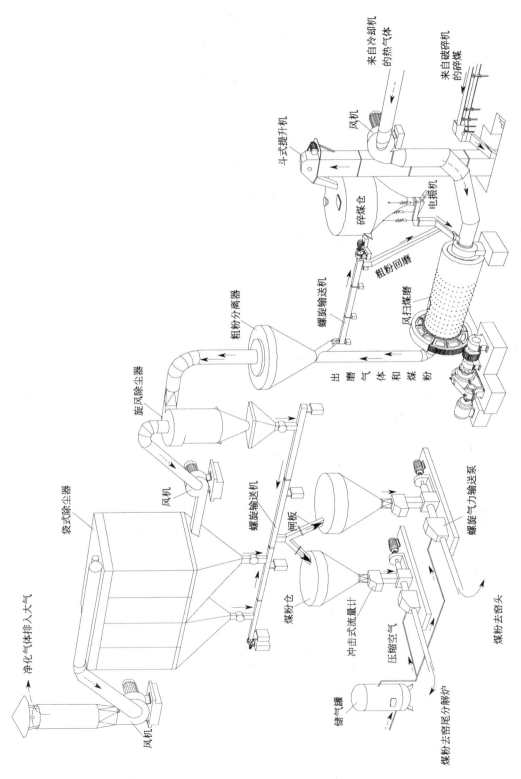

图 11-17 螺旋气力输送泵在煤粉制备系统中的应用

# 12 除尘与通风设备

**【本章摘要】** 本章主要介绍除尘在水泥生产过程中的重要性；水泥厂常用的旋风除尘器、袋式除尘器、电除尘器以及离心风机的构造、工作原理、类型、特点、操作维护及影响各种除尘器除尘效率的主要因素；常见故障分析及其处理方法；各种除尘设备的适用范围及与破碎、粉磨、烘干、包装、输送过程之间的工艺关系及磨机通风量与除尘效率的计算方法。

## 12.1 概述

### 12.1.1 粉尘的危害

在水泥生产过程中，从物料的破碎、烘干、原料粉磨（湿法磨除外）、生料均化、煤粉制备、熟料煅烧、水泥粉磨到水泥包装和散装出厂等每一道工序以及物料的输送，粉尘点达50多个。据统计，每生产1t水泥，大约要产生10多立方米的废气，这其中含有5.5～10kg的粉尘颗粒，这些粉尘将对人体、工农业生产、企业经济效益带来消极的影响。

（1）对人体的危害

人体吸入粉尘会造成呼吸系统疾病。一般粉尘浓度在 $20mg/m^3$（标准状态）以上、$30\mu m$ 以上的粉尘肉眼便可看到，小于 $5\mu m$ 的粉尘便可能会被吸入，沉积在呼吸道上 $3\sim5\mu m$ 的粉尘都可以通过人体内部的分泌液排除到体外，$0.1\sim1\mu m$ 的粉尘则会在肺泡中沉积。停留在肺部的粉尘则可能造成硅肺病、肺部硬化等。粉尘还会引起弥漫性湿疹和皮肤感染等。

（2）对工业生产的危害

粉尘落到运转的机器中，会加速各种机件的磨损，造成生产设备的使用寿命及运转率缩短，降低控制设备的精度及可靠性，降低甚至破坏电器设备的绝缘性。

（3）对农业生产的危害

粉尘落在植物叶面上，会减弱植物的光合作用，使植物正常生长受到影响，特别是在植物开花时期，大量粉尘会引起作物显著减产。

（4）对企业经济效益的影响

粉尘如果不回收利用，会增加原料、材料和能量的消耗，提高产品成本，降低企业的经济效益。

所以在水泥生产系统中必须要采取封闭、通风手段，选择除尘效率高、技术可靠的除尘设备，控制粉尘飞扬，减轻环境污染，改善操作环境，同时也降低了物料的损失（粉尘本身就是颗粒微小的物料），对保护人体健康、提高生产效率、降低生产成本、保护生态环境都有着非常重要的意义。

一般情况下，一条水泥生产线一般约有粉尘排放点50个以上，水泥厂粉尘排放对厂区及厂区附近的环境影响很大，因此选择除尘效率高、技术可靠的除尘设备，使各排出口的废气含尘浓度符合国家排放标准，是对现代企业的必然要求。

### 12.1.2 国家环保部门对水泥工业粉尘排放的要求

（1）最高允许排放浓度及单位产品排放量

全国人大、国务院及有关部委对水泥生产中的各尘源点要求必须要进行除尘处理，以保护水泥厂各车间及周边的生态环境整洁、确保人民身体健康，为此国家环境保护总局发布了新标准《水泥工业大气污染物排放标准》（GB 4915—2004），比原国家标准《水泥厂大气污染物排放标准》（GB 4915—1996）更加严格，规定自2005年1月1日起，新建生产线各生产设备（设施）排气筒中的颗粒物和气态污染物最高允许排放浓度及单位产品排放量不得超过表12-1中规定的限值，2010年1月1日起，对现有生产线的各生产设备（设施）排气筒中的颗粒物和气态污染物最高允许排放浓度及单位产品排放量也不得超过表12-1中规定的限值，水泥新建或改、扩建项目必须获得环保部门的审批。

表12-1　生产设备（设施）排气筒中的颗粒物和气态污染物最高允许排放浓度及单位产品排放量

| 生产过程 | 生产设备 | 颗粒物 | | 二氧化硫 | | 氮氧化物（以$NO_2$计） | | 氟化物（以总氟计） | |
|---|---|---|---|---|---|---|---|---|---|
| | | 排放浓度/(mg/m³) | 单位产品排放量/(kg/t) | 排放浓度/(mg/m³) | 单位产品排放量/(kg/t) | 排放浓度/(mg/m³) | 单位产品排放量/(kg/t) | 排放浓度/(mg/m³) | 单位产品排放量/(kg/t) |
| 矿山开采 | 破碎机及其他通风生产设备 | 30 | — | — | — | — | — | — | — |
| 水泥制造 | 水泥窑及窑磨一体机① | 50 | 0.15 | 200 | 0.60 | 800 | 2.40 | 5 | 0.015 |
| | 烘干机、烘干磨、煤磨及冷却机 | 50 | 0.15 | — | — | — | — | — | — |
| | 破碎机、磨机、包装机及其他通风生产设备 | 30 | 0.024 | — | — | — | — | — | — |
| 水泥制品生产 | 水泥仓及其他通风生产设备 | 30 | — | — | — | — | — | — | — |

① 指烟气中$O_2$含量10%状态下的排放浓度及单位产品排放量。

（2）其他管理规定

① 颗粒物无组织排放控制要求。在水泥矿山、水泥制造和水泥制品生产过程中，应采取有效措施控制颗粒物无组织排放。

新建生产线的物料处理、输送、装卸、储存过程应当封闭，对块石、黏湿物料、浆料以及车船装、卸料过程也可采取其他有效抑尘措施。

现有生产线对干粉料的处理、输送、装卸、储存应当封闭；露天储料场应当采取防起尘、防雨水冲刷流失的措施；车船装、卸料时，应采取有效措施防止扬尘。

② 非正常排放和事故排放控制要求。除尘装置应与其对应的生产工艺设备同步运转，应分别计量生产工艺设备和除尘装置的年累计运转时间，以除尘装置年运转时间与生产工艺设备的年运转时间之比，考核同步运转率。

新建水泥窑应保证在生产工艺波动情况下除尘装置仍能正常运转，禁止非正常排放。现有水泥窑采用的除尘装置，其相对于水泥窑通风机的年同步运转率不得小于99%。

因除尘装置故障造成事故排放，应采取应急措施使主机设备停止运转，待除尘装置检修完毕后共同投入使用。

### 12.1.3　除尘效率

除尘效率是指除尘器收下的粉尘量占进入除尘器粉尘量的百分数，通常用$\eta$表示，它是评价除尘器性能好坏的重要参数，也是选择除尘器的主要依据。

(1) 总除尘效率

除尘器对不同大小尘粒捕集的综合效率，称为除尘器的总除尘效率。

通常总除尘效率可根据除尘器进出口粉尘的质量来计算：

$$\eta = \frac{G_2}{G_1} \times 100\% \tag{12-1}$$

式中 $\eta$——除尘器的总除尘效率，%；
$G_1$——原来气体的含尘量，g/s；
$G_2$——收集的粉尘量，g/s。

也可用进出除尘器的粉尘量来计算：

$$\eta = \frac{G_入 - G_出}{G_入} \times 100\% \tag{12-2}$$

式中 $\eta$——除尘器的总除尘效率，%；
$G_入$——进入除尘器的粉尘量，g/s；
$G_出$——排出除尘器的粉尘量，g/s。

由于连续生产，难以直接测定气体的粉尘量，而气体的含尘浓度较易测得，此时，除尘效率可用下式计算：

$$\eta = \frac{C_入 - C_出}{C_入} \times 100\% = \left(1 - \frac{C_出}{C_入}\right) \times 100\% \tag{12-3}$$

式中 $\eta$——除尘器的总除尘效率，%；
$C_入$——进入除尘器的气体的含尘浓度，g/m³（标准状态）；
$C_出$——排出除尘器的气体的含尘浓度，g/m³（标准状态）。

若两台除尘器串联使用（即二级除尘系统），其总除尘效率为：

$$\eta = \eta_1 + (1 - \eta_1)\eta_2 \tag{12-4}$$

式中 $\eta$——除尘系统的总除尘效率，%；
$\eta_1$——第一级除尘器的除尘效率，%；
$\eta_2$——第二级除尘器的除尘效率，%。

(2) 分级除尘效率

所谓分级除尘效率，是指除尘器对某一粒径范围粉尘的除尘效率。当测出除尘器进出口气流中各种粒径范围的粉尘的质量分数，可用下式计算除尘器的分级除尘效率：

$$\eta_x = \frac{G_{x_1} - (1-\eta)G_{x_2}}{G_{x_1}} \times 100\% = \left[1 - (1-\eta)\frac{G_{x_2}}{G_{x_1}}\right] \times 100\% \tag{12-5}$$

式中 $\eta_x$——除尘器对某一粒径范围粉尘的除尘效率，%；
$G_{x1}$——除尘器进口气流中某一粒径范围的粉尘的质量分数，%；
$G_{x2}$——除尘器出口气流中某一粒径范围的粉尘的质量分数，%；
$\eta$——除尘器的总除尘效率，%。

## 12.2 旋风除尘器

旋风除尘器是利用含尘气体高速旋转产生的离心力将粉尘从气体中分离出来的除尘设备。它构造简单，容易制造，投资省，尺寸紧凑，没有运动部件，操作可靠，适应高温高浓度的含尘气体。这种除尘器对较大颗粒粉尘的处理有用武之地，但对微小粉尘的处理却无能为力，一般除尘效率为60%~90%。

### 12.2.1 结构和工作原理

旋风除尘器由带有锥形底的外圆筒、进气管、排气管（内圆筒）、储灰箱、排灰阀组成，如图 12-1 所示。从图中可以看到，排气管是插入外圆筒顶部中央，与外圆筒、排灰口中心在同一条直线上的，含尘气体由进气管以高速（14～24m/s）从切向进入外圆筒内，形成离心旋转运动，由于内外圆筒顶盖的限制，迫使含尘气体由上向下离心螺旋运动（这叫外旋流），气体中的颗粒由于旋转产生的惯性离心力要比气体大得多，所以它们被甩向筒壁，失去能量沿壁滑下，外圆筒下部又是锥形的，空间越往下越小，到排灰口处就形成了料粒浓集区，经排灰口进入储灰箱中。那么气体是否也跟着进储灰箱了呢？不是的，这时的气体和粉尘颗粒就该"分道扬镳"了（太细小的颗粒与气流在此是分不开的）。外旋流向下离心螺旋运动时，随着圆锥体的收缩而向收尘器的中心靠拢，又由于靠近排灰口处形成的料粒浓集区呈封闭状态，所以迫使气流又开始旋转上升，形成一股自下而上的螺旋线运动气流，称为核心流（也叫内旋流）。最后经过除尘处理的气体（仍含有一定的微粉）经排气管排出。

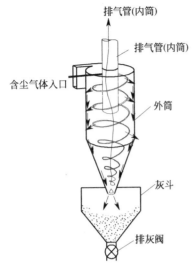

图 12-1 旋风除尘器的结构原理图

### 12.2.2 规格及类型

旋风除尘器主要有 CLT、CLT/A、CLP、CLK 型等，其代号所表示的含意如下：

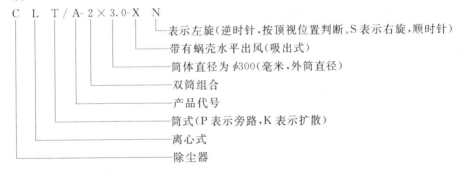

(1) CLT 旋风除尘器

它是最原始的、基本型除尘器，直筒部分长，圆锥部分短，适用于处理含尘浓度大、颗粒尺寸也大的含尘气体粗净化，见图 12-2(a)。

(2) CLT/A 旋风除尘器

它是 CLT 旋风除尘器的改进型，又称为螺旋形旋风除尘器，见图 12-2(b)。它外形细长，锥体角度小，含尘气体沿切线与水平成 15°角进入，筒体顶盖为 15°螺旋形导向板，这样可以消除引入气体向上流动而形成的上旋涡，减少无用能量的消耗，除尘效率较高。

(3) CLP 型旁路式旋风除尘器

如果在旋风筒体的外侧设计一旁路分离室（低于顶盖一定的距离），将气体进口管做成蜗旋型，使气流进入筒体内在环行空间旋转的同时，分成向上向下的两股气流。向上的气流与顶盖相撞后又向下回旋形成涡流，与向下的气流在旋转时发生干扰，使尘粒惯性力降低，一部分发生凝聚，由于惯性离心作用甩向器壁的较粗颗粒，随向下旋转的气流落至底部排出。另一部分向上气流带有大量细颗粒粉尘，在顶盖下面形成强烈旋转的粉尘环，让小颗粒

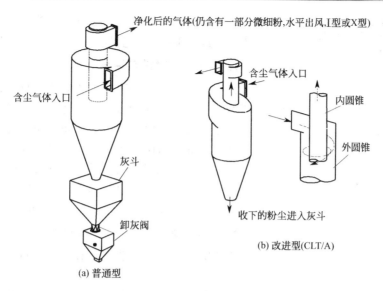

图 12-2 CLT 型旋风除尘器

发生凝聚,然后由狭缝进入旁路室与主气流分离,避免了部分细粉在旋转至排气口处被内旋流卷走。在旁路室下端的筒壁上开有狭缝,使入旁路室中已将粉尘分离出去的气体由此进入主筒内与下旋的主气流会合,使净化效率提高。这种除尘器有 CLP/A 和 CLP/B 两种结构形式,代号 P 表示旁路,其他代号与 CLT 相同,如图 12-3 所示。

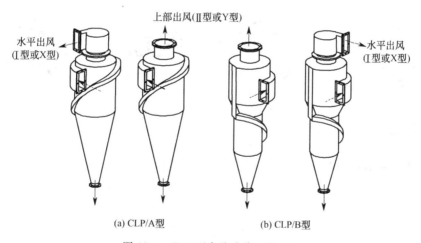

图 12-3 CLP 型旁路式旋风除尘器

(4) CLK 型扩散式旋风除尘器

除尘器下部的锥体是上小下大,进入除尘器的含尘气体旋转向下扩散,减少了含尘气体自旋风筒中心短路外溢的可能性,倒锥体内部下方设有阻气式反射屏,可防止气流将已经分离的粉尘重新卷起。由于做成扩散式的倒锥,所以含尘气体旋转对内壁的磨损减轻了。代号 K 表示扩散,其他代号与 CLT 相同,如图 12-4 所示。

不管是哪种类型的旋风除尘器,其工作特点都是对含尘气体中较大颗粒的收尘(离心沉降)效果好,而对细小颗粒却效果甚微(又会被气流带出除尘器),生料磨系统的排尘浓度在 $50 \sim 150 g/m^3$ 范围内,这其中小于 $20 \mu m$ 的细颗粒就占一半,而国家环保局规定向大气的排放浓度不得超过 $30 \sim 50 mg/m^3$,只靠旋风除尘器本身来处理是很难达到这一要求的,所以,一般它都是被用于对含尘气体的第一级处理(粗颗粒的收集),收下的粉尘进入集灰斗，灰斗下面接闪动阀或回转下料器排出，而微细粉则随气体一起进入下一级收尘器（一般是袋式除尘）处理。

### 12.2.3 密封排灰装置

旋风除尘器常用的密封排灰装置有重力式和机械驱动式两种。重力式又分翻板式和闪动阀式（见图12-5）。靠重锤压住翻板式锥形阀，当上面积灰重力超过重锤平衡力时，翻板式锥阀动作，将灰放出，之后又回到原位，将排灰口密封。机动式是由专用电机减速机带动的卸料装置，如各式叶轮卸料机等，在5.2生料均化库中的"5.2.5卸料装置的图5-5刚性叶轮卸料器"已有描述。

### 12.2.4 旋风筒的串、并联使用

旋风除尘器可以安装在楼板上，也可以安装在单独做成的支架上。

旋风除尘器可以一台（单筒）独立使用，但更多的是双筒组合（并联）和多筒组合（串、并联）在一起使用，能获得较高的除尘效率或处理较大的含尘气体量（如立磨系统中的料、气分离器，见图12-6）。

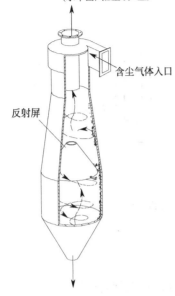

图12-4 CLK型扩散式旋风除尘器

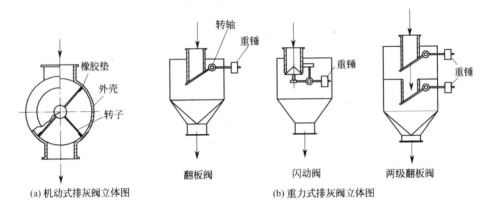

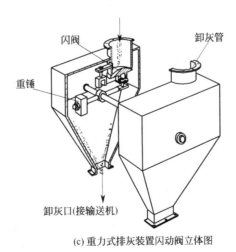

图12-5 排灰装置

(1) 串联使用

当要求净化效率较高，采用一次净化方式不能满足要求时，可考虑两台或三台旋风除尘器串联使用，这种组合方式称为串联旋风除尘器组，它们可以是同类型的也可以是不同类型的，直径可相同、也可不同，但同类型、同直径旋风除尘器串联使用效果较差。

为了提高处理高粉尘浓度废气的除尘效率，旋风除尘器也可以与其他除尘设备串联使用，如与袋式除尘器、电除尘器或湿式除尘器串联使用，作为它们的一级除尘。

(2) 并联使用

当处理含尘气体量较大时，可将若干个小直径旋风除尘器并联使用，这种组合方式称为并联式旋风除尘器组。

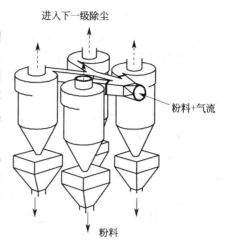

图 12-6　旋风除尘器的串、并联应用

并联使用的旋风除尘器气体处理总量为：

$$Q = nQ_单 \tag{12-6}$$

式中　$Q$——气体处理总量，$m^3/h$；

　　　$Q_单$——单个旋风除尘器的气体处理量，$m^3/h$；

　　　$n$——旋风除尘器的个数。

并联除尘器组的阻力约为单个旋风除尘器阻力损失的 1.1 倍。

### 12.2.5　操作与维护

(1) 运行中的检查和维护

① 检查管路系统有无漏风（管道破裂、法兰密封不严等）。

② 检查卸料阀运行是否正常，灰斗有无堵塞现象。

③ 检查相关设备（风机、电机等）的温度、声音、振动是否正常。

④ 注意旋风除尘器最易被粉尘磨损的部位的变化情况。

⑤ 注意检查气体温度变化情况，气体温度降低易造成粉尘的黏附、堵塞和腐蚀现象。

⑥ 注意旋风除尘器气体流量和含尘浓度的变化。

⑦ 要经常检查除尘器有无因磨穿而出现漏气现象，并及时采取修补措施。

⑧ 防止气流流入排灰口处。

(2) 停机时维护

为了保证旋风除尘器的正常工作和技术性能稳定，在停运时应进行下列检查和修补。

① 消除内筒、外筒和叶片上附着的粉尘，清除烟道和灰斗内堆积的粉尘。

② 修补磨损和腐蚀引起的穿孔，并将修补处打磨光滑。

③ 检查各结合部位的气密性，必要时更换密封圈。

④ 检查、修复隔热保温设施，以保证废气中水汽不致凝结。

⑤ 检查排风锁风装置的动作和气密性，并进行必需的调整。

### 12.2.6　影响除尘效率的因素

影响旋风除尘器除尘效率的因素主要从气体操作参数和粉尘的性质这两方面来考虑。

(1) 气体操作参数

当固体粉尘性质一定时，气体操作参数对除尘效率有很大影响，最重要的是要保证操作气体符合设计流量。风速过小，粉尘不能获得必要的离心惯性力，会降低除尘效率；风速过大，效率提高不多，反而产生大量无用涡流与乱流，造成阻力急增，得不偿失。

气体的湿含量对除尘器工作也有很大影响。当气体的相对湿度高时，水分可能凝结在除尘器内壁而黏结粉尘，影响操作，严重时造成堵塞。所以当气体的湿含量高、操作温度与气体的露点温度又相差不大时，应采取保温措施。

气体含尘浓度对除尘效率及阻力均有影响，随着含尘浓度的增加，粉尘凝聚机会增加，除尘效率提高。但含尘浓度过高会使除尘器堵塞，尤其是小直径、小锥角旋风除尘器更易堵塞。通常直径 600mm 的除尘器，允许进入气体最高含尘浓度不大于 $300g/m^3$；直径 250mm 的除尘器允许含尘浓度不大于 $75\sim100g/m^3$。

由于气体温度影响气体的黏度和密度，从而影响除尘效率。当其他条件一定时，温度高，气体的黏度也高，使分离临界粒径增大。但温度增高使气体密度降低，又可以减小临界直径。因此，温度对除尘效率影响不大。

(2) 粉尘的性质

旋风除尘器效率受粉尘的粒径及其分布、密度及含尘浓度的影响。从理论上讲，在一定操作条件下旋风除尘器有一个最小分离粒径即临界粒径，大于这一粒径效率高；小于这一粒径效率低，甚至大部分分离不出来。通常 $5\mu m$ 以下颗粒就很难收捕，粒径在 $20\sim30\mu m$ 时，效率可达 90% 以上。在粉尘的粒度分布中，粗颗粒越多，除尘效率越高。粉尘的真实密度愈大，分离的最小粒径愈小，因而除尘效率愈高。含尘浓度增加，小颗粒相互凝聚的概率增大，除尘效率提高，但含尘浓度过高，除尘器易堵塞。

粉尘的黏结性主要影响操作过程。黏结性强的粉尘易团聚，这对提高除尘效率是有利的，但易造成除尘器内部"挂壁"、"积角"，甚至堵塞。相反，不黏结的粉尘（如矿渣），旋风除尘器操作稳定可靠，允许气体最大含尘浓度放宽 1~2 倍。中等黏结性粉尘（如水泥窑灰、干空气中的水泥粉、石灰石粉及未完全烧尽的煤灰等），允许气体最大含尘浓度应取小值或减半。对强黏结性粉尘（如石灰粉、石膏、60℃矿渣粉、相对湿度大的空气中的水泥粉等），因易于堵塞，不适宜采用旋风除尘器。

粉尘的磨剥性能影响除尘器的使用寿命。对坚硬多棱角的粒状粉尘（如矿渣等）或粗大颗粒，除尘器内壁应增加耐磨材料加以保护。对有爆炸危险性的粉尘（如煤粉等），在除尘器上适当位置还应设防爆门，以保障安全。

### 12.2.7 常见故障分析及处理方法

旋风除尘器在运行中可能会出现壳体及管道磨损、漏风、排灰口堵塞、进出口压差超过正常值等，一旦发现要及时做出处理。表 12-2 是常见故障分析及处理方法。

表 12-2 旋风除尘器常见故障分析及处理方法

| 现象 | 故障分析 | 处理方法 |
| --- | --- | --- |
| 壳体磨损 | (1)壳体过度弯曲不圆造成局部凸起；<br>(2)内部焊接未磨光滑 | (1)矫正，消除凸形；<br>(2)打磨光滑 |
| 圆锥体下部和排尘口磨损，排尘不良 | (1)倒流入灰斗气体增至临界点；<br>(2)排灰口堵塞或灰斗粉尘装得太满 | (1)防止气体漏入灰斗；<br>(2)疏通积存的积灰 |
| 排尘口堵塞 | (1)大块物料或杂物进入；<br>(2)灰斗内粉尘堆积过多 | (1)及时消除；<br>(2)人工或采用机械方法清理排灰口，保持排灰畅通 |
| 排气管磨损 | 排尘口堵塞或灰斗积灰太满 | 疏通堵塞，减少灰斗的积灰高度 |

续表

| 现象 | 故障分析 | 处理方法 |
| --- | --- | --- |
| 进气和排气管道堵塞 | 积灰 | 查看压力变化,定时吹灰处理或利用清灰装置清除积灰 |
| 壁面积灰严重 | (1)壁表面不光滑;<br>(2)微细尘粒含量过多;<br>(3)气体中水汽冷凝 | (1)磨光壁表面;<br>(2)定期导入含粗粒子气体,擦清壁面,定期将大气或压缩空气引进灰斗,使气体从灰斗倒流一段时间,清理壁面;<br>(3)隔热保温或对器壁加热 |
| 进出口压差超过正常值 | (1)含尘气体状况变化或温度降低;<br>(2)筒体灰尘堆积;<br>(3)内筒被粉尘磨损而穿孔,气体旁路;<br>(4)外筒被粉尘磨损而穿孔,漏风;<br>(5)灰斗下端气密性不良,空气漏入 | (1)适当提高含尘气体温度;<br>(2)消除积灰;<br>(3)修补穿孔,加强密封;<br>(4)修补穿孔,加强密封;<br>(5)加强密封 |

## 复习思考题

12-1 水泥生产过程中除尘的意义有哪些？
12-2 什么叫除尘效率？什么叫分级除尘效率？如何计算？
12-3 简述旋风除尘器的工作原理。
12-4 旋风除尘器的类型有哪些？各有何特点？
12-5 旋风除尘器常见故障有哪些？如何处理？

## 12.3 袋式除尘器

旋风除尘器是靠粉尘颗粒的离心、沉降将其"俘获"的,这对于较大颗粒(有一定的质量)来说是很好的收尘方法,但对于细小微粒(因为质量太轻)就无能为力了。下面要介绍的袋式除尘器可以把细小的颗粒拦截住,大大提高了除尘效率。

### 12.3.1 结构和工作原理

袋式除尘器由滤袋（透气但不透尘粒的纤维织物）、清灰机构（对阻留在滤袋上的粉尘要定时清理）、过滤室（箱体）、进出口风管、集灰斗及卸料器（回转卸料器、翻板阀锁风等）组成,利用过滤方法除尘：当含尘气体通过滤袋时,尘粒阻留在纤维滤袋上,使气体得到净化排除,定期清理滤袋上的积尘,继续截留含尘气体中的粉尘。滤袋能把 0.001mm 以上的微小颗粒阻留下来,如果把袋式除尘器与旋风除尘器或粗粉分离器串联起来,作为第二级除尘,收尘效率可稳定在 98% 以上,完全能够达到国家环保要求,如图 12-7 所示。

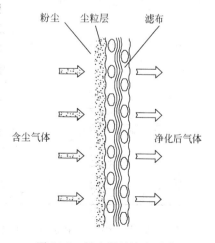

图 12-7 粉尘通过滤布过滤

从图 12-7 中可以把对尘粒的捕集分离分为以下两个过程。

（1）滤袋对尘粒的捕集

当含尘气体通过滤袋时,滤料层对尘粒的捕集是多种效应综合作用的结果,这些效应包括：惯性碰撞、直接截留、扩散、静电、筛滤和重力沉降等。

(2) 粉尘层对尘粒的捕集

过滤操作一段时间后，滤料网孔及其表面截留粉尘形成粉尘层。在清灰后依然残留一定厚度的粉尘，称为粉尘初层。由于粉尘初层中的粉尘粒径通常比纤维小，因此，筛滤、惯性、截留和扩散等作用都有所增加，使除尘效率显著提高。可见，袋式除尘器的高效率，粉尘初层起着比滤料本身更为重要的作用。一般合成纤维的网孔为 $20\sim50\mu m$，却能使 $0.1\mu m$ 以上的尘粒达到近100%的除尘效率。

### 12.3.2 规格及类型

(1) 分类

目前袋式除尘器有很多种类，通常把它们划分成为以下五种类型。

① 按滤袋形状分类。按滤袋缝制的形状分为两种：袖袋（圆筒形）式与扁袋式。

② 按过滤方式分类。按过滤方式分为两种：外滤式和内滤式。对于袖袋式，内外过滤方式都可采用；对于扁袋式，多采用外滤式。

③ 按风机在除尘系统中的位置分类。按风机的位置可分为负压式（密闭式）和正压式。负压式为风机设在袋式除尘器的净化端；正压式为风机设在袋式除尘器的前面。

④ 按气体入口位置分类。按气体入口位置可分为两种：下进风式和上进风式。

⑤ 按清灰方式分类。按清灰方式不同，袋式除尘器可分为以下五类。

a. 机械振打。利用机械装置使滤袋产生振动而将滤袋上积存的粉尘清除。

b. 分室反吹。采取分室结构，利用阀门逐室切换气流，在反向气流作用下，迫使滤袋缩瘪或鼓胀而清灰的袋式除尘器。它有三种类型：分室二态反吹袋式除尘器（清灰过程有"过滤"、"反吹"两种工作状态）；分室三态反吹袋式除尘器（清灰过程有"过滤"、"反吹"、"沉降"三种工作状态）；分室脉动反吹袋式除尘器（反吹气流呈脉动状供给）。

c. 喷嘴反吹。利用高压风机或空气压缩机提供反吹气流，通过移动的喷嘴进行反吹，使滤袋变形抖动并穿过滤料而清灰的袋式除尘器，均为非分室结构。有气环反吹、回转反吹、往复反吹、回转脉动反吹、往复脉动反吹五种。

d. 振动、反吹并用。机械振动和反吹两种清灰方法并用的袋式除尘器。有低频振动反吹、中频振动反吹、高频振动反吹三种。

e. 脉冲喷吹。利用脉冲喷吹机构在瞬间内放出压缩空气，诱导数倍的二次空气高速射入滤袋，使滤袋急剧鼓胀，依靠冲击振动和反向气流而清灰的袋式除尘器。喷吹气源压强低于 392kPa 称为低压喷吹，高于 392kPa 称为高压喷吹。脉冲喷吹袋式除尘器的类型见表 12-3。

表 12-3 脉冲喷吹袋式除尘器的类型

| 类型 | 喷吹方式 | 喷吹气流与袋内净化气流方向 |
| --- | --- | --- |
| 逆喷低压脉冲袋式除尘器 | 低压喷吹 | 相反 |
| 逆喷高压脉冲袋式除尘器 | 高压喷吹 | 相反 |
| 顺喷低压脉冲袋式除尘器 | 低压喷吹 | 一致 |
| 顺喷高压脉冲袋式除尘器 | 高压喷吹 | 一致 |
| 对喷低压脉冲袋式除尘器 | 低压喷吹 | 喷吹气流从滤袋上下同时射入,净气由净气联箱排出 |
| 对喷高压脉冲袋式除尘器 | 高压喷吹 | 喷吹气流从滤袋上下同时射入,净气由净气联箱排出 |
| 环隙低压脉冲袋式除尘器 | 低压喷吹 | 环隙形引射器逆向喷吹 |
| 环隙高压脉冲袋式除尘器 | 高压喷吹 | 环隙形引射器逆向喷吹 |
| 分室低压脉冲袋式除尘器 | 低压喷吹 | 分室结构,逐室喷吹,喷吹气流直接喷入净气箱 |

图 12-8 是气环反吹和脉冲喷吹清灰示意。

(2) 产品代号

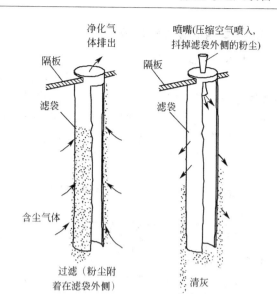

图 12-8 气环反吹和脉冲喷吹清灰示意

袋式除尘器的品种多，代号表示也较复杂，举例如下。
① 单机袋式除尘器。

这里的安装形式有三种。

a. STD（standard，标准型），即带灰斗和支架，灰斗下接分格轮、翻板阀等卸灰装置。

b. FM 型，安装形式为 Flang Mounted，即底部敞开，法兰直接安装在料仓或库顶部，如"图 9-2 水泥库内袋装及散装发运"中，水泥库库底的袋式除尘器就是这种安装方式。

c. FB 型，安装形式为 Bor，即底部带有平底储灰箱。

② 气箱脉冲袋式除尘器

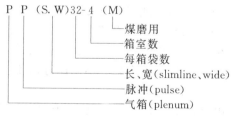

③ 反吹风袋式除尘器。

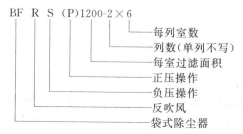

### 12.3.3 常用的袋式除尘器

**(1) 气环反吹袋式除尘器**

含尘气体由进入口引入机体后进入滤袋的内部，粉尘被阻留在滤袋内表面上，被净化的气体则透过滤袋，经气体出口排出机体。滤袋清灰是依靠紧套在滤袋外部的反吹装置上下往复运动进行的，在气环箱内侧紧贴滤布处开有一条环形细缝，从细缝中喷射从高压吹风机送来的气流吹掉黏附在滤袋内侧的粉尘，每个滤袋只有一小段在清灰，其余部分照常进行除尘，因此，除尘器是连续工作的，见图 12-9。

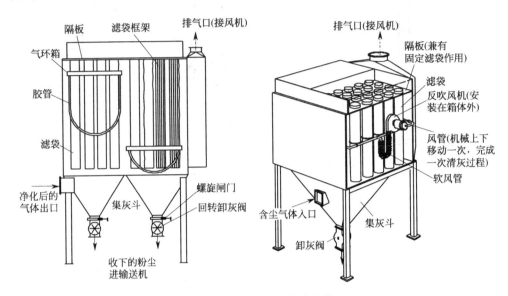

图 12-9 气环反吹袋式除尘器

**(2) 气箱式脉冲袋式除尘器**

这种除尘器的制造技术从美国富勒公司引进，具有分室反吹和喷吹式脉冲清灰的特点。由上箱体、中箱体、下箱体及灰头、梯子、平台、储气罐、脉冲阀、笼架、螺旋输送机、卸灰阀、电器控制柜、空压机等组成，本体分隔成若干个箱区，当除尘器滤袋工作一个周期后，清灰控制器就发出信号，第一个箱室的提升阀开始关闭切断过滤气体，箱室的脉冲阀开启，以大于 0.4MPa 的压缩空气冲入净气室，清除滤袋上的粉尘；当这个动作完成后，提升阀重新打开，箱体重新进行过滤工作，并逐一按上述程序完成全部清灰动作，如图 12-10 所示。

① 壳体部分：包括清洁室（或称气体净化箱）、过滤室、分室隔板、检修门及壳体结构。清洁室内设有提升阀与花板，喷吹短管；过滤室内设有滤袋及其骨架。

② 灰斗及卸灰机构：有灰斗，按不同系列、不同的进口粉尘浓度，分别设置螺旋输送机、空气输送斜槽和刚性叶轮卸料器（卸灰阀）。

③ 进出风箱体：包括进出风管路及中隔板。单排（或单列）结构布置在壳体一侧，双排（或称双列）结构布置在壳体中间；体积较小的不设箱体，进出风管路分别接于灰斗与清洁室上。

④ 脉冲清灰装置：包括脉冲阀、气包、提升阀用气缸及其电磁阀等。

⑤ 压缩空气管路及减压装置、油水分离器、油雾器等。

⑥ 支柱及立式笼梯、栏杆。

**(3) 回转反吹袋式收尘器**

清灰机构包括小型高压离心风机、反吹管路、回转臂和传动装置（转速 1.2r/min），在过滤过程中，随着粉尘的不断增厚，通风阻力也在增大，当该阻力达到一定值时，反吹风机

12 除尘与通风设备 **285**

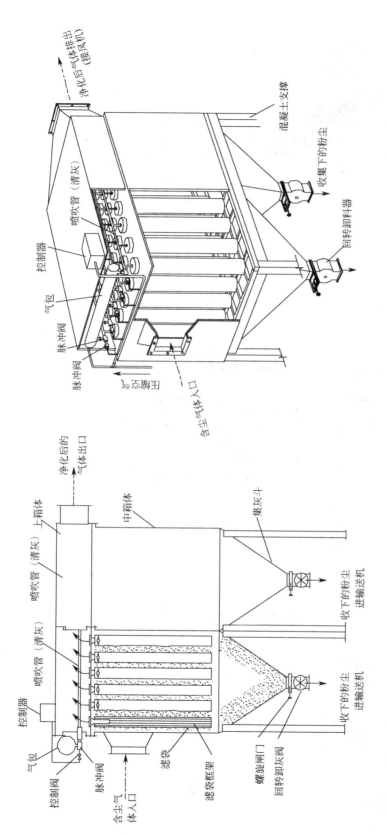

图 12-10 气箱脉冲袋式除尘器（右侧的立体图可看到内部结构）

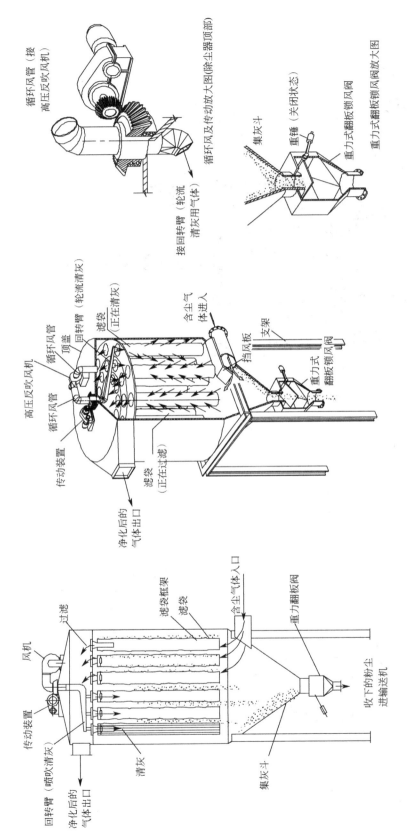

图 12-11　回转反吹袋式除尘器（圆柱形）

和回转装置同时启动,高压气流依次由滤袋上口向滤袋内喷出,使原来被吸瘪的滤袋瞬时膨胀,粉尘抖下,随即高压气流离开,滤袋正常过滤,如图 12-11 所示。

此外还有中部振打(ZX 型)袋式收尘器(从顶部振打传动,通过摇杆、打击棒和框架,在收尘中部摇晃滤袋而达到清灰的目的)、中心喷吹脉冲袋式收尘器(利用脉冲阀按规定程序定时用压缩空气对滤袋进行喷吹)等,在此不做详述了。

### 12.3.4 操作与维护

(1) 运转前的检查

① 安全防护装置是否齐全、完整,如有问题一定要向有关人员报告。
② 地角螺栓是否有松动,如有要拧紧。
③ 清除除尘器和灰斗下的螺旋输送机内的杂物、集灰。
④ 检查各润滑部位的润滑油或润滑脂是否加足。
⑤ 打开检修门,用手触摸每一条滤袋,固定是否牢固、松紧是否适中,不符合要求时要拧紧、调整,但滤袋也不能过紧。
⑥ 各种阀门、仪表是否都在各自的位置上,动作是否灵敏可靠。如有问题必须调整好。

(2) 开停机操作

袋式除尘器一般都与主机联锁在一个系统中,所以要随主机按顺序自动启动。如系岗位开车,经检查各项指标符合规定后,按下列顺序开机。

① 启动灰斗下的螺旋输送机和卸灰阀电机。
② 启动清灰装置电机(振打清灰、脉冲清灰、气环反吹清灰)。
③ 启动排风机或鼓风机电机。

停机时随主机自动关停。其先后顺序与开机相反,但要注意的是滤袋不能残留粉尘,要等排风机或鼓风机停转 5~10min 后再停止清灰装置的运行。

(3) 运行中的操作

袋式除尘器在运行中,有些条件可能会发生某些改变,或者出现某种故障,这都会影响它的运转状况,所以要经常检查运转状况,发生变化时要适当调节,用最低的运转费用使设备保持在最佳的运转状态。

① 关注压差变化。除尘设备的运行状态可以通过控制柜上的各种监测仪表显示的压差、入口气体温度、电机的电压、电流等数值的变化判断出来。如进口与出口的压差值大,表明含尘气体通过滤袋时的阻力大,这时要考虑是否滤袋发生堵塞及其堵塞的原因(是否滤袋上结露?还是清灰机构出问题而没把滤下的灰抖干净?还是由于入口管道堵塞等其他原因)。压差值降低的原因可能是有的滤袋破损或某个分室漏气。

② 关注流量变化:流量增加时过滤风速增大,可能会导致滤袋破损,破损严重时就起不到过滤作用。流量降低时流速减慢,管道内特别是水平管段容易积灰。

袋式除尘器在运行时,进出口压差、含尘气体浓度和流量、过滤风速和阻力等都是相关联的,有一项指标发生变化,其他几项都会连锁反应,因此要把变动的数值随时进行记录,通过分析对比,采取有效的措施加以解决。

### 12.3.5 常见故障分析及处理方法

袋式除尘器在运行中如果发现各连接螺栓松动、断裂、灰斗堵塞、滤袋破损较严重或者掉袋需及时处理,轴承或减速机温度超过 75℃需采取降温措施等;如果电机、减速机运行不正常(电流过大、温度过高、声音异常、振动过大)、电机开关不灵或停机不灵或急停不到位;清灰机构松动或不能运转;出口粉尘浓度严重超标需要调节滤袋才能达到收尘效果;

管路系统漏风（管道破裂、法兰密封不严）；回转卸料阀无法正常工作；风门开关不灵等，也要及时做出处理。表 12-4 是袋式除尘器的常见故障及处理方法。

表 12-4　袋式除尘器的常见故障及处理方法

| 现象 | 故障分析 | 处理方法 |
| --- | --- | --- |
| 排气含尘量超标 | (1) 滤袋使用时间过长；<br>(2) 滤袋有破损现象；<br>(3) 处理风量大或含尘量大 | (1) 定期更换滤袋；<br>(2) 更换破损的滤袋；<br>(3) 控制风量及含尘量 |
| 粉尘积压在灰斗里 | (1) 粉尘水分大，凝结成块；<br>(2) 输送设备工作不正常 | (1) 停机清灰，控制粉尘水分，袋式除尘器壳体保温；<br>(2) 保证输送物料畅通 |
| 运行阻力小 | (1) 有许多滤袋损坏；<br>(2) 测压装置不灵 | (1) 停机更换滤袋；<br>(2) 更换或修理测压装置 |
| 运行阻力异常上升 | (1) 换向阀门或反吹阀门动作不良及漏风量大；<br>(2) 反吹风量调节阀门发生故障及调节不良；<br>(3) 换向阀门与反吹阀门的计时不准确；<br>(4) 反吹管道被粉尘堵塞；<br>(5) 换向阀密封不良；<br>(6) 粉尘湿度大，发生堵塞或清灰不良；<br>(7) 气缸用压缩空气压力降低；<br>(8) 灰斗内积存大量积灰；<br>(9) 风量过大；<br>(10) 滤袋堵塞；<br>(11) 因漏水使滤袋潮湿 | (1) 调整换向阀动作、减少漏风量；<br>(2) 排除故障、重新调整；<br>(3) 调整计时时间；<br>(4) 调整疏通；<br>(5) 修复或更换；<br>(6) 控制粉尘湿度、清理、疏通；<br>(7) 检查、提高压缩空气压力；<br>(8) 清扫积灰；<br>(9) 减少风量；<br>(10) 检查原因，清理堵塞；<br>(11) 修补堵漏 |
| 滤袋堵塞 | (1) 处理气体水分含量高；<br>(2) 滤袋使用时间过长；<br>(3) 滤袋因过滤风速过高或含尘量过大引起堵塞；<br>(4) 反吹振打失败 | (1) 控制气体湿度；<br>(2) 定期更换滤袋；<br>(3) 适当调整风量和含尘量；<br>(4) 检查反吹风压力，反吹时间及振打是否正常 |
| 滤袋破损 | (1) 清灰周期过短或过长；<br>(2) 滤袋张力不足或过于松弛；<br>(3) 滤袋安装不良；<br>(4) 滤袋老化或因热硬化或烧毁；<br>(5) 泄漏粉尘；<br>(6) 滤速过高；<br>(7) 相邻滤袋间摩擦；与箱体摩擦；粉尘的腐蚀使滤袋下部料变薄；相邻滤袋破坏 | (1) 加长或缩短时间；<br>(2) 重新调整张紧度；<br>(3) 检查、调整、固定；<br>(4) 查明原因，清理积灰、降温；<br>(5) 查明具体原因并消除；<br>(6) 研究原因，更换滤料材质；<br>(7) 调整滤袋间隙、张力及结构；修补已破损滤袋或更换 |
| 脉冲阀不动作 | (1) 电源断电或清灰控制器失灵；<br>(2) 脉冲阀内有杂物或膜片损坏；<br>(3) 电磁阀线圈烧坏或接线损坏 | (1) 恢复供电，修理清灰控制器；<br>(2) 拆开清理或更换膜片；<br>(3) 检查维修电磁阀电路 |
| 提升阀不工作 | (1) 电磁阀故障；<br>(2) 气缸内密封圈损坏 | (1) 检查电磁阀，恢复或更换；<br>(2) 更换密封圈 |

### 12.3.6　影响除尘效率的因素

(1) 气体的含尘量及过滤风速

气体的过滤风速一般为 0.5~3m/min，它会随着粉尘浓度的高低而不同。当过滤风速一定时，粉尘浓度增大，使单位时间沉降在滤袋上的粉尘增多，过滤阻力就会增大。如果粉尘浓度一定，过滤风速大，单位时间内沉降在滤布上的粉尘量也会增大，造成阻力增大。如果两者都增大，过滤阻力将会增大更多。这一方面加重滤袋负担，缩短滤袋寿命，降低除尘效率，另一方面系统阻力增加，离心风机风量将减小，影响整个系统的正常工作。袋式除尘器的过滤风速及允许含尘浓度可参考表 12-5 选取。

表 12-5　袋式除尘器的过滤风速及允许含尘浓度

| 袋式除尘器类型 | 含尘浓度(标准状态)/(g/m³) | 过滤风速/(m/s) |
| --- | --- | --- |
| 中部振打 | 50~70 | 1~1.5 |
| 气环反吹 | 15~30 | 2~4 |
| 脉冲 | 3~5 | 3~4 |
| 玻璃纤维 | <100 | 0.3~0.9 |

（2）清灰周期

滤袋上的粉尘积聚多了需要定时清除，否则会造成系统的阻力增大，风机的排风量减小，清灰周期的计算公式：

$$清灰周期＝每周期清灰时间＋每周期除尘时间$$

图 12-12 为清灰周期与清灰时间的关系。

清灰时间过长，除尘时间缩短，且使首次附着粉尘层被清落掉，可能造成滤袋泄漏或破损。所以，总希望清灰时间设定最小，但清灰时间过短（清灰周期适宜），滤袋上的粉尘尚未完全清落掉，就转入除尘作业，将使阻力很快地恢复并逐渐增高。所以，要选择恰当的清灰周期，脉冲式袋式除尘器一般 30~60s 喷吹一次进行清灰。

（3）气体温度、湿度

如果气体中含大量的水汽，气体温度降至露点或接近露点，水分就很容易在滤袋上凝结，使粉尘黏结在滤袋上不易脱落，网眼被堵塞，使除尘无法继续进行。因此，

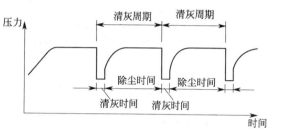

图 12-12　清灰周期与清灰时间的关系

尽量减少漏风，必要时要对气体管道及除尘器壳体进行保温，或者在袋式除尘器内安装电加热装置。要求控制气体温度高于露点 15℃ 以上。

## 复习思考题

12-6　简述袋式除尘器的构造及除尘原理。

12-7　常用的袋式除尘器的形式有哪些？

12-8　气箱式脉冲袋式除尘器的主要结构有哪些？

12-9　简述袋式除尘器的操作过程。

12-10　影响袋式除尘器除尘效率的因素有哪些？

12-11　袋式除尘器的常见故障及处理方法。

## 12.4　电除尘器

电除尘器一般用于回转窑的窑尾废气和原料磨的粉尘处理，二者可共用一台大的电除尘器；窑头冷却机的粉尘由另一台电除尘器处理。电除尘器既是减轻引风机磨损、保证机组安全可靠运行的生产设备，又是减少烟尘排放、防止大气污染的环保装置。虽然电除尘器造价较高，但其处理烟气量大、除尘效率高、运行费用低，已在水泥企业中得到广泛应用。

### 12.4.1　结构和工作原理

电除尘器的体积大，电耗高，电除尘器的除尘过程也不是简单的离心沉降（旋风除尘器的沉降原理）或过滤收尘（袋式除尘器的过滤原理），结构比旋风除尘器、袋式除尘器要复

杂得多，主要有电晕极、沉淀极、振打装置、气体均布装置、电除尘的壳体、保温箱、排灰装置和高压整流机组组成，电晕极和集尘极是主要工作部件，如图12-13所示。

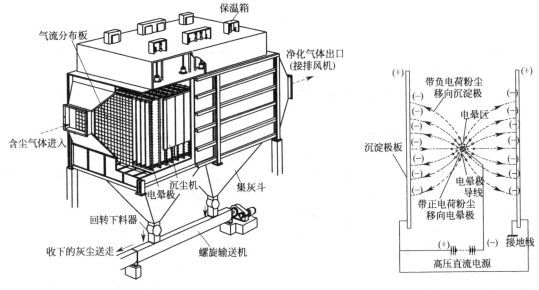

图 12-13　电除尘器　　　　　图 12-14　电除尘器的工作原理

电源的负极又叫阴极、放电极、电晕极，电源的正极（接地）又叫阳极、集尘极、沉淀极，当电压升高到一定数值时，在阴极附近的电场强度迫使气体发生碰撞电离，形成大量正负离子。由于在电晕极附近的阳离子趋向电晕极的路程极短，速率低，碰上粉尘的机会很少，因此，绝大部分粉尘与路程长的负离子相撞而带上负电，飞向集尘极，只有极少数粉尘沉积于电晕极，见图 12 14。定期振打集尘极及电晕极，两极吸附的粉尘落入集灰斗中，通过卸灰装置卸至输送机械运走。

电除尘器通常是把市电（220V 或 380V）通过一套自动调压设备＋整流变压器＋硅整流组件调压，为除尘的极板送去直流高压电，产生电晕现象，静电吸引粉尘，达到静电除尘的效果。

电除尘器的一次电流和一次电压，一般是指整流变压器一次测得的交流电流和交流电压，是市电通过调压设备（一般是可控硅调压设备）后，送至变压器一次测得的电流、电压值，是随现场工况可调、可变化的值。

二次电流、二次电压是整流变压器＋硅整流组输出的直流高压的电流、电压值，一般为 1A、30kV 左右（具体数据看设备及现场情况）。

电除尘器的主体结构是钢结构，全部由型钢焊接而成，外表面覆盖蒙皮（薄钢板）和保温材料。在集灰斗的出口处都需安装锁风装置（如回转卸料器本身就具备锁风功能），这样可防止已收回的粉尘再次悬浮飞扬起来。

### 12.4.2　类型及产品代号

（1）类型

目前，水泥厂所用的电除尘有卧式或立式两种，如图12-15所示。含尘气体由下部垂直向上经过电场的称为立式电除尘器，优点是占地面积小。但由于气流方向与粉尘自然沉降方向相反，除尘效率较低；高度大，安装与维修不便，且常采用正压操作，风机布置在电除尘器之前，磨损较快。

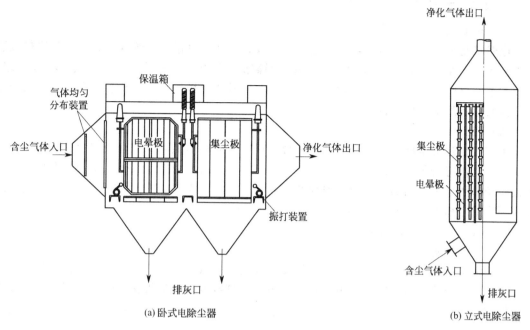

图 12-15 卧式电除尘器与立式电除尘器

含尘气体由水平方向通过电场的称为卧式电除尘器，根据需要可分成几室，优点是可按粉尘性质和净化要求增加电场数目，同时可按气体处理量，增加除尘室数目，这样既可保证效率，又可适应不同处理量的要求。卧式电除尘器一般采用负压操作，使风机寿命延长，节省动力，高度也不大，安装维修比较方便，但占地较大。

电除尘器的类型还可以按集尘极形状分为管式和板式两种；按集尘极和电晕极在除尘器内的配置位置分为单区式和双区式。

（2）产品代号

电除尘器的产品代号举例：

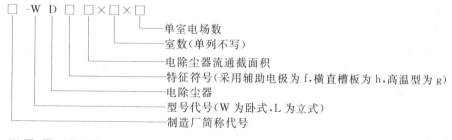

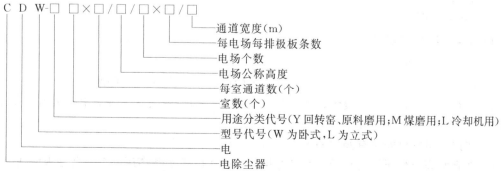

### 12.4.3 主要部件

(1) 电晕极

电晕极是电除尘的放电极，主要包括电晕线、框架、悬吊杆、绝缘套管、清灰振打装置和重锤等。电晕线采用金属丝（$\phi 2\sim 3mm$ 的镍铬、不锈钢、铜线、铝线）或并联金属组，断面的形状有圆形、十字形、星形和芒刺形等，用悬架螺杆吊在除尘器顶板上，并使用瓷瓶或石英套管将悬架与顶板良好绝缘。

(2) 沉淀极

沉淀极也是集尘极，吸收含尘气体中带有负电荷的粉尘颗粒，它有板式和管式两种。板式最为广泛，将若干块长条形极板安装在一个悬挂架上组成一排，一个除尘器内安装若干排极板，相邻两排极板间的中心距一般为 $250\sim 350mm$，电晕极安装在两极板之间。管式沉淀极为圆形或六角形，内径一般为 $200\sim 300mm$，管长 $3\sim 4m$；大一点的直径可达 $700mm$，管长 $6\sim 7m$，中间安装电晕极。

(3) 振打装置

用于清除沉淀极板上的积尘，多采用反转锤头振打清灰方式，根据电极排数，每个电场装设一套或两套采用装有时间继电器控制的锤击振打装置。电晕极振打装置采用与沉淀极类似的振打装置，但结构设计不同。除锤头振打清灰外，还有弹簧-凸轮振打、电磁脉冲振打清灰方式。

(4) 气体均布装置

气体均布装置主要由气体导流板和气体均布器组成。在电除尘器的各个工作横断面上，气体流速应力求均匀。如果气体流速相差大，则在流速高的部位，粉尘在电场中停留时间短，有些粉尘还来不及收下，就被气流带走，而且当粉尘从极板上振落时，二次飞扬的粉尘被气流带走的可能性也增大，这都会造成除尘效率下降，因此，使气流均匀分布对提高除尘器效率有重要意义。如图 12-16 所示为这几个主要部件。

(5) 壳体

电除尘器的壳体有钢结构、钢筋混凝土结构及砖结构几种，水泥厂使用的电除尘器壳体一般为钢结构，壳体的下部为灰斗，中部为除尘电场，上部安装石英套管、绝缘瓷件和振打机构，侧面设有人孔门。壳体要注意防止漏风，并设有保温设施。

(6) 保温箱

当绝缘套管周围温度过低时，其表面会产生冷凝水，影响电除尘器正常工作，保温箱内的温度应高于除尘器内烟气露点温度 $20\sim 30℃$，保温箱内装有加热器、恒温控制器。保温箱安装在电除尘器的顶部，如图 12-15(a) 上部所示。

(7) 排灰装置

电除尘器常用的排灰装置有闪动阀、叶轮下料器（又叫回转阀）和双级重锤阀。排灰装置装在灰斗的下端，如图 12-15 下部所示。

### 12.4.4 操作与维护

(1) 开机前的准备工作

① 检查壳体内、保温箱内是否有杂物，各检修门（人孔门）要关闭。

② 检查振打装置、排灰装置、锁风装置的传动机构是否灵活，各润滑点要有足够的润滑油。

③ 在进、出气口安装有阀门的电除尘器，要将它们打开。

④ 外壳和高压变压器的正极必须良好接地，高压电缆头和高压硅整流器是否漏油。

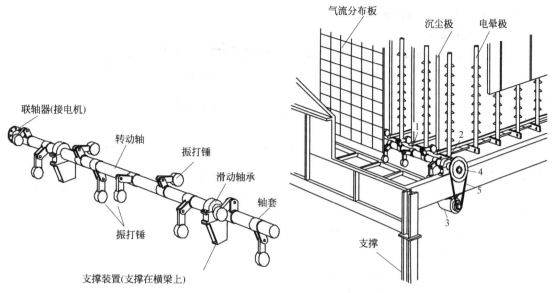

图 12-16　电除尘器的主要部件
1—轴套；2—振打传动轴承；3—振打减速机；4—链轮；5—链条

⑤ 开机前 4h 接通保温箱内的管状加热器，对绝缘套进行加热。如果是正压操作并配有热风装置，则应在开机前 4h 启动热风装置加热绝缘套，特别是用于煤磨的电除尘器，更要对其内部进行提前加热，使各部件温度高于烟气露点温度。

（2）启动操作

① 检查准备完毕后，启动下部的锁风装置电机和排灰装置电机。

② 启动电晕极、集尘极、气流分布板振打装置及灰斗斗壁上的振动电机。

③ 接通灰斗、电晕机振打传动装置、防爆阀门内的电加热装置。

④ 启动一氧化碳检测装置。

⑤ 打开烟道闸板，启动工艺系统排风机，让烟气通过收尘器。

⑥ 启动高压硅整流器，向电场送电。

（3）运行操作

① 对各电机的负荷必须仔细观察，不得超过额定值。

② 做好运行记录：每个电场高压供电装置低压端的电流、电压值，高压端的电流、电压值；振打程序的选择；各振打机构、排灰机构及输灰机构的运行情况；故障及处理情况。

③ 电除尘器在运行过程中，至少每 4h 检查一次各振打装置和排灰传动机构的运行情况。

④ 下灰斗集灰不能过多，要经常观察，定期排灰，保持下灰畅通。

⑤ 在高压运行时，操作人员不得打开电除尘器人孔口。

⑥ 为了防止高压供电装置操作过电压，不能在高压运行时拉闸。

（4）停机操作

① 将高压控制柜上的"输出电流选择键"逐一复位后，再按下"关机"按钮（紧急停机时可直接按"关机"按钮），再关断空气开关。

② 停止工艺排风机。

③ 继续开动各振打机构和排灰输灰装置（包括旋风除尘器卸灰装置及水封拉链运输机）

30min，使机内积灰及时彻底排出再停机。

（5）维护与保养

电除尘器在运行时要随时注意查看仪表所显示的数据及其变化情况，观察风机、通风管道、连接件的密封情况，做到精心保养，及时处理常见故障，对于极板变形或位移、极间距调整、绝缘由于结露或积灰而泄漏、电晕线断线或短路、放电框架振打过强或振打失灵、分布孔板被堵、排灰装置严重漏风等，要配合专业检修人员维修处理。

① 日常维护保养。

a. 除尘在日常维护时最怕腐蚀。在一些场合的含尘气体中或多或少都有水分。当气体的温度较低时，气体会在电除尘中结露，这样很容易使电除尘腐蚀。因此在操作时要特别注意废气的温度与气压，尽量使排气温度高于露点一定的数值，气体的绝对压力越低，则气体的露点也就越低。

b. 一些比较特殊的场合（如煤磨），电除尘还设有一些特殊的设计。煤粉比较易燃易爆，会造成电除尘的内部变形，所以在电除尘的上部需设有防爆阀，它是利用弹簧来压住阀门，当内部气体燃烧时，气体膨胀而使压力增大，此时阀门便会被打开。在一些湿煤粉易沉积的地方，除尘器的机壳处需设有电加热装置。

c. 电除尘器的内部还设有一些温度、$O_2$、CO等侦测装置以及惰性气体喷射系统。在中控室中要随时注意系统的$O_2$、CO及温度、风压值、警报信息及防堵指示等。现场人员巡查到电除尘器时，要注意电除尘器料柜下料点的负压，观察卸灰阀、粉尘输送设备、机壳的温度是否正常。

d. 除尘器的顶部有一些下凹的排水槽，由于铁锈及粉尘的淤集会将排水槽堵塞，这样淤水排出去就比较困难，从而加剧了机壳的锈蚀。在电除尘机的顶部，也要注意观察各个人孔、防爆孔、法兰等接缝处有没有漏气。在停机的过程中，要检查内部是否有锈蚀、异常结料、积料。检查极板、极线是否有弯曲、变形或者是距离太近等异常。

② 机体的保养。

a. 每周对保温箱进行一次清扫，在清扫过程中需同时检查电晕极支撑绝缘子及石英套管是否有破损、爬电等现象，如果有破损，则应及时更换。

b. 每周应检查一次各振打传动装置及卸灰输灰传动装置的减速机油位，并适当补充润滑油。

c. 减速机第一次加油运转一周后更换新油，并将内部油污冲净，以后每6个月更换一次润滑油。

d. 每周清扫一次电晕极振打传动瓷联轴，在清扫过程中需同时检查是否有破坏、爬电等现象，如果有破坏，则应及时更换。

e. 每年检查一次电除尘器壳体、检查门等处与地线的连接情况，必须保证其电阻值小于$4\Omega$。

f. 据极板的积灰情况，选择适宜的振打程序或另编程更改程序。

g. 6个月检查一次电除尘器保温层，如发现破损，应及时修理。

h. 每年测定一次电除尘器进出口处烟气量、含尘浓度和压力降，从而分析电除尘器性能的变化。

③ 电气部分的维护。

a. 高压控制柜和高压发生器均不允许开路运行。

b. 及时清扫所有绝缘件上的积灰和控制柜内部积灰，检查接触器开关、继电器线圈、触头的动作是否可靠，保持设备的清洁干燥。

c. 每年更换一次高压发生器的干燥剂。

d. 每年一次进行变压器油耐压试验，其击穿电压不低于交流有效值40kV/2.5mA。

## 12.4.5 常见故障分析及处理方法

电除尘器的结构复杂，故障点也较多，需针对具体故障进行仔细分析，做出相应处理，见表12-6。

**表12-6 电除尘器的常见故障及处理方法**

| 现象 | 故障分析 | 处理方法 |
| --- | --- | --- |
| 指示灯不亮 | (1)接触不良；<br>(2)电源内部有短路 | (1)改善接触；<br>(2)排除短路点 |
| 按"自检按钮"，二次电流表无读数，一次电压表及二次电压表读数大于额定值的70% | 回路中有开路 | 找到开路位置，排除 |
| 按"自检按钮"，二次电流表有读数，一次电压表及二次电压表无读数 | 回路中有短路 | 找到短路点，排除 |
| 二次电压接近于零或者二次电压升至较低便发生闪络 | (1)石英套管或支柱绝缘子，或绝缘瓷轴破损；<br>(2)两极间距离局部变小；<br>(3)有杂物挂在除尘极或电晕极上；<br>(4)电晕极振打装置绝缘瓷轴受潮；<br>(5)高压硅堆损坏；<br>(6)高压烧阻有击穿 | (1)更换破坏件；<br>(2)调整极间距；<br>(3)清除杂物；<br>(4)擦抹石英套管或支柱绝缘子，提高保温箱内温度；<br>(5)换硅堆；<br>(6)送回制造厂修理 |
| 二次电压正常，二次电流显著降低 | (1)除尘极积灰过多；<br>(2)除尘极或电晕极的振打未开或失灵；<br>(3)电晕极肥大放电不良；<br>(4)旋风除尘器因漏风等造成除尘效率下降，电除尘烟气中粉尘浓度过大，出现电晕闭塞 | (1)清除积灰；<br>(2)检查并修复振打装置；<br>(3)分析肥大原因，采取必要措施；<br>(4)处理旋风除尘器 |
| 过电压跳闸 | (1)外部连线有松动或断开；<br>(2)电网输入的电压太高；<br>(3)工况变化，电场呈高阻状态 | (1)接好松动或断开的线；<br>(2)适当减少输出电压；<br>(3)适当减少输出电流 |
| 二次电压不稳定，二次电压表急剧摆动 | (1)电晕线折断，其残留段受风吹摆动；<br>(2)电晕极支柱绝缘子对地产生沿面放电 | (1)剪去残留段；<br>(2)处理放电部位 |
| 一、二次电压、电流均正常，但除尘效率显著降低 | (1)气流分布板孔眼被堵；<br>(2)灰斗的阻流板脱落，气流发生短路；<br>(3)靠出口处的排灰装置严重漏风 | (1)检查气流分布板的振打装置是否失灵；<br>(2)检查阻流板，并作适当处理；<br>(3)加强排灰装置的密封 |
| 二次电压表一定值后不再增大，反而下降 | (1)变压器套管损坏；<br>(2)高压绕组软击穿 | (1)换变压器套管；<br>(2)送回制造厂修理 |
| 排灰装置卡死或保险跳闸 | 机内有杂物掉入排灰装置 | 停机修理 |
| 电源极线松弛 | (1)由于电晕极线过长，电晕极部分各表面温度不均；<br>(2)各电晕极线松紧程度不同；<br>(3)电除尘器启动、停车频繁 | (1)将电晕线长度改短；<br>(2)电晕线松弛后可用漆包线缚紧；<br>(3)用板线工具，将松弛的电晕线在电晕框的同一平面内扳弯以保持松紧程度一致 |
| 电晕线断裂 | (1)由于振打作用产生间隙，使电晕线及框架结构的挂勾和挂环的连接处产生弧光放电，而将勾与环连接处烧断；<br>(2)由于电晕线松弛，在振打时产生摆动，引起电弧放电、烧断电晕线；<br>(3)漏进空气引起冷凝，造成腐蚀；<br>(4)振打力过大，使极线疲劳 | (1)将挂勾和挂环连接点焊固定；<br>(2)缩短电晕线的长度，电晕两端改用螺栓连接紧固；<br>(3)堵漏；<br>(4)降低振打力适中 |

续表

| 现象 | 故障分析 | 处理方法 |
| --- | --- | --- |
| 电晕封闭 | (1)进口含尘浓度过高；<br>(2)未及时清扫电晕极积灰 | (1)控制入口处含尘浓度；<br>(2)振打、吹扫电晕极上的积灰 |
| 反电晕 | (1)粉尘比电阻高于规定值；<br>(2)未及时清扫沉淀极板上的积灰 | (1)预先对烟气进行比电阻调理,可采用烟气增湿方法使粉尘比电阻降到 $5\times10^{11}\Omega\cdot cm$ 以下；<br>(2)清扫沉淀极板积灰 |
| 沉淀极板断裂 | (1)由于漏风或开、停时电场内部结露,废气中的 $SO_2$ 造成极板腐蚀；<br>(2)风速高、风量大使极板粉尘磨损 | (1)极板改用耐腐蚀材料；或通热风入电场,在开停前后使场内温度保持在露点以下 $20\sim30$ ℃；<br>(2)调整操作参数或进口阀门开度 |
| 电场内发生爆炸 | (1)由于生产操作不正常或煤质变差时,造成煤粉燃烧不完全,致使大量 CO 气体和煤粉进入电场中；<br>(2)未燃烧完全的煤被捕集在电极上,在电晕作用下进行不完全燃烧产生 CO 气体大量积聚在电除尘器上部死区内 | (1)加强操作,控制废气中的 CO 含量；<br>(2)安装可靠的防爆阀,以保证爆炸时的卸荷作用 |
| 振打传动电机烧毁 | (1)冷态时,转轴各轴承的中心线不同心,轴变形或轴链轮平面与电机链轮平面不重合,导致转矩增大；<br>(2)热态时,因温度作用,传动轴位置发生变化；或因温度不均匀,各轴承中心线不在一直线上,造成阻力矩急剧上升 | (1)调整各同心度；<br>(2)放大轴承间隙；<br>(3)每根轴上进行一点轴向固定；<br>(4)进行多次调整；<br>(5)电机加过载保护；<br>(6)注意气流分布的均匀性,以保证温度的均匀 |
| 二次工作电流过大,二次整流电压升不高,接近 0 V | (1)沉淀极和电晕极之间短路；<br>(2)石英套管内壁冷凝结露造成高压对地短路；<br>(3)电晕极振打用的绝缘瓷瓶或钢化玻璃破损,造成对地短路；<br>(4)高压部分绝缘不良,高压电缆或电缆终端盒对地击穿短路；<br>(5)灰斗内积灰过多,以致接触电晕极框架；<br>(6)电晕线折断、留下的短头侧向偏出,靠近沉淀极板 | (1)清除造成短路的杂物或断脱的电晕线；<br>(2)将石英套管内壁擦拭干净,延长电加热器的加热时间,以保证套管内有足够的温度；<br>(3)检修更换损坏的钢化玻璃或瓷瓶以及损坏的电缆；<br>(4)更换绝缘材料,更换电缆或终端接头；<br>(5)清除灰斗内积灰；<br>(6)检查断线处,去掉残余的断线 |
| 二次工作电流正常或偏大,整流升压到较低的数值就产生火花击穿 | (1)沉淀极和电晕极之间的距离局部变小；<br>(2)有杂物落在或挂在沉淀极板或电晕极上；<br>(3)保温箱或绝缘室温度不够,石英套管内壁受潮漏电；<br>(4)由于电场出现压力,烟气从石英套管向外排出,使套管或高压支柱瓷瓶受潮积灰以及油污、弄脏,造成漏电；<br>(5)电缆击穿或漏电 | (1)检查调整极间距；<br>(2)清除杂物；<br>(3)清除原因,擦拭套管内壁,提高石英套管温度；<br>(4)擦拭干净,并采取改进措施,防止烟气从石英套管向外排出；<br>(5)检修并更换电缆 |
| 二次电压正常而二次电流很小,毫安数比正常值大大降低 | (1)沉淀极或电晕极上积灰过多；<br>(2)振打装置未开或部分振打机构失灵；<br>(3)电晕极上肥大造成放电不良；<br>(4)烟气中含尘浓度过大,出现电晕封闭 | (1)清除积灰,检查振打装置；<br>(2)检查修好振打装置；<br>(3)检查原因,采取改进措施；<br>(4)降低烟气中含尘浓度,降低风速或提高工作电压 |

续表

| 现象 | 故障分析 | 处理方法 |
| --- | --- | --- |
| 整流电压和一次电流正常，二次电流的毫安表无读数 | (1) 整流输出端 FS-1-0.5 避雷器或放电间隙击穿损坏；<br>(2) 毫安表并联的电容器损坏造成短路；<br>(3) 变压器至毫安表连接导线在某处接地；<br>(4) 毫安表本身指针卡住 | (1) 查出原因，排除故障；<br>(2) 更换电容器；<br>(3) 检查排除故障；<br>(4) 检查修复毫安表 |
| 控制仪表显示出口烟气中的粉尘含量升高，电场参数波动大，严重时烟囱冒黑烟 | (1) 静电除尘器入口气流分布板孔眼被堵塞，气流分布不均匀，导致部分电场超负荷运行，致使除尘效率降低；<br>(2) 电场下部灰斗的排灰装置严重漏风；防止煤灰结块而设置的流化空气阀门内漏或未及时关闭，导致进风量超标，除尘效率下降；<br>(3) 发生电场以外放电，如隔离开关、高压电缆及阻尼电阻等放电；<br>(4) 振打时间与振打周期不合适，导致极板极线积灰严重，电晕线粗大，影响放电效果；粉尘产生二次飞扬，导致除尘效率下降 | (1) 检查气流分布板的振打装置是否失灵或未投用，保证振打效果；利用检修机会检查气流分布板，防止分布板有脱落或孔眼被堵塞；<br>(2) 针对排灰装置的漏风部位与原因进行处理，流化空气阀门使用后及时关闭；<br>(3) 确认并避免阀门内漏；<br>(4) 调整振打强度、时间间隔和周期，保证振打效果，避免粉尘的二次飞扬与电晕线粗大 |
| 石英套管击穿破裂 | (1) 套管制造质量不好，壁厚不均或内壁不圆，安装后受力不均；<br>(2) 套管内部积灰；<br>(3) 套管内壁冷凝结露；<br>(4) 绝缘瓷瓶、连杆、拉杆及悬吊杆的位置不正确，使受力不均；<br>(5) 石英套管与底座之间无衬垫或衬垫太硬、太薄；<br>(6) 提升机构下落位置不正确 | (1) 检查套管的制造质量，对不合格者予以更换；<br>(2) 清除积灰；<br>(3) 提高套管温度；<br>(4) 调整位置；<br>(5) 垫以 15mm 厚的耐热橡胶板；<br>(6) 调整提升机构的专用调整螺丝，使其下落位置符合要求 |

#### 12.4.6 影响电除尘器除尘效率的主要因素

(1) 粉尘的比电阻

粉尘的比电阻是指 $1cm^2$ 面积上高度为 $1cm$ 的粉料柱，沿其高度方向测得的电阻值，单位为欧姆·厘米（$\Omega \cdot cm$）。粉尘比电阻是影响电除尘器除尘效率的一个很重要的因素，电除尘器对粉尘的比电阻有严格的要求。当比电阻在 $10^4 \sim 10^{11} \Omega \cdot cm$ 时，除尘效果最好。当比电阻低于 $10^4 \Omega \cdot cm$ 时（低阻型），粉尘导电良好，荷电粒子与集尘极接触时立即放出电荷，同时获得与集尘极相同的电荷，受到集尘极排斥而又脱离集尘极，返回到气流中，形成粉尘的二次飞扬，此时，粉尘难以捕集，电除尘器效率下降，甚至难以工作。当粉尘比电阻在 $10^{11} \Omega \cdot cm$ 以上时（高阻型），沉淀在集尘极上的粉尘颗粒放电过程进行很慢，电荷很难中和，因此在粉尘层间形成很大的电压梯度，以致发生局部放电，出现反电晕现象，在集尘极和物料层中形成大量阳离子，中和迎面而来的阴离子，使电能消耗增加，净化操作恶化，甚至无法操作。

当粉尘的比电阻不在合适的范围内时，应进行调节。粉尘的比电阻与温度、湿度和粉尘粒子的成分等因素有关，因此，可采用调节含尘气体的温度和湿度的方法将比电阻调节至要求的范围内。调节的措施根据粉尘的具体情况而定。对低阻型粉尘，应采取减少电离室的风速、增加百叶窗等措施；对高阻型粉尘，可在含尘气体内加入适量的氨、水蒸气或 $CO_2$ 等。

(2) 除尘系统温度

从总的效果来看，进入电除尘器的气体温度较低有利于提高其除尘效率，但由于窑、磨、烘干机等设备排放出的含尘气体中均含有一定量的水分，气体的温度就不能低到气体的露点，否则会产生结露现象。由于结露，粉尘黏附在集尘极和电晕极上，即使振打也不能有效地使其脱落。黏附的粉尘量达到一定程度时，就会阻止电晕极产生电晕，从而使除尘效率下降，电除尘器不能正常工作，严重时使除尘器完全失去作用。很多水泥企业电除尘器在冬季的使用效果降低，主要原因就是由于冬季气温低使气体产生结露而造成的。另外，由于结露会造成除尘器的电极系统及壳体和集灰斗产生腐蚀，当气体中含有 $SO_3$ 等腐蚀性物质时，腐蚀程度会更严重，从而缩短使用寿命。

目前在很多水泥企业，除尘器外部的保温层从安装之日起从未更换，多处已经脱落造成除尘器的保温效果不好，时有结露现象发生。因此，应加强对除尘系统，包括管道和除尘器的保温，如采用玻璃纤维、锡铂纸对除尘器外壳进行双层保温等。经验证明，进入电除尘器的气体温度应高于露点约50℃。

(3) 除尘系统的密封

电除尘器通常为负压操作，因此在使用中必须注意密封，减少漏风以保证其工作性能。由于外部空气的进入，会带来以下三个不利的后果。

① 降低除尘器内气体的温度，有可能产生结露，尤其是在气温低的冬季，引起上述结露而产生的问题。

② 增大电场风速，使含尘气体在电场中的停留时间缩短，粉尘颗粒有可能来不及沉降到集尘极板上就被气流带出电场，从而降低除尘效率。同时，由于风速增大，使已沉降的粉尘再次被扬入气流中，造成除尘器的操作条件恶化。

③ 如果是集灰斗和排灰口处漏风，则漏入的空气直接将已沉降下的粉尘吹起，扬入气流中，造成严重的二次扬尘，导致除尘效率降低。

除尘器一般漏风率应控制在2%～3%以内，应将除尘器本体及进风管道及时进行焊补。漏风较严重的地方通常有出料口、检修孔、观察孔、振打机构的穿过处、绝缘子安装处等，在使用时应特别注意这些地方的密封。

(4) 粉尘浓度

不同含尘浓度的气体应采用不同的除尘方法，一般情况下，电除尘器进口允许粉尘浓度以不超过 $40～50g/m^3$（标准状态）为宜。由于电除尘器正常工作时，电晕电流基本上是气体离子的运动所致，当含尘量过高，则大部分空间离子电荷给了尘粒，而尘粒移动速率远低于离子移动速率，电荷活动大大降低，使除尘器形成所谓电晕封闭，电流下降，因而效率也下降。但电晕极若采用芒刺线，则处理气体的含尘浓度可以提高到 $80～100g/m^3$（标准状态）。

(5) 处理风量

对于一定型号规格的电除尘器，其除尘效率是指处理风量在一定范围内而言。如果处理风量超过设计范围，除尘效率也就达不到设计要求。

处理风量大于电除尘器设计允许的范围时，除尘效率降低的原因主要是由于气流流速增大，减少了粉尘微粒与电离的气体相结合的机会，加大了粉尘微粒被高速气流带走的数量，同时也加大了已沉聚下来的粉尘再度被高速气流扬起带走的数量，即加大了二次扬尘。一般认为，气体流速取 $0.6～1.3m/s$ 为宜，对规格大的电除尘器可以取上限值，因为气体在电除尘器内停留的时间长些；反之，则可取较小的值。

(6) 清灰方式

电除尘器普遍采用的积灰清除方式是安装定时振打清灰装置。由于锤击振打装置、弹簧凸轮振打装置和电磁振打装置都存在着共同的不足，电除尘器在使用一段时间以后，由于极板表面积灰增厚，极线积灰，导致除尘效率降低。

目前，一种先进的电除尘器清灰方式，即采用声波技术清灰，已开始得到应用，这种清灰方式能经济、简单、有效地提高除尘效率。其工作原理是：声波清灰系统由声波发生器、储气泡、减压阀、压力表、空气过滤器、油雾器、电磁阀、时间控制器和气路、电路等组成。压缩空气通过进气口进入气室内，当气室压力达到一定程度时，金属膜片向上移，形成一环形缝隙，空气由此通过喇叭管冲出，完成一次脉冲。这一过程重复进行。声波发生器产生具有一定能量的声波。由于声波的声强和频率是按清灰要求设计的，所以声波达到电除尘器的极板线后，转化为机械能，抵消气流中粉尘的表面黏附力，阻止粉尘相互之间结合成一层硬壳。同时，声波还能使已结块的粉尘层松散，使粉尘较易从极板上脱落下来，达到声波清除极板极线积灰的目的。如果能满足声波清灰系统所要求的条件，就能获得非常满意的清灰效果。

此外，在操作上应保持电压充足，生产中经常发生由于电压不足而致使除尘效率下降。有时由于安装不正确或使用、检修不善，使某些局部电极距离较小形成短路，电压不能加足，也会引起除尘效率下降。

综上所述，要提高电除尘器的工作效率，必须充分了解和掌握电除尘器的工作性能，对所处理的含尘气体及粉尘的特性要有比较全面的了解，使其符合要求，以最大限度地提高除尘效率，发挥电除尘器应有的作用。

复习思考题

12-12　简述电除尘器的工作原理。
12-13　卧式电除尘器主要由哪些部分组成？
12-14　电晕极和集尘极各有什么作用？
12-15　什么是粉尘的比电阻？它对除尘效率有何影响？
12-16　简述电除尘器的操作过程。
12-17　系统温度和粉尘浓度对除尘效率会产生怎样的影响？
12-18　逐个分析常见故障产生的原因及采取相应的方法来做出处理。

## 12.5　离心通风机

水泥生产过程中的多道工序需要通风，窑头喷煤、冷却机、均化库需要供风，不同的扬尘点需要除尘，这些都离不开离心通风机（从设备内部向外抽风），如生料制备、熟料煅烧、水泥制成及包装发运等工序的通风除尘，离心式通风机与除尘器共同构成了除尘系统。

### 12.5.1　结构和工作原理

离心式通风机（简称离心风机）主要由螺形机壳、叶轮、轮毂（将叶轮固定在机轴上）、机轴、吸气口（进口，是负压）、排气口（出口，是正压）、轴承座和机座（用于固定风机）、皮带轮或联轴器（与传动电机相连）组成，如图12-17所示。离心式通风机的构造看上去虽然比较简单，但工作原理是非常复杂的：当电机带动叶轮转动时，空气也随叶轮旋转并在惯性的作用下甩向四周，汇集到螺形机壳中。在空气流向排气口的过程中，由于截面积不断扩大，速率逐渐变慢，大部分动压转化为静压，最后以一定的压力从排气口压出，此时叶轮中心形成一定的真空度，外界空气在大气压力的作用下又被吸进来，由于叶轮在不停地旋转，空气就不断地被吸入和压出，从而达到输送空气的目的。

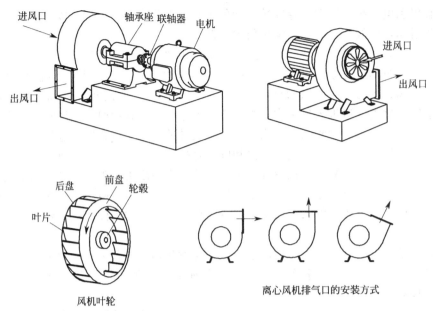

图 12-17 离心通风机

### 12.5.2 规格型号

离心式通风机的规格型号表示如下：

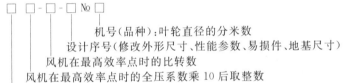

机号（品种）：叶轮直径的分米数
设计序号（修改外形尺寸、性能参数、易损件、地基尺寸）
风机在最高效率点时的比转数
风机在最高效率点时的全压系数乘10后取整数
用途代号：一般风机和输送（T）省略；防爆（B）；锅炉引风机（Y）；排尘风机（C）；煤粉（M）；高温（W）；冷却风机（L）

例如：Y4-73-11No31.5F 型离心式通风机，表示锅炉引风机，最高效率点时的全风压系数 $0.42 \times 10 = 4.2 \to 4$，比转数为 73，设计序列号为 11，叶轮直径 3150mm，支撑方式为旋臂双支撑。

在水泥生产过程中，4-72、B4-72 型是一种高效率、中低压离心式通风机，C4-73-11 型为一般排尘风机；用于回转窑窑尾排风（输送介质为烟气）的 Y4-73 型为离心式通风机（高温风机）；用于煤磨排风或回转窑鼓风的 7-29-11 型为离心式通风机；而 9-19 和 9-26 型高压离心式通风机，具有高效率、噪声低等特点，一般用于箅式冷却机的高压强制通风、空气输送斜槽和袋式除尘器反吹风清灰等场合。

### 12.5.3 机座及传动方式

风机的基座用建筑钢焊接或用生铁铸造而成，轴承大都采用滚珠轴承，根据风机所使用的现场工艺布置要求，传动方式有 A、B、C、D、E、F 六种，见图 12-18。

### 12.5.4 密封和润滑装置

离心风机的转速非常高，回转件会造成磨损，因此需要润滑（中小型风机多采用油杯润滑，大型风机采用液压润滑装置强制润滑）。为防止润滑油的泄漏及灰尘、水分进入轴承，还要防止风机工作时漏气，在风机的壳体、轴承上采用组合密封装置，用来封气和封油，见表 12-7。

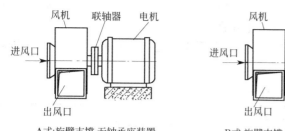
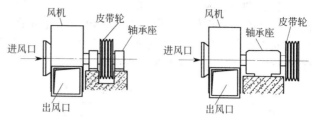
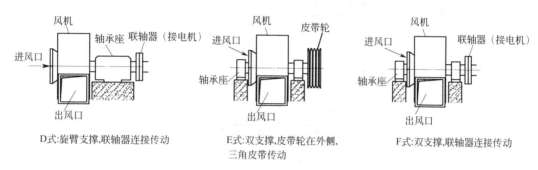

图 12-18　离心式通风机机座的六种传动方式

#### 12.5.5　操作与维护

（1）启动前的准备

① 检查并确认主机和管件的连接是否符合要求。

② 调节门是否关闭，螺栓是否松动。

③ 传动部分是否灵活。

④ 润滑油是否清洁、充足。

⑤ 电器仪表等是否灵敏有效。

⑥ 严禁在通风机和通风管上放置或悬挂任何物件。

（2）运行中的操作

① 运行中要注意风机各部位是否有异常现象（如排气温度、油位、电器控制线路等），如有异常现象应立即停车检查排除。

② 根据工作负荷变化随时调节风量，使风机处于最良好的运行状态。

③ 当电动机温升超过铭牌规定时，应停机降温。

④ 严禁在风机运转时对风机各部位进行检查和修理。

（3）风机发生下列现象时要紧急停车

① 风机有剧烈振动、碰击、异常噪声等不正常现象；

② 轴承箱有剧烈振动，轴承温度急剧上升；

③ 电机电流过大，温升过高；

④ 皮带有破裂抽打声。

发现上述异常时要紧急停车，查明原因及时排除。

（4）定期维护

① 定期清除风机内部的积灰和附着杂物。4～6个月更换一次润滑油，每次检修也需检查更换一次，油位应保持在规定高度。

② 叶轮长期运行发生剧烈振动时应及时检修或更换，用户自行修理时须作静平衡和动平衡校验，合格后方可安装使用，否则会出现恶性事故。

③ 较长时间停用或备用的风机应切断电源，放置在干燥的室内。每隔一定时间，应将叶轮旋转 180°，以防主轴静态变形弯曲。

表 12-7　离心式通风机的密封装置

| 类别 | | 形式 | 用途 |
|---|---|---|---|
| 封气装置 | 机械封气装置 | 迷宫式（整体密封、梳齿气封、键片气封） | 通用形式；常用于轴伸出机壳外的密封 |
| | | 涨圈式（涨圈式密封） | 用于小型整体机壳 |
| | 联合封气装置 | 气封油封式 | 用于输送空气和不易于爆炸的鼓风机 |
| | | 气封水封式 | 用于易爆炸的煤气鼓风机 |
| 封油装置 | | 迷宫式（平式、导筒式） | 用于滑动轴承 |

## 复习思考题

12-19 简述离心式通风机的构造。
12-20 离心式通风机的用途是什么?哪些场合需要安装离心式通风机?
12-21 离心式通风机在操作中应注意哪些问题?

## 12.6 除尘系统的选择

### 12.6.1 选择除尘系统的原则

除尘系统由各种类型的除尘器、除尘级数、管道、通风机和管网布置等组成。选择除尘系统一般应遵循以下原则。

① 认真执行国家标准,使生产过程中排出的各种气体以及生产车间操作岗位的空气含尘浓度符合 GB 4915—2004 要求(见表 12-1)。

② 实行预防为主、防治结合的方针,尽量减少生产环节,降低物料落差,加强设备、管道和料仓的密闭,减少漏风。处理含尘物料的车间要在适当地点设置用水点,以便于洒水清扫,防止粉尘二次飞扬。

③ 掌握各种尘源气体的含尘浓度、气体量、气体温度、粉尘粒度与性质等资料,选择适当的除尘系统和除尘设备。

④ 为了使除尘系统简单可靠,尽可能采用单级除尘。当气体含尘浓度较高,超过所选除尘器的允许范围或达不到国家规定的排放浓度时,则可采用两级除尘。

⑤ 各种除尘设施所收集的粉尘,一般都要返回生产系统中去加以利用,以节约原材料消耗,并避免造成二次污染。

⑥ 除尘系统要装设温度计、压力计等监测仪表,必要时需设置远程指示和自动控制装置。

### 12.6.2 主要尘源点的除尘系统的确定

水泥厂各尘源点的除尘设备选择需综合考虑以下因素。

① 国家排放标准的要求。

② 尘粒的性质及其变化,主要有尘粒的分散度(飞灰的颗粒大小)、含尘浓度、密度、粉尘比电阻、亲水性、黏附性及磨损性等。

③ 气体的性质及其变化,主要有气体量及其变化、温度、黏度及露点。

④ 各种型号除尘器的性能、特点、净化能力、动力消耗、适用范围、材料及价格等有关资料。

⑤ 设备投资、金属耗量、材料消耗、运行费用、使用寿命、占地面积及管理等项指标。

### 12.6.3 破碎机的除尘

破碎机的排风量和含尘浓度随破碎机的形式不同而有较大差别,一般颚式破碎机、圆锥式破碎机、辊式破碎机排放气体中的含尘浓度(标准状态)为 $10\sim15g/m^3$,锤式破碎机为 $15\sim75g/m^3$,反击式破碎机为 $40\sim100g/m^3$。

对于颚式破碎机、圆锥式破碎机和辊式破碎机,一般选用袋式除尘器一级除尘系统。对于锤式破碎机和反击式破碎机一般应选用二级除尘系统,第一级采用旋风除尘器,第二级采用袋式除尘器。

### 12.6.4 粉磨设备的除尘

(1) 粉磨设备废气的性质

干法生产的生料磨和水泥磨是水泥厂的主要尘源,磨机的排尘量与通风量及含尘浓度有关。磨机的通风量一般根据粉磨系统的形式和磨机有效断面风速来确定,开路磨机风速一般为 0.5~0.8m/s。闭路磨机循环负荷率与选粉效率匹配,所以过粉磨现象少,磨内风速一般控制在 0.3~0.5m/s 范围内。从磨机中抽出的气体含尘浓度,与气流在磨尾排气管中的速度有关,表 12-8 是磨机粉尘的颗粒组成,表 12-9 是水泥磨闭路系统中各部分粉尘颗粒的组成。表 12-10 为磨机含尘气体的性质。

表 12-8 磨机粉尘的颗粒组成

| 粉尘部位 | 颗粒组成/$\mu m$ | | | | | |
|---|---|---|---|---|---|---|
| | <15 | 15~20 | 20~30 | 30~40 | 40~88 | >88 |
| 干法原料磨 | 43 | 6.8 | 21.4 | 7.8 | 17.5 | 3.5 |
| 水泥磨 | 42 | 6.4 | 18.6 | 8.8 | 23.6 | 0.6 |

表 12-9 水泥磨闭路系统中各部分粉尘颗粒的组成

| 粉尘部位 | 颗粒组成/$\mu m$ | | | | | | | | 合格成品率/% |
|---|---|---|---|---|---|---|---|---|---|
| | 0~5 | 5~10 | 10~15 | 15~20 | 20~30 | 30~60 | 60~90 | >90 | |
| 粗粉分离器粉尘 | 19 | 8 | 4.5 | 4 | 6.5 | 32 | 15.5 | 10.5 | |
| 选粉机的粗粉 | | | | | | 26① | 25.5 | 48.5 | |
| 选粉机的细粉 | 21 | 8 | 5 | 5 | 10.5 | 32.5 | 14 | 4 | 82.2 |
| 电除尘器的预除尘器灰仓粉尘 | 31.9 | 1.45 | 10.1 | 6.5 | 8.3 | 26.3 | 2.4 | | 11.7 |
| 电除尘器灰仓的粉灰 | 43 | 14 | 9.5 | 6 | 8.5 | 18 | 1 | | 6.1 |
| 全部细粉 | 25 | 10 | 7 | 5 | 9 | 33 | 8 | 3 | 100 |

① 小于 60$\mu m$ 的总和。

表 12-10 磨机含尘气体的性质

| 磨机名称 | 气体的性质 | | | 粉尘的性质 | | |
|---|---|---|---|---|---|---|
| | 排气量(标准状态)/($m^3$/t) | 温度/℃ | 露点/℃ | 含尘浓度(标准状态)/(g/$m^3$) | <15$\mu m$ 粉尘量/% | 15~18$\mu m$ 粉尘量/% |
| 干法原料磨 | 400 | 70 | 43 | 60~90 | 80 | 15 |
| 水泥磨 | 500 | 75 | 25 | 60~80 | 50 | 45 |

(2) 除尘系统的选择

由于从磨机抽出气体的含尘浓度较高,一般为 40~80g/$m^3$(标准状态),且粉尘颗粒比较细,所以一般采用二级除尘系统。第一级选用旋风除尘器,第二级选用袋式除尘器或电除尘器。选用袋式除尘器时,过滤风速不大于 1.5m/min,排风机风压选用 3kPa 左右为宜,水泥磨废气在除尘器内应保持在 50~60℃以上,否则易结露堵塞袖袋,影响除尘器的正常工作。

### 12.6.5 烘干机废气的除尘

(1) 烘干机废气的性质

烘干机的过剩空气系数较大,所以烘干各种物料的废气成分都较相近。废气的温度和水分随着燃料的消耗量、物料烘干量、废气量、原料表面水分、烘干机类型和工艺流程的不同而有高低之差,温度一般在 60~150℃范围内,水分一般在 12%~20%,矿渣回转式烘干机 60$\mu m$ 以下颗粒占 50%。烘干机粉尘的比电阻与被烘干物料的物理性能和化学成分有关,一般适合于采用电除尘器。

(2) 除尘系统的选择

对于烘干机废气的除尘一般采用二级除尘系统。第一级选用旋风除尘器，第二级除尘器根据被烘干物料的水分高低进行选取。如果水分较高则应选用电除尘器，如果水分较低则选择袋式除尘器。

烘干机的除尘系统必须加强保温，防止结露腐蚀，必要时采取加热措施。根据生产实践和实际测定结果，应保证在除尘系统的最后一台设备或管道中废气温度高于其结露点温度20～50℃以上。

### 12.6.6 回转窑废气的除尘

(1) 回转窑废气的性质

回转窑废气的化学成分中，$CO_2$ 和水分较多，而 $SO_2$ 较少。由于燃料和原料中的磷、硫量和原料的含碱量不一样，所以粉尘中的 $SO_3$、$K_2O$、$Na_2O$ 的含量随窑型的不同而有所变化。水泥窑废气中粉尘的颗粒组成由于窑型不同而有较大差别，其中悬浮预热器窑微细粉尘含量最高，$15\mu m$ 以下的粉尘占 94%。

(2) 除尘系统的选择

对于干法回转窑如立筒预热窑、悬浮预热器窑、窑外分解窑、带余热锅炉的窑等，由于废气中水分少、粉尘比电阻值高，一般在废气进电除尘器前，要采取增湿降温措施。这不仅可以提高电除尘器的效率，而且由于增湿后粉尘移向沉淀极的速率增大（将近 1 倍），可减少除尘器沉淀极的面积，从而降低投资。

### 12.6.7 熟料冷却机废气的除尘

熟料冷却机废气中，$10\mu m$ 以下的尘粒一般只占 15% 左右，$46\mu m$ 以上的尘粒占 50%，粉尘的真实密度为 $3.2t/m^3$。废气的温度一般为 100～150℃，含尘浓度为 $3\sim20g/m^3$（标准状态）。

冷却机废气的除尘，在含尘浓度不高时选用扩散式或多管式旋风除尘器一级除尘系统即可。如含尘浓度较高，一级除尘达不到要求时，则应选择二级除尘系统，其中第一级选择多管式或扩散式旋风除尘器，第二级选用电除尘器。

### 12.6.8 包装机的除尘

包装机系统的扬尘点较多，抽吸管道中的气体含尘浓度一般在 $10\sim30g/m^3$（标准状态）以下。包装机的除尘一般选用玻璃纤维或脉冲袋式除尘器一级多点抽吸系统，抽吸点根据包装机的类型和工艺布置情况确定，过滤风速一般采用 $0.4\sim0.6m/min$。对于固定叶轮式包装机，有侧抽式、背抽式、底抽式及侧抽和底抽相结合等方式。

### 12.6.9 附属设备的除尘

(1) 斗式提升机的除尘

为防止粉尘从斗式提升机逸出恶化操作环境，通常在提升机的上、下部设置抽气口，一般提升高度小于 10m 时，可只在下部抽吸；提升高度大于 10m 时，则上部和下部均应抽吸。

从斗式提升机抽出的含尘气体，在处理上可以与其他除尘设备联成一个系统，也可选用简易袋式除尘器组成单独除尘系统，主要视抽吸点的多少、抽风量的大小、生产设备与辅助设备的位置和除尘系统的布置情况而定。

(2) 带式输送机的除尘

通常只需在胶带输送机的受料点和转落点设置抽气罩，抽气量应大于物料下落的诱导空气量。从抽气罩抽出的含尘气体，在处理上与斗式提升机类似，两台胶带输送机的转运点最

(3) 空气输送斜槽的除尘

空气输送斜槽一般每隔一定距离（30～40m 间隔）应开设一个通气孔，并将通气孔与除尘系统相连接。如果附近没有除尘系统，并且安装独立的排风除尘设备有困难时，可利用斜槽正压操作的特点，在通气孔处安装单个布袋除尘器，使含尘气体得到净化。

(4) 物料储库的除尘

水泥厂物料储库一般在库顶设置除尘装置，当采用机械输送物料时，可选用无动力装置，不设吸排风机的袋式除尘器，库内含尘气流依靠自身压力（正压）透过滤袋排出物料储库；当采用气力输送物料时，应选用机械通风袋式除尘器。几个库共用一台除尘器时，可将几个库连通起来，在库壁间开设通气孔。

### 复习思考题

12-22 除尘系统选择的原则是什么？
12-23 简述生料制备系统和水泥制成系统的扬尘点在哪里？选择怎样的除尘系统及除尘设备最合理？
12-24 输送设备怎样除尘？

## 12.7 磨机通风与收尘的测定

### 12.7.1 理论要求通风量的计算

① 按要求的磨内风速计算通风量。

$$Q=\frac{\pi}{4}D_i^2(1-\varphi)\omega\times 3600=900\pi(1-\varphi)D_i^2\omega \text{ （m}^3/\text{h）} \tag{12-7}$$

式中 $Q$——磨内通风量，m³/h；
　　$D_i$——磨机有效内径，m；
　　$\varphi$——研磨体填充率（以小数表示）；
　　$\omega$——磨内通风速率，m/s；对开路管磨：$\omega=0.5\sim 0.8$m/s；对闭路磨机：$\omega=0.3\sim 0.5$m/s；对风扫磨机：$\omega=3\sim 8$m/s。

② 按粉磨每单位物料需风量计算。

$$Q=1000Tq \text{ （m}^3/\text{h）} \tag{12-8}$$

式中 $Q$——磨内通风量，m³/h；
　　$T$——磨机喂料量，t/h；
　　$q$——粉磨单位物料需风量（标准状态），m³/(h·kg)；对开路管磨：$q=0.4$m³/(h·kg)；对闭路磨机：$q=0.3$m³/(h·kg)；对风扫磨机：$q=1.6\sim 2.5$m³/(h·kg)。

在选择风机时，还需考虑漏风的影响，一般漏风系数为 20%～30%。对于多级闭路粉磨系统来说，漏风系数达 40%。

### 12.7.2 风压、风量的测定方法

测定磨机内的通风量，一般是从测定磨机出口通风管的风量而求得的。通风管内的风量 $Q$ 是测点处管道内断面积 $F$ 与其平均风速 $\omega_a$ 之乘积。某一测定管道内断面 $F$ 是已知的，实质上就是成为对该测定断面的平均风速 $\omega_a$ 的测定。管道内风速通常是用测定该断面的动压并通过计算来确定的。用这种方法来测定风量，不仅适用于磨机，也适用于其它低压通风管中的风量测定。

气体在管道中流动是由于系统的总压力差所引起的，在总压力相同时，系统的阻力越大

则气体流速越低。因此流速和压力的关系可用伯努利方程式联系起来,即:

$$p = p_j + p_d \tag{12-9}$$

式中　$p$——某一截面上气体的全压力,Pa;
　　　$p_j$——同一截面上的气体静压力,Pa;
　　　$p_d$——同一截面上的动压力,也称速率压力,Pa。

$$p_d = \frac{\gamma \omega^2}{2} \tag{12-10}$$

式中,$\gamma$ 为气体的重度,kg/m³。

测定动压在于计算气体流速和流量,测定静压主要是计算管道和通风系统的阻力。

(1) 压力测定仪器及其使用

技术标定的目的是对粉磨系统的工艺条件、操作参数、作业状况和技术指标进行全面的测定和检查。根据标定所获得的数据进行量化分析,帮助操作人员更全面地了解设备性能、掌握运行规律,以改进操作方法。粉磨系统技术标定的内容,主要包括物料性能测定、粉磨系统筛分分析标定、磨内存料量和物料流速测定和磨机通风与收尘测定,那么在进行技术标定前,要准备好哪些测量仪器仪表呢?

① 毕托管。

a. 标准毕托管,如图 12-19(a) 所示,标准毕托管测孔很小,当通风管道中气体的含尘浓度较大时,易被堵塞,因此只适于在较清洁的管道中使用。

b. S形毕托管,如图 12-19(b) 所示,S形毕托管在使用前需用标准毕托管进行校正,求出它的校正系数。当流速在 5~30m/s 的范围内,其速率校正系数平均值约为 0.84。S形毕托管不同于标准毕托管,它有两个平等开孔的测孔,在测定时,一个测孔对着气流测全压,另一个测孔背向气流测静压。由于 S 形毕托管的测孔开口较大,不易被粉尘堵塞。

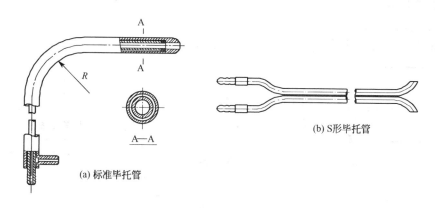

图 12-19　毕托管

② 压力计。

a. U形压力计,如图 12-20(a) 所示。它是一个 U 形玻璃管,内装测压液体,常用的液体有水、乙醇和汞,视被测压力范围选用。在磨机通风测量中,使用的 U 形压力计内的测压液体一般是水。U 形压力计的误差较大,不适于测量微小压力。

b. 倾斜式微压计,如图 12-20(b) 所示,倾斜的玻璃管上刻度表示压力计读数,测压时,将微压计的容器开口与测定中压力较高的一端相连,将倾斜管的一端与压力较低的一端相连。作用于两个液面的压力差使液体沿倾斜管上升,所测压力值 $p$ 按下式计算:

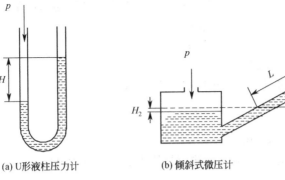

(a) U形液柱压力计　　(b) 倾斜式微压计

图 12-20　压力计

$$p = 9.81KL \tag{12-11}$$

式中　$p$——被测定的压力值，Pa，两端均与毕托管相连时测全压，仅倾斜管与毕托管测静压孔相通而容器开口与大气相通时测静压；

　　　$L$——倾斜微压计测出的压力值，mmH$_2$O（1mmH$_2$O＝9.81Pa）；

　　　$K$——修正系数，工厂生产的倾斜式微压计的修正系数 $K$ 通常等于 0.2、0.3、0.4、0.6、0.8。倾斜微压计用于测量 1470Pa 以下的压力。

③ 压力测定仪器的检查。

a. 检查微压计液柱有无气泡，并将液面调到零点位置。

b. 检查 U 形压力计中的液面，两个液面一般要保持在标尺的中点位置。

c. 测定全压、静压和动压时，标准毕托管或 S 形毕托管与压力计的连接方法要正确。连接方法如图 12-21 所示。

d. 毕托管的测孔要对准气流方向。由于气流通常不是稳定的，压力计的液面是波动的，读数时应取平均值。

e. 要正确地选择被测截面和测点。

f. 测前对毕托管和倾斜微压计均要进行标定和校正。

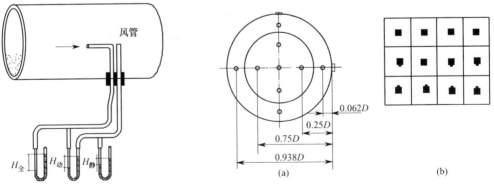

图 12-21　毕托管与压力计的连接方法　　图 12-22　管道断面测点的划分

(2) 测定截面的选择和测定点的划分

为了获得较可靠的测定数据，测定截面应尽可能地选择在气流平稳的管段中，距弯头、阀门和其他变径管段下游方向大于 6 倍管径处，或在其上游方向大于 3 倍管径处。

① 圆形管道测点的划分。在同一个测定断面上应设两个彼此垂直的测孔。将管道断面分成一定数量的同心的等面积圆环，沿着彼此垂直的两个测孔与管道中心的连线，在环上各

测两三个点。测定圆环及测点的划分见图 12-22(a) 及表 12-11。

表 12-11  圆形管道的分环及测点分布表

| 管道直径 /m | 分环数 /个 | 各测点距管道内壁的距离系数(以直径为单位) | | | | | |
|---|---|---|---|---|---|---|---|
| | | 1 | 2 | 3 | 4 | 5 | 6 |
| <0.5 | 1 | 0.146 | 0.853 | | | | |
| 0.5~1 | 2 | 0.062 | 0.250 | 0.750 | 0.938 | | |
| 1~2 | 3 | 0.044 | 0.146 | 0.294 | 0.706 | 0.853 | 0.956 |

② 矩形管道测点的划分。将被测定的管道断面划分为等面积的矩形小块，各块的中心即为测定点，见图 12-22(b)。不同面积的矩形管道中等面积小块的划分见表 12-12，每个小块所代表的面积不得超过 $0.6m^2$。若管道断面积小于 $0.1m^2$，且流速比较均匀对称时，可取断面中心作为测定点。

表 12-12  矩形管道的分块及测点数

| 管道断面积/$m^2$ | 等面积小块数 | 测点数 |
|---|---|---|
| 0~1 | 2×2 | 4 |
| 1~3 | 3×3 | 9 |
| 3~7 | 4×4 | 16 |

(3) 管道中气体流速的测量和计算

在确定的测定断面的各个测点上，用毕托管和压力计测定的动压 $p_d$，然后按下式计算平均动压：

$$\sqrt{p_d} = \frac{\sqrt{p_{d_1}} + \sqrt{p_{d_2}} + \cdots + \sqrt{p_{d_n}}}{n} \tag{12-12}$$

式中　　　　$n$——测定点个数；

$p_{d_1}$、$p_{d_2}$、$\cdots$、$p_{d_n}$——在每个测定点上测得的动压值。

管道中的气体平均流速：

$$\omega_a = K\sqrt{\frac{2p_d}{\gamma_t}} \tag{12-13}$$

工作状态下气体重度：

$$\gamma_t = \gamma_0 \times \frac{273}{273+t} \times \frac{10+p_j}{10^5} \tag{12-14}$$

式中　$\omega_a$——管道中气体平均速率，m/s；

$K$——毕托管的校正系数；

$\gamma_t$——工况状态下气体的重度，$kg/m^3$；

$\gamma_0$——标况下（0℃、$10^5$Pa）气体的重度，$kg/m^3$；

$p_j$——管道中气体的静压力，Pa；

$t$——管道中气体的温度，℃。

### 12.7.3  磨机内通风量的测量计算

(1) 测定计算漏风百分数

① 磨机中心出料管处，测量出磨气体的温度 $t_1$。

② 在磨机出料罩处测漏风温度 $t_2$。

③ 在磨机通风管道上，测量气体的温度 $t$、静压 $p_j$ 和动压 $p_d$。

④ 设出磨机的气体占总风量的比例为 $x_1$，则根据热平衡，可计算出：

$$x_1 = \frac{t - t_2}{t_1 - t_2} \tag{12-15}$$

(2) 出磨通风管中的总风量计算

$$Q = 3600 F \omega_a \tag{12-16}$$

式中　$Q$——被测管道中的总风量，$m^3/h$；
　　　$F$——被测管道的截面积，$m^2$；
　　　$\omega_a$——被测管道中的平均风速，$m/s$。

(3) 计算磨内的通风量

$$Q_1 = x_1 Q \ (m^3/h) \tag{12-17}$$

$$\omega_1 = \frac{Q_1}{3600 F_1} \tag{12-18}$$

式中　$Q_1$——磨内通风量，$m^3/h$；
　　　$\omega_1$——磨内风速，$m/s$；
　　　$F_1$——磨机有效断面积，$m^2$。

**【例 12-1】** 计算 $\phi 3.2m \times 11m$ 水泥磨内的风量与风速。

已知：出磨气体温度为 90℃，下料处漏风温度为 74℃，通风管道中的气体温度为 89℃；通风管道的断面积为 $0.212m^2$；4 个测点的动压力分别为：$3.6 \times 9.81Pa$、$3.7 \times 9.81Pa$、$4.3 \times 9.81Pa$、$3.8 \times 9.81Pa$；管道内静压力为 $-45 \times 133.32Pa$；毕托管的校正系数为 0.975；标况下气体密度为 $1.2 kg/m^3$；磨机有效断面积 $5.28m^2$，见图 12-23。

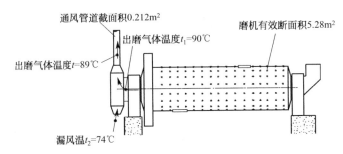

图 12-23　磨机通风量计算图

**解：** 平均动压：

$$\sqrt{p_d} = \frac{\sqrt{p_{d_1}} + \sqrt{p_{d_2}} + L + \sqrt{p_{d_n}}}{n} = \frac{1}{4} \times (\sqrt{3.6} + \sqrt{3.7} + \sqrt{4.3} + \sqrt{3.8}) \times \sqrt{9.81} = 6.14 \ (Pa)$$

管道中平均风速：

$$\omega_a = K \sqrt{\frac{2 p_d}{\rho_t}} = 0.975 \times 6.14 \times \sqrt{\frac{2}{1.2 \times \frac{273}{273 + 89} \times \frac{10^5 - 45 \times 133.322}{10^5}}} = 9.18 \ (m/s)$$

管道中总风量：

$$Q = 3600 F \omega_a = 3600 \times 0.212 \times 9.18 = 7007.9 \ (m^3/h)$$

磨内通风量：

$$Q_1 = x_1 Q = 7007.9 \times \frac{89 - 74}{90 - 74} = 6569.91 (m^3/h)$$

磨内风速：

$$\omega_1 = \frac{Q_1}{3600 F_1} = \frac{6569.91}{3600 \times 5.13} = 0.36 \text{ (m/s)}$$

### 12.7.4 气体含尘浓度与收尘效率的测定计算

(1) 测定断面的选择和采样原则

测定气体中含尘浓度时选择测定断面和采样点的划分，其方法与测定风压、风量基本相同。为了取得有代表性的尘粒样品，必须在等速率条件下取样，即进入采样嘴的气流速率必须和采样点的气流速率相等，大于或小于采样的气流速率都将使采样结果发生偏差。对于 $4\mu m$ 以下的小粒子，由于惯性小，可不等速采样。

(2) 采样系统和装置

尘粒采样系统通常由采样管、滤筒、流量测量装置和抽气泵等组成。普通型尘粒采样系统和装置如图 12-24 所示。

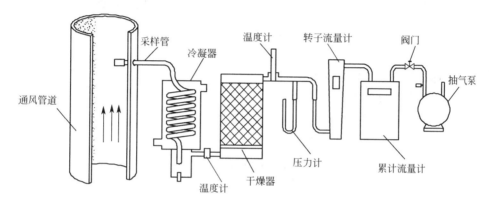

图 12-24 尘粒采样装置

① 采样管。采样管分普通型采样管和平衡型采样管，其中普通型采样管有：玻璃纤维滤筒采样管［见图 12-25(a)］，用于 400℃ 以下气体中粉尘采样；刚玉滤筒采样管［见图 12-25(b)］，用于 850℃ 以下气体中粉尘采样。

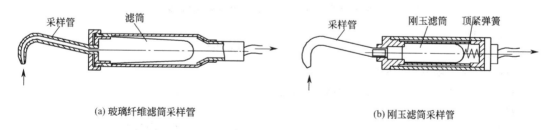

(a) 玻璃纤维滤筒采样管　　　　　　　　(b) 刚玉滤筒采样管

图 12-25 采样管

平衡型等速采样管又分为静压平衡型等速采样管和动压平衡型等速采样管。静压平衡型等速采样管在采样嘴内外壁上各开一个小孔，在采样时用来指示采样嘴内外静压以控制等速条件，见图 12-26。动压平衡型等速采样管在滤筒后装一测速孔板，并在采样管旁并行装置 S 形毕托管，采样时调节孔板差使之与毕托管测的动压相等，即可实现等速采样。

② 流量计量装置。它由干燥器、温度计、压力计和流量计组成。干燥器用以干燥进入流量计的气体；温度计用以测量流量计前的气体温度；压力计用以测量流量计前的气体压力；转子流量计和干湿计流量计用以控制等速采样流量和计量采样体积。

③ 抽气泵。用以克服管道中的负压和测量管线各部阻力，把被测含尘气体抽进采样系

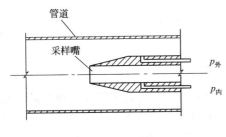

图 12-26 静电平衡示意

统。一般选用旋叶式真空泵，流量最好在 60L/min 以上。

④ 秒表。用来记录采样时间。目前常用的粉尘浓度测定仪是 JYP-Ⅱ 型静压平衡型烟尘浓度测定仪。它与普通采样系统的不同之处是：使用静压平衡型等速采样管；增加了压力偏差指示器，用以指示采样嘴内外静压力的平衡情况；抽气泵配用的电动机用调压器改变其转速，以实现流量调节，用改变抽气流速的办法达到等速采样的目的；在操作中，只要保持压力偏差指示器中的液面为"0"即可。

(3) 含尘浓度和收尘效率的计算

① 含尘浓度。含尘浓度是每单位体积气体中所包含粉尘的质量，即：

$$C = \frac{g}{V_{ud}} \times 10^6 \tag{12-19}$$

式中　$C$——标准状态下的含尘浓度，$mg/m^3$；
　　　$g$——采样管采得的尘粒质量，mg；
　　　$V_{ud}$——标准状态下的采样体积，$m^3$。

同一测定断面上平均粉尘浓度：

$$\begin{aligned} C_p &= \frac{C_1 V_{ud_1} + C_2 V_{ud_2} + \cdots + C_n V_{ud_n}}{V_{ud_1} + V_{ud_2} + \cdots + V_{ud_n}} \\ &= \frac{g_1 + g_2 + \cdots + g_n}{V_{ud_1} + V_{ud_2} + \cdots + V_{ud_n}} \times 10^6 \end{aligned} \tag{12-20}$$

式中　$C_1, C_2, \cdots, C_n$——标准状态下，同一采样断面上各个采样点上的含尘浓度，$mg/m^3$；
　　　$V_{ud_1}, V_{ud_2}, \cdots, V_{ud_n}$——标准状态下，在各个采样点上所得的采样体积，$m^3$；
　　　$g_1, g_2, \cdots, g_n$——在各个采样点上所得尘粒的质量，g。

② 粉尘排放量。

$$G = C_p Q_2 \times 10^{-6} \quad (kg/h) \tag{12-21}$$

式中　$G$——粉尘排放量，kg/h；
　　　$C_p$——标准状态下，平均含尘浓度，$mg/m^3$；
　　　$Q_2$——标准状态下的通风量，$m^3/h$。

③ 收尘效率。收尘效率是评价收尘器效果的主要指标。它是指气流进入收尘器时携带的总粉尘量与出收尘器出口时的含粉尘量之差值与进入收尘器时携带的总粉尘量之比，以百分数表示。其计算式为：

$$\eta = \frac{G_1 - G_2}{G_1} \times 100\% \tag{12-22}$$

式中　$\eta$——收尘效率，%；
　　　$G_1$——进入收尘器的粉尘总质量，kg；
　　　$G_2$——收尘器出口的粉尘总质量，kg。

(4) 某厂生料粉磨系统通风除尘测定实例

选定各测定点（见图 12-27），测定数据见表 12-13。

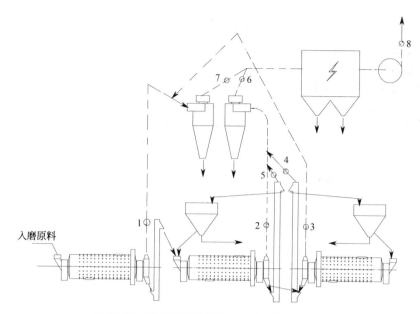

图 12-27　粉磨系统通风除尘测定采样点分布图

表 12-13　某厂生料粉磨系统通风除尘测定实例

| 项目 | | 单位 | 采样点位置 | | | | | | | |
|---|---|---|---|---|---|---|---|---|---|---|
| | | | 1 | 2 | 3 | 4 | 5 | 6 | 7 | 8 |
| 管道断面积 | | m² | 0.1256 | 0.0707 | 0.0707 | 0.0314 | 0.0314 | 0.160 | 0.160 | 0.152 |
| 管内气体温度 | | ℃ | 113 | 118 | 123 | 80 | 80 | 80 | 84 | 71 |
| 气体平均动压 | | 9.81Pa | 2.58 | 2.45 | 3.11 | 1.76 | 1.77 | 5.51 | 2.72 | 7.23 |
| 气体静压 | | 9.81Pa | −1.40 | −1.125 | −1.83 | −0.88 | −1.78 | −8.48 | −5.16 | 0.68 |
| 管内气体流速 | | m/s | 8.90 | 8.46 | 10.74 | 6.32 | 6.35 | 19.77 | 9.76 | 25.9 |
| 管内通过风量 | | m³/h | 4024 | 2151 | 2732 | 714.8 | 718.2 | 9843 | 4415 | 14180 |
| 管内风量（标准状态） | | m³/h | 2857 | 1504 | 1874 | 550.4 | 555.6 | 6857 | 3399 | 11370 |
| 烟尘测试仪测定数据 | 采样时间 | min | 1 | 1 | 2 | 1 | 1 | 2 | 2 | 5 |
| | 抽气温度 | ℃ | 32 | 37 | 35 | 36 | 36 | 35 | 35 | 32 |
| | 采样净重 | g | 2.855 | 2.525 | 6.819 | 4.554 | 3.557 | 1.856 | 1.156 | 0.0259 |
| | 流量计读数 | L/min | 33 | 30 | 25 | 10 | 10 | 29 | 14 | 40 |
| | 采样流量（工况） | L/min | 43.78 | 40.08 | 33.09 | 11.89 | 11.89 | 35.45 | 17.06 | 46.80 |
| | 采样流量（标准状态） | L/min | 31.09 | 27.99 | 22.50 | 9.16 | 9.16 | 27.29 | 12.96 | 37.46 |
| 气体中粉尘浓度（工况） | | g/m³ | 65.89 | 62.99 | 103.10 | 383.00 | 299.20 | 26.18 | 33.88 | 0.1106 |
| 气体中粉尘浓度（标准状态） | | g/m³ | 92.81 | 89.99 | 151.50 | 497.20 | 388.50 | 34.00 | 44.58 | 0.138 |
| 收尘器效率 | | % | | | | | | 62.69 | 72.4 | 99.59 |

## 复习思考题

12-25 含尘浓度和收尘效率的含意是什么？

12-26 磨机通风量和磨内风速如何计算？

12-27 磨机通风和收尘测定的仪器有哪些？

12-28 已知：出磨气体温度为90℃，下料处漏风温度为74℃，通风管道中的气体温度为88℃；通风管道的断面积为0.196$m^2$；4个测点的动压力分别为：3.6×9.81、3.8×9.81、4.1×9.81、3.8×9.81Pa；管道内静压力为-45×133.32Pa；毕托管的校正系数为0.975；标准状态下气体密度为1.2kg/$m^3$；钢球装载量30%。

求：计算 $\phi$2.4m×12m 水泥磨内的风量与风速。

# 13 空气压缩机

**【本章摘要】** 本章主要介绍空气压缩机（简称空压机）在袋式除尘器清灰、气力输送设备粉状物料的输送、生料均化库及水泥储库卸料阀气动控制、窑系统的清堵及点火中的应用；水泥厂常用的活塞式空压机和螺杆式空压机的构造、工作原理、操作及维护、常见故障分析及处理方法等。

## 13.1 概述

### 13.1.1 空气压缩机在水泥生产过程中的作用

新型干法水泥生产所采用的生料均化库、水泥储库及水泥卸料器气动阀、包装机气动阀；各扬尘点的袋式除尘器、气动仓式泵等气体技术和设备；窑系统的点火、窑尾废气增湿、预热器吹堵、预热器及篦冷机空气炮清堵等都需要压缩空气为其"服务"。

水泥厂一般不会在单独的工段设置空气压缩机，通常会根据用气量集中设置空气压缩站，然后使用空气压缩管道将压缩空气送至各个车间单独设置的储气罐，由储气罐向本车间各用气点供气。例如生料制备系统主要供应袋式收尘器和气动阀门的用气，一般只会单独设置一个储气罐，容量大约为 $2m^3$。当然生料均化库也可以用，但生料库一般都用罗茨风机供气即可。空压机不一定放在哪里就供哪里用气，一般厂内压缩空气管道都是连通的，可以互相补充。水泥厂空压机数量根据水泥线产能及用气量大小一般设置为 3~8 台不等，其中一台作为备用。

### 13.1.2 空压机站的组成

（1）主机

空气压缩机是气源装置中的主体，它是将原动机（通常是电动机）的机械能转换成气体压力能的装置，是压缩空气的气压发生装置。

（2）油路系统

油路系统包括油箱、冷却器、油滤清器、断油阀、温控器等。当空压机启动时，内部接近密封状态，油路首先建立压力，在压力作用下，对主机工作腔喷油，同时也进行润滑和密封。

（3）气路系统

环境空气过滤后由卸荷阀进入压缩腔，与润滑油进行结合并进行压缩。与油结合的压缩气体经过单向阀进入油气分离桶、油气分离器、油气冷却器、气水分离器，出空压机后经储气罐、冷干机、精密过滤器进入厂区压缩空气管网。

（4）控制单元

采用PLC（可编程逻辑控制器）编程自动控制，自动调节气量。空压机站工艺流程如图 13-1 所示。

### 13.1.3 空气压缩机

空气压缩机是一种压缩气体提高气体压力或输送气体的机器，是压缩空气的动力源。各种压缩机都属于动力机械，能将气体体积缩小、压力增高，具备一定的动能。

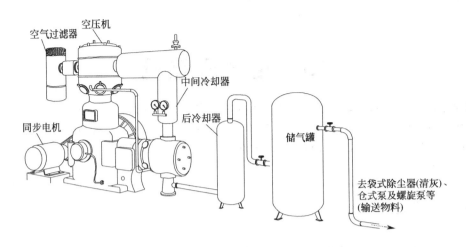

图 13-1 空压机站工艺流程

空气压缩机的种类很多，按工作原理可分为以下两类。

(1) 容积式压缩机

依靠压缩腔的内部容积缩小来提高气体压力的压缩机。容积式压缩机的工作原理是依靠工作腔容积的变化来压缩气体，因而它具有容积可周期变化的工作腔。按工作腔和运动部件形状分类，容积式压缩机可分为"往复式"和"回转式"两大类。前者的运动部件进行往复运动，后者的运动部件作单方向回转运动，包括：

① 往复式压缩机，其压缩元件是一个活塞，在气缸内作往复运动；

② 回转式压缩机，压缩是由旋转元件的强制运动实现的。

(2) 速率式压缩机

速率式压缩机的工作原理是提高气体分子的运动速率，使气体分子具有的动能转化为气体的压力能，从而提高压缩空气的压力。包括：

① 离心式压缩机，依靠叶轮对气体做功使气体的压力和速率增加，而后又在扩压器中将速率能转变为压力能，气体沿径向流过叶轮的压缩机；

② 轴流式压缩机，依赖叶片对气体做功，并先使气体的流动速率得以极大提高，然后再将动能转变为压力能。气体在压缩机中的流动不是沿半径方向，而是沿轴方向。

水泥厂常用的空气压缩机有活塞式空气压缩机和螺杆式空气压缩机，属于容积式压缩机。

## 13.2 活塞式空压机

### 13.2.1 结构和工作原理

活塞式压缩机的种类虽然繁多、结构复杂，但其基本构造大致相同，主要零部件有机身、曲轴、连杆、活塞、气缸、进排气阀等；活塞式压缩机由曲柄连杆机构将驱动机的回转运动变为活塞的往复运动，气缸和活塞共同组成压缩容积；活塞在气缸内作往复运动，使气体在气缸内完成进气、压缩、排气等过程，如图 13-2 所示。在曲轴侧的气缸端部装置填料密封，以阻止气体外漏。活塞上的活塞环，阻止活塞两侧气缸容积内的气体互相窜漏。

在气缸内作往复运动的活塞向右移动时，气缸内活塞左腔的压力低于大气压力 $p_a$，吸气阀开启，外界空气吸入缸内，这个过程称为吸气过程。当缸内压力高于输出空气管道内压力 $p$ 后，排气阀打开。压缩空气送至输气管内，这个过程称为排气过程。活塞的往复运动是由电动机带动的曲柄滑块机构形成的。曲柄的旋转运动转换为滑动——活塞的往复运动，气缸内活塞作往复运动，也就是在吸气与排气持续的过程中完成对空气的压缩。

活塞式空压机的构造如图 13-3 所示，工艺流程如图 13-4 所示。

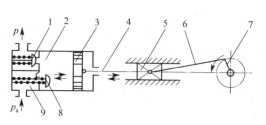

图 13-2 活塞式空压机工作原理示意
1—排气阀；2—气缸；3—活塞；4—活塞杆；5—滑块；
6—连杆；7—曲柄；8—吸气阀；9—阀门弹簧

### 13.2.2 主要部件

(1) 气缸

气缸承受着气体的压力，故应具有足够的强度。工作压力小于 5MPa（表压）的气缸，通常采用 HT200 或优质铸铁制造；压力低于 20MPa（表压）时，用铸钢制造；对于更高压力的气缸，可用碳钢或合金钢锻制。活塞在气缸内作往复运动，使缸内壁受摩擦，要求缸壁应具有良好的耐磨性和良好的润滑条件，多数钢质气缸都镶有耐摩擦性能较好的铸铁缸套。气缸上的螺栓均受交变载荷作用，故螺栓应耐疲劳，常用 40 号优质钢或 40Cr 钢。

(2) 活塞组件

活塞组件包括活塞体、活塞环和活塞杆。活塞体是受压件，应有足够的强度和刚度。活塞的往复运动将产生

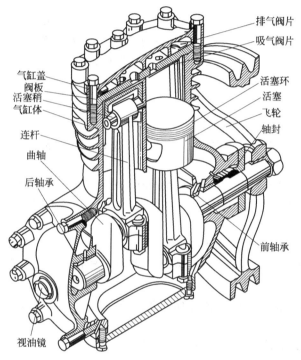

图 13-3 活塞式空压机的构造

惯性力，故重量以小为好，而对称平衡压缩机则要求惯性力对称平衡，为此，活塞体可根据实际需要选用铸铁、铝及铝合金、铸钢、锻钢或用钢板焊制。

各种压缩机（除立式压缩机以外）的活塞大都支撑在气缸工作面上，为减少缸面磨损，对大直径的活塞都专门用耐磨材料制成承压面。承压面的材料，有注油润滑活塞，常采用填充氟塑料、尼龙以及其他自润滑材料制成各种形式的支撑环。

活塞杆受活塞的压力和拉力交变作用，要求活塞杆要有韧性。

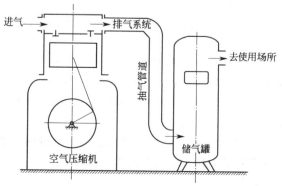

图 13-4 活塞式空压机工艺流程

(3) 气阀

气阀处于冲击载荷下工作，故应有足够的强度和刚度。低压的阀座和升程限制器，可用 HT200 铸铁制造，铸件应时效处理；高压的阀可用 35 号、40 号、45 号优质碳钢或 40Cr 钢，阀座的密封面需经高频淬火硬化；阀片受重复冲击载荷和交变弯曲载荷的作用，阀片材料应具有强度高、韧性好、耐磨损、耐腐蚀等性能。阀片经淬火、回火处理后，其硬度应为 HRC40～56。

(4) 曲轴

曲轴受方向和大小均匀、周期性变化很大的气体惯性力和由此产生的交变弯曲、扭转应力作用而产生疲劳、振动；同时，曲轴颈还受到严重的摩擦磨损，故要求曲轴材料应具有耐疲劳、耐磨损和抗振等性能。曲轴常用 40 号、45 号优质碳素钢锻造。

(5) 连杆

连杆由连杆体、大头瓦和小头瓦等组成。连杆体受拉、压交变应力的作用，故通常采用 35 号、40 号、45 号优良碳钢锻制。开式连杆的缸头盖和大头座用连杆螺栓连接，故连杆螺栓受很大的交变载荷和几倍于活塞力的预紧力，通常采用强度高、塑性好的 40Cr、30CrNi、35CrMoA、40CrMoA 等合金钢；螺母常采用 35 号、35Mn、20Cr 等钢。

### 13.2.3 操作与维护

(1) 启动准备

① 检查压力表、温度计、电流表、电压表等计量仪表是否齐全、完好，是否超过校验时间。

② 检查安全阀、爆破板等安全设备，调整和检查启动联锁装置、报警装置、切断装置（自动切断或自动切换）、自动启动等各种保护装置，以及流量、压力、温度调节等控制回路。

③ 检查传动装置是否连接可靠，安全罩是否齐全牢固。

④ 打扫现场，拆除妨碍启动的一切障碍物，检查设备、配管内部有无异物（如工具等）和残液。

⑤ 检查外部油油箱、冷却油油箱和内部油油箱是否已加入足够的油量；天气寒冷时，油温下降，还要用蒸气进行加热。

⑥ 启动辅助油泵或与机组不相连的其他油泵（如外部齿轮油泵、内部气缸注油器和冷却油泵），向各注油点注油，并使其在规定的油压、油温下运转。

⑦ 启动内部油泵，调节流量。特别注意气阀设在气缸头部的高压气缸。若启动前注油量过多，当压缩机启动时，残存在气缸内的润滑油就会对活塞产生液体撞击，导致活塞破坏的重大事故。

⑧ 向气缸冷却夹套、油冷却器及各级中间冷却器通水，检查气缸排水阀是否已关闭。

⑨ 新安装或大修后的压缩机，试车前必须对整个机组及系统管路进行彻底吹除。启动可燃性气体压缩机时，为使空气不残留在气缸配管中，首先要用惰性气体置换其中的空气，确认氧的含量在 4% 以下方可启动，而且应根据压缩机性能和操作规程规定的压力进行试车，不得超过该压力值。

⑩ 盘车一圈以上或瞬时接通主电动机的开关转几次，检查是否有异常现象，取下电动盘车装置的手轮，装上遮断件并锁紧。

(2) 启动

启动前各岗位应联系好，确认无问题后，报告工段长、调度人员，经同意后方可开车。

启动的程序如下。
① 启动主电动机。
② 调整外部齿轮油泵的油压在规定的范围内。
③ 检查气缸注油器,确认已注油。
④ 调节压力表阀的手轮,使指针稳定。
⑤ 检查周围是否有异常撞击声。
⑥ 监视轴承温度及吸入和排出气体的压力、温度,并与以前的记录进行比较,是否有异常现象。
⑦ 启动加速过程中,为避免电机超负荷,应关闭进排气阀,全开旁通阀,进行空负荷启动。当压缩介质为易燃易爆气体时,如果关闭进气阀进行空负荷启动,吸入管就会呈负压状态,吸入空气而发生危险。此时,要全开入口阀,注入氮气等惰性气体。正常运转之后,要逐渐升压,全开吸气阀。当出口压力接近规定压力时,再慢慢地打开出口阀。升压过程中要关闭排气阀,压力达到平衡时,关闭旁通阀,使其进入正常负荷运行。

(3) 运行操作和维护
① 压缩机在运行时,必须认真进行必要的检查和巡视,监视压缩机运行状况,密切注视吸排气压力及温度、排气量、油压、油温、供油量和冷却水温度等各项控制指标,注意异常响声,并每隔一定时间记录一次。
② 操作中严防工艺气体由高压缸串入低压缸和其他气体管道,严防带油、带水、带液。
③ 禁止压缩机在超温、超压和超速下运行。
④ 遇有超压、超温、缺油、缺水或电流增高等异常现象时,应认真排除故障。
⑤ 易燃、易爆气体大量泄漏需紧急停车时,考虑非防爆型电气开关、启动器禁止在现场操作的情况,应通知电工在变电所内切断电源。
⑥ 压缩机大、中修时,必须对主轴、连杆、活塞杆等主要部件进行探伤检查。发现问题及时处理,确保安全运行。
⑦ 检修设备时,生产工段和检修工段应严格履行交接手续,并认真执行检修许可证和有关安全检修的规定,确保检修安全。
⑧ 添加或更换润滑油时,要检查油的标号是否符合规定。应选用闪点高、氧化和碳析出量少的高级润滑脂;注油量要适当,并经过过滤。禁止用闪点低于规定的润滑油代用。
⑨ 压缩机房内禁止任意堆放易燃物品,如破油布、棉纱及木屑等。
⑩ 安全装置、各种仪表、联锁系统和通风设施必须按期进行校验和检修。

(4) 事故停车
① 当压缩机出现报警,压缩机、电动机及附属设备在运行中发生人身、机械事故时,应立即进行事故紧急停车。但在压缩机停车时,应尽可能查明不正常现象前后的状况,以便进行事故分析,确认事故的原因。
② 在发生事故紧急停车时,除按正常停车程序停车外,还应采取为制止事故事态扩大和消除事故所必须采取的其他措施。
③ 发生火灾、爆炸,大量漏气、漏油、带水、带液和电流突然升高等事故时要停车。
④ 超温、超压、缺油、缺水,且不能恢复正常等事故时要停车。
⑤ 机械、电机运转有明显的异声,有发生事故的可能等要停车。

(5) 正常停车操作
① 压缩机正常停车之前,需放出气体,使压缩机处于无负荷状态,并依次打开分离器的排油阀,排尽冷凝液,然后再切断主电机开关。

② 当压缩机安全停转后,依次停止内部注油器、冷却油泵和外部齿轮油泵。
③ 待气缸冷却后停止冷却水,停止通向外部油冷却器和油冷却器的冷却水。
④ 冬季停车时,必须采取可靠的防冻措施,以防冻坏管道、设备。
⑤ 正常停车时,需为下次启动做好充分准备工作,如检查联锁装置是否完好,避免由于误操作引起的突然启动。

### 13.2.4 常见故障分析及处理方法

活塞式空压机在运行时可能会出现打气量不足、油泵油压不足、曲柄连杆机构或气缸内发出异常声音、气缸或机体或管道发生不正常的振动等异常情况,要仔细分析原因并采取相应的办法进行处理,见表13-1。

表13-1 活塞式空压机常见故障及处理方法

| 现象 | 故障分析 | 处理方法 |
| --- | --- | --- |
| 打气量不足 | 1. 吸排气阀漏气<br>(1) 阀座与阀片之间有金属颗粒,因关闭不严引起漏气,影响打气量;<br>(2) 新的吸气阀弹簧,初用时刚性太大,引起开启迟缓;弹簧用久后,因疲劳引起开阀不及时,造成漏气;<br>(3) 阀片与阀座磨损不均匀,因而引起密封不严而漏气,影响打气量;<br>(4) 吸气阀升起不够,流速加快,阻力增大,影响打气量 | 1. 吸排气阀漏气的处理<br>(1) 拆检清洗,若吸气阀的阀盖发热,则故障在吸气阀上,否则在排气阀上;<br>(2) 检查弹簧刚性,或更换合适的弹簧;<br>(3) 用研磨方法加以修理,或更换新的阀片和阀座;<br>(4) 调整升程高度,更换适当的升程限制圈 |
| | 2. 填料漏气<br>(1) 填料或活塞杆磨损引起漏失;<br>(2) 润滑油供应不足,降低气密性,引起漏失 | 2. 填料漏气的处理<br>(1) 修理或更换密封圈或活塞杆;<br>(2) 拆检吸、排气阀,发现气阀缺油,应增加润滑油量 |
| | 3. 气缸与活塞环有故障<br>(1) 气缸磨损(特别是单边磨损)超过最大允许限度,间隙增大,引起漏气,影响打气量;<br>(2) 活塞环因润滑油质量不好、油量不足、缸内温度过高,将形成咬死现象,不但影响打气量,而且影响压力;<br>(3) 活塞环磨损,造成间隙大而漏气 | 3. 气缸与活塞环有故障的处理<br>(1) 用镗削或研磨的方法进行修理,严重时更换新缸套;<br>(2) 取出活塞,清洗活塞或环槽,更换润滑油,改善冷却条件;<br>(3) 更换活塞环 |
| 油泵油压不足或为零 | (1) 吸油阀有毛病或吸油管堵塞;<br>(2) 油泵泵壳与填料不严密,漏油;<br>(3) 滤油器堵塞;<br>(4) 油箱油位太低;<br>(5) 管路破裂漏油,或管内漏入空气;<br>(6) 压力表堵塞、油冷却器堵塞 | (1) 检查并清洗;<br>(2) 拆检油泵并消除漏油;<br>(3) 清洗;<br>(4) 增加油量;<br>(5) 更换油管;<br>(6) 清洗 |
| 曲柄连杆机构发出异常声音 | (1) 连杆螺钉断裂,其原因有装配时连杆拧得太紧,承受过大的预紧力,预制时,产生偏斜,连杆螺钉承受不均匀的载荷;轴承瓦(大头瓦)在轴承中晃动或大头瓦与曲柄销间隙过大,因而连杆螺钉承受过大的冲击载荷;供油不足,使连杆轴承发热,或活塞卡死现象,或超负荷运转时,连杆承受过大的应力;材质不符合要求,在较大的交变载荷冲击下,连杆螺钉因疲劳而断裂;<br>(2) 连杆螺钉、轴承盖螺钉、十字头螺母松动将引起响声;<br>(3) 主轴承、连杆大头瓦、连杆小头瓦、滑道等间隙过大,发出不正常声音;<br>(4) 曲轴与联轴器配合松动 | (1) 装配连杆螺钉时,应松紧得当;或使连杆螺母旋面与连杆体上接触面紧密配合,必要时用涂色法检查;固定好大头瓦,调整其间隙;或增加油量,检查活塞磨损情况;或用符合要求的连杆螺钉更换损坏件;<br>(2) 紧固;<br>(3) 检查并调整间隙;<br>(4) 检查并调整 |

续表

| 现象 | 故障分析 | 处理方法 |
|---|---|---|
| 气缸发生不正常的振动 | (1) 支撑不对或垫片松；<br>(2) 配管振动所引起；<br>(3) 气缸内有异物 | (1) 调整支撑间隙或垫片；<br>(2) 消除配管振动；<br>(3) 清除异物 |
| 气缸内发出异常的声音 | (1) 油和水带入气缸造成水击；<br>(2) 气阀有故障；<br>(3) 活塞螺帽松动，活塞松动；<br>(4) 润滑油太少或断油，引起气缸拉毛；<br>(5) 活塞环断裂；<br>(6) 气缸余隙太小；<br>(7) 异物掉入气缸内 | (1) 减少油量、提高水分离效果，定期打开放油水阀；<br>(2) 检查并清除；<br>(3) 检查并紧固；<br>(4) 增加油量，修复拉毛处；<br>(5) 更换活塞环；<br>(6) 适当加大余隙；<br>(7) 清除异物 |
| 机体发生不正常的振动 | (1) 各轴承及滑道间隙过大；<br>(2) 气缸振动引起；<br>(3) 各部接合不好 | (1) 调整间隙；<br>(2) 消除气缸振动；<br>(3) 检查并调整 |
| 管道发生不正常的振动 | (1) 管卡太松或断裂；<br>(2) 支撑刚性不够；<br>(3) 气流脉动引起共振；<br>(4) 配管架子振动大 | (1) 紧固或更换；<br>(2) 加固；<br>(3) 用预流孔改变共振面；<br>(4) 加固 |

## 复习思考题

13-1 简述空气压缩机在生料制备系统中应用在哪些场合？都起什么作用？

13-2 活塞式压缩机由哪些主要部件构成？工作原理是怎样的？

13-3 启动准备工作应注意什么？怎样正常停车操作？

13-4 导致打气量不足的故障原因有哪些？怎样解决？

13-5 空压机在运行中曲柄连杆机构发出异常声音，分析产生的原因并采取相应对策加以解决。

## 13.3 螺杆式空压机

### 13.3.1 结构和工作原理

螺杆式空压机一般指双螺杆压缩机，它的基本结构如图 13-5 所示。在压缩机的主机中平行地配置一对相互啮合的螺旋形转子，通常把节圆外具有凸齿的转子（从横截面看），称为阳转子或阳螺杆；把节圆内具有凹齿的转子（从横截面看），称为阴转子或阴螺杆。一般阳转子作为主动转子，由阳转子带动阴转子转动。转子上的球轴承使转子实现轴向定位，并承受压缩机中的轴向力。转子两端的圆锥辊子推力轴承使转子实现径向定位，并承受压缩机中的径向力和轴向力。在压缩机主机两端分别开设一定形状和大小的孔口，一个供吸气用的叫吸气口；另一个供排气用的叫排气口。

螺杆空气压缩机的工作过程如下：工作循环可分为吸气、压缩（压缩与喷油）和排气三个过程。随着转子旋转每对相互啮合的齿相继完成相同的工作循环，为简单起见我们只对其中的一对齿进行研究。

（1）吸气过程

随着转子的运动，齿的一端逐渐脱离啮合而形成了齿间容积，这个齿间容积的扩大在其内部形成一定的真空，而此时该齿间容积仅仅与吸气口连通，因此气体便在压差作用下流入其中。在随后的转子旋转过程中，阳转子的齿不断地从阴转子的齿槽中脱离出来，此时齿间容积也不断地扩大,并与吸气口保持连通。随着转子的旋转齿间容积达到最大值,并在此位置齿间容积与吸气口断开,吸气过程结束(见图13-6)。

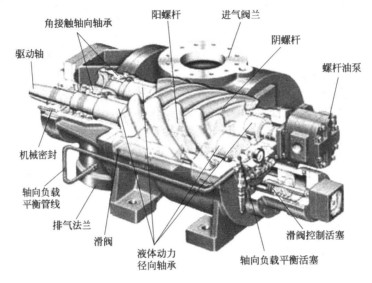

图 13-5　螺杆式空压机(双螺杆)

图 13-6　吸气过程

图 13-7　封闭过程

吸气过程结束的同时阴阳转子的齿峰与机壳密封,齿槽内的气体被转子齿和机壳包围在一个封闭的空间中,即封闭过程(见图13-7)。

(2)压缩过程

随着转子的旋转,齿间容积由于转子齿的啮合而不断减少,被密封在齿间容积中的气体所占据的体积也随之减少,导致气体压力升高,从而实现气体的压缩过程。压缩过程可一直持续到齿间容积即将与排气口连通之前(见图13-8)。

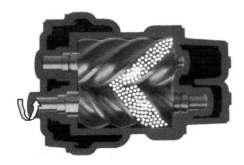

图 13-8　压缩过程

图 13-9　排气过程

(3) 排气过程

齿间容积与排气口连通后即开始排气过程，随着齿间容积的不断缩小，具有内压缩终了压力的气体逐渐通过排气口被排出，这一过程一直持续到齿末端的型线完全啮合为止，此时齿间容积内的气体通过排气口被完全排出，封闭的齿间容积的体积将变为零（见图 13-9）。

从上述工作原理可以看出，螺杆压缩机是通过一对转子在机壳内作回转运动来改变工作容积，使气体体积缩小、密度增加，从而提高气体的压力。

### 13.3.2　螺杆式空压机组及主要部件功能

(1) 组成

螺杆空气压缩机组是由螺杆压缩机主机、电动机、油气分离器、冷却器、风扇、水分离器、电气控制箱以及气管路、油管路、调节系统等组成，工作流程如图 13-10 所示。压缩机主机壳体内有一对经过精密加工相互啮合的阴、阳转子。对于直联机组，电机通过弹性联轴器直接驱动阳转子，对于齿轮传动机组，电机通过弹性联轴器驱动齿轮轴，再通过齿轮传动给阳转子。喷入的油与空气混合后在转子齿槽间有效地压缩，油在转子齿槽间形成一层油膜，避免金属与金属直接接触并密封转子各部的间隙和吸收大部分的压缩热量。机组无油泵，靠油气分离器中的气体压力将油压送至各润滑点。从压缩机排出的油、气混合物，经过油气分离器，用旋风分离的方法粗分离出大部分油，剩余的油经过油分离器滤芯作进一步精分离而沉降在滤芯底部。滤芯底部的油利用压差由回油管引入压缩机，在油气分离器上装有油位液面计、最小压力阀和安全阀。油气分离器也兼作油箱和储气罐。

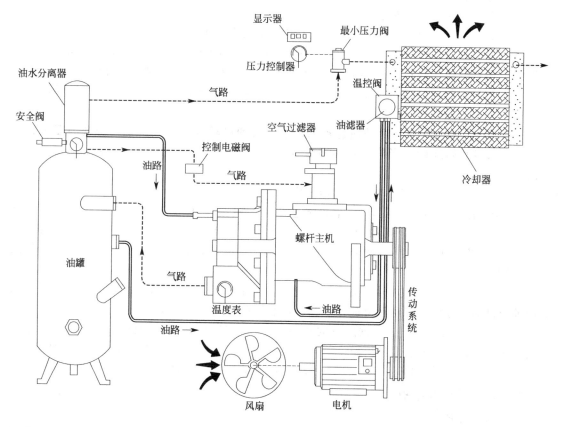

图 13-10　螺杆式空压机的工作流程

(2) 主气源通路上各组件功能

① 空气滤清器。空气滤清器为一干式纸质过滤器，过滤纸孔细度约为 $5\mu m$ 左右。其主要功能是滤除空气中的尘埃，避免螺杆转子过早磨损，油过滤器和油气分离器过早阻塞。通常每工作 1000h，应取下清除其表面的尘埃。清除的方法是使用低压空气将尘埃由内向外吹除。

② 进气阀。进气阀为碟式进气阀，主要是通过进气阀内碟片的开启和关闭来进行空重负荷的控制；有两种控制方式，一种开关式，当压力到达高限设定值，关闭进气口，压力降到低限设定值，重新打开进气口全负荷工作。另一种容调控制，进气阀门的碟片微闭配合比例阀进行容调控制，适应外部用气量，使压力稳定在一定范围内，压力未达到容调压力，进气阀门的碟片全开，此时压缩机全负荷运转。

③ 油气桶。油气桶有油气分离和储油两种功能。压缩后的油气混合物排至油气桶，在油气桶内旋转可以分离出大部分的润滑油；油气桶内存较多的润滑油，避免刚分离出来的热油立即参与下一个循环，有利于降低排气温度。油气桶侧面装有油位指示计。桶上有一加油孔，供加油用，静态润滑油的油位应在油位计上限与下限之间。油气桶下方装有放油球阀，应在每次运转前略微打开球阀，以排除油气桶内的凝结水，一旦有油流出，应迅速关闭。由于油气桶的宽大截面积，可使压缩空气流速减小，有利于油滴分离，起到初步除油的作用。

④ 后冷却器。由最小压力阀流出的压缩空气，流通至后冷却器。后冷却器与油冷却器制成一体，其结构相同，皆为板翅式。冷却风扇将冷空气抽入，吹过后冷却器翅板。冷却后的压缩空气温度一般在环境温度$+15℃$左右。

(3) 油路主要部件及功能

① 温控阀。温控阀的主要功能是通过控制喷入机头的润滑油温度来控制压缩机的排气温度，以避免空气中的水气在油气桶内凝结而乳化润滑油。刚开机时，润滑油温度低，温控阀关闭，冷油不经过冷却器而直接喷入机体内。若油温升高到 $70℃$ 以上，则温控阀逐渐打开至油冷却器的通路，至 $80℃$ 时全开，此时油会全部经过油冷却器冷却后再喷入机体内。

某些机型不设温控阀，而是通过控制风扇电机的停转来控制油温。当排气温度上升至 $80℃$ 时，风扇开始运转；当排气温度低于 $70℃$ 时，风扇自动停转，使温度保持在一定范围内。

② 油冷却器。油冷却器与后冷却器做成一体。

③ 油过滤器。油过滤器是一种纸质过滤器，过滤精度在 $10\sim15\mu m$ 之间。其功能是除去油中的杂质，如金属微粒、灰尘、油之劣化物等，保护轴承及转子的正常运行。若油过滤阻塞，则可能导致喷油量不足影响主机轴承使用寿命，机头排气温度升高（甚至停机）。

④ 油气分离器。油气分离器滤芯采用多层细密的特种纤维制成，压缩空气中所含雾状润滑油经过油气分离器后几乎可被完全滤去，油颗粒大小可控制在 $0.1\mu m$ 以下。

⑤ 回油单向阀。油气分离器滤下的残油集中于滤芯中央的小圆凹槽中，经回油管引至主机，避免已被分离的润滑油再随空气排出。为防止主机压缩室内的油返流，在回油管后设置一个单向阀，如果机器运行中油耗突然增大，应检查单向阀的节流小孔是否堵塞。

### 13.3.3 操作与维护

(1) 启动准备

① 检查空压机各零件部分是否完好，各保护装置、仪表、阀门、管路及接头是否有损

坏或松动。

② 略微打开油气桶底部的排水阀，排出润滑油下部积存的冷凝水和污物，见到有油流出即关上，以防润滑油过早乳化变质。

③ 检查油气桶油位，不足时应补充。注意加油前确认系统内无压力（油位以停机10min后观察为准，在运转中油位较停机时稍低）。

④ 新机第一次开机或停用较长时间又开机，应先拆下空气过滤器盖，从进气口加入一定量的润滑油，以防启动时机内失油烧损。

⑤ 确认系统内无压力。

⑥ 打开排气阀门。

⑦ 检测连接至空压机的电缆，电压是否符合厂家要求，要求设备未开机和开机工作后都要检测，有些工厂静态电压无异常，负载后电压下降，会导致电机过载。

（2）启动

① 合上开关手把。

② 点动，检查电动机转向是否正确，有加装换相保护装置的除外。

③ 确认手动阀处于"卸载"状态，按下"启动"按钮即正式运转，于数秒后，将手动阀拨至"加载"位置，压力逐渐上升至额定压力，而润滑油低于排气压力 0.25MPa 左右。

④ 观察运转是否平稳，声音是否正常，空气对流是否畅通，仪表读数是否正常，是否泄漏。

（3）运行操作及维护

① 经常观察各仪表是否正常。

② 经常倾听空压机各部位运转声音是否正常。

③ 经常检查有无渗漏现象。

④ 在运转中如发现油位计上看不到油位，应立即停机，一般 10min 后再观察油位，如不足，待系统内无压力时再补充。

⑤ 经常保持空压机外表及周围场所干净，严禁在空压机上放置任何物件，如工具、抹布、衣物、手套等。

⑥ 遇有特殊情况，按"急停处理"。

（4）紧急停机

当出现下列情况之一时，应紧急停机。

① 出现异常声响或振动。

② 排气压力超过安全阀设定压力而安全阀未打开。

③ 排气温度超过 100℃时未自动停机。

④ 周围发生紧急情况。

紧急停机时，无需先卸载，可直接按下"停止"按钮。

（5）停机

先将手动阀拨至"卸载"位置，将空压机卸载，10s 左右后，再按下"停止"按钮，电机停止运转，开关手把打至零位。

### 13.3.4　常见故障分析及处理方法

螺杆式空压机在运行中可能会出现螺杆式空压机排气温度过高或过低、油管路堵塞及压缩机不加载等不正常现象，要注意观察，及早发现问题，及时处理，见表 13-2。

表 13-2　螺杆式空压机常见故障及处理方法

| 现　象 | 故障分析 | 处理方法 |
|---|---|---|
| 出气口跑油 | (1) 油位太高,注入的机油过量;<br>(2) 回油管堵死;<br>(3) 回油管安装(与油分离芯底部的距离)不符合要求 | (1) 卸除压力后排油至正常位置;<br>(2) 可以检查更换;<br>(3) 可以重新调整 |
| 排气温度过高 | (1) 若机房温度在许可的范围内,油位是在正常状态,首先确认机器测温元件是否有故障,可以用另外的测温仪器进行校对,如果确认测温元件无问题,然后检查油冷却器进出口的温差,正常在 5~8℃ 之间。温度如果大于此范围,说明机油流量不足,油路有堵塞,或温控阀未完全开启;<br>(2) 如果温差小于正常范围,可能是散热不良,检查水冷机是否进水量不足,进水水温是否过高,是否冷却器结水垢(水路部分),是否冷却机内有油垢(油路部分) | (1) 需要检查机油滤清器,有些机型有机油流量调节的先调节到最大,检查温控阀是否正常,可以取下阀芯,封闭温控阀的一端,强迫机油全部通过冷却器,如果以上方式未能解决,就要考虑油路是否有异物堵塞;<br>(2) 检查散热器是否太脏,散热器内是否有油垢,散热风扇是否异常等 |
| 排气压力过低(气量过低) | (1) 手动阀及压力表漏气;<br>(2) 调节电磁阀是否漏气;<br>(3) 管路泄漏;<br>(4) 蝶阀没有全部打开;<br>(5) 调节器工作不正常或压力开关上下限不正常 | (1) 更换手动阀或排除泄漏故障;<br>(2) 排除漏气故障;如必要则更换调节电磁阀;<br>(3) 需排除泄漏点;<br>(4) 检查蝶阀机构及电磁阀是否漏气,如果漏气,查明原因有必要更换电磁阀;<br>(5) 重新更换电磁阀或重新调整压力开关;重新调整压力开关,如有必要则更换 |
| 油路阻塞、喷油不足以及油过滤器与油分离器元件寿命短、运行温度偏高 | 螺杆式空压机均采用冷却润滑油封闭循环,长时间处于较高温度下运行(一般在 75~88℃),故可能出现不同程度的油品积炭、积垢、酸化等变质现象。由于积炭等原因,就可能导致油路元件的电磁阀、温控阀损坏,油路阻塞,换热效果不佳等故障 | 进行油路系统保养,更换润滑油及空滤、油滤、油分元件,如为水冷机型,应用水垢清洗剂浸泡水路系统。油路清洗时应采用积炭清洗剂,为了防止悬浮污染物的再沉积,当油温很高时,要彻底排掉压缩机内的润滑油,才能取得最佳的效果 |
| 回油管路堵塞 | 当回油管路(包括回油管上的单向阀及回油滤网)有异物堵塞时,分离后凝聚在油分离器底部的机油就无法回到机头,已经凝聚的油滴又被气流吹起,随着分离后的空气一起被带走。这些异物通常是由安装时掉落的固体杂质造成的 | 停机,待油桶压力泄放至零后拆下回油管的所有管件,将堵塞的异物吹出即可。安装内置油分离器时注意清理干净油气桶盖,同时留意油分芯底部是否有固体颗粒残留 |
| 压缩机不加载 | (1) 管路上压力超过额定负荷压力,压力调节器断开;<br>(2) 最小压力阀失灵,加载时不动作,高温压缩空气无法进入冷却器;<br>(3) 分离器与卸荷阀间的控制管路上有泄漏,检查管路及连接处,若有泄漏则需修补 | (1) 若气源压力超出额定压力,此时不必采取措施,管路上的压力低于压力调节器加载(位)压时,压缩机会自动加载;<br>(2) 若最小压力阀失灵,拆下检查,必要时更换;<br>(3) 如果分离器与卸荷阀间的控制管路上有泄漏,检查管路及连接处,若有泄漏则需修补 |

## 复习思考题

13-6　简述螺杆式空压机的构造及工作过程。

13-7　螺杆空气压缩机组由哪些附属部件组成?

13-8　启动螺杆空气压缩机时应注意哪些问题?

13-9　排气温度过高或过低的主要原因是什么?怎样解决?

## 参 考 文 献

[1] 芮君渭，彭宝利. 水泥粉磨工艺及设备. 北京：化学工业出版社，2006.
[2] 周国治，彭宝利. 水泥生产工艺概论. 第2版. 武汉：武汉理工大学出版社，2011.
[3] 彭宝利. 水泥生产工艺及设备参考图册. 第2版. 武昌：武汉工业大学出版社，2005.
[4] 陈全德. 新型干法水泥技术原理与应用. 北京：中国建筑工业出版社，2004.
[5] 刘志江. 新型干法水泥技术. 北京：中国建材工业出版社，2005.
[6] 王仲春. 水泥工业粉磨工艺技术. 北京：中国建材工业出版社，2000.
[7] 方景光. 粉磨工艺及设备. 武汉：武汉理工大学出版社，2002.
[8] 丁美荣，张骐. 水泥粉磨技术设备与操作. 北京：中国建材工业出版社，1999.
[9] 朱昆泉，许林发. 建材机械工程手册. 武昌：武汉工业大学出版社，2000.
[10] 刘景洲. 水泥生产设备安装、调试及典型实例分析. 武汉：武汉理工大学出版社，2002.
[11] 张庆今. 硅酸盐工业机械及设备. 广州：华南理工大学出版社，1993.
[12] 任承禄. 连续运输机械. 武昌：武汉工业大学出版社，1996.
[13] 熊会思，熊然. 新型干法水泥厂设备选型使用手册. 北京：中国建材工业出版社，2007.